U0435788

卓越工程师教育培养计划配套教材

航空气象

王秀春 顾莹 李程 编著

清华大学出版社
北京

内容简介

本书是一本理论与实践相结合的教材。全书共分 9 章，分别讲述了大气、云系和降水的形成、天气系统分析、卫星云图与雷达、飞行气象条件、航空危险天气、航空气候概况与常用天气分析、航空气象情报以及航空气象服务和飞行气象情报等内容。通过对本书的学习，可以帮助学生在了解气象学理论知识的前提下，掌握观测和判断天气的方法，进而能够利用资料分析天气状况和天气变化过程。

本书可以作为高等院校飞行技术专业、签派专业本科生的教材，也可以作为从事飞行、签派、空管等工作的民用航空人员的参考书。

图书在版编目(CIP)数据

航空气象/王秀春，顾莹，李程编著. —北京：清华大学出版社，2014(2024.9 重印)
卓越工程师教育培养计划配套教材. 飞行技术系列
ISBN 978-7-302-38628-5

Ⅰ. ①航… Ⅱ. ①王… ②顾… ③李… Ⅲ. ①航空学－气象学－高等学校－教材 Ⅳ. ①V321.2

中国版本图书馆 CIP 数据核字(2014)第 276801 号

责任编辑：庄红权　洪　英
封面设计：常雪影
责任校对：刘玉霞
责任印制：沈　露

出版发行：清华大学出版社
　　网　　址：https://www.tup.com.cn，https://www.wqxuetang.com
　　地　　址：北京清华大学学研大厦 A 座　　**邮　　编**：100084
　　社 总 机：010-83470000　　**邮　　购**：010-62786544
　　投稿与读者服务：010-62776969，c-service@tup.tsinghua.edu.cn
　　质量反馈：010-62772015，zhiliang@tup.tsinghua.edu.cn
印 装 者：三河市龙大印装有限公司
经　　销：全国新华书店
开　　本：185mm×260mm　　**印　张**：21.75　　**字　　数**：525 千字
版　　次：2014 年 12 月第 1 版　　**印　　次**：2024 年 9 月第 11次印刷
定　　价：62.00 元

产品编号：046418-04

卓越工程师教育培养计划配套教材

总编委会名单

卓越工程师教育培养计划配套教材

——飞行技术系列子编委会名单

序言

我国“十二五”发展规划的重点建设目标之一，是根据国民经济发展对民航业的要求，不断扩充与优化配置航线和飞机等资源。在民航业持续快速发展的同时，必然会使飞行专业技术人才高度匮乏。在《中国民用航空发展第十一个五年规划》中，中国民用航空局对未来20年全行业人才需求进行了预计分析，其中，“十二五”期间需增加飞行员16 500人。因此，飞行技术人才的培养是推动或阻碍民航发展的关键。

与其他本科专业相比，飞行技术专业的学生除了学习掌握飞行原理、飞机系统、航空动力装置、航空气象、空中领航、机载设备、仪表飞行程序设计、空中交通管制等飞行技术的专业知识外，还需具备一定的管理能力和较高的英语水平。并且，飞行技术专业人才的培养多采用学历教育与职业教育同步实施的模式，要求同时取得学历、学位证书和职业技能证书(飞行驾驶执照)后，才有资格担任民航运输机副驾驶员。

飞行技术人才培养具有专业性强、培养难度大和成本高的特点。伴随着大型民用运输机的生产与发展，必然要求提高飞行员的学历层次。国内设置飞行技术本科专业的高等院校仅有中国民航飞行学院、中国民航大学、北京航空航天大学、南京航空航天大学、上海工程技术大学等几所。而且，培养学士学位飞行技术人才的历史仅二十多年，尽管积累了一定的培养经验，但适用的专业教材相对较少。

在飞行技术专业的学科建设中，上海工程技术大学飞行学院和航空运输学院秉承服务国家和地区经济建设的宗旨，坚持教学和科研相结合、理论和实践相结合。2010年，上海工程技术大学飞行技术专业被列为教育部卓越工程师教育培养计划的试点专业，上海工程技术大学被列为教育部卓越工程师教育培养计划的示范单位。为满足飞行技术专业卓越工程师教育培养的需要，上海工程技术大学从事飞行技术专业教学和研究的骨干教师以及航空公司的业务骨干合作编写了“卓越计划”飞行技术系列教材。

“卓越计划”飞行技术系列教材共20本，分别为《运输机飞行仿真技术及应用》、《飞行人因工程》、《机组资源管理》、《飞行运营管理》、《民用航空法概论》、《空中交通管理基础》、《飞机系统》、《航空动力装置》、《飞机空气动力学》、《飞机飞行力学》、《民航运输机飞行性能与计划》、《仪表飞行程序设计原理》、《航空机载电子设备》、《航空气象》、《空中领航》、《飞行人员陆空通话》、《飞行专业英语(阅读)》、《飞行专业英语(听力)》、《飞行基础英语(一)》、《飞行基础英语(二)》等。

系列教材以理论和实践相结合作为编写的理念和原则，具有基础性、系统性、应用性等特点。在借鉴国内外相关文献资料的基础上，坚持加强基础理论，对基本概念、基础知识和基本技能进行详细阐述，能满足飞行技术专业卓越工程师教育培养的教学目标和要求。同时，强调理论联系实际，体现"面向工业界、面向世界、面向未来"的工程教育理念，实践上海工程技术大学建设现代化特色大学的办学思想，凸显飞行技术的专业特色。

系列教材在编写过程中，参阅了大量的中外文参考书籍和文献资料，吸收和借鉴了现有部分教材的优势，参考了航空运输企业的相关材料，在此，对国内外有关作者和企业一并表示衷心的感谢。

受编者水平和时间所限，书中难免有错误和疏漏之处，敬请读者提出宝贵意见，不足之处还请同行不吝赐教。

上海工程技术大学　汪泓

2012年1月

前言

航空器在大气层中飞行，气象条件对航空器的活动影响重大。早期飞机的飞行受到气象条件的严重制约。在目视飞行的条件下，天气标准就成为限制飞行的主要规则。随着航空技术的进步，飞机已进入可以仅靠仪表飞行的阶段，这在很大程度上摆脱了气象条件的约束。但是很多剧烈的天气变化，特别是在 7000m 以下飞行、飞机的起飞和降落，即使依靠仪表飞行的飞机仍然要按照一定的气象条件规定来飞行。因此，航空气象是飞行员和签派员必备的知识，只有在了解气象理论知识的前提下，掌握天气观测和判断的方法，能够利用资料分析天气状况和天气变化过程，才能保证飞行活动在安全有序的条件下进行。

本书从中国民航局的要求和私照、商照、仪表等级、航线运输驾驶员等考试相关内容为出发点，系统地阐述了气象学的基本理论、飞行气象条件、航空气象资料等知识，适时结合具体实例进行讲解。与同类书比较，本书最主要的特色在于与实际工作的结合。根据这一目的，编者在借鉴其他教材的基础上，对已有的知识体系进行了更新，增加了国外航空气象电码，着重分析了典型的盛行天气，详细阐述了高空巡航中天气条件对节油的影响。此外，还对雷雨、台风、沙尘等重要天气现象进行了细致的描述。

全书共分 9 章，分别讲述了大气、云系和降水的形成、天气系统分析、卫星云图与雷达、飞行气象条件、航空危险天气、航空气候概况与常用天气分析、航空气象情报以及航空气象服务和飞行气象情报等内容。本书在内容广度和深度上，兼顾了知识的系统性、逻辑性，结构合理，理论性和实用性并重。

本书作为飞行技术专业“卓越工程师教育培养计划”的内容之一，由上海工程技术大学组织编写。在编写的过程中，本书得到了东方航空股份有限公司运行控制中心王秀春老师和朱玲怡老师、上海东方飞行有限公司丁冰洁老师的大力支持，他们为教材的撰写提供了大量宝贵的资料和意见。同时，教材中的部分文字整理工作由上海工程技术大学飞行学院学生完成。在此，谨向上述单位和个人表示衷心的感谢。

由于编者水平所限，书中难免存在错漏等不足之处，恳请专家和读者给予批评指正。

编　者

2014 年 11 月

前言

航空器在大气层中飞行，气象条件对航空器的活动影响重大。早期飞机的飞行受到气象条件的严重制约，在目视飞行的条件下，天气标准就成为限制飞行的主要规则。随着航空技术的进步，飞机已进入可以仅靠仪表飞行的阶段，这在很大程度上摆脱了气象条件的约束。但是很多剧烈的天气变化，特别是在7000m以下飞行，飞机的起飞和降落，即使依靠仪表飞行的飞机仍然要按照一定的气象条件标准来飞行。因此，航空气象是飞行员和签派员必备的知识，只有在了解气象学理论知识的前提下，掌握天气预测和判断的方法，能够利用资料分析大气状况和天气变化过程，才能保证飞行活动在安全有序的条件下进行。

本书从中国民航局的要求和私照、商照、仪表等级、航线运输驾驶员考试相关内容为出发点，系统地阐述了气象学的基本理论、飞行气象条件、航空气象资料等知识，适时结合具体实例进行讲解。与同类书相比较，本书最主要的特色在于与实际工作的结合。根据这一目的，编者在借鉴其他教材的基础上，对已有的知识体系进行了更新，增加了国外航空气象电码，着重分析了典型的危险天气，详细阐述了高空飞行中天气条件对飞行的影响。此外，还对雷暴、台风、冰雹等重要天气现象进行了细致的描述。

全书共分9章，分别阐述了大气、云系和降水的形成、天气系统分析、卫星云图与雷达、飞行气象条件、航空危险天气、航空气候概况与常用天气分析、航空气象情报以及航空气象服务和飞行气象情报等内容。本书在内容广度和深度上，兼顾了知识的系统性、逻辑性、结构合理、理论性和实用性并重。

本书作为飞行技术专业"卓越工程师教育培养计划"的内容之一，由上海工程技术大学组织编写。在编写的过程中，本书得到了东方航空股份有限公司运行控制中心王秀青老师和宋锦怡老师、上海东方飞行有限公司丁冰洁老师的大力支持，他们为教材的编写提供了大量宝贵的资料和意见。同时，教材中的部分文字整理工作由上海工程技术大学飞行学院学生完成。在此，谨向上述单位和个人表示衷心的感谢。

由于编者水平所限，书中难免存在错漏等不足之处，恳请专家和读者给予批评指正。

编者

2014年11月

CONTENTS

目录

第1章

大　气

本章关键词

大气(atmosphere)	干洁空气(clean air)
大气气溶胶(atmospheric aerosols)	水汽(water vapor)
臭氧(ozone)	摩擦层(frictional layer)
对流层(troposphere)	平流层(stratosphere)
气温垂直递减率(temperature lapse rate)	逆温层(inversion layer)
标准大气(standard atmosphere)	

我们把受地球重力吸引包围着地球表面的整个空气圈称为大气。人类生活在大气圈中,会感受到大气一幕幕千变万化的景象:有时蓝天白云烈日炎炎,有时烟雨蒙蒙如诗如画,有时乌云滚滚狼奔豕突,有时雷电交加暴雨倾盆。大气无时无刻不在演绎着天气的变化,与航空飞行活动息息相关。人类的飞行活动必须趋利避害,因此对大气进行探索是非常必要的,并且还需要对天气现象、过程进行科学分析。

1.1　地球大气的成分和结构

1.1.1　大气的成分

地球大气是随着地球的形成而出现的。在地球46亿年的漫长演化过程中,随着植物的进化,大气中的氧气从缓慢增加逐渐发展到快速增加,大约数亿年前达到了现代的组成,称为现代大气,也叫氧化大气。现代大气可看作一种混合物,按照其各种组成成分在大气过程中作用不同,现代大气主要由3个部分组成:干洁空气、水汽和大气杂质。

1. 干洁空气

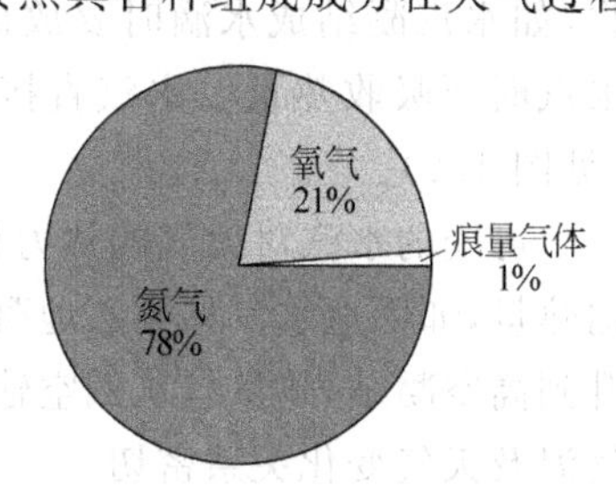

图1.1　干洁空气的成分

干洁空气是构成大气的最主要成分,即一般意义上所说的空气。如图1.1所示,氮气和氧气是组成干洁空气的主要成分,其体积分别占整个干洁空气的78%和21%;剩下的

1%由其他几种气体构成，如二氧化碳、臭氧、氩气、氖气等，这些气体被称为痕量气体。干洁空气的这一比例在50km高度以下基本保持不变。

在构成干洁空气的多种成分中，对天气影响较大的是二氧化碳和臭氧。

1）二氧化碳

二氧化碳主要来自于化石燃料的燃烧、工业生产过程中排放的废气、动物的呼吸过程、火山喷发、森林开伐等。

除臭氧之外，大气中各种成分的气体几乎都不能直接吸收太阳短波辐射，因此大量的太阳辐射会穿过大气层到达地面，使地面增温。二氧化碳基本上也不直接吸收太阳短波辐射，而地面受热后放出的长波辐射能被二氧化碳吸收，这样热量不会大量向外层空间散发，对地球起到了保温作用。人们把二氧化碳气体类似温室的增温作用称为"温室效应"。

随着城市化进程的加快，大气中二氧化碳的浓度快速增加，对大气温度的影响已引起人们的广泛关注。气温变化会对天气、气候变化产生一系列重大影响，对飞行气象条件也会产生相应的影响。

2）臭氧

臭氧是大气中最重要的痕量气体成分之一。在太阳辐射作用下，氧分子离解为氧原子，氧原子再和大气中的其他氧分子结合生成臭氧。在海拔高度15～50km之间的大气层是一个臭氧含量相对集中的层次，称为臭氧层。臭氧层通过吸收太阳紫外辐射而增温，改变了大气温度的垂直分布。但同时避免了地球生物遭受过多紫外线的照射。由于汽车、飞机及其他工业生产等大量废气的排放，臭氧层已遭到一定程度的破坏，科学家已观测到南极上空的臭氧空洞，即臭氧层遭到破坏后出现的臭氧减少或消失。这对地球上的天气、气候、地球生物等都可能产生长久的影响。

2. 水汽

水汽是由地表和潮湿物体表面的水分蒸发进入大气形成的，其主要来源于江河湖海的蒸发和植物的蒸腾作用。大气中水汽含量约占整个大气体积的0～5%，并随着高度的增加而逐渐减少，在离地1.5～2km高度上，水汽含量约为地面的一半，5km高度上仅为地面的1/10。水汽的地理分布也不均匀，水汽含量(按体积比)平均为：从极区的0.2%到热带的2.6%，干燥的内陆沙漠近于零，而在温暖的洋面或热带丛林地区可达3%～4%。

水汽是成云致雨的物质基础，因此大多数复杂天气都出现在中低空，而高空天气往往很晴朗。水汽随大气运动而运动，并可在一定条件下发生状态变化，即气态、液态和固态(水汽、水滴、冰粒)之间的相互转换。这一变化过程都会同时伴随着热量的释放或吸收，如水汽凝结成水滴时要放出热量，放出的热量称为凝结潜热。反之，液态的水蒸发成水汽时要吸收热量。水汽直接冻结成冰的过程叫凝华，而冰直接变成水汽的过程叫升华(见图1.2)。

可变的水汽对大气的热力作用非常重要。在大气中运动的水汽，可通过其状态变化传输热量，如甲地水汽移到乙地凝结，就把热量从一个地方带到了另一个地方；或低层水汽上升到高空凝结，热量就从低空输送到了高空。热量的传递是大气中的一个重要物理过程，与气温及天气变化关系密切。

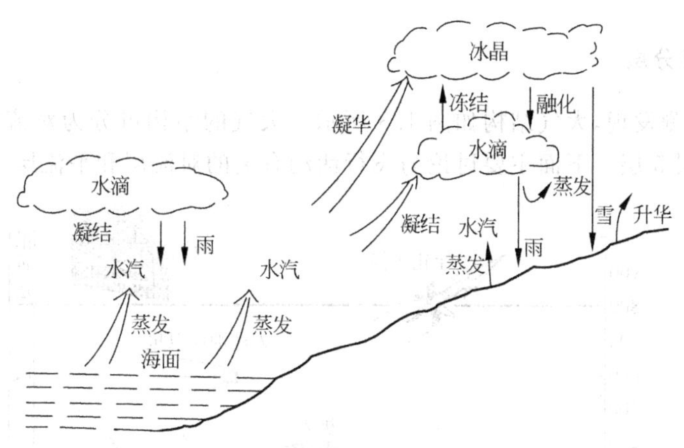

图 1.2 水汽相变与循环示意图

3. 大气杂质

大气杂质又称为气溶胶粒子，是指悬浮于大气中的固体微粒或水汽凝结物。固体微粒包括烟粒、盐粒、尘粒等。烟粒主要来源于物质燃烧，盐粒主要是溅入空中的海水蒸发后留下的盐核，而尘粒则是被风吹起的土壤微粒和火山喷发后在空中留下的尘埃。水汽凝结物包括大气中的水滴和冰粒。在一定的天气条件下，大气杂质聚集，会形成各种天气现象，如云、雾、雨、雪、风沙等，它们使大气透明度变差，并能吸收、散射和反射地面和太阳辐射，影响大气的温度。此外，固体杂质还可充当水汽的凝结核，在云、雾、降水等的形成过程中起着重要的作用。

1.1.2 大气的结构

整个大气层具有相当大的厚度，由于地球引力与距离的平方成反比，所以地球大气的成分、温度以及其他的物理属性随高度变化很大，但在水平方向上空气的性质却相对比较均匀，即大气表现出一定的层状结构。这一结构可通过对大气进行分层来加以描述。

1. 大气垂直分层的依据

大气分层的主要依据是气层气温的垂直分布特点，这一特点可用气温垂直递减率来描述。气温垂直递减率定义为

$$\gamma = -\Delta T/\Delta Z \tag{1.1}$$

式中，ΔZ 为高度变化量；ΔT 为相应的温度变化量；γ 为气温随高度变化的快慢。从式(1.1)可以看出，气温随高度的变化有 3 种情况：①$\gamma>0$，即气温随高度上升而降低；②$\gamma<0$，即气温随高度上升而升高；③$\gamma=0$，即气温不随高度的变化而变化。

在实际运用中，γ 的单位通常为“℃/100m”，即摄氏度每 100m。国外常用“℃/1 000ft”，即摄氏度每 1 000ft。

如果已知某高度 Z_1 的气温为 T_1，气层的气温垂直递减率为 γ ，则另一高度 Z_2 的气温可用下式计算

$$T_2 = T_1 - \frac{Z_2 - Z_1}{100} \cdot \gamma \tag{1.2}$$

2. 大气垂直分层

通过大气探测发现，大气结构如图 1.3 所示。大气的结构可分为对流层、平流层、中间层、暖层和散逸层 5 层。下面主要讨论与飞行活动有关的对流层和平流层。

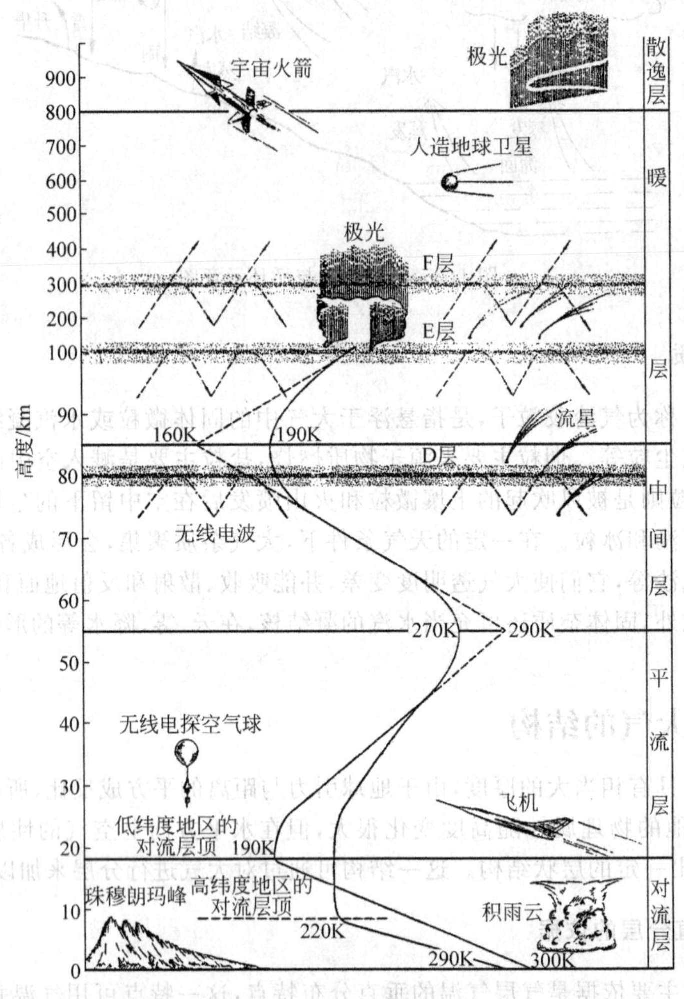

图 1.3　大气结构示意图

1）对流层

对流层是地球大气中最低的一层，其中集中了约 75％的大气质量和 99％的水汽和大气杂质。90％以上的水汽，云、雾、降水等天气基本上都出现在对流层，飞机也主要在这一层中飞行。

对流层以地面为下边界，上边界（对流层顶）的高度随纬度、季节、天气等因素而变化。平均而言，低纬度地区（南北纬 30°之间）上边界高度为 17～18km，中纬度地区（纬度 30°～60°）为 10～12km，高纬度地区（纬度在 60°以上）为 8～9km。同一地区对流层上边界高度是夏季大于冬季。此外，天气变化对对流层的厚度也有一定影响。

对流层主要有以下 3 个特征。

(1) 气温随高度升高而降低。对流层大气的热量来源于空气吸收地表长波辐射，靠近地面的空气受热后将热量向高处传递，因此在对流层中，气温普遍随高度升高而降低，即 $\gamma>0$。高山常年积雪的原因也在于此。根据实际探测，对流层中的平均气温垂直递减率 $\bar{\gamma}=0.65℃/100\text{m}$。利用这一数值，如果已知某地地面气温为 T_0，则可以大致推算出该地 Z 高度上的气温 T_Z，见式(1.3)。事实上，γ 会随时间、地点、高度的变化而变化，因此按上述方法计算有时会存在误差。

$$T_Z = T_0 - \bar{\gamma} Z \tag{1.3}$$

通过实际观测可以发现，在对流层中有时会出现气温随高度上升而升高 ($\gamma<0$) 或者气温不随高度的变化而变化 ($\gamma=0$) 的现象(见图 1.4)。我们将气温随高度上升而升高的气层称为逆温层；将气温不随高度变化而变化的气层称为等温层。这两种气层对大气运动或某些天气现象的形成具有特殊的作用，这将在下文中进行讨论。

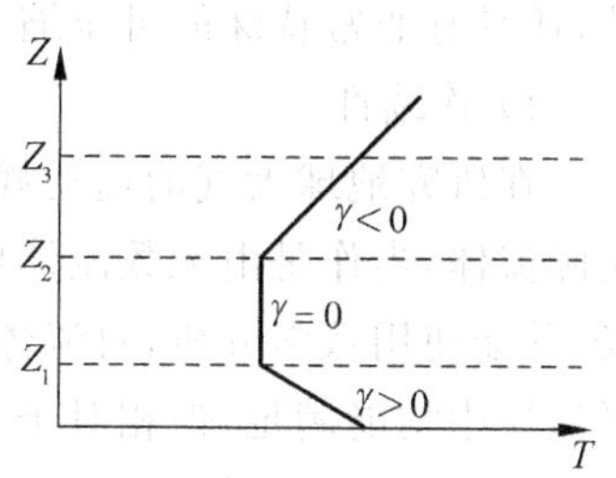

图 1.4 气温垂直递减方式

(2) 气温、湿度的水平分布很不均匀。对流层与地面相接，其温度、湿度特性主要受地表性质的影响，故在水平方向上分布很不均匀。如南北空气之间明显的温差，海陆之间空气的湿度差异等。

(3) 空气具有强烈的垂直混合。由于对流层低层的暖空气总是具有上升的趋势，而上层冷空气总是具有下沉的趋势，加之温度水平分布不均匀，因此对流层中空气多为垂直运动，且具有强烈的垂直混合现象。这也是对流层得名的原因。

在对流层中，按气流和天气现象分布的特点，可分为下、中、上 3 个层次。

(1) 对流层下层(自地面到 1 500m 高度，又称为摩擦层)厚度表现为夏季大于冬季，白天大于夜间。该层受地表热力作用和摩擦作用的影响大，由于该层对流和乱流很强，水汽充足，因而常有低云、雾霾等天气现象出现。地面到 100m 高度称近地面层，此层气温、湿度和风速等变化最为强烈，在短时间内和短距离内都能产生剧烈变化，对飞机起降和低空飞行影响很大。在摩擦层顶以上，大气几乎不受地表摩擦作用的影响，称为自由大气。

(2) 中层(摩擦层顶到 6 000m 高度)空气运动受地表影响较小，气流相对平稳，可代表对流层气流的平均状态，云和降水大多生成于这一层。

(3) 上层(从 6 000m 高度到对流层顶)受地表影响更小，水汽含量很少，气温通常在 0℃以下，该层的云主要是由冰晶或过冷水滴组成。对流层顶是对流层和平流层之间的过渡层，厚度为数百米到 1～2km。对流层顶的气温随高度的增加突然降低缓慢，或者几乎不变，成为上下等温。它可以阻挡对流层中的对流运动，从而使下边输送上来的水汽微尘聚集在其下方，使该处大气的混浊度增大。

2) 平流层

平流层从对流层顶到大约 55km 的高度，现代大型喷气式运输机的高度可达到平流层低层。在平流层中，气温随高度的增加而升高。这是由于平流层中空气的热量主要来源于臭氧吸收太阳紫外辐射。平流层离地面较远，受地表影响极小，空气运动几乎不受地形阻碍及扰动，因此气流运动及温度、湿度分布也比对流层有规律得多。平流层内气流比较平稳，空气几乎没有垂直运动。平流层中空气稀薄，水汽和杂质含量极少，只有极少数垂直发展相当旺盛的云体能伸展到这一层来，故平流层中通常天气晴朗，飞行气象条件良好。

飞机在平流层中飞行比较平稳、阻力小，但因该层空气密度很小，故驾驶操纵的反应力度也小，即在该层飞行，可操纵性要低于在对流层中飞行。

1.1.3 大气的性质

1. 地球大气的基本性质

大气在物理特性上属于流体，除了具有一般流体的连续性、流动性和黏滞性等特点以外，还具有非常特殊的可压缩性。

1）连续性

在研究地球大气的运动规律时，常把大气视作连续介质，即把由离散的气体分子构成的实际流体，当作是由无数流体质点无间隙地连续分布而构成的，故在大气中形成各种物理量场，并能使用数学分析，对流体力学问题进行理论求解。关于连续介质的假设，在对流层和平流层中均能满足，但相对于飞机在空气中飞行，当出现空气动力学中的激波区时，只要把激波考虑成物理量场的间断面或不连续面，此时仍可采用连续介质的假设。

例如：在讲到某一点流体的密度时候，从微观上讲是无意义的，但从宏观上讲流体的密度就有意义，它就是

$$\rho = \lim_{\Delta v \to} \frac{\Delta M}{\Delta V} = \frac{\mathrm{d}m}{\mathrm{d}v} \tag{1.4}$$

式中，ρ 为空气密度；M 为空气质量；V 为空气体积。

2）流动性

流体的流动性不难理解，就是在切应力的作用下，可以任意变形，没有一定的形状，只要时间充分，形变可以一直进行下去，这就是流体的流动性。

3）黏性

流体分子之间存在着黏性，也叫黏滞性。表现为在两层流体间有相对运动时，因分子热运动的动量交换作用，在流体层之间存在一种相互牵制的作用力，称为分子黏性力。当运动速度较小时，黏性力对流体的运动不起主导作用，尤其是大气，常可把它视作无黏性的理想流体，例如自由大气就是一种近似的理想流体。

4）特殊的可压缩性

一般流体都是可压缩的，气体的可压缩性比液体的可压缩性更大。但当气流速度较小时，其可压缩性并不明显。气象学中常把大范围的空气水平运动当作不可压缩的流体来处理。

大气除了具有流体的共性之外，还具有气体的个性。

(1) 空气的运动常与热量的输送紧密联系，大气密度的空间分布不仅与气压有关，还与密度有关。

(2) 空气的运动常包含两种运动，一种是有规则的运动，另外一种是无规则的运动，即对流运动和湍流运动。

2. 大气的状态方程

大气密度的空间分布与压强和温度有关，所以大气的运动与热量传递有关。在通常的

温度、压强条件下，空气及其各组成气体均可视为理想气体，即满足理想气体状态方程。

$$\rho V = \frac{m}{M}R^* T \tag{1.5}$$

式中，ρ 为气压；V 为体积；M 为摩尔质量；m 为质量；$R^* = 8.31\text{J}/(\text{mol}\cdot\text{K})$，称为摩尔气体常数；$T$ 为温度。

1）干空气状态方程

干空气作为由理想气体组成的均匀混合气体，可视为单一成分，故干空气状态方程为

$$p_d = \frac{m}{V}\frac{R^*}{M}T = \rho_d R_d T \tag{1.6}$$

式中，p_d 表示干空气压强；ρ_d 为干空气密度；R_d 为干空气的比气体常数，$R_d = \frac{R^*}{M_d} = 287\text{J}/(\text{kg}\cdot\text{K})$，$M_d = 28.964\,4\text{kg/kmol}$。

2）水汽状态方程

按照以上公式，可得水汽的状态方程

$$e = \rho_v R_v T \tag{1.7}$$

式中，e 表示水汽分压强，即水气压；ρ_v 为水汽密度；R_v 为水汽的比气体常数，$R_v = \frac{R^*}{M_v} = 461\text{J}/(\text{kg}\cdot\text{K})$，$M_v = 18.016\text{kg/kmol}$，比气体常数表示单位质量理想气体的气体常数，随气体的种类而异。

3）湿空气状态方程

在对流层中，尤其是低层、空气中总含有一定量的水汽，通常把含有水汽的空气称为湿空气(moist air)，以与干空气相区别。湿空气的状态方程可由湿空气密度 $\rho = \rho_d + \rho_v$ 的表达式来确定，并以 $p = p_d + e$ 表示湿空气的压强。

$$\rho = \rho_d + \rho_v = \frac{p_d}{R_d T} + \frac{e}{R_v T} = \frac{1.608(p-e)+e}{R_v T} = \frac{p}{R_d T}\left(1 - 0.378\frac{e}{p}\right)$$

必须指出的是，对湿空气中的水汽，道尔顿分压定律只是近似适用，故上述公式中使用水汽的状态方程式，会有一定的误差。

由于一般水汽含量较少，即 $e \ll p$，故上述公式可改写为 $p = \rho R_d T\left(1 - 0.378\frac{e}{p}\right)^{-1}$

将上式的右端乘以 $\left(1 - 0.378\frac{e}{p}\right) \Big/ \left(1 - 0.378\frac{e}{p}\right)$，不计 $\left(0.378\frac{e}{p}\right)^2$，则得

$$p = \rho R_d T\left(1 + 0.378\frac{e}{p}\right)$$

常定义 $T_v = T\left(1 + 0.378\frac{e}{p}\right)$，称为虚温(virtual temperature)，此时 $p = \rho R_d T_v$ 就变为 $p = \rho R_d T\left(1 + 0.378\frac{e}{p}\right)$，从形式上看可以发现该公式和干空气方程类似，差别在于用虚温代替了实际温度。

由于湿空气中的水汽含量可变，故使得湿空气的“比气体常数”可变，但这样有悖于比气体常数的含义，故引进虚温的概念，仍以干空气比气体常数来表示湿空气状态方程相对来说比较方便。实际大气中含有 0～7％的水汽，由于水汽密度低于干空气密度，故湿空气的密

度常小于由公式的计算值，对热带低层的潮湿空气，偏低约1%～2%，在比较精确的测定中，必须考虑湿空气中水汽引起的密度修正，此时应以虚温代替实际气温，即假设气温稍有升高或温度升高后，干空气的密度与湿空气的密度一致。

3. 正压大气与斜压大气

正压大气密度的分布只依赖于气压分布，是一种理想化的模式大气。在正压大气中，等压面、等密度面和等温面是重合的，因此，在等压面上没有等温线，水平温度梯度为零，热成风也为零。

在正压大气中，等压面上各点的温度相同，两个等压面之间的厚度也处处相同，等压面彼此是平行的，而且各个等压面上的风也一样，因此，可以用某一个等压面上的运动状态，代表整层大气的运动状态，这种模式称为正压模式。在实践中，常近似地把500hPa（百帕）等压面当作正压场，用它代表整层大气的情况。

由于正压模式处理简单，而且可以改变其中的某些参数使其与斜压大气更接近，因此，正压模式至今仍在有效地应用。在低纬大气中，等压面上的等温线很稀疏，此时可用正压大气去近似。在正压大气中，扰动发展的能源主要来自平均运动的动能。

斜压大气密度的分布决定于气压，同时又依赖于气温的分布。与正压大气不同，斜压大气中的等压面、等密度面和等温面是彼此相交的。而且，等压面上的等温线越密集（温度梯度越大），斜压性越强，反之，等压面上的等温线越稀疏（温度梯度越小），斜压性越弱。因为地转风随高度的变化依赖于两等压面间的平均温度梯度，所以，在斜压大气中才有热成风，有地转风随高度的变化。在大气中斜压性较强的区域，常伴有运动状态的急剧变化或带来强烈的天气变化，例如，大气中的锋面区域。在斜压大气中，天气系统既有水平变化，也有一定的铅直结构，大气的运动状态，在不同高度上不同。因此，决不能用一个层次的状态来概括整个大气层的情况，而需用多层次的不同情况来分别描写，即用斜压模式。在斜压大气中，扰动发展的能源主要来自大气全势能的释放。

4. 标准大气

大气的物理状况复杂多变，实际大气状态是在不断变化着的，而飞机的性能和某些仪表（高度表、空速表等）的示度，都与大气状态有关。其中主要表现为气压、温度和密度的垂直分布，这些大气状态的参数在航空航天设计、飞行器技术、军事和空间科学中应用比较广泛。为了建立可供参考和比较的标准，根据大量的高空大气探测资料和有关理论，对主要大气物理特性随高度的平均分布规定一种最接近实际大气的大气结构模式，称为标准大气。

世界气象组织关于标准大气的定义是："能粗略地反映周年、中纬度状况的、取得国际认可的，假定的大气温度、压强和密度的垂直分布。假定空气服从使温度、气压和密度与位势建立关系的理想气体定律和流体静力学方程。考虑随地球的旋转，在周日循环和半年变化，从活动到平静的地磁影响条件范围，以及从活动到平静的太阳黑子条件的平均值。它的典型用途是作为气压高度表校准、飞机性能计算、飞机和火箭设计、弹道制表和气象制图的基准。在一个时期内，只能规定一个标准大气，这个标准大气，除相隔多年进行修正外，不允许经常变动"。

目前由国际民航组织统一采用的标准大气，与我国北纬45°地区的大气十分接近，低纬

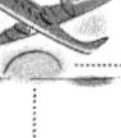

度地区则有较大偏差。我国规定，在建立自己的标准大气之前，取其 30km 以下部分作为国家标准，其特性规定如下。

(1) 干洁大气，且成分不随高度改变，平均分子量 m=28.9644；

(2) 具有理想气体性质；

(3) 标准海平面重力加速度 g_0=9.806 65m/s^2；

(4) 海平面气温 T_0=288.16K=15℃；海平面气压 P_0=1 013.25hPa=760mmHg=1 个大气压；海平面空气密度 ρ_0=1.225kg/m^3；

(5) 处于流体静力平衡状态；

(6) 在海拔 11 000m 以下，气温直减率为 0.65℃/100m；从 11 000～20 000m，气温不变，为－56.5℃；从 20 000～30 000m，气温直减率为－0.1℃/100m。

标准大气的气温、气压和相对密度(某高度的空气密度与海平面空气密度之比)随高度的分布情况见表 1.1。

表 1.1 标准大气

高度/km	温度/℃	气压/hPa	相对密度/%
20.0	－56.5	54.7	7.2
17.5	－56.5	81.2	10.7
15.0	－56.5	120.5	15.8
12.5	－56.5	178.7	23.5
10.0	－50.0	264.4	33.7
7.5	－33.7	382.5	45.4
5.0	－17.5	540.2	60.1
2.5	－1.3	746.8	78.1
1.0	8.5	898.7	90.7
0.5	11.7	954.6	95.3
0.0	15.0	1 013.25	100.0

1.2 基本气象要素的变化对飞行的影响

表示大气状态的物理量和物理现象通称为气象要素。气温、气压、湿度等物理量是气象要素，风、云、降水等天气现象也是气象要素，它们都能在一定程度上反映当时的大气状况。本节讨论三种最基本的气象要素——气温、气压和空气湿度，它们也称为三大气象要素。

1.2.1 气温

1. 基本概念

气温是表示空气冷热程度的物理量，实质上是空气分子平均动能大小的宏观表现。一般情况下可将空气看作是理想气体，这样空气分子的平均动能就是空气内能，因此气温的升高或降低，也就是空气内能的增加或减少。气温通常用三种温标来量度，即摄氏温标(℃)、华氏温标(°F)和绝对温标(K)。

(1) 摄氏温标：将标准状况下纯水的冰点定为0℃，沸点定为100℃，其间分为100等分，每一等分为1℃。

(2) 华氏温标：将纯水的冰点定为32°F，沸点定为212°F，其间分为180等分，每一等分为1°F。1℃与1°F是不相等的，通过式(1.8)可将摄氏度换算为华氏度。

$$F=\frac{9}{5}C+32 \tag{1.8}$$

式中，F表示华氏温度；C表示摄氏温度。

(3) 绝对温标：在绝对温标下，以冰、水和水汽平衡共存的三相点为此温标的273.16K，水的沸点为373.16K。绝对温标多用于热力学理论研究。

2. 气温变化的基本方式

在实际大气中，气温变化的基本方式可分为非绝热变化和绝热变化。

1) 非绝热变化

非绝热变化是指空气块通过与外界的热量交换而产生的温度变化。气块与外界交换热量的方式主要有传导、辐射、对流、乱流和蒸发凝结(包括升华、凝华)。

(1) 传导。空气依靠分子的热运动，将热量从高温物体直接传递给低温物体，从而达到热量平衡的传热方式。由于空气分子间隙大，通过传导交换的热量很少，仅在贴地层中较为明显。

(2) 辐射。辐射是指物体以电磁波的形式向外放射能量的传热方式。一切温度不低于绝对零度的物体，都会向周围放出辐射能，同时也吸收周围的辐射能。物体温度越高，辐射能力越强，辐射的波长越短。如物体吸收的辐射能大于其放出的辐射能，温度就要升高，反之则温度降低。

地球—大气系统热量的主要来源是吸收太阳辐射(短波)。当太阳辐射通过大气层时，有24%被大气直接吸收，31%被大气反射和散射到宇宙空间，余下的45%到达地表。地面吸收其大部分后，又以反射和辐射(长波)的形式回到大气中，大部分被大气吸收。同时，大气也在不断地放出长波辐射，有一部分又被地表吸收。这种辐射能的交换情况极为复杂，但对大气层而言，对流层热量主要直接来自地面的长波辐射，平流层的热量主要来自臭氧对太阳紫外线的吸收。因此这两层大气的气温分布有很大的差异。总的来说，大气层白天由于太阳辐射而增温，夜间由于向外放出辐射而降温。

(3) 对流。当暖而轻的空气上升时，周围冷而重的空气便下降来补充，这个升降运动称为对流。通过对流，上下层空气互相混合，热量随之得到交换，使低层的热量传递到较高的层次。这是对流层中热量交换的重要方式。

(4) 乱流。空气不规则的小范围涡旋运动称为乱流，又称湍流。乱流使空气微团产生混合，气块间热量随之得到交换。摩擦层下层由于地表的摩擦阻碍而产生扰动，以及地表增热不均而引起空气乱流，是乱流活动最强烈的层次。乱流是摩擦层中热量交换的重要方式之一。

(5) 蒸发(升华)和凝结(凝华)。水的三态变化伴随着热量的释放或吸收。水在蒸发(或冰在升华)时要吸收热量；而水汽在凝结(或凝华)时，会放出热量。这些热量称为潜热。如果蒸发(升华)的水汽，不是在原处凝结(凝华)，而是被带到别处去凝结(凝华)，就会使热

量得到传送。这样，地面和大气之间、空气团与空气团之间就会发生热量交换，从而引起气温的变化。

2）绝热变化

绝热变化是指空气块与外界没有热量交换，仅由于其自身内能增减而引起的温度变化。例如，当空气块被压缩时，外界对它做的功转化成内能，空气块温度会升高；反之空气块在膨胀时温度会降低。飞机在飞行中，其机翼前缘空气被压缩而增温，后缘涡流区，空气因膨胀而降温，对现代高速飞机来说是非常明显的。实际大气中，当气块作升降运动时，可近似地看作为绝热过程。气块上升时，因外界气压降低而膨胀，对外做功耗去一部分内能，温度降低，气块下降时则相反，温度升高。

气块在升降过程中温度绝热变化的快慢用绝热直减率来表示。绝热直减率表示在绝热过程中，气块上升单位高度时其温度的降低值（或下降单位高度时其温度的升高值）。气块在升降过程中温度的绝热变化过程有两种情况，即伴随水相变化的绝热过程和不伴随水相变化的绝热过程。

（1）干绝热过程。在绝热过程中，如果气块内部没有水相的变化，称为干绝热过程（即干空气或未饱和湿空气的绝热过程）。在干绝热过程中，气块温度的直减率叫干绝热直减率，用 γ_d 表示。根据实际计算，$\gamma_d=1℃/100m$（见图 1.5）。

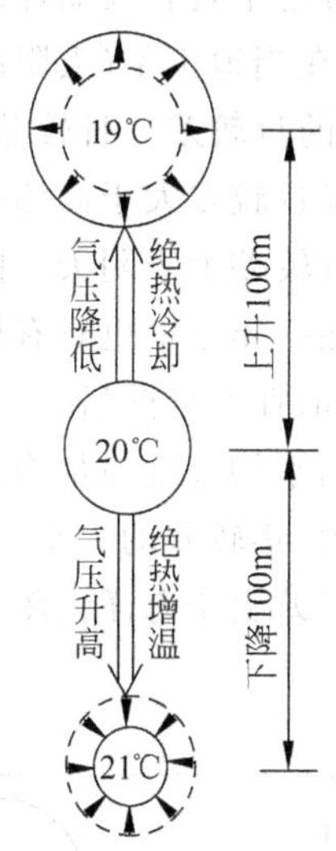

图 1.5　气块作干绝热运动时温度的变化

（2）湿绝热过程。在绝热过程中，如果气块内部存在水相变化，称为湿绝热过程。饱和空气块在上升时，内部的水汽会因温度降低而凝结，并放出潜热补偿一部分减少的内能。相反，在下降时，则会有水汽凝结物蒸发而消耗热量，减少一部分内能。因而在湿绝热过程中，气块温度的直减率（称为湿绝热直减率，用 γ_m 表示）比 γ_d 要小，且随温度和气压而变化，其大小通常在 0.4～0.7℃/100m 之间（见表 1.2）。

表 1.2　不同温度、气压下的 γ_m 值（℃/100m）

γ_m （t/℃ ; P/hPa）	−20	−10	0	10	20
1 000	0.86	0.76	0.63	0.54	0.44
700	0.81	0.69	0.56	0.47	0.38
500	0.76	0.62	0.48	0.41	0.33

引起空气温度变化的绝热因素与非绝热因素常常是同时存在的，但因条件不同而有主次之分，当气块作水平运动或静止不动时，非绝热变化是主要的，当气块作垂直运动时，绝热变化是主要的。

3. 局地气温的变化

以上的讨论主要是针对某一块空气而言的。而对某一地点的气温(又称局地气温)来说,其变化除了与那里的气块温度的绝热和非绝热变化有关外,还与不同温度气块的移动有关。近地面局地气温的变化,主要决定于气块的非绝热变化和气块的水平运动。前者的变化比较有规律,而且具有周期性(年变化和日变化),而后者的变化无一定规律。

1) 局地气温的周期变化

由于太阳辐射强度具有年变化和日变化的特点,因而局地气温也具有日变化和年变化。气温在一日之中具有周期性的变化,有一个最低值和最高值,最低值一般出现在早晨日出前后,最高值在当地正午(太阳高度角最大)后 2h 左右。一天之中,气温的最高值与最低值之差,叫气温的日较差。日较差的大小与纬度、季节、地表性质和天气状况等因素有关。一般低纬的气温日较差大于高纬,夏季的气温日较差大于冬季,陆地的气温日较差大于海洋,晴天的气温日较差大于阴天。图 1.6 为北京 10 月份气温平均日变化情况。

气温在一年之中也具有周期性变化,一般也有一个最低值和最高值。其最低值在大寒前后,最高值在大暑前后。一年中气温的变化也可用气温的年较差来表示,气温的年较差是指最热月的平均温度与最冷月的平均温度之差,由于是平均温度之差,所以年较差并不一定比日较差大,年较差的大小与纬度和海陆分布有关,一般高纬的气温年较差大于低纬,陆地的气温年较差大于海洋。图 1.7 为北京和广州的气温年变化情况。

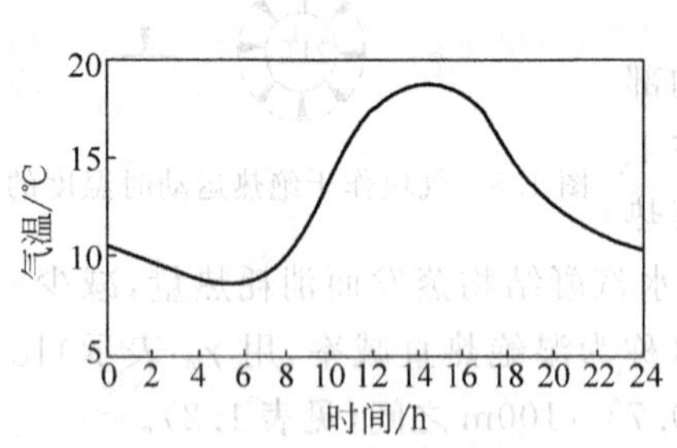

图 1.6 北京 10 月份气温平均日变化

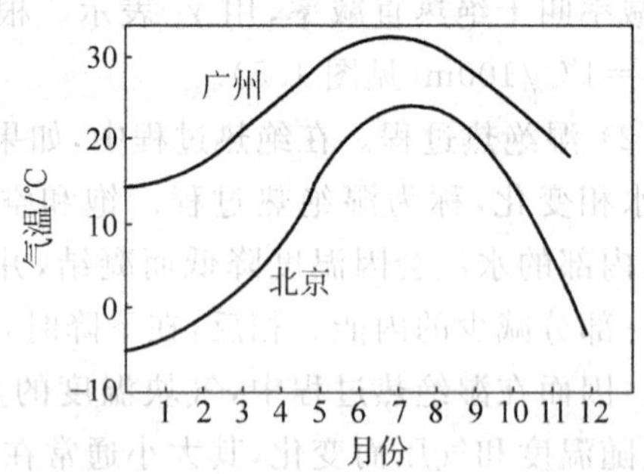

图 1.7 北京、广州气温的年变化

2) 局地气温的非周期变化

局地气温除了周期性的变化之外,还有非周期性的变化,这主要是由于大规模冷暖空气运动和阴雨天气的影响。例如,白天产生了较大降雨(雪)时,可使气温日较差大大减小,甚至可能使日最高气温出现在晚上。我国江南春季气温不断升高时,北方冷空气南下可能会产生倒春寒天气;秋季气温也可能会突然回暖,形成"秋老虎"天气。

1.2.2 气压

气压即大气压强,是指与大气相接触的单位面积上,大气所施加的压力。这个力是由空气分子对接触面的碰撞而引起的,也是空气分子运动所产生的压力。常用的量度气压的单位有 hPa(百帕)和 mmHg(毫米汞柱)。

$$1\text{hPa} = 100\text{N/m}^2 = 0.75\text{mmHg}$$

1. 气压随高度的变化

在大气处于静止状态时，某一高度上的气压值等于其单位水平面积上所承受的上部大气柱的重量。随着高度增加，其上部大气柱越来越短，且气柱中空气密度越来越小，气柱重量也就越来越小(见图1.8)。

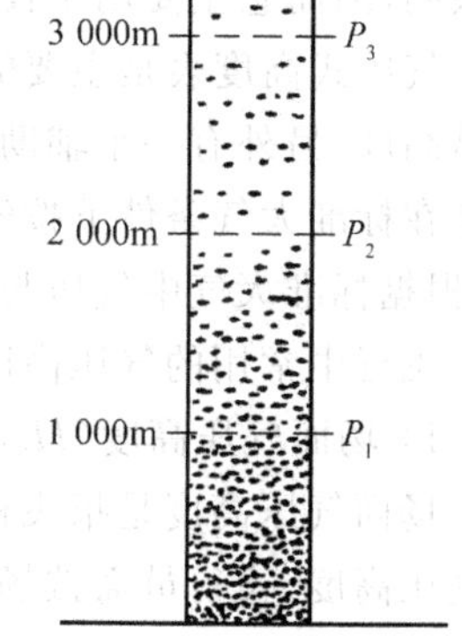

图 1.8 气压随高度的变化

因此，气压总是随高度而降低的，z_1、z_2 高度上的气压差，应等于这两个高度间空气柱的重量，即

$$P_2 - P_1 = -\rho g(z_2 - z_1) \times 1 \tag{1.9}$$

即

$$\Delta P = -\rho g \Delta z \tag{1.10}$$

取极限可得

$$dP = -\rho g\,dz \tag{1.11}$$

式(1.10)称为静力学方程，其反映了静止大气中气压随高度的变化特点。由此可见，在 Δz 不变的情况下，随高度增加，空气密度 ρ 减小，ΔP 也随之减小，即高度越高，气压随高度降低得越慢。在同一高度上，气温高的地区气压降低得比气温低的地区慢，就是这个道理。

2. 航空上常用的气压

1) 本站气压

本站气压是指气象台气压表直接测得的气压。由于各观测站所处地理位置及海拔高度不同，所测得的本站气压常有较大的差异。

2) 修正海平面气压

修正海平面气压是由本站气压推算到同一地点海平面高度上的气压值，简称修正海压(QNH)。运用修正海平面气压便于分析和研究气压水平分布情况。海拔高度大于1 500m的观测站，由于推算出的海平面气压误差可能过大，从而失去意义，因此不进行海平面气压的推算修正。

3) 场面气压

场面气压是指着陆区(跑道入口端)最高点的气压，简称场压(QFE)。场面气压也是由本站气压推算出来的。飞机起降时为了准确掌握其相对于跑道的高度，就需要知道场面气压。场面气压也可由机场标高点处的气压代替。

4) 标准海平面气压

大气处于标准状态下的海平面气压称为标准海平面气压，简称标准海压(QNE)，其值为1 013.25hPa或760mmHg。海平面气压是经常变化的，而标准海平面气压是一个常数。

3. 气压与高度

飞机飞行时，测量高度多采用无线电高度表和气压式高度表。无线电高度表所测量的是飞机相对于所飞越地区地表的垂直距离。无线电高度表能不断地指示飞机相对于所飞越地表的高度，并对地形的任何变化都很“敏感”，这既是很大的优点，又是严重的缺点。如果在地形多变的地区上空飞行，飞行员试图按无线电高度表保持规定飞行高度，飞机航迹将随地形起伏。而且，如果在云上或有限能见度条件下飞行，将无法判定飞行高度的这种变化是由于飞行条件受破坏造成的，还是由于地形影响引起的。这样就使无线电高度表的使用受到限制，因而它主要用于校正仪表和在复杂气象条件下着陆使用。

气压式高度表是主要的航行仪表。它是一个高度灵敏的空盒气压表，但刻度盘上标出的是高度，另外有一个辅助刻度盘可显示气压，高度和气压都可通过旋钮调定。高度表刻度盘是在标准大气条件下按气压随高度的变化规律而确定的，即气压式高度表所测量的是气压，根据标准大气中气压与高度的关系，就可以表示高度的高低。

飞行中常用的气压高度有场面气压高度、标准海平面气压高度和修正海平面气压高度。

1）场面气压高度（H_{QFE}）

场面气压高度是指飞机相对于起飞或着陆机场跑道的高度。为使气压式高度表指示场面气压高度，飞行员需按场压来拨正气压式高度表，将气压式高度表的气压刻度拨正到场压值上。

2）标准海平面气压高度（H_{QNE}）

标准海平面气压高度是指相对于标准海平面（气压为 760mmHg 或 1 013.25hPa）的高度。飞机在航线上飞行时，都要按标准海平面气压调整高度表，目的是使所有在航线上飞行的飞机都有相同的"零点"高度，并按此保持规定的航线仪表高度飞行，以避免飞机在空中相撞。

3）修正海平面气压高度（H_{QNH}）

如果按修正海平面气压拨正气压式高度表，则高度表将显示出修正海平面气压高度。在飞机着陆时，将高度表指示高度减去机场标高就等于飞机距机场跑道面的高度（见图 1.9）。

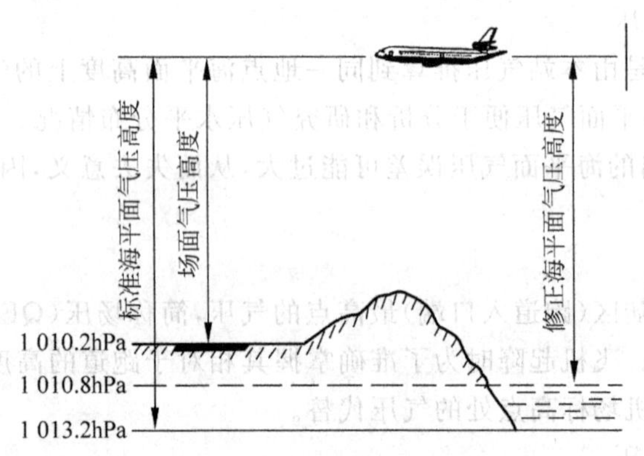

图 1.9 各种气压高度示意图

4. 气压的水平分布特点

气压的水平分布可由水平气压场反映。水平气压场是指某一水平面上的气压分布，这一水平面通常取为海平面。将海拔高度在 1 500m 以下的各气象观测站推算出的海平面气压填在一张图上，绘出等压线，则可显示海平面上的气压分布。通常每隔 2.5hPa 或 5hPa 画一条等压线，在其两端或闭合等压线的北方标注气压数值。常见的水平气压分布的基本形式有 5 种（见图 1.10）。

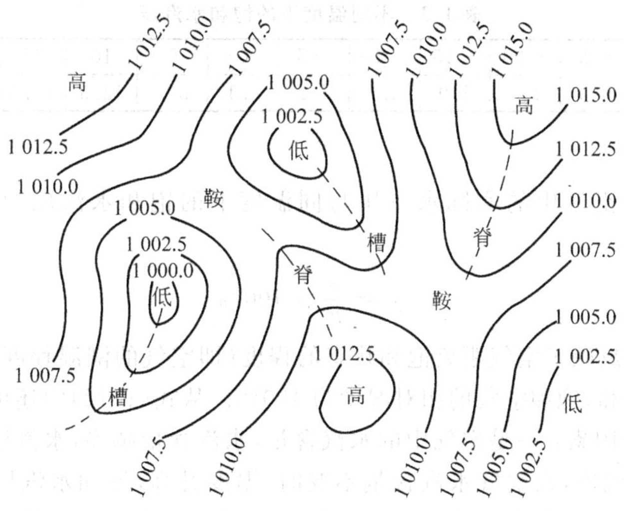

图 1.10 水平气压场的基本形式(单位：hPa)

1）低压

由闭合等压线构成的中心气压比四周气压低的区域叫低气压，简称低压。

2）低压槽

由低压延伸出来的狭长区域叫低压槽，低压槽中各条等压线弯曲最大处的连线叫槽线。

3）高压

由闭合等压线构成的中心气压比四周高的区域叫高气压，简称高压。

4）高压脊

由高压伸展出来的狭长区域叫高压脊，高压脊中各条等压线弯曲最大处的连线叫脊线。

5）鞍形气压区

两高压和两低压相对组成的中间区域叫鞍形气压区，简称鞍。

以上 5 种气压水平分布的基本形式统称气压系统，气压场就是由气压系统组合而成的。

1.2.3 空气湿度

水汽是大气的组成之一，水汽含量随时间、地点、高度、天气条件的变化而变化。空气湿度是用来度量空气中水汽含量多少或空气潮湿程度的物理量。

1. 常用的湿度表示方法

1）水汽压和饱和水汽压

水汽压(e)是空气中的水汽所产生的那部分压力，是气压的一部分。在其他条件相同时，水汽含量越多，水汽压越大。在温度一定的情况下，单位体积空气所能容纳的水汽含量有一定的限度，如果水汽含量达到了这个限度，空气就呈饱和状态，此时的空气称为饱和空气。饱和空气的水汽压称为饱和水汽压(E)。理论和实验都证明，饱和水汽压的大小仅与气温有关，气温越高，饱和水汽压越大。因此气温升高时，空气的饱和水汽压增大，容纳水汽的能力就增大(见表 1.3)。

表 1.3　不同温度下的饱和水汽压

温度/℃	−30	−25	−20	−15	−10	−5	0	5	10	15	20	25	30
E/hPa	0.5	0.8	1.3	1.9	2.9	4.2	6.1	8.7	12.3	17.0	23.4	31.7	42.4

2）相对湿度

相对湿度是指空气中的实际水汽压与同温度下的饱和水汽压的比值(用百分数表示)，即

$$f=\frac{e}{E}\times 100\% \tag{1.12}$$

相对湿度直接反映了空气距离饱和状态的程度(即空气的潮湿程度)。相对湿度越大，说明空气越接近饱和，饱和空气的相对湿度为100%。从式(1.12)中还可以看出，相对湿度的大小取决于两个因素：一是空气中的水汽含量，水汽含量越多，水汽压越大，相对湿度越大；另一个因素是温度，在空气水汽含量不变时，温度升高，饱和水汽压增大，相对湿度较小。通常情况下，气温变化大于水汽含量变化，一个地方的空气相对湿度的变化主要受温度的影响，晚上和清晨相对湿度较大，中午、下午相对湿度较小。

3）露点(t_d)和温度露点差($t-t_d$)

在空气中水汽含量不变且气压一定时，气温降低到使空气达到饱和时的温度，称为露点温度，简称露点。其单位与气温相同。在气压一定时，露点的高低只与空气中水汽含量的多少有关，水汽含量越多，露点温度越高，所以露点也是反映空气中水汽含量多少的物理量。

在实际大气中，空气经常处于未饱和状态，露点温度常比气温低($t_d<t$)。只有当空气达到饱和时，露点才和气温相等($t_d=t$)。因此，可用两者的差值($t-t_d$)来判断空气距离饱和的程度。$t-t_d$ 称为气温露点差，气温露点差越小，空气越潮湿。

露点温度的高低还和气压大小有关。在水汽含量不变的情况下，气压降低时，露点温度也会随之降低。实际大气中作上升运动的空气块，一方面由于体积膨胀而绝热降温，另一方面由于气压的减小其露点温度也有所降低。但气温的降低速度远远大于露点温度的降低速度，因而空气块只要能上升到足够的高度就能达到饱和(气温和露点趋于一致)。一般而言，未饱和空气每上升100m，温度下降约1℃，而露点温度下降约0.2℃，因此气温露点差的减小速度约为0.8℃/100m。

2. 空气湿度的变化

空气湿度有两方面的含意，即空气的水汽含量和饱和程度。二者既不相同，又有联系，空气湿度的变化就是从这两方面来考虑的。

1）空气中水汽含量的变化

空气中的水汽含量与地表有关，地面潮湿的地方空气中的水汽含量较高；在同一地区，水汽含量与气温的关系很大，在温度升高时饱和水汽压增大，空气中的含水量也相应增大。对一定地区来说，水汽含量与气温的变化规律基本相同，即白天大于晚上，最高值出现在午后。但在大陆上当乱流特别强时，由于水汽迅速扩散到高空，近地面空气水汽含量反而有迅速减少的现象。水汽含量的年变化与气温的年变化相当吻合，最高在7—8月，最低在1—2月。

2）空气饱和程度的变化

空气的饱和程度与气温高低和空气水汽含量的多少有关。但由于气温变化比露点温度

的变化要快，空气饱和程度一般是早晨大午后小，冬季大夏季小。露珠一般出现在夏季的早晨，而冬季的夜间容易形成霜。夜间停放在地面的飞机冬季表面结霜、夏季油箱积水等现象，都和空气饱和程度的变化有关。

此外，由于大气运动及天气变化等因素的影响，空气湿度还有非周期性的变化，此处不再讨论。

1.2.4 基本气象要素与飞行

1. 气体状态方程

在研究大气状态变化时，可将常规条件下的大气近似地看作理想气体，其气温、气压和体积 3 个状态参量之间的关系，可用理想气体的状态方程来表示

$$PV = \frac{M}{\mu}RT \tag{1.13}$$

式中，M 为气体质量；μ 为摩尔气体质量；R 为摩尔气体常数(其值为 8.31J/(mol·K))。

式(1.13)在分析实际大气状态时不便于使用，因为体积 V 和质量 M 两个参数无法直接测量。为了便于分析，设 $R_{比}=R/\mu$(称为比气体常数)，再由 $\rho=M/V$ 代入式(1-9)，则得

$$P = \rho R_{比} T \tag{1.14}$$

式(1.14)是研究实际大气常用的状态方程。其中，ρ 为空气密度，$R_{比}$ 与空气的组成有关，对干洁空气和水汽含量不同的湿空气，其值略有差异，但变化不大，一般情况下可视为常数。

2. 基本气象要素变化对空气密度的影响

气温、气压和空气湿度的变化都会对飞机性能和仪表指示造成一定的影响，这种影响主要是通过它们对空气密度的影响而实现的。

由式(1.14)可得

$$\rho = \frac{P}{R_{比} T} \tag{1.15}$$

由式(1.15)可见，空气密度与气压成正比，与气温成反比。对局地空气而言，气温变化幅度比气压变化幅度要大得多，因此空气密度的变化主要由气温变化引起。

实际大气中通常含有水汽，由于水的分子量(18)比空气平均分子量(约为 29)要小得多，因此水汽含量不同的空气，密度也不一样，水汽含量越大，空气密度越小。暖湿空气的密度比干冷空气的密度要小得多(见图 1.11)。

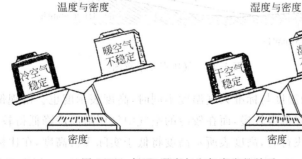

图 1.11 气温、湿度与空气密度的关系

3. 密度高度

飞行中常常用到密度高度的概念。密度高度是指飞行高度上的实际空气密度在标准大气中所对应的高度。在标准大气条件下，空气密度与高度的关系是确定的，但在实际大气中，某高度上的空气密度大小还会受到气温、湿度、气压等因素的影响。密度高度可用来描述这种密度随高度变化的差异。

如果在热天，空气受热变得暖而轻，飞机所在高度的密度值较小，相当于标准大气中较高高度的密度值，称飞机所处的密度高度为高密度高度。反之，在冷天，飞机飞行时所处位置的密度高度，一般为低密度高度。低密度高度能增加飞机操纵的效率，而高密度高度则降低飞机操纵的效率，且容易带来危险。

4. 基本气象要素变化对飞行的影响

飞机性能及某些仪表示度是按标准大气制定的。当实际大气状态与标准大气状态有差异时，飞机性能及某些仪表指示就会发生变化。下面就基本气象要素变化对飞行产生的主要影响进行讨论。

1) 对高度表指示的影响

实际大气状态与标准大气状态通常存在一定差异，因此实际飞行时高度表指示高度与当时的气象条件有关。在飞行中，即使高度表示度相同，实际高度并不都一样，尤其在高空飞行时更是如此。航线飞行时通常采用标准海平面气压高度，在标准大气中“零点”高度上的气压为 760mmHg，但实际上“零点”高度处的气压并不总是 760mmHg，因而高度表示度会出现误差。当实际“零点”高度的气压低于 760mmHg 时，高度表示度会大于实际高度；反之，高度表示度就会小于实际高度(见图 1.12)。

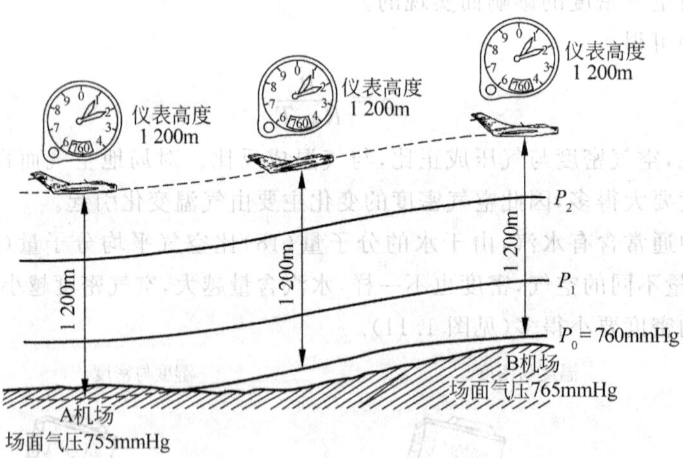

图 1.12　气压误差示意图

此外，当实际大气的温度与标准大气温度不同时，高度表示度也会出现偏差。由于在较暖的空气中气压随高度降低得较慢，而在较冷的空气中气压随高度降低得较快，因而在比标准大气温度高的空气中飞行时，高度表所示高度将低于实际飞行高度，在比标准大气温度低的空气中飞行时，高度表的示度将高于实际飞行高度(见图 1.13)。据资料统计，仪表的示

度因温度原因而产生的误差，随高度、纬度和季节而不同。冬季在我国北方地区飞行时，仪表的示度值偏高约10%左右；夏季在南方地区中高空飞行时，仪表的示度通常偏低不到10%。

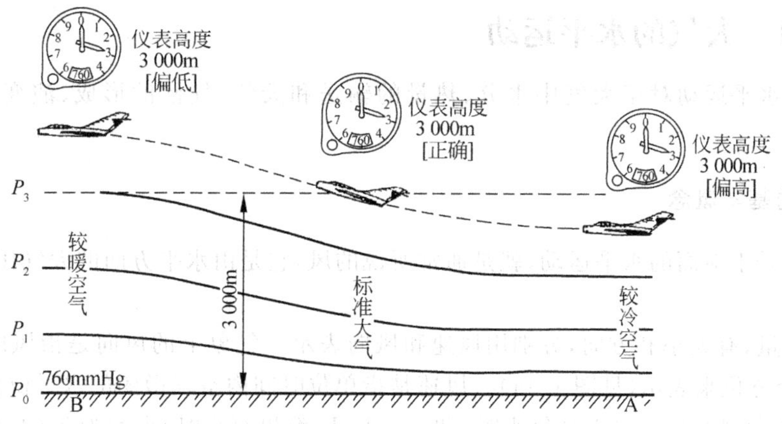

图 1.13 温度误差示意图

在山区或强对流区飞行时，由于空气有较大的垂直运动，不满足静力平衡条件，高度表示度会出现较大的误差，通常在下降气流区指示值偏高，在上升气流区指示值偏低，误差可达几百米甚至上千米。因而在这些地区飞行时，要将气压式高度表和无线电高度表配合使用，确保飞行安全。

2）对空速表指示的影响

空速表是根据空气作用于空速表上的动压来指示空速的。空速表示度不仅取决于飞机的空速，也与空气密度有关。如果实际大气密度与标准大气密度不符，表速与真空速也就不相等。实际大气密度大于标准大气密度时，表速会大于真空速，反之则表速小于真空速。

从前面的讨论我们知道，空气密度受气温、气压和湿度的影响。在暖湿空气中(如中午)飞行的飞机，空速表的示度容易偏低；而在干冷空气中飞行的飞机，空速表的示度容易偏高。

3）对飞机飞行性能的影响

飞机的飞行性能主要受大气密度的影响。如当实际大气密度大于标准大气密度时，一方面空气作用于飞机上的力要加大，另一方面发动机功率增加，推力增大。这两方面作用的结果，就会使飞机飞行性能变好，即最大平飞速度、最大爬升率和起飞载重量会增大，而飞机起飞、着陆滑跑距离会缩短。当实际人气密度小丁标准大气密度时，情况相反。

由于气温对空气密度影响最大，而且地面气温变化也很明显，因此国际民航组织建议在起飞前2h对飞机发动机进气口高度处气温预报要精确到±2℃。长距离飞行时，要用预报温度计算燃料与货物的搭载量，并在起飞前30min用实况值进行最后校准。

1.3 大气的运动

大气时刻不停地运动着，运动的形式和规模复杂多样。既有水平运动，也有垂直运动；既有规模很大的全球性运动，也有尺度很小的局地性运动。由于大气的运动，各地区和各高度之间的热量、水汽、杂质等得以输送和交换，同性质的空气得以相互接近、相互作用。空气的运动直接影响着航空活动，飞机的停场、起飞着陆、经济的飞行高度、最大航程以及油耗等都需要考虑大气运动的影响。

1.3.1 大气的水平运动

大气的水平运动对于大气中水分、热量的输送和天气、气候的形成、演变起着重要的作用。

1. 风的基本概念

空气相对于地面的水平运动，就是通常所说的风，它是由水平方向的大气压力分布不均产生的。

风是矢量，有大小和方向，分别用风速和风向表示。气象上的风向是指风的来向，常用360°或16个方位来表示(见图1.14)。风速是指单位时间内空气微团的水平位移，常用的单位是m/s(米每秒)、km/h(千米每小时)和n mile/h(海里每小时)也称为kt(节)。它们之间的换算关系为

$$1\text{m/s} = 3.6\text{km/h}, \quad 1\text{kt} = 1.852\text{km/h}$$

此外，风速大小也可用风力等级来表示(见表1.4)。

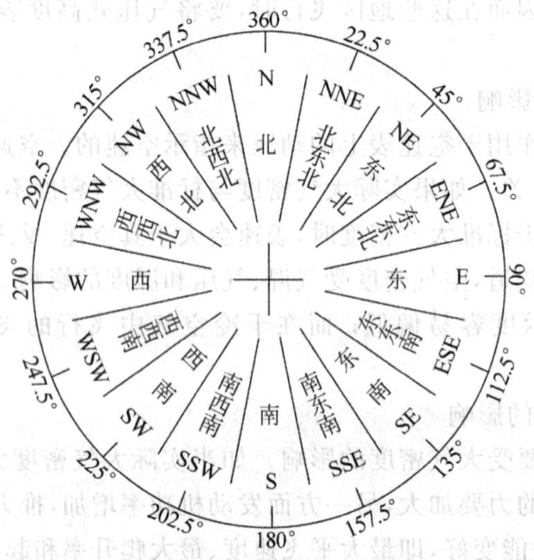

图1.14 风的方位

目前测量风的方法主要有仪器探测和目视估计两大类。常用的仪器有风向风速仪、测风气球、风袋、多普勒测风雷达等。风向风速仪是测量近地面风常用的仪器。为了便于飞行员观测跑道区的风向风速，可在跑道旁设置风袋，风袋飘动的方向可指示风向，风袋飘起的角度可指示风速。高空风可用测风气球进行探测，现在一些大型机场装有多普勒测风雷达，用来探测机场区域内一定高度风的分布情况，对飞机起降有很大帮助。风的目视估计主要是按风力等级表进行的。

表 1.4 风力等级表

风力等级	陆地地物象征	相当风速		
		m/s		km/h
		范围	中数	
0	静，烟直上	0.0～0.2	0.1	小于 1
1	烟能表示风向	0.3～1.5	0.9	1～5
2	人面感觉有风，树叶有微响	1.6～3.3	2.5	6～11
3	树叶及微枝摇动不息，旌旗展开	3.4～5.4	4.4	12～19
4	能吹起地面的灰尘及纸张，小树枝摇动	5.5～7.9	6.7	20～28
5	有叶的小树摇摆，内陆的水面有小波	8.0～10.7	9.4	29～38
6	大树枝摇动，电线呼呼有声，张伞困难	10.8～13.8	12.3	39～49
7	全树摇动，大树枝下弯，迎风步行感觉不便	13.9～17.1	15.5	50～61
8	可折断树枝，迎风步行感觉阻力很大	17.2～20.7	19.0	62～74
9	烟囱及平屋房顶受到破坏，小屋受破坏	20.8～24.4	22.6	75～88
10	陆上少见，可使树木拔起，将建筑物吹坏	24.5～28.4	26.5	89～102
11	陆上很少见，有则必有重大损毁	28.5～32.6	30.6	103～117
12	陆上绝少见，其摧毁为极大	32.7～36.9	34.8	118～133

2. 形成风的力

形成风的力主要有由于气压分布不均而产生的气压梯度力，由于地球自转而产生的地转偏向力，由于空气层之间、空气与地面之间存在相对运动而产生的摩擦力，由于空气作曲线运动时产生的惯性离心力。

1) 水平气压梯度力(**G**)

水平气压梯度力是空气产生水平运动的直接原因和动力，是由气压在水平方向上分布不均匀而形成的。

在气压水平分布图上，通过分析等压线，可以直观地了解气压系统的分布情况，也能看出气压在水平方向上变化的快慢。由于相邻两条等压线间的气压差值是一定的(一般为2.5hPa)，因此等压线的疏密程度就代表了气压在水平方向上变化快慢的程度。等压线越密的地方，气压沿垂直于等压线的方向变化就越快(沿平行于等压线的方向气压没有变化)。这一变化特点可用水平气压梯度的概念来表示。

水平气压梯度是一个向量，它的方向垂直于等压线，从高压指向低压，它的大小等于沿这个方向上单位距离内的气压差，可表示为

$$G_n = -\frac{\Delta P}{\Delta N} \tag{1.16}$$

式中，ΔN 为沿气压梯度方向上两点间的距离；ΔP 为这两点间的气压差。由于 ΔN 的方向是从高压指向低压，沿 ΔN 的方向气压总是降低的，故气压差 ΔP 恒为负值。规定气压梯度与 ΔN 方向一致时取正值，故在 $\Delta P/\Delta N$ 前加一负号(见图 1.15)。水平气压梯度的单位通常用百帕/赤道度来表示。一赤道度是指赤道上经度相差一度的纬圈长度，其值约为 111km。

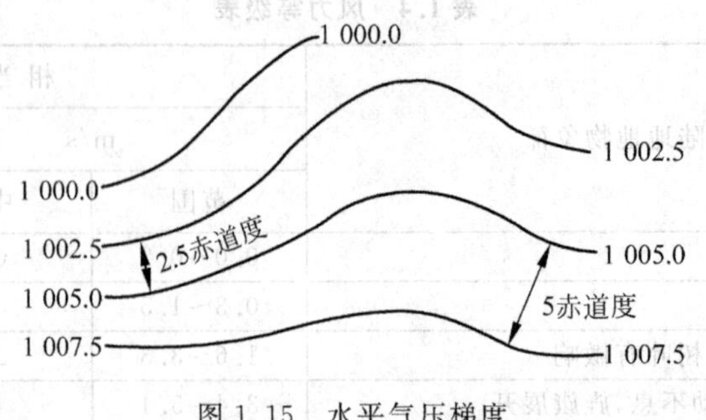

图 1.15　水平气压梯度

水平气压梯度力是由水平气压梯度引起的作用在单位质量空气上的压力差。水平气压梯度大的地方,水平气压梯度力也大,引起的风也越强。

可对上述结论加以简单证明。在 G_n 方向上选面积为 S 的横截面,则由式(1.7)可得

$$G_n = -\frac{\Delta P}{\Delta N} = -\frac{\Delta P \cdot S}{\Delta N \cdot S} = -\frac{\Delta F}{\Delta V} \tag{1.17}$$

式中,ΔF 为压力差,即静压力;ΔV 为气块的体积。可见水平气压梯度也可表示单位体积空气受到的水平静压力。将单位体积空气块换算成单位质量空气块,则得到水平气压梯度力的表达式

$$\boldsymbol{G} = -\frac{1}{\rho}\frac{\Delta P}{\Delta N} \tag{1.18}$$

由式(1.18)可见,水平气压梯度力的方向与水平气压梯度方向一致,垂直于等压线由高压指向低压,其大小与水平气压梯度成正比,与空气密度成反比。但同一水平面上空气密度通常变化不大,因此一般水平气压梯度越大的地方,水平气压梯度力也越大。

2) 地转偏向力(**A**)

地转偏向力是由地球自转引起的,使相对于地球运动的物体偏离原来运动方向的力,又称科里奥利力,简称科氏力。由于地转偏向力的存在,风不再横穿等压线从高压吹向低压,而是在自由大气中风是平行于等压线吹的,在摩擦层中风是斜穿等压线吹的。

可用一个旋转的圆盘来演示地转偏向力的作用。将逆时针旋转的圆盘(俯视)中心看作极地,将圆盘边缘看作地球上的赤道。在圆盘旋转的时候从中心向边缘画一条直线,停下圆盘后我们会发现圆盘上留下的是一条向右偏转的弧线。产生这一现象的原因,是圆盘中心旋转时的线速度小于边缘旋转时的线速度,使圆盘上形成一条向右弯曲的弧线(见图 1.16)。

图 1.16　用转动的圆盘显示地球自转效应

相对于地球运动的物体也会出现类似的情形。地球表面旋转的线速度,在赤道地区最大,随着纬度增高而逐渐减小,在极地为零。因此,当空气由极地流向赤道时,其所经地表的线速度会越来越快,在北半球使空气相对地面的移动路径向右偏转,在南半球偏转方向相反。当空气由赤道流向极地时,其所经地表旋转速度会越来越慢,同样在北半球使空气相对于地面的移

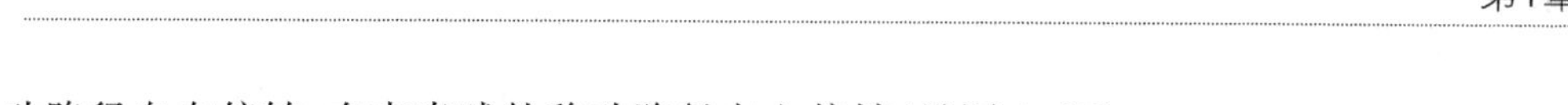

动路径向右偏转，在南半球的移动路径向左偏转(见图 1.17)。

下面我们再更详细地来讨论这个问题。如图 1.18 所示，在地球表面上任选一点 A，地球自转角速度 ω 在该点可分解为垂直于地面的角速度 ω_1 和平行于地面的角速度 ω_2。$\omega_1 = \omega\sin\varphi$，$\varphi$ 为 A 点所在纬度。可见，由于地球自转，地平面也绕其垂直轴作旋转运动。这种旋转运动在赤道为零($\varphi=0,\omega_1=0$)，而在极地等于地球自转角速度($\omega_1=\omega$)。

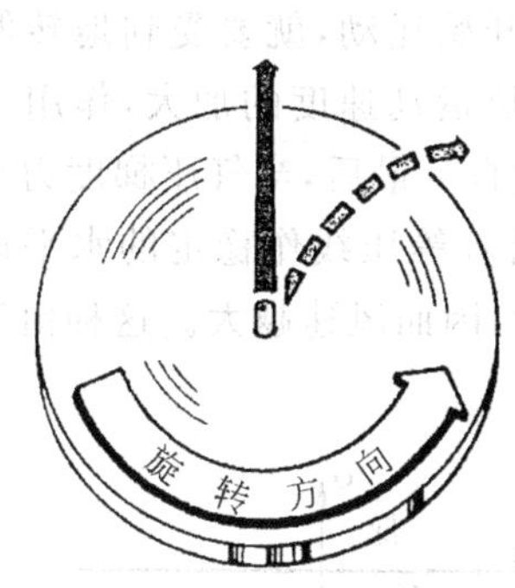

图 1.17 地球旋转对空气运动的作用

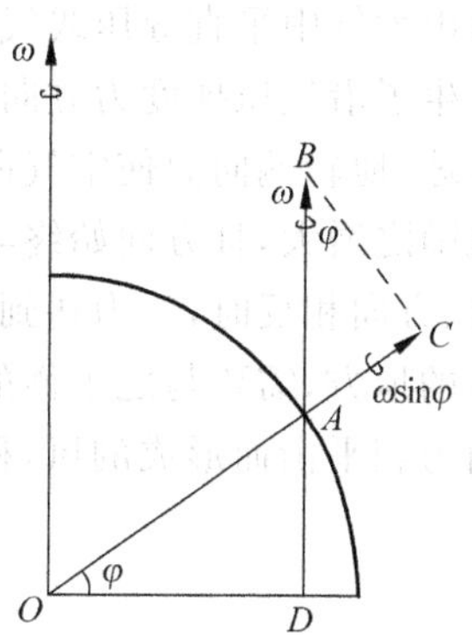

图 1.18 纬度 φ 处地平面绕其垂直轴的转动角速度

由以上讨论可知，地转偏向力是一种惯性力，它不改变运动物体速度的大小，而只改变其方向。地转偏向力是由地球自转引起的一种效应，它是虚力而不是实力，但具有实力的作用。如北半球河流的右岸往往比左岸冲刷得厉害一些，就是地转偏向力的作用。

由地球自转引起的偏转效应随纬度的增高而增强。理论分析可证明，科氏力的大小为

$$A = 2V\omega\sin\varphi \tag{1.19}$$

即 $\boldsymbol{A}$ 的大小与风速及纬度的正弦成正比。地转偏向力的方向垂直于物体运动的方向，在北半球指向右，在南半球指向左(见图 1.19)。

图 1.19 北半球风与科氏力的关系

3）摩擦力($\boldsymbol{R}$)

摩擦力是当空气在近地面运动时，地表对空气运动产生阻碍的力。摩擦力可表示为

$$\boldsymbol{R} = -K\boldsymbol{V} \tag{1.20}$$

式中，K 为摩擦系数，它取决于地表的粗糙程度，一般山区最大，海洋最小；$\boldsymbol{V}$ 为空气运动速度。$\boldsymbol{R}$ 的方向与 $\boldsymbol{V}$ 相反，其大小决定于风速和摩擦系数。

摩擦力的作用可通过空气分子、微团的运动向上传递，一直到摩擦层顶部。在自由大气中不考虑摩擦力。

4）惯性离心力($\boldsymbol{C}$)

惯性离心力是空气在水平方向上相对于地球表面作圆周运动时所产生的，其方向与速度 $\boldsymbol{V}$ 垂直，由曲率中心指向外缘，其大小为

$$C = m\frac{V^2}{r} \tag{1.21}$$

式中,V 为空气运动的线速度;r 为曲率半径;m 为空气块质量。对单位质量空气块而言,$C=V^2/r$(见图 1.20)。

3. 自由大气和摩擦层中风的形成和风压定理

1) 自由大气中风的形成及风压定理

先讨论自由大气中平直等压线气压场的简单情况。如图 1.21 所示,空气块在气压梯度力的作用下产生了沿气压梯度力方向的运动。一旦空气开始运动,就要受到地转偏向力的作用。在北半球,地转偏向力使空气向右偏转,随着空气块运动速度的加大,作用于其上的地转偏向力也随之增大,且方向始终与空气块运动方向垂直。最后,当气压梯度力与地转偏向力大小相等、方向相反时,二力达到平衡,空气块就会沿着等压线作稳定的水平运动。气压梯度力越大的地方,需要与之平衡的地转偏向力也越大,因而风速越大。这种由气压梯度力与地转偏向力相平衡而形成的风,称为地转风。

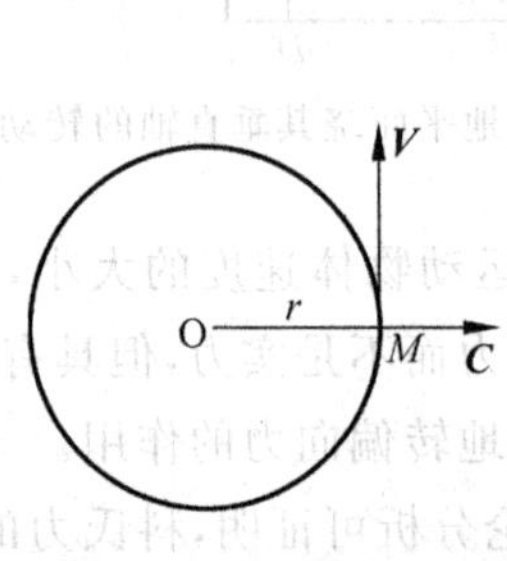

图 1.20　惯性离心力

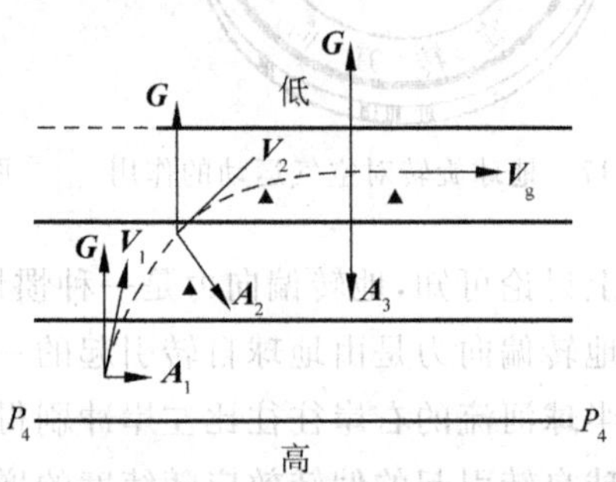

图 1.21　地转风的形成

当自由大气中的空气作曲线运动时,则需考虑惯性离心力的作用。以等压线为圆形的高压和低压为例,由图 1.22 可以看出,空气作曲线运动时,要受到水平气压梯度力、地转偏向力和惯性离心力的作用。当这三力达到平衡时,在北半球,低压区空气是沿逆时针方向旋转的,高压区空气是沿顺时针方向旋转的。在南半球则相反。

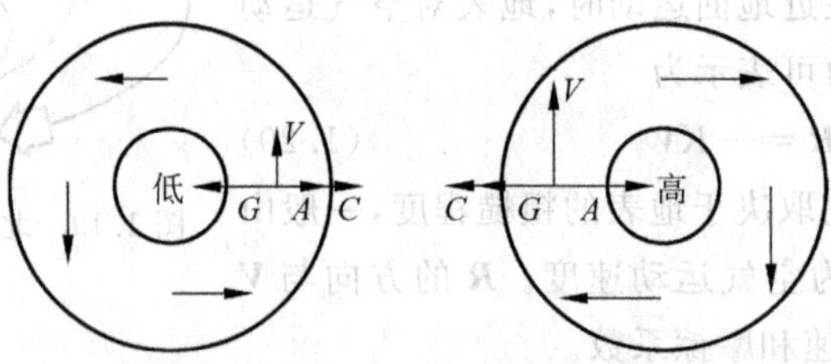

图 1.22　自由大气中低压区和高压区中的风

综上所述,可得到自由大气中空气水平运动与气压分布的关系的规律,即自由大气中的风压定理:风沿着等压线吹,在北半球背风而立,高压在右,低压在左,等压线越密,风速越大(见图 1.23)。南半球风的运动方向与北半球相反。

2) 摩擦层中风的形成及风压定理

在摩擦层中,空气的水平运动还会受到摩擦力的作用。与自由大气中的情况相比,摩擦力使风速减小,地转偏向力也相应减小,同时在北半球使风向向左偏转一定的角度。仍以平

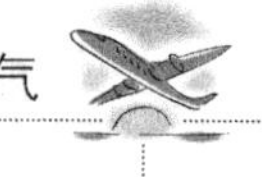

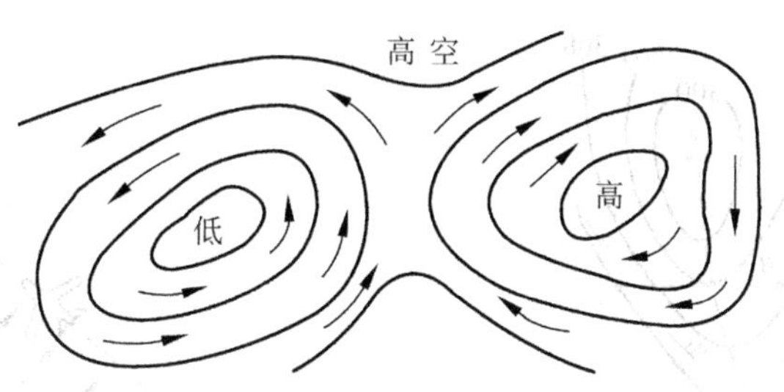

图 1.23 自由大气中风与气压场的关系

直等压线气压场为例，当气压梯度力、地转偏向力和摩擦力三力达到平衡时的风，即为摩擦层中的风（见图 1.24），我们看到，在摩擦层，风是斜穿等压线的。这样，摩擦层中的风压定理可表述为：风斜穿等压线吹，在北半球背风而立，高压在右后方，低压在左前方，等压线越密，风速越大（见图 1.25）。南半球风的运动方向与北半球相反。

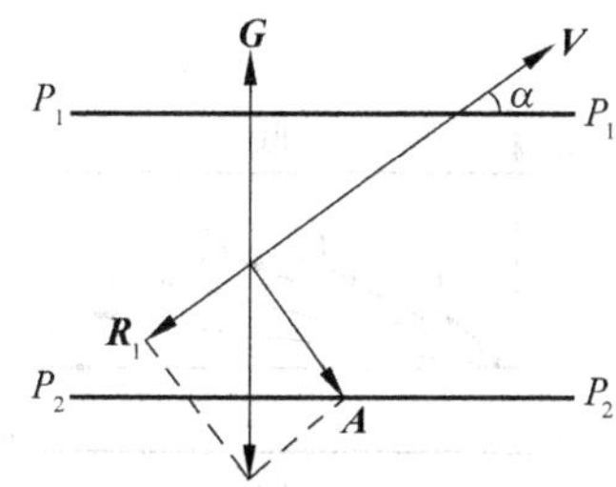

图 1.24 摩擦层中风的形成

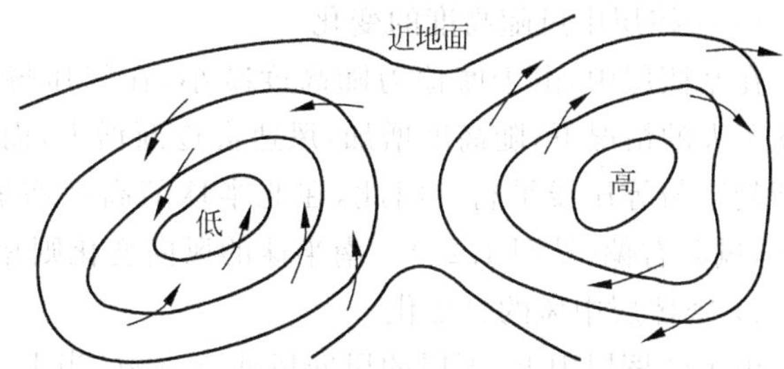

图 1.25 摩擦层中风场与气压场的关系

风斜穿等压线的角度取决于摩擦力的大小。在风速相等的情况下，地表越粗糙，风与等压线的交角越大。风与等压线的交角在陆地上约为 30°～45°，水面上约为 15°～20°。

风压定理反映了气压场与风的分布之间的关系。利用这种关系，已知气压场，可以判断风场（风的水平分布）；反过来，已知风场，也可以判定气压场。航空上，多是利用天气图上的气压场来判断有关航路或飞行空域内的风的情况。从图 1.26 中，根据摩擦层中的风压定理，可以判断图中任一地方的风向和风速的相对大小，如 A 点处吹 SSW 风，与 B 点相比，风速相对较小。从图 1.27 中，根据自由大气中的风压定理，可判断航线上风的情况，如 A 到 B 的航段上基本为顺风飞行。同样，根据飞行时遇到的风的情况，也可判断高、低压位置（见图 1.28）。

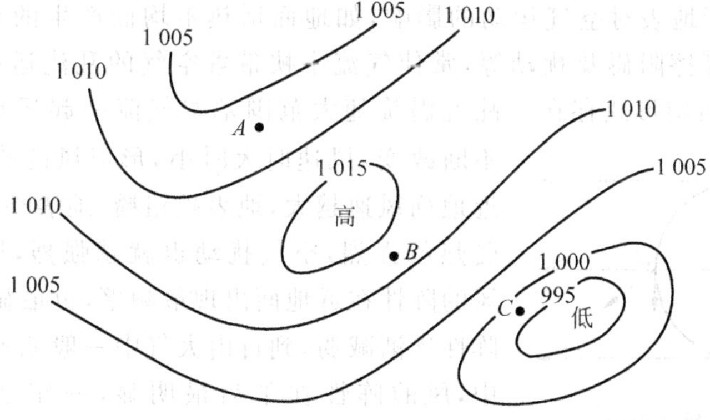

图 1.26 地面气压形势图

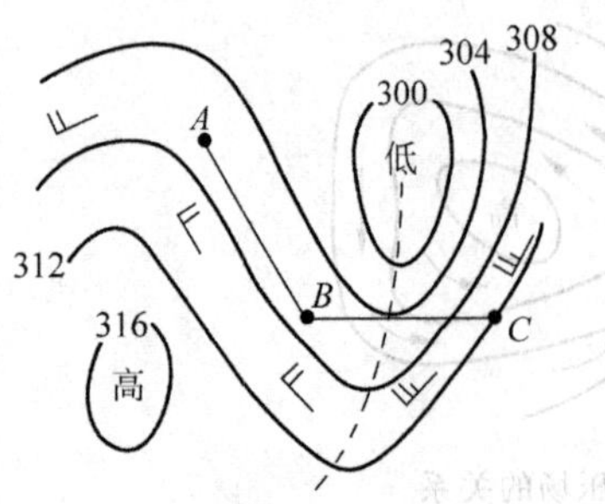

图 1.27　700hPa 空中气压形势图

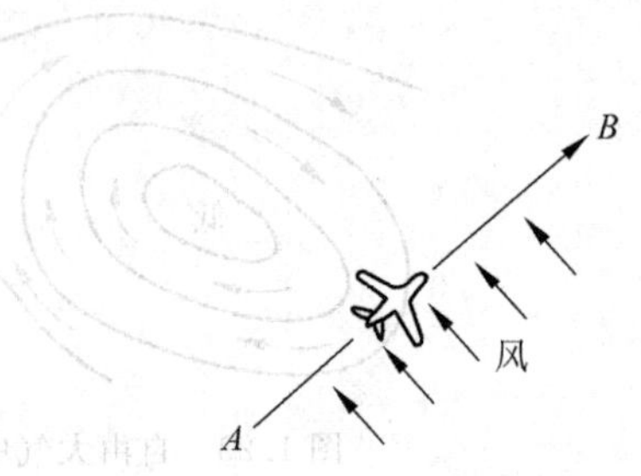

图 1.28　由风压定理可判断飞机正飞向高压区

4. 摩擦层中风的变化

实际大气中,风是随时随地变化着的。这种变化越显著,对飞行的影响就越大。

1) 摩擦层中风随高度的变化

在摩擦层中,由于摩擦力随高度减小,在气压场随高度变化不大的情况下,随高度增加,风速会逐渐增大,而风向将逐渐趋于与等压线平行。因此,在北半球随高度增加,风速增大,风向右偏(见图 1.29)。南半球的风向变化则相反。

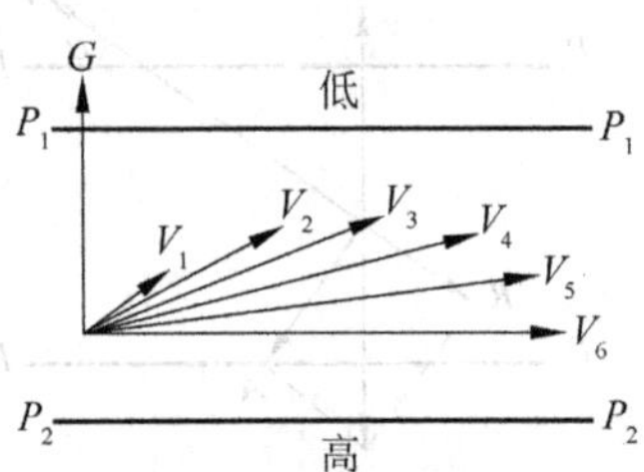

图 1.29　北半球摩擦层中风随高度变化示意图

2) 摩擦层中风的日变化

由于摩擦层中上、下层的风向风速不一致,当上、下层空气混合强烈时,其相互影响就大,上、下层的风有趋于一致的趋势。当空气混合作用减弱时,上、下层的风就显示出较大的差异。因而在白天,特别是天气晴朗的午后,由于近地层气温升高,地面增热不均,空气垂直混合作用增强,使上、下层的风向、风速趋于一致,即近地面白天风速增大,风向向右偏转,上层风的变化则相反。晚上,空气垂直混合作用减弱,上、下层的风又出现较大差异,下层的风速减小,风向左转,上层的风速增大,风向右偏。上、下层风的过渡层高度,平均为 50～100m,夏季最高,可达 300m 左右,冬季最低,可达 20m 左右。当某地受其他天气条件影响而产生较大的风时,摩擦层中这种风随着高度的变化特点以及风的日变化特点将被掩盖而表现不出来。

3) 摩擦层中风的阵性

摩擦层中由于地表对空气运动的影响,如地面增热不均而产生的空气垂直运动,地表对空气运动的摩擦阻碍及扰动等,常使气流中挟带着空气的乱流运动,这种乱流运动通常以不规则的涡旋形式存在。乱流涡旋随大范围基本气流一起运动,引起局地风向不断改变,风速时大时小,形成风的阵性(见图 1.30)。近地面风速越大,地表越粗糙,地表性质差异越大,地表受热越强烈,空气扰动也就越强烈,风的阵性就越强。风的阵性在近地面出现最频繁,也最显著,随高度增加,阵性逐渐减弱,到自由大气中一般就不明显了。一日之中,风的阵性在午后最明显,一年之中,其在夏季最明显。

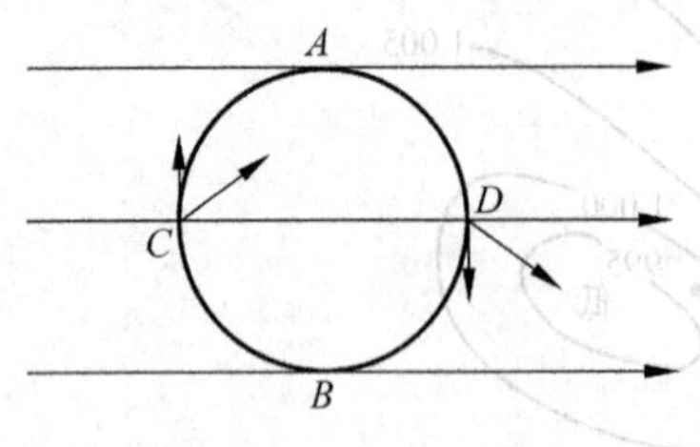

图 1.30　阵风的形成

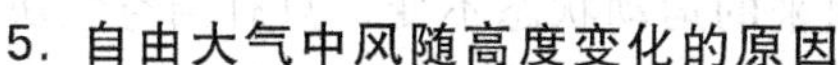

5. 自由大气中风随高度变化的原因

自由大气中风随高度有明显的变化。由于自由大气中空气运动不再受摩擦力的影响，因此风的变化主要取决于气压场的变化。而自由大气中气压随高度的变化主要是由气温水平差异引起的。如图 1.31 所示，若低层（H_1 高度上）A、B 两地之间的气压相等，由于没有气压梯度力，因此没有风。但由于存在气温差异，使气压随高度降低的速度不同，A 地气压随高度降低慢，B 地气压随高度降低快，随着高度升高，将逐渐形成由 A 指向 B 的水平气压梯度，且高度上升得越多，气压梯度越大。在 H_2 高度上，空气将由 A 向 B 运动，在地转偏向力的作用下形成由外向里吹的风。这样，由于水平方向上的温度分布不均，在自由大气中不同高度上的风就发生了变化。

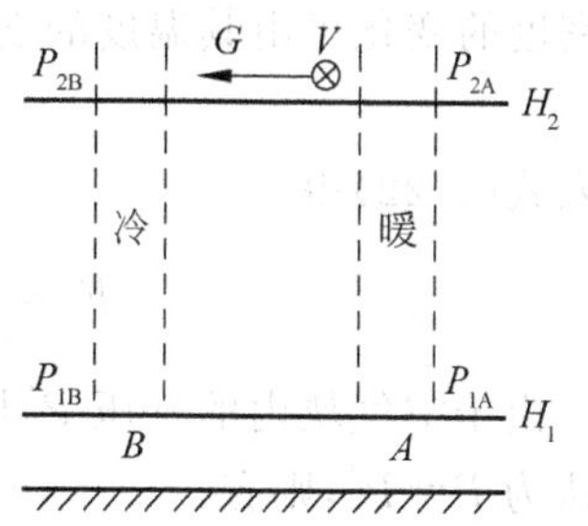

图 1.31 气温水平差异产生的风

1.3.2 大气的垂直运动

空气的垂直运动及其变化是由作用在空气上的垂直方向的力造成的。这种力有两个（见图 1.32），即向下的重力和向上的垂直气压梯度力。重力是由地球对空气的吸引而产生的，垂直气压梯度力是由作用在空气块上的垂直方向的气压差而产生的，也即是空气块受到的浮力，其大小等于与空气块体积相同的周围大气的重量。

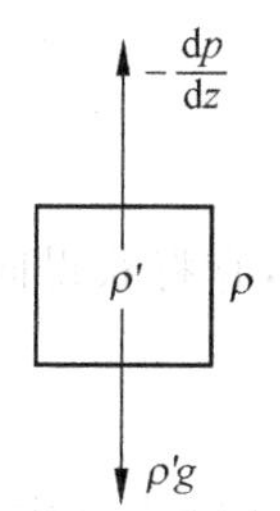

图 1.32 单位体积空气块所受的重力和垂直气压梯度力

对于原来静止的空气块，当作用在其上的垂直方向的力不平衡时，就会产生垂直运动。若垂直气压梯度力大于重力时，则空气块向上运动；若重力大于垂直气压梯度力时，则空气块向下运动。

引起作用在空气上的垂直力不平衡的原因不同，形成的空气垂直运动不同。大气的垂直运动可分为对流运动和系统性的垂直运动两种。

1. 对流和大气稳定度与判据

1）对流的概念和特征

对流是指由于空气块与周围大气有温度差异而产生的，强烈而比较有规则的升降运动。局地空气的热升冷降运动，就是空气的对流运动。对流的垂直运动速度是空气各种垂直运动中最大的，一般为 1～10m/s，有时可达几十米/秒；对流的水平范围不大，一般是几千米到几十千米；对流的持续时间较短，一般只有几十分钟到几小时。

2）对流产生的原因

由前面空气块垂直受力情况分析可知，对单位体积空气块，其垂直方向上所受的合力为（取向上为正）

$$F = \rho g - \rho' g \tag{1.22}$$

式中，ρ 为空气块周围的大气密度；ρ' 为空气块的密度。若空气块密度与周围大气密度相等，则垂直方向上合力为零，空气块将保持静止或原来的运动状态不变。只有当空气块密度与周围大气密度不相等时，空气块才会获得垂直加速度，产生垂直运动状态的变化。而空气块密度的变化可由其温度的变化引起。由大气状态方程 $P=\rho R_{比}T$ 可得

$$\rho = P/(R_{比}T)$$

代入式(1.22)得

$$F = \left(\frac{P}{R_{比}T} - \frac{P'}{R_{比}T'}\right)g = \frac{g}{R_{比}}\left(\frac{P}{T} - \frac{P'}{T'}\right) \tag{1.23}$$

由于空气块内的气压 P' 与周围大气压 P 能通过气块体积变化而始终保持平衡，因此可以认为 $P=P'$，则有

$$F = \frac{gP}{R_{比}}\left(\frac{T'-T}{TT'}\right) \tag{1.24}$$

设空气块获得的垂直加速度为 $\mathrm{d}w/\mathrm{d}t$，则

$$F = \rho' \frac{\mathrm{d}w}{\mathrm{d}t} = \frac{P'}{R_{比}T'}\frac{\mathrm{d}w}{\mathrm{d}t} = \frac{P}{R_{比}T'}\frac{\mathrm{d}w}{\mathrm{d}t} \tag{1.25}$$

代入式(1.24)，有

$$\frac{P}{R_{比}T'}\frac{\mathrm{d}w}{\mathrm{d}t} = \frac{gP}{R_{比}}\left(\frac{T'-T}{TT'}\right) \tag{1.26}$$

简化可得

$$\frac{\mathrm{d}w}{\mathrm{d}t} = \left(\frac{T'-T}{T}\right)g \tag{1.27}$$

由式(1.27)可知，当空气块温度高于周围大气温度时，$\mathrm{d}w/\mathrm{d}t>0$，它将获得向上的加速度；反之，则获得向下的加速度。

3) 对流冲击力

对流冲击力是指使原来静止的空气产生垂直运动的作用力。在实际大气中，对流冲击力的形成有热力和动力两种原因，它们产生的对流分别称为热力对流和动力对流。

热力对流冲击力是由地面热力性质差异引起的。白天，在太阳辐射作用下，山岩地、沙地、城市地区比水面、草地、林区、农村升温快，其上空气受热后温度高于周围空气，因而体积膨胀，密度减小，使浮力大于重力而产生上升运动。天气越晴朗，太阳辐射越强，这种作用越明显。夜晚情形正好相反，山岩地、沙地等地面辐射降温快，其上空气冷却收缩，产生下沉运动，天气越晴朗，这种作用越明显，如图 1.33 所示。

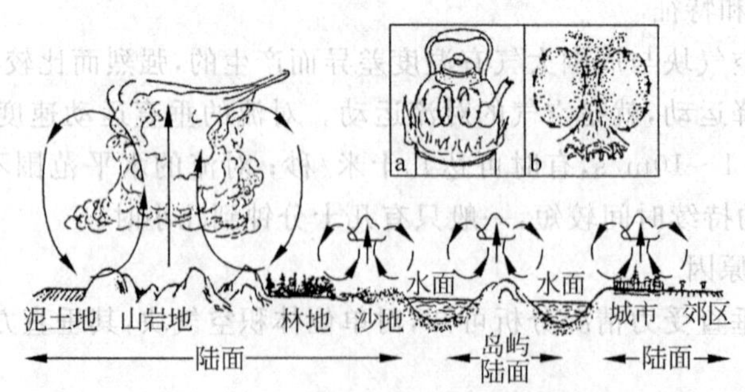

图 1.33　热力对流冲击力的形成

动力对流冲击力是由于空气运动时受到机械抬升作用而引起的，如山坡迎风面对空气的抬升，气流辐合辐散时造成的空气升降运动等(见图 1.34)，都属于动力对流冲击力。

图 1.34　地形动力对流冲击力的形成

4）大气稳定度

由于对流冲击力的作用，使空气产生了垂直运动，但这种垂直运动能否继续发展和加强，并最终形成强烈的对流运动，则取决于大气本身的性质，即大气稳定度。

大气稳定度是指大气对垂直运动的阻碍程度。假设一空气块由于受到对流冲击力而产生上升运动。如果该空气块在上升过程中，温度变得比周围空气温度高，则它将获得一个向上的加速度，上升运动会变得越来越强烈。反之，如果该空气块在上升过程中，温度变得比周围空气温度低，则它将获得一个向下的加速度，使上升运动逐渐减弱，最后消失。可见，空气块的升、降运动能否维持和加强，取决于它和周围大气的温度差异如何变化。

下面具体讨论大气稳定度的判断方法。如图 1.35 所示，甲、乙、丙三地上空 200m 处分别有 A、B、C 三个气块，大气温度和气块温度相同，但这三地大气气温递减率不同，甲地为 0.8℃/100m，乙地为 1℃/100m，丙地为 1.2℃/100m。假设这三处气块都处于未饱和状态，则在垂直运动中，气块温度按 $\gamma_d = 1℃/100m$ 变化。下面分析各气块在受到冲击力后，其运动情况的区别。

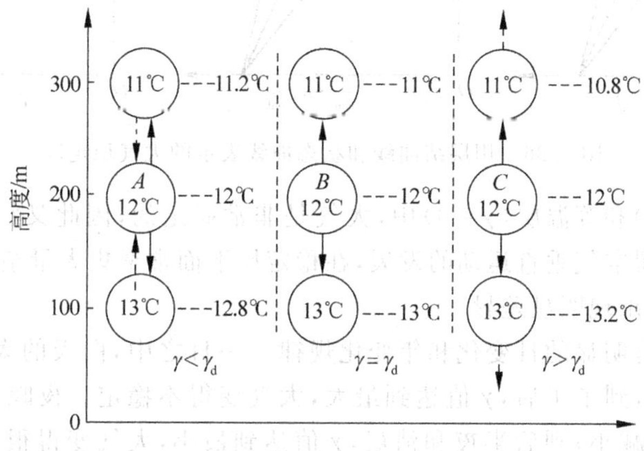

图 1.35　大气对不饱和气块的稳定度

A 气块：如果上升到 300m 高度，其本身温度(11℃)低于周围大气温度(11.2℃)，气块受到向下的加速度，上升运动减速，并有返回原处的趋势。如果下降到 100m 处，本身温度(13℃)高于周围大气温度(12.8℃)，空气块获得向上的加速度，下降运动减速，并有返回原处的趋势。因此，对气块 A 而言，甲地大气是稳定的。

B 气块：不论上升或下降，气块温度始终与大气温度相等，不会获得向上或向下的加速度，乙地大气对 B 气块而言是中性的。

C 气块：不论上升或下降，都会使气块运动加速进行，对 C 气块而言，丙地大气是不稳定的。

由上面的分析可见，某地大气是否稳定，取决于该地作垂直运动的空气块的气温直减率与周围大气气温直减率的差异。对未饱和空气块而言，甲地 $\gamma<\gamma_d$，大气稳定；乙地 $\gamma=\gamma_d$，大气为中性；丙地 $\gamma>\gamma_d$，大气不稳定。对饱和空气块而言，道理相同，$\gamma<\gamma_m$ 时，大气稳定；$\gamma=\gamma_m$ 时，大气为中性；$\gamma>\gamma_m$ 时，大气不稳定。可见，某一具体空气块受到冲击力后的垂直运动状况，完全取决于该气块外部的大气特性。大气层具有的这种影响对流运动的特性，就是用大气稳定度来表示的。

综上所述，可将大气稳定度分成三种情形：

$\gamma<\gamma_m(<\gamma_d)$　　绝对稳定；

$\gamma>\gamma_d(>\gamma_m)$　　绝对不稳定；

$\gamma_m<\gamma<\gamma_d$　　条件性不稳定。

从上面的结论可知，γ 值越小大气越稳定。当 $\gamma<\gamma_m$ 时，则不论对饱和空气块还是未饱和空气块，大气都处于稳定状态，我们称之为绝对稳定。γ 值越大，大气越不稳定，当 $\gamma>\gamma_d$ 时，不论对未饱和空气块还是饱和空气块，大气都处于不稳定状态，这时我们称之为绝对不稳定。当 $\gamma_m<\gamma<\gamma_d$ 时，大气对未饱和空气块是稳定的，对饱和空气块是不稳定的，这种情况称为条件性不稳定。上述结论也可用气层气温随高度变化的曲线(层结曲线)与气块温度随高度变化的曲线(状态曲线)的关系来表示(见图 1.36)。

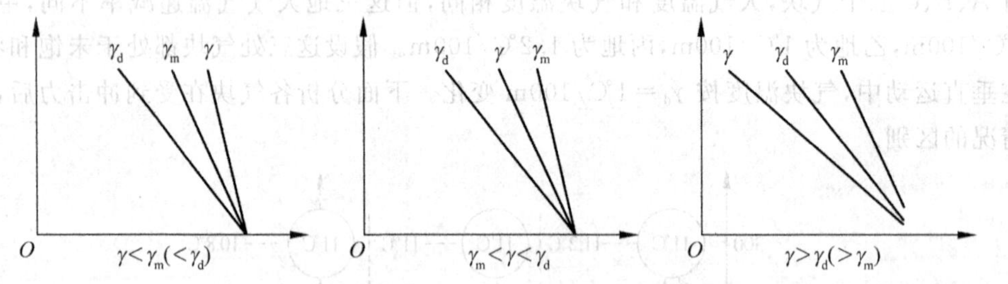

图 1.36　用层结曲线和状态曲线表示的大气稳定度

在逆温层($\gamma<0$)和等温层($\gamma=0$)中，大气是非常稳定的，因此又将它们称为稳定层或阻挡层。它们能阻碍空气垂直运动的发展，在稳定层下面常聚集大量杂质和水汽，使稳定层上、下飞行气象条件出现明显差异。

大气稳定度具有明显的日变化和年变化规律。一日之中，白天的太阳辐射使近地层的空气增温，γ 值增大，到了午后，γ 值达到最大，大气变得不稳定。夜晚，地面的辐射使近地层的空气降温，γ 值减小，到后半夜和清晨，γ 值达到最小，大气变得很稳定，甚至可在近地面附近形成等温层或逆温层。天气越晴朗，大气稳定度的这种日变化越明显。同理，一年之

中夏季大气最不稳定，冬季大气最稳定。因此，一些与对流相关的天气如雷暴，往往出现在夏季的午后。而与稳定层有关的天气，如某些云、雾等，常常出现在冬季的早晨。

2. 系统性垂直运动

大范围空气有规则的升降运动称为系统性垂直运动。系统性垂直运动范围广阔（一般为几百千米到几千千米），升降速度较小（一般只有1～10cm/s），但持续时间较长（可达几天），空气一昼夜也可上升几百米到几千米。

系统性垂直运动一般产生于大范围空气的水平气流辐合、辐散区，以及冷、暖空气交锋区。辐合是指水平气流向某一区域的汇聚，辐散是指水平气流背离某一区域散开。在辐合区，空气质量增加，垂直气压梯度力增大，其上的空气产生上升运动；辐散区相反，空气产生下沉运动（见图1.37）。冷暖空气交锋区，暖空气被抬升也可产生系统性上升运动。

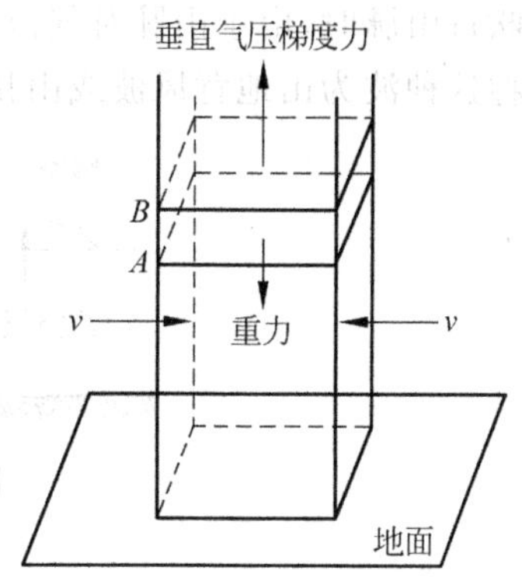

图1.37 低层气流辐合引起其上的空气产生上升运动

实际大气中，摩擦层内低压区中的风是斜穿等压线吹向低压中心的，水平气流是辐合的，越靠近地面，气流与等压线交角越大，辐合作用越强，因此低压区盛行上升运动。高压区内相反，盛行下沉运动（见图1.38）。

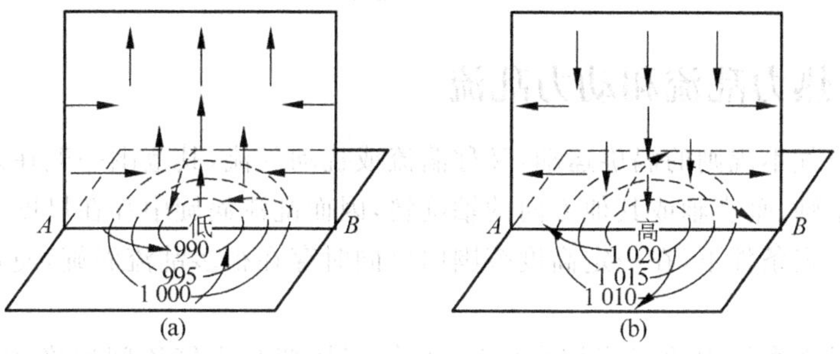

图1.38 摩擦层中低压区和高压区的水平气流和垂直运动（北半球）（单位：hPa）

当风吹向山的迎风面时，越接近山坡其水平速度越小，形成空气辐合，在山的迎风面出现系统性的上升运动（见图1.39）。

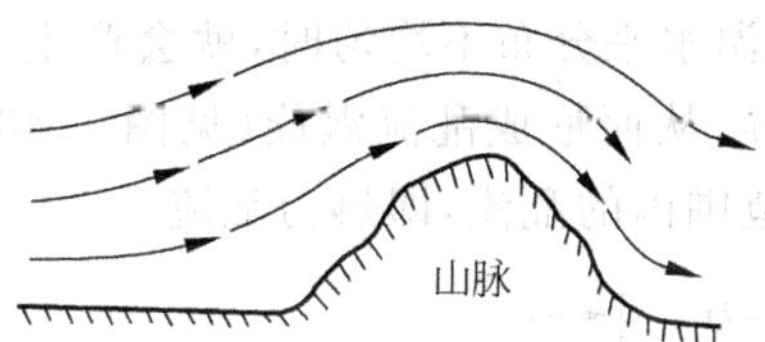

图1.39 地形引起的系统性上升运动

1.3.3 大气的波动

大气和其他流体一样，可产生各种波动。其中和某些天气现象有直接关系的，是一种在重力作用下产生的波动，叫重力波。天空中有时出现的呈波浪状起伏的云层，就是由大气中的重力波引起的，空气在波峰处作上升运动，在波谷处作下沉运动。

重力波的形成有两种原因：一是两层密度不同的空气发生相对运动时，在其交界面上会出现波动，与风吹过水面时引起波动的道理相同。大气中等温层或逆温层中，由于上下空气密度和风向、风速存在较大差异，常会引起波动（见图 1.40）。另一种情况是在有较强的风吹过山脉时，由于山脉对气流的扰动作用，在一定条件下，可在山的背风面形成重力波，我们称这种波为山地背风波或山岳波（见图 1.41）。

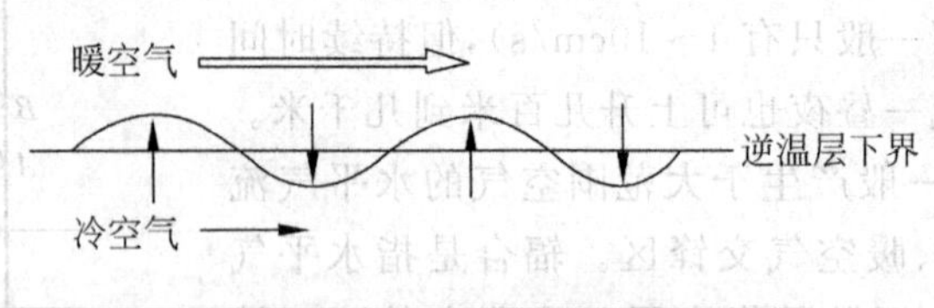

图 1.40　逆温层下形成的重力波

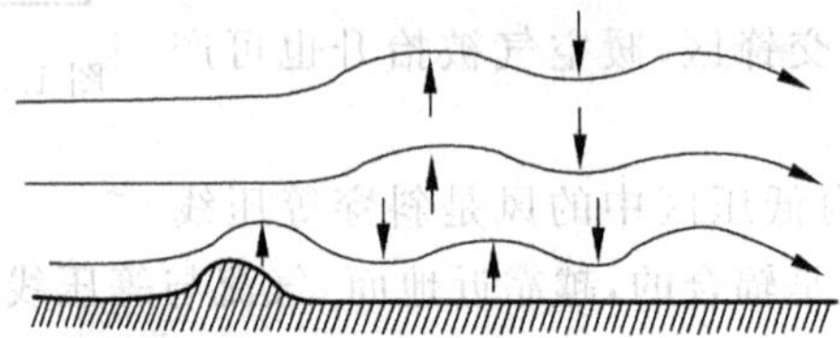

图 1.41　山地背风波

1.3.4　热力乱流和动力乱流

乱流是指空气不规则的涡旋运动，又称湍流或扰动气流，其范围一般在几百米以内。乱流涡旋可绕水平轴、垂直轴或其他方向的轴旋转，因而乱流涡旋中存在尺度和速度都不等的垂直运动。在一定条件下，在一定高度范围内可同时存在很多乱流涡旋，使垂直运动扩展到较高的高度。

乱流涡旋是由大气中的气流切变引起的，气流切变是指气流间速度和方向的差异（见图 1.42）。造成气流切变的原因主要有热力和动力两种，分别形成热力乱流和动力乱流。

1. 热力乱流

当各地气温不一致，即气温水平分布不均匀时，就会产生大大小小的升降气流，由于它们之间存在速度和方向的差异，从而形成乱流涡旋（见图 1.43）。各乱流涡旋间相互碰撞、影响，使其变形，就形成一定范围内的乱流，即热力乱流。

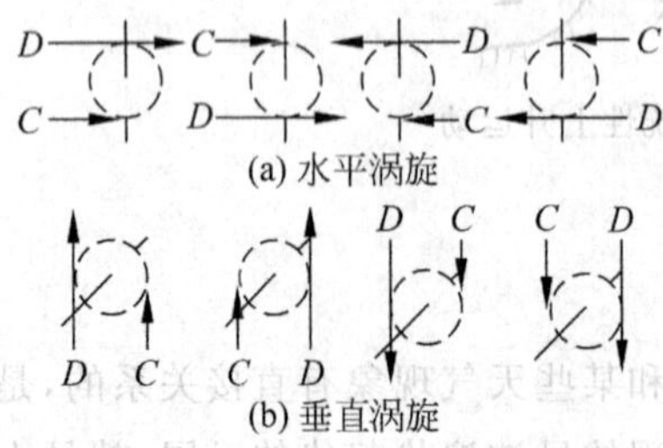

图 1.42　气流切变形成乱流涡旋

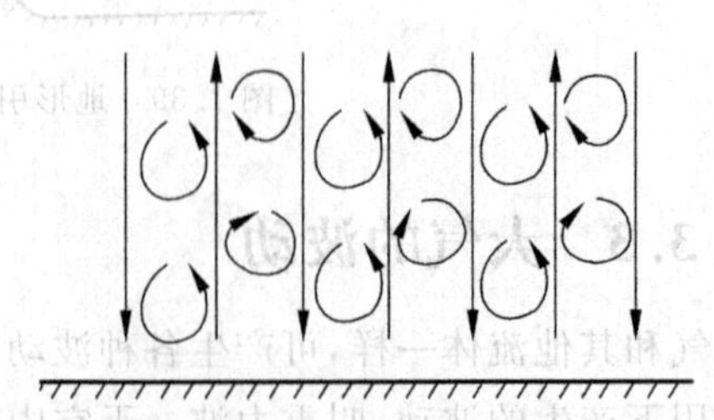

图 1.43　热力乱流的形成

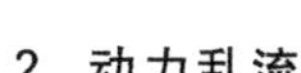

2. 动力乱流

当气流流过粗糙地表、丘陵和山区时，由于地表摩擦和地形扰动，会引起气流切变而形成乱流涡旋(见图 1.44)。当高空风向、风速的空间分布有明显差异时，也会形成乱流，这一类乱流统称为动力乱流。

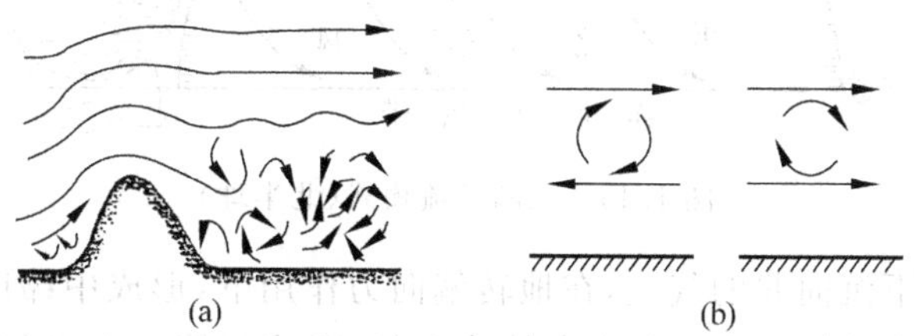

图 1.44　近地面动力乱流

乱流的强度既与热力、动力因素有关，也与大气稳定度有关。如太阳辐射强，地表性质差异大的地区，热力乱流一般较强。大气越不稳定，热力乱流发展越强，影响的高度范围也越大。地表粗糙、起伏大的地区，风速越大，动力乱流越强，大气越不稳定，乱流越容易发展，影响范围也越大。空中风的分布差异越大的区域，乱流也越强。一般而言，在对流层低层，乱流的发展是陆地强于海面，山地强于平原，白天强于夜间，夏季强于冬季。对流层中层以上，乱流的发展则多与某些天气系统引起的气流切变有关。

乱流不仅可使大气中的热量、水汽、杂质等得到混合、交换和输送，对天气变化产生重要作用，还会使飞机产生颠簸，影响飞行安全。从上面的讨论可以看出，大多数乱流的产生是有征兆可循的，只要充分了解乱流的成因，就可正确判断乱流的存在情况，从而避开乱流较大的区域。

大气中各种形式的垂直运动往往不是孤立存在的，而是相互联系和转换的。如对流区域中通常有乱流存在，系统性垂直运动和大气波动在大气不稳定时可能会触发对流，山岳波中某些部位常有很强的乱流等。

1.4　大气环流和局地环流

1.4.1　大气环流概况

大气环流是地球上空大气的大规模运动，其水平尺度在数千 km 以上，垂直尺度可达 10km 以上；它持续的时间也较长。下面介绍著名的三圈环流。

由于地球上温度分布是赤道热、极地冷，这种温度上的显著差异就产生了平衡这种差异的气流，该气流会把热量从赤道输送到极地。

以北半球为例(见图 1.45)，赤道地区的空气受热上升，到了高空向高纬度流动，受地转偏向力影响，向北流动的空气向右偏转，在北纬 30°附近转变为偏西风，阻挡了低纬度高层的大气继续北流，空气堆积下沉。在近地面层，下沉的气流一部分向南，一部分向北，向南的气流吹向赤道，这样一部分空气受地转偏向力影响变为东北信风流回原地，构成第一圈环流。

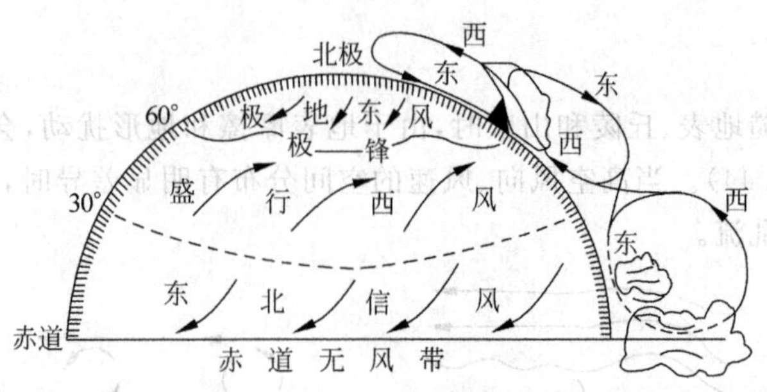

图 1.45　三圈环流模式(北半球)

在北纬 30°附近下沉向北的气流，在地转偏向力作用下，形成中纬度的偏西风。在北纬 60°附近的副极地处遇到由极地向南流来的冷空气，形成极锋。南来的暖空气沿极锋爬升，使这里的气压降低。上升气流到达高空以后分为两部分，向南的一部分气流回流到副热带地区并在此处下沉，又构成第二个闭合环流圈。

沿极锋爬升到高空的一部分气流继续向北挺进，到达北极后冷却下沉，使极地地面形成高压。下沉的空气从极地高压近地面层向低纬度流去，受地转偏向力影响而形成极地东风，到达副极地地区后与南来的气流辐合上升，形成第三个闭合环流圈。

三圈环流最终结果是形成了"三风四带"(见图 1.46)，即赤道低压带、副热带高压带和信风带、副极地低压带和盛行西风带、极地高压和极地东风带，并构成三个"环流圈"，即低纬度环流圈、中纬度环流圈和极地环流圈。

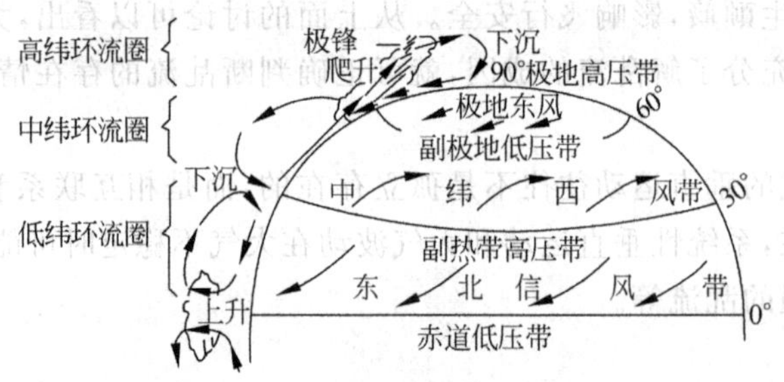

图 1.46　气压带和风带(北半球)

三圈环流是在太阳辐射随纬度分布不均以及地转效应的共同作用下形成和维持的，是保持大气内部的各种平衡关系所必需的。上述特征只是平均情况，实际上大气运动时刻都在变化，尤其是在西风带区域变化最为显著，其在航空活动中应加以注意。

1. 赤道低压带

赤道低压带是由从南北两半球流回的空气在赤道地区汇合形成的，也称热带辐合带(ITCZ)。热带辐合带是两个半球信风之间的交界，这里的气候一直很炎热。

2. 副热带高压带和信风带

在赤道地区上升的空气，到了高空向北流去，受地转偏向力影响，向北流动的空气向右偏转，在北纬 30°附近转变为偏西风，阻挡了低纬度高层的大气继续向北流，空气堆积下层，

近地面气压升高，形成副热带高压带。在近地面层，副热带高压带中的下沉气流在地面附近分开，一部分向北，一部分向南，向南的气流在地转偏向力的作用下在北半球向右偏转，形成东北风，这就是北半球地面上从副热带吹向赤道的东北信风。在热赤道两侧的中低纬度地区被信风占据，形成信风带。赤道的两侧都有信风，在南半球是东南信风，在北半球是东北信风。

3. 副极地低压带和盛行西风带

在副热带高压带的下沉气流中，向北的气流在地转偏向力的作用下在北半球向右偏转，形成中高纬度地区大范围的西风，称为盛行西风。在北纬60°附近的副极地空气上升，地面形成低压带，这就是副极地低压带。

在北纬30°～65°之间是盛行西风占主要地位的地带，称为盛行西风带。这里的气候特征是有明显的季节性变化。可能会碰到副热带气候，在夏季，它有阶段性的气压变化，并伴随着阵雨和雷暴天气，但在冬季，副极地空气可能被输送到这个区域，带来低温。

在南半球，盛行西风很容易识别。这种区别在于南半球的海陆分布存在明显的差异，这只有5％的陆地，而海洋却有95％。在北半球，陆地面积超过40％，正因为这种不均匀的分布，北半球温带的气候大受干扰，天气变得更加复杂。

4. 极地高压和极地东风带

极地是空气下沉的地区，地面天气图上经常是一个高压，称为极地高压。在极地，空气被冷却，并流向暖和的较低纬度地区。在北半球，从北极向低纬度流动的气流会向右偏转；在南半球，从南极向低纬度流动的气流会向左偏转，分别形成东风，这就是高纬度地区的极地东风带。

在世界上受极地东风影响的那些地区，季节变化被“极夜”和“极昼”划分十分准确。在极夜中，冷性反气旋(高压)出现，空气密度很大，地面温度极低，对流层顶的高度在极地上空达到最低值。

在此气压带中大气具有稳定的特征：有范围广阔的层云或雾及微风，在雾层上面飞行十分平稳。偶然地，从温带地区移来的低压会带来锋面天气，形成云和雪，当它们移至北纬70°～75°时，这些低压则会消失。

1.4.2 季风的成因

季风是指一个大范围区域内盛行风向有明显季节变化的现象。随着风向和气压条件的季节变化，这些地区的天气会发生明显的变化。季风是大气环流的重要组成部分。

某一地区的季风是由海陆热力差异、盛行风带季节移动以及地形特征等多种因素综合作用的结果。

1. 海陆热力差异形成的季风

由海陆热力差异而形成的季风，与海陆风的形成情况相似。夏季，大陆上的气压比海洋上低，气压梯度由海洋指向大陆，所以气流的分布如图1.47(a)所示，由海洋流向大陆；冬季，大陆上的气压比海洋上高，气压梯度从大陆指向海洋，因此气流的分布如图1.47(b)所示，由大陆流向海洋。

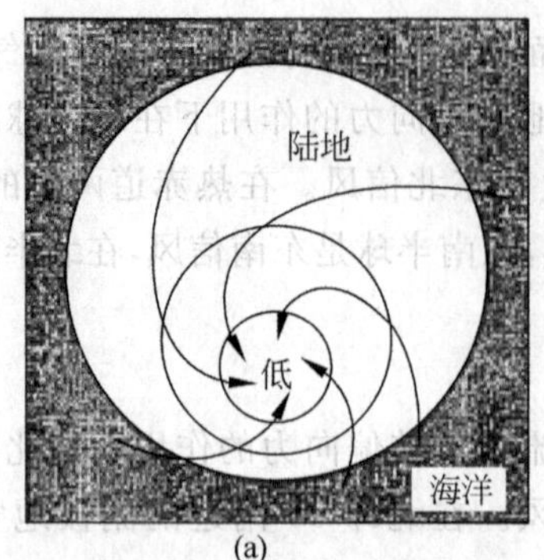

(a)

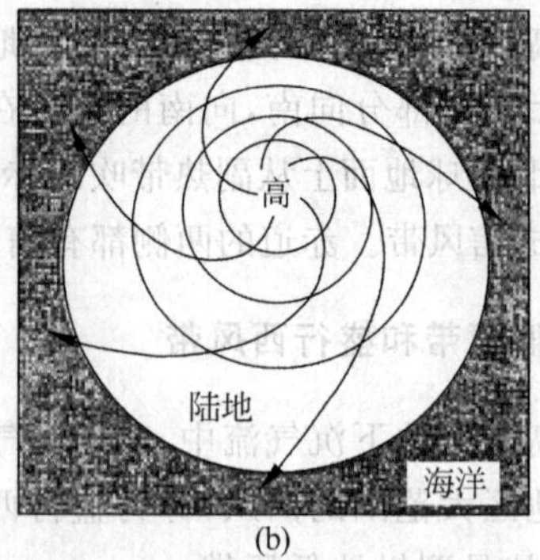

(b)

图 1.47　因海陆热力差异而引起的季风

这种季风与海陆风在形成原理方面虽然基本相同，但它们在表现上是有差别的。其主要差别是：季风是由海陆之间气压的季节变化而引起的，规模很大，是一年内风向随季节变化的现象；而海陆风只是由海陆之间气压日变化不同而引起的，仅出现在滨海区域，是一日内风向转变的现象。

由海陆热力差异而产生的季风，大都是发生在海陆相接的地方，如亚洲东部、澳大利亚和北美等地。由于温带、副热带地区海陆热力差异最大，这种季风现象最显著。

2. 行星风带的移动形成的季风

南北半球近地层中各有3个风带，即信风带、盛行西风带和极地东风带，这些风带具有世界规模，所以又叫做行星风带。行星风带的分布很有规律，其位置随季节有明显的移动，因此在两个行星风带相接的地区，便会发生显著的风的季节性改变现象。例如，在太平洋东部，冬季赤道低压停留在南半球，夏季移动到了北半球，因而在赤道至北纬10°之间的区域，冬季受北半球信风带控制，吹东北风；夏季受南半球影响，吹西南风。

由于行星风带随季节移动而引起的季风，可以发生在沿海和陆地，也可以出现在大洋中央。

1.4.3　我国的季风气候特征

我国介于世界上最大的大洋与最大的大陆之间，是季风最活跃的地区，东亚季风和南亚季风对我国的气候都有很大的影响。

1. 冬季风

冬季，偏北风来自中高纬度的内陆，空气寒冷而干燥，每当这种强大的气流过境时，气温迅速下降，天气晴冷。在频频南下的冷空气控制和影响之下，中国大部分地区冬季的气候寒冷而干燥，成为世界同纬度上冬季最冷的国家。在中国境内冬季气温南北差异很大，冬季的广大北方地区千里冰封，万里雪飘，漠河地区1月平均气温为－30℃左右；而两广、福建和云南的中南部地区的气温都在10℃以上，树木花草终年长青。两广沿海、海南岛、台湾中南部和云南最南部，2月平均气温更高达15～16℃以上，鲜花艳丽，椰林茂密，一片热带景象。

2. 夏季风

夏季，来自太平洋、印度洋的偏南风，气候温暖湿润。北方虽然太阳斜射，但是日照时间

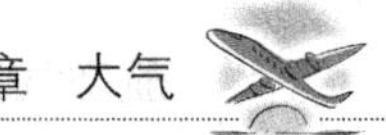

比南方长，所以气温也普遍较高。南方广大地区7月平均气温为28℃，黑龙江大部分地区温度也可达20℃以上，南北方的温差比冬季小得多。

受季风影响，我国气候特点大致如下：大部分地区是冬冷夏热，四季分明；东北北部长冬无夏，春秋相连；两广地区长夏无冬，秋去春来；青藏高原海拔4 500m以上地区全年皆冬，而南海诸岛常年如夏；云南中南部地区则是冬无严寒，夏无酷暑，四季如春。

3. 降水的季节变化

中国的降水主要集中在夏季，年降水量由东南沿海向西北内陆递减，广东沿海为2 000mm，长江中下游地区为1 200～1 400mm，淮河流域为800～1 000mm，华北平原和东北平原为600～700mm，而且主要雨带出现季节性的推移。5月在华南，6月中旬北跃到长江中下游，开始这里的梅雨季节。7月中旬，雨带再次北跃，到淮河以北，北方进入雨季盛期。8月下旬，雨带南退，东部地区先雨季后迅速结束。

在航空活动中要掌握季风气候特征，密切注意天气的季节变化，掌握不同季节典型危险天气的变化规律。一些与航空活动关系密切的天气现象，如云、地面风、能见度、雷暴等，在不同季节会有较大的差异。

1.4.4 局地环流

一些特殊的地理条件也会对局地空气运动产生影响，形成与地方性特点有关的局地风，称为地方性风。

1. 海陆风

白天，由于陆地增温比水面快，陆地气温高于海面。陆地上的空气产生上升运动，海面上的空气产生下沉运动。由于空气运动的连续性，低层空气将从海上吹向陆地，形成海风，而上层空气将从陆地流向海洋，形成一个完整的热力环流。晚上的情形与此相反，形成陆风(见图1.48)。

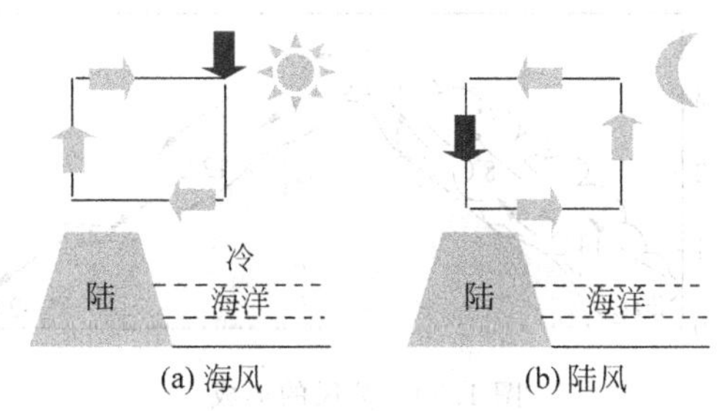

图1.48 海陆风的形成

2. 山谷风

如图1.49所示，在相同的太阳辐射作用下，山坡和谷地的增温、冷却效应不同。白天，山坡增温快，气温高于山谷，空气密度变小，暖空气沿坡上升；同高度谷地的自由大气较冷，空气密度较大，冷空气下沉并沿山坡流向山顶，补充暖空气的位置，这样形成由山谷到山坡的环流，称为谷风(见图 1.49(a))。夜晚，山坡冷却快，气温低于山谷，空气密度变大，冷空气沿山坡下沉；同高度谷地的自由大气较暖，暖空气上升，这样形成由山坡到山谷的环流，称为山风(见图 1.49(b))。一般，晴朗少云的静稳天气条件有利于山谷风的形成。同时，由于白天山坡受热造成的温差比夜间辐射冷却所造成的温差大，所以一般谷风的风速大于山风的风速。

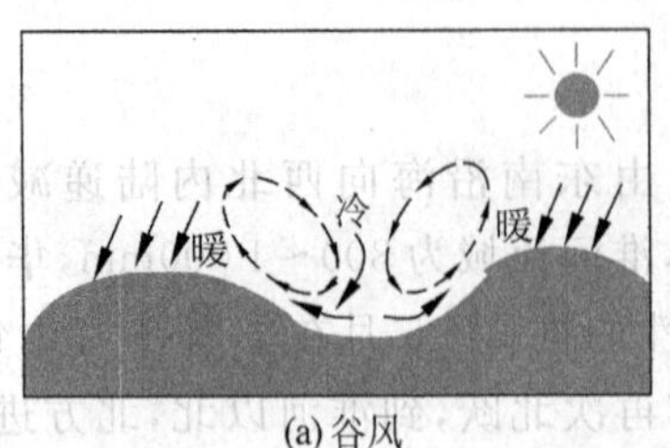

(a)谷风

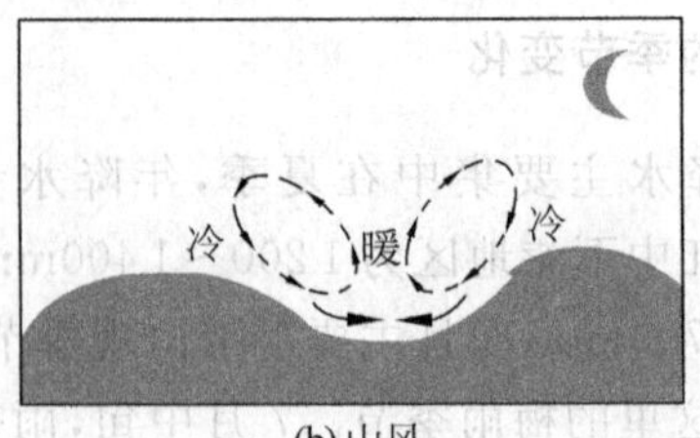

(b)山风

图 1.49　山谷风的形成

3. 峡谷风

峡谷风是指在山口、河谷地区常产生的风速较大的风。由于空气的连续性，当其进入狭窄的地方时，流速要加大。在山区和丘陵地区常出现这种风，使风速变化增大，对山地飞行带来影响。

4. 焚风

焚风是指气流过山后沿着背风坡向下吹的热而干的风。焚风吹来时，气温迅速升高，湿度急剧减小。当气流越过山后沿背风坡下降，通常按干绝热直减率增温，所以当气流到达背风坡的山脚时，空气的温度比在山前时要高，湿度比在山前时要小(见图 1.50)。强的焚风出现时，几小时内气温可增高 10℃以上。在我国，天山南北、秦岭脚下、川南丘陵、金沙江河谷等到处都可见到焚风的踪迹。

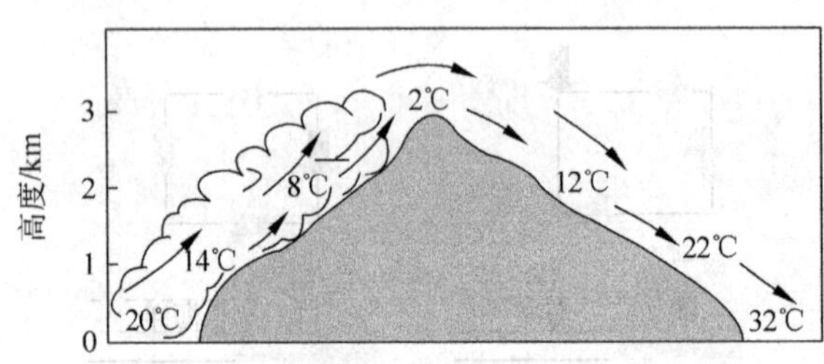

图 1.50　焚风的形成

1.5　大气运动对飞行的影响

1.5.1　大气运动对飞机起飞和着陆的影响

飞机起降时所能承受的最大风速，取决于机型和风与跑道的夹角(见表 1.5)。逆风起降时所能承受的风速最大，正侧风起降时所能承受的风速最小。这是因为近地面风由于受

地表的影响，变化复杂，具有明显的阵性，风速越大，阵性越强，使飞机受到无规律的影响，难以操纵。特别是在侧风条件下起降的飞机，要保持正常的下滑道或滑跑非常困难，为克服侧风的影响而采取大坡度接地可能使飞机打地转或发生滚转，加上阵风的影响，就会使飞机更加难以操纵。

表 1.5 几种机型起落时容许的最大风速

最大风速/(m/s) 机型 侧风角	运-五	TB-20	运-七	波音 707-747SP
0°	15	20	30	25
45°	8	17	17	18
90°	6	12	12	12

1.5.2 风对飞机航行的影响及节油巡航高度的选择

飞机在航线飞行时，不可避免地要受到风的影响。如顺风飞行会增大地速、缩短飞行时间、减少燃油消耗、增加航程；逆风飞行会减小地速、增加飞行时间、缩短航程；侧风会产生偏流，需进行适当修正以保持正确的航向。与无风相比，顺风飞行可以使航程增大，但顺风飞行节省的燃油，不足以弥补逆风飞行时多耗的燃油。虽然对大速度飞机来说，选择尽量小的逆风飞行，可节省的飞行时间较少，但是在远程飞行、特别是跨洋飞行时，充分利用强顺风避开强逆风对节省燃油、缩短续航时间有着特殊的意义。

1. 高空风与巡航阶段的节油

目前国内航空公司的航线均根据全年的高空平均风来制作固定公司航路；使用燃油总量是依据最远备降场、商载、空管等因素，按最保守的假设计算的最“安全”燃油量。在制作飞行计划时，对固定的航段和机型来说，巡航高度基本上是采用固定的高度层，很少作调整。实际上在同一条航路上，高空风随季节变化是非常显著的，所以采用固定巡航高度，制作飞行计划是很不科学的。一般来说，巡航时利用高的高度巡航节油，高度每增加 4 000ft，耗油可减少 5%。根据季节不同，高空风会有很大的差异，应综合判断高空风与高度层的利弊，选择最佳的巡航高度层飞行。

2. 利用东亚大气环流的季节差异优化巡航高度

在飞行的巡航阶段，巡航高度一般来说是在 7 000～12 000m 范围内。在此高度范围内，不同的季节高空风随高度有较大的差异。东亚上空大气环流存在 3 支高空急流带，可以利用其中的两支进行飞行：一是极锋急流，该急流冬季位于北纬 40°～60°，在我国的新疆、西北、华北、东北上空 7 000～10 000m，平均风速可达 90～110kt；而夏季位于北极圈。另一支为强盛的副热带西风急流，冬季其轴线位于长江以南地区，大约在北纬 20°～30°间，高度在 12 000m 左右，风速约 120kt；而夏季向北移动 10°～15°，风速几乎减弱一半。在冬季长江口至日本一线，经常为极锋急流和副热带急流的汇合区，其平均风速可达 120～160kt 以上。

因此，在飞行前，应科学地考虑不同航路上的风温状况、飞行时间和油耗等因素随高空风的变化情况，以调整巡航高度层；选择节油率高的飞行高度层来飞，对于较长航线的航班具有很好的降低成本的作用。以波音757飞机为例，根据性能分析，飞行巡航高度选择不当，将导致燃油消耗量增加。若高于/低于最佳高度2 000ft，则航程燃油消耗增加1%～2%；若高于/低于最佳高度4 000ft，则航程燃油消耗增加3%～5%；若高于/低于最佳高度8 000ft，则航程燃油消耗增加8%～14%。

目前来说，对现有的世界区域预报系统(WAFS)高空风温资料进行科学的开发分析，利用不同季节的不同巡航高度层风温的差异，可以在较长的航线上，完全达到选取最节油的航路高度的目的。

3. 最佳巡航高度的选择

最佳巡航高度的选择需要考虑最佳巡航高度时巡航状态和飞机重量，同时还需要考虑最大巡航高度的推力限制因素、操纵机动限制因素、巡航距离的影响以及高空风向风速的影响。如在最佳巡航高度上有不利的逆风，而在偏离最佳高度的某个高度上有顺风、无风或较小的逆风，则要考虑改变巡航高度，以得到较大的燃油里程，使飞机在消耗单位数量的燃料后，尽可能飞得更远。

高空风对巡航阶段最佳高度的影响如表1.6～表1.8所示，表中数值为风速因子，代表在该气压高度上为保持相当于最佳气压高度上获得最大航程所必需的顺风风速，即得失相当的风速。按照无风条件确定的最佳巡航高度，在实际飞行时，可能遇到不利的逆风。在不同的高度，风速是不一样的。应考虑改变巡航高度，以便获得较好的巡航性能。偏离最佳高度造成了燃油里程的降低，而改变高度可能获得较小逆风甚至有利顺风使得燃油里程增加，两者之间应进行权衡。

风速因子的使用方法是，首先找到巡航性能表1.6～表1.8中数字0或最接近0的数字对应的巡航重量和高度，表示在此重量下巡航高度为静风或接近无风条件下的最佳巡航高度；接着按飞机重量和新的巡航高度查出的风速因子减去按飞机重量和最佳巡航高度查出的风速因子，得到一个差值；新高度上的得失相当风速因子是原来的最佳巡航高度上的风速与所得的两风速因子之差值的代数和，新高度上的实际风速应大于得失相当风速因子。

表1.6 波音737-800型飞机的巡航性能数据 kt

气压高度/10^3ft	巡航重量/t									
	85	80	75	70	65	60	55	50	45	40
41						12	2	0	6	18
39				24	10	2	0	5	16	32
37			18	7	1	1	5	15	29	48
35	25	12	4	0	1	6	15	27	44	65
33	7	2	0	2	7	16	27	42	61	82
31	1	0	3	9	17	28	42	58	77	99
29	1	5	11	19	30	43	58	75	94	116
27	7	14	22	32	44	58	74	91	111	132
25	17	25	35	47	60	74	90	107	126	147

表 1.7 波音 757-200 型飞机的巡航性能数据 kt

气压高度 /10³ ft	巡航重量/10³ lb									
	250	240	230	220	210	200	190	180	170	160
41							18	7	1	0
39					19	8	2	0	1	4
37			18	8	3	0	0	3	8	15
35	14	7	2	0	0	2	6	12	19	27
33	1	0	0	2	6	11	17	24	32	40
31	0	2	6	11	16	22	29	37	45	54
29	6	11	16	22	28	35	42	50	59	68
27	17	22	28	34	40	48	55	64	73	82
25	28	34	40	46	53	61	69	77	86	95

表 1.8 波音 767-300 型飞机的巡航性能数据 kt

气压高度 /10³ ft	巡航重量/10³ lb									
	400	380	360	340	320	300	290	280	270	260
41								23	14	7
39						16	9	4	1	0
37				24	10	2	0	0	1	3
35			14	5	0	1	2	5	9	13
33	16	7	1	0	2	7	11	15	20	26
31	2	0	1	4	10	19	24	29	35	41
29	0	3	7	14	22	32	38	44	50	56
27	2	11	18	27	36	47	53	58	64	71
25	10	23	32	41	51	62	67	73	79	85

如表 1.6 所示，巡航重量 60t，FL370 对应风速 1kt，FL350 对应风速 6kt，FL330 对应风速 16kt，FL310 对应风速 28kt；最佳高度 FL370 与 FL350 的风速因子差值为 1－6＝－5，如果 FL370 当前风速为－20kt(顶风)，那么就要求 FL350 的当前风速大于－5＋(－20)kt，即顶风在 25kt 以下时，FL350 就是更节油的高度层。对 B737-800 飞机来说，起飞全重 80t 的最佳高度是 FL310，起飞全重 75t 的最佳高度是 FL330；对 B757-200 飞机来说，起飞全重 220 千磅的最佳高度是 FL350；对 B767-300 飞机来说，起飞全重 340 千磅的最佳高度是 FL330，起飞全重 410(400)千磅的最佳高度是 FL290。

4. 对 WAFS 数据插值取得不同高度层的风温数据

WAFS 是一个提供世界范围统一标准化格式的航空气象航线预报系统，其为航空气象用户提供图像和数字形式的产品。目前全球有两个世界区域预报中心，伦敦中心和华盛顿中心负责制作产品。航空公司制作飞行计划使用的航路风温资料都是来自这两大区域中心的数据。WAFS 的数据包括全球不同区域和高度层的高空风、气温、湿度、最大风的方向、速度、高度等数据，比较高空风、温的客观网格点资料，有验证表明 WAFS 提供的短时效的风、温预报资料接近客观分析场。

飞机在巡航阶段是按标准海平面气压高度巡航的，把 WAFS 高空风的预报场，根据国际标准大气公式和三次样条插值公式，即式(1.28)，插值出向西飞的 7 800m、8 400m、9 000m、9 600m、10 200m、10 800m、11 400m，向东飞的 8 100m、8 700m、9 300m、9 900m、10 500m、11 100m 各个飞行高度层的高度的风向、风速，再把每一高度层的风场插值成 0.5°的格点数据。

$$S(x)=\frac{M_{i-1}}{6h_i}(x_i-x)^3+\frac{M_i}{6h_i}(x-x_{i-1})^3+\left(\frac{y_{i-1}}{h_i}-\frac{M_{i-1}}{6}h_i\right)(x_i-x)+\left(\frac{y_i}{h_i}-\frac{M_i}{6}h_i\right)(x-x_{i-1}) \tag{1.28}$$

式中，样条插值公式 $S''(x_i)=M_i(i=0,1,\cdots,n)$ 中，边界条件为 $S''(x_0)=S''(x_n)=0$。

5. 节油巡航高度选择的实例

上海—乌鲁木齐、上海—成都和重庆、上海—海南、上海—东京等航线全年受极锋急流以及强盛的副热带西风急流影响极大。

可以把上海到西北的乌鲁木齐航线分为沪—西安及西安—乌鲁木齐两段，并选咸阳 G、雅布赖 YBL、哈密 HMI 等 22 个航路点。把上海到西南的成都和重庆航线上分为沪—天河及天河—成都两段，选天河 WHA、三峡 YIH、涪陵 FLG 等 15 个航路点；把上海到海南的航线上分为沪—南丰及南丰—海南之间两段，选南浔 SX、上饶 SHR、蟠龙 PL 等 19 个航路点；上海到东京航线选 SADLI、GOMAR、PROOF、LABEL 等 18 个航路点，使用差值得到的各个高度层的 WAFS 数据，根据巡航性能表分段计算航路高度的风温数据，求取往返航班性能最优的高度层。向执行航班机组提供西北方向的乌鲁木齐、西南的成都和重庆和海南以及日本方向往返航线的基于高空风条件的最节油巡航高度层提示，使机组在地面能够及时向管制申请最佳的巡航高度。

本章小结

大气是人类赖以生存的物质，是飞行活动的主要介质。本章主要介绍了大气的成分和结构、基本气象要素、大气的运动、大气环流和局地环流、大气运动对飞行的影响 5 个方面。

复习与思考

1. 大气的主要成分有哪些？二氧化碳、水汽和臭氧各有什么作用？
2. 大气可分为几层？其划分依据是什么？
3. 对流层和平流层有哪些基本特征？对飞行有什么影响？
4. 什么是正压大气和斜压大气？
5. 如何定义标准大气？
6. 什么是绝热变化和非绝热变化？什么是干绝热过程和湿绝热过程？
7. 气压随高度是如何变化的？
8. 飞行中常用的气压和气压高度有哪些？

9. 水平气压场有几种形式？
10. 什么是相对湿度、露点温度和温度露点差？
11. 温度、气压和密度是如何影响飞行仪表和飞机性能的？
12. 什么是风？形成风的力有哪些？各种力的大小和方向是如何定义的？
13. 自由大气和摩擦层中的风是如何形成的？风压定理是如何表述的？
14. 北半球高压和低压中空气运动的规律是什么？
15. 摩擦层中风的变化方式有哪些？原因是什么？
16. 自由大气中风随高度变化的原因是什么？
17. 大气的垂直运动有哪些？各种运动的含义是什么？
18. 什么是大气环流？
19. 海平面环流主要有哪些？北半球的气压带和风带有哪些？
20. 季风形成的原因是什么？
21. 我国的季风气候特征体现在哪些方面？
22. 海陆风、山谷风和焚风分别是如何形成的？
23. 大气运动对飞机起降和巡航的影响体现在哪些方面？
24. 节油巡航高度是如何选择的？

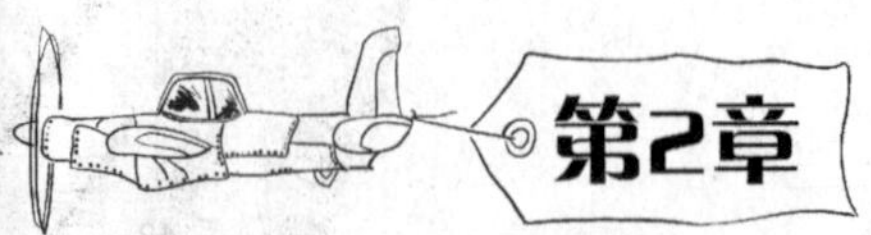

第2章 云系和降水的形成

本章关键词

积状云(cumulus)　　层状云(stratiform)

卷状云(cirrus)　　凝结高度(condensation level)

对流高度(convection level)　　冻结高度(freezing level)

降水(precipitation)　　雨幡(virga)

云是水汽凝结或凝华物在空中聚集而成的现象,降水是水汽凝结物从云中降落到地面的现象。云和降水不仅能反映当时的大气运动状态、大气稳定度和水汽条件,还能在一定程度上预示未来天气变化的趋势。

云和降水对航空活动影响很大。低云可严重妨碍飞机起降,云中飞行可产生飞机积冰,在云中或云外都会碰到飞机颠簸。降水可能影响能见度,影响飞机气动性能等。作为气象、飞行、签派、空管人员,都应该具备从云的外貌和降水的性质中,判断天气对飞行的影响并估计天气变化趋势的能力。

2.1 云的分类和外貌特征

天空中云的形状千变万化,云底的高度也不尽相同。一定的云状常伴随着一定的天气出现,因而云对于天气变化具有一定的指示意义。

2.1.1 云的分类

为了了解云的形成机制和演变规律,需要对云进行分类。云的分类依据主要有两个,即云底高和云的外貌特征。

1) 按云底高分类

根据云底的高度,可将云划分为三族,即低云族、中云族和高云族。

(1) 低云族:云底高在2 000m以下的云;

(2) 中云族:云底高在2 000～6 000m之间的云;

(3) 高云族:云底高在6 000m以上的云。

2）按云的外貌特征分类

世界气象组织根据云底高度和云的外形将云分为3族10属29类，我国民航局将云分为14类，具体如下。

（1）低云族：共9种，包括淡积云（Cu）、浓积云（TCu）、积雨云（Cb）、碎积云（Fc）、层积云（Sc）、层云（St）、碎层云（Fs）、雨层云（Ns）和碎雨云（Fn）；

（2）中云族：共2种，包括高层云（As）和高积云（Ac）；

（3）高云族：共3种，包括卷云（Ci）、卷层云（Cs）和卷积云（Cc）。

2.1.2　低云的外貌特征

低云是指云底高在2 000m以下的云，但个别地区的层积云有时可高达3 500m，干燥地区的积云有时可达3 000m。低云的种类最多，对飞行的影响也最大，是飞行人员需要了解的重点。

1. 积云、积雨云的外貌特征

积云是垂直向上发展，顶部呈现出圆弧形或圆弧重叠凸起而底部几乎水平的云块，其孤立分散，边缘分明。积云处于太阳一侧的时候，云的中部黝黑，边缘金黄色；其在太阳相反一侧时，云的中部比边缘明亮；光线从其旁边照射时云体明暗非常明显。

1）淡积云

淡积云呈孤立分散的小云块，其底部较平，顶部呈圆弧形凸起，外形像小土包（见图2.1（a）），淡积云云体的垂直厚度小于水平宽度。从云上观测淡积云，像飘浮在空中的白絮团。远处的云块，圆弧形云顶和较平的云底都很清楚。如果垂直向下看，则只能看见圆弧形的云顶，看不见较平的云底，偶尔有零星雨雪。

(a) 淡积云　(b) 碎积云　(c) 浓积云　(d) 鬃积雨云

图2.1　积云、积雨云

2）碎积云

碎积云的云块破碎，中部稍厚，边缘较薄，随风漂移，形状多变（见图 2.1(b)）。碎积云的云块厚度通常只有几十米，偶尔有零星雨雪。

3）浓积云

浓积云的云块底部平坦而灰暗，顶部凸起而明亮，圆弧形轮廓一个个互相重叠，外形像花菜或鸡冠花顶。其云体高大，像大山或高塔。厚度通常在 1 000～2 000m 之间，厚的可达 6 000m。从云上观测浓积云，云顶在阳光照耀下比淡积云光亮。成群的浓积云，就像地面上的群山异峰，伸展得很高的云柱，犹如耸立的高塔，可以产生阵雨（见图 2.1(c)）。

4）积雨云

积雨云的云体十分高大，外形像大山或高峰。其云顶有白色的纤维结构，有时会扩展成马鬃状或铁砧状（见图 2.1(d)），通常高于 6 000m，最高可达 20 000m；其云底阴暗混乱，有时呈悬球状、滚轴状或弧状，有时还偶尔出现伸向地面的漏斗状的云柱。出现积雨云时多有阵雨，常伴有雷电、狂风、暴雨等恶劣天气，云底偶尔还会出现龙卷，有时还会下冰雹。

2. 层积云的外貌特征

层积云是由成块、成片或成条的云组成的云群、云层。其常常成行、成群或波浪状排列。通常呈灰色或灰白色，厚时呈暗灰色。

有时层积云的云块较薄而明亮，云块间有缝隙，可见天空、日月位置或上面的云层，叫透光层积云（见图 2.2(a)）。

(a) 透光层积云

(b) 积云性层积云

图 2.2　层积云

云块厚而密集，无缝隙时，云底有明显的波状起伏，常常布满天空，呈暗灰色，可以产生间歇性雨雪，叫蔽光层积云。

云块大小不一，多为扁平长条，顶部具有积云特征，有时有阵雨，是由积云衰退而形成的叫积云性层积云（见图 2.2(b)）。

底部连成一线，顶部凸起的云塔，远看像城堡的叫堡状层积云，常常在上午出现，大多是雷雨出现前的征兆。

在层积云中飞行，一般平稳，有时有轻颠，可产生轻度到中度积冰。

3. 层云和碎层云的外貌特征

层云的云底呈均匀幕状，模糊不清，像雾但不与地面相接；其云底高度很低，通常仅有

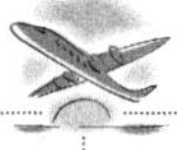

50～500m，常笼罩山顶或高大建筑，有时会出现米雪、毛毛雨或者冰针（见图 2.3(a)）。在层云中飞行时较平稳，冬季可有积冰；由于其云底高度低，云下能见度很差，层云会严重影响起飞着陆。

碎层云通常由层云分裂而成，云体呈破碎片状，很薄；其形状极不规则，变化明显；云高通常为 50～500m（见图 2.3(b)）。碎层云对飞行的影响与层云相同。

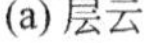
(a) 层云

(b) 碎层云

图 2.3　层云和碎层云

4. 雨层云和碎雨云的外貌特征

雨层云是呈幕状的降水云层，云底因降水而模糊不清（见图 2.4(a)）；其云层很厚，云底灰暗，常常完全遮蔽日月；出现时常布满全天，能降连续性雨雪。

在雨层云中飞行时较平稳，但能见度恶劣，长时间在这种云中飞行可产生中度到强度的积冰。暖季时这种云中可能隐藏着积雨云，会给飞行安全带来严重危险。

碎雨云是在降水云层之下产生的破碎云块或云片（见图 2.4(b)），其随风漂移，形状极不规则，云量极不稳定；云高很低，通常为几十米到 300m，有时有零星雨雪。碎雨云主要影响起飞着陆，特别是有时会迅速掩盖机场，对安全威胁很大。

(a) 雨层云

(b) 碎雨层

图 2.4　雨层云和碎雨云

2.1.3　中云的外貌特征

中云的云底高一般在 2 000～6 000m 之间，夏季南方管制区的高积云有时可达 8 000m。

1. 高积云的外貌特征

高积云的云块比层积云的小，轮廓分明，呈现出由白色或灰白色的扁圆状、瓦块状、波状或鱼鳞片的密集云条，成群成行或成波状排列，在薄厚、形状、高度上差异很大，可以同时在几个高度上存在。

透光高积云的云层较薄，个体分明且厚度变化大，排列较为整齐，云块之间有空隙。一般无降水，预示天气晴好(见图 2.5(a))。

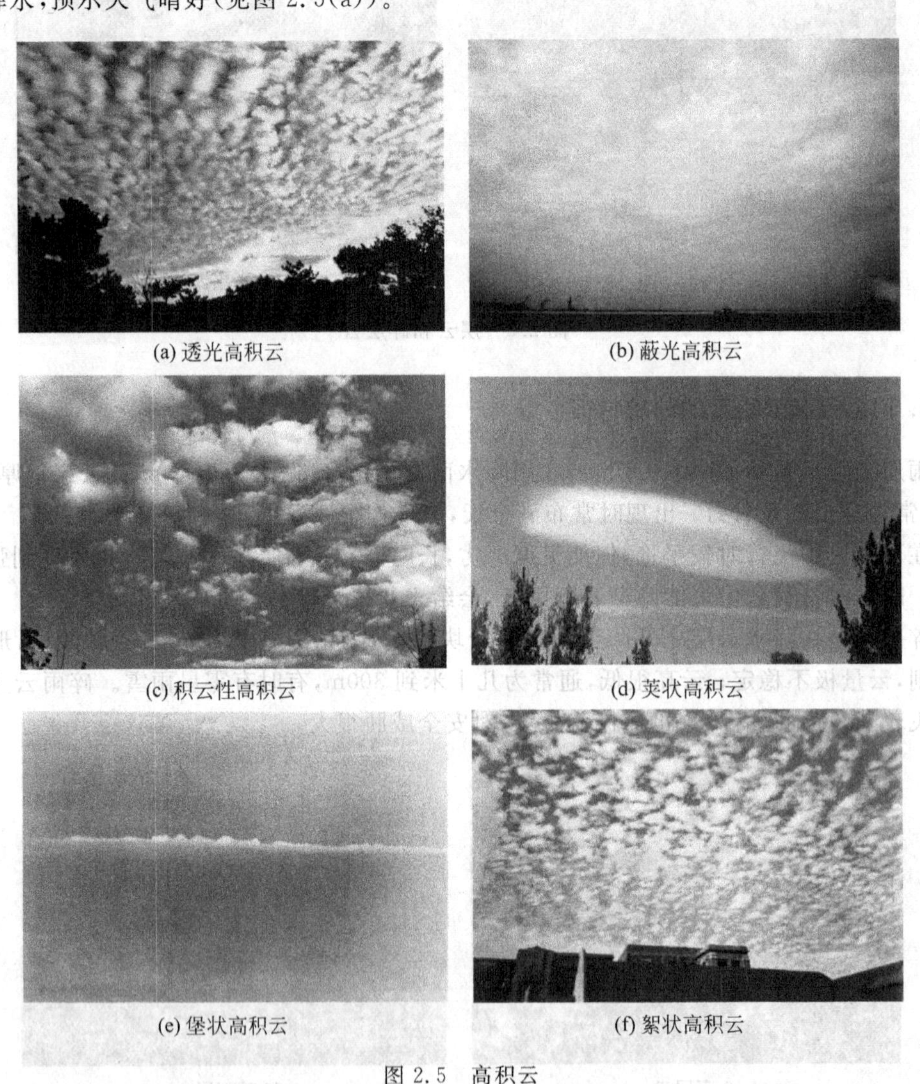
(a) 透光高积云　(b) 蔽光高积云　(c) 积云性高积云　(d) 荚状高积云　(e) 堡状高积云　(f) 絮状高积云

图 2.5　高积云

蔽光高积云是连续、较厚的高积云层，大部分云层没有缝隙，不能分辨日月位置，云块个体可以分辨，有时有降水(见图 2.5(b))。

积云性高积云的顶部具有积云的特点，云块表现为大小不一(见图 2.5(c))。

荚状高积云呈椭圆形、豆瓣状，其中间厚边缘薄，轮廓清晰，孤立分散，云块会不断地变化，预示天气晴好(见图 2.5(d))。

堡状高积云表现为底部细长并且连接成一条平行线，顶部凸起成几个小云塔，其云块比

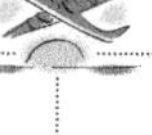

堡状层积云小(见图 2.5(e))。若在上午出现堡状高积云往往预示着之后将会出现雷雨天气。

絮状高积云的个体破碎,像棉花团一样,其云块大小、云底高低都不同,出现絮状层积云时往往预示将有雷雨天气的发生(见图 2.5(f))。

2. 高层云的外貌特征

高层云是浅灰色的云幕,带条纹或纤缕状、结构均匀的云幕,布满全天,其云底没有明显的起伏,可分为透光的和蔽光的两种。透光高层云薄而均匀,透过云层的日月轮廓模糊,像隔了一层毛玻璃,在我国西北、华北和东北管制区冬季可降小雪(见图 2.6(a))。蔽光高层云厚度较大,厚度的变化也很大,其底部可见明暗相间的条纹,厚的部分看不到日月,薄的部分大致可以分辨出日月的轮廓(见图 2.6(b)),可以产生小雨雪或者出现雨幡。

(a) 透光高层云

(b) 蔽光高层云

图 2.6 高层云

2.1.4 高云的外貌特征

高云的云底高一般在 6 000m 以上,夏季南方的卷云、卷积云有时可高达 17 000m 左右。

1. 卷云的外貌特征

卷云具有丝缕结构,有柔丝般的光泽。卷云的云片分离散乱,云体通常为白色,无暗影,呈丝条状、羽毛状、马尾状、钩状、团簇状、片状、砧状等。在天边时略带深黄色,日出日落时为鲜明的黄色或红色。在我国北方和西北高原地区,冬季卷云有时可降微量零星的雪。

1) 毛卷云

毛卷云的云体很薄,形状多样。像丝、羽毛或乱发状,丝缕结构清晰,分散的常与地面斜交(见图 2.7(a))。不减弱日光或月光,偶尔伴有晕。

2) 密卷云

密卷云的云体成片,中部较厚,有时有暗影,丝缕结构不明显,但其边缘部分卷云特征仍很明显(见图 2.7(b))。其偶有絮状,在特定条件下,高度可低至 3 000m 或更低。密卷云会使日光或月光明显的减弱,在云量较多时,有时有不完整的晕。

3) 伪卷云

伪卷云的云体大而厚密,常呈砧状或鬃状,由积雨云顶部脱离主体而成(见图 2.7(c)),

其会使日光或月光显著减弱。

4）钩卷云

钩卷云是像小钩或逗号形状的卷云，云丝向上的一头有小钩或小簇（见图 2.7(d)），出现钩卷云时不见日月光，可能出现阴雨天气。

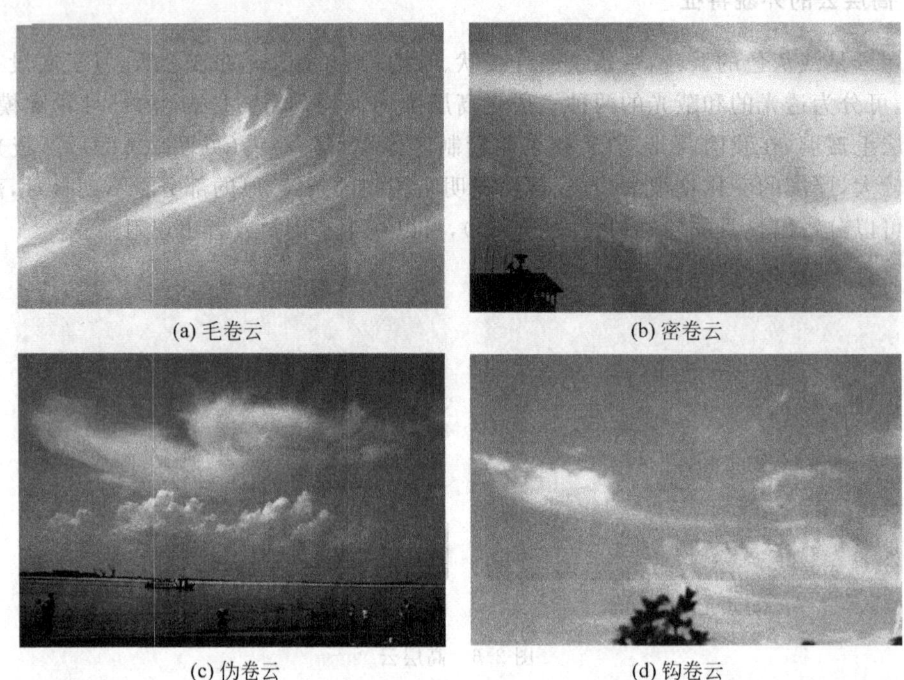

(a) 毛卷云　(b) 密卷云　(c) 伪卷云　(d) 钩卷云

图 2.7　卷云

2. 卷层云的外貌特征

卷层云是呈白色透明的云幕，日月透过云幕时轮廓分明，地物有影，常有晕环。有时云的组织较薄，边缘几乎看不出来，只使天空呈乳白色；有时丝缕结构隐约可辨，如乱丝。透过云层也可以清楚地看到日月轮廓，常有晕（见图 2.8(a)）。在我国北方和西部高原地区，冬季卷层云有时伴有少量降雪。

(a) 卷层云

(b) 卷积云

图 2.8　卷层云和卷积云

3. 卷积云的外貌特征

卷积云是呈鳞片或球状细小云块组成的云片或云层，常成群整齐排列，像微风吹过水面而成的小波纹(见图 2.8(b))。其云块薄而小，视角宽度多小于1°。卷积云为白色无暗影，有柔丝般光泽。其能透过日月光和较亮的星光，云上常见华。

2.2　云的形成与天气

云的形成必须满足 3 个条件，即充足的水汽、充分的冷却和足够的凝结核。在实际大气中，满足这 3 个条件的方式主要是含有一定水汽的空气作上升运动，当上升到足够高度时，由于冷却使其中的水汽凝结在凝结核上而形成云。因此，充足的水汽和上升运动是形成云的基本条件。

根据大气垂直运动的形式，可将云划分为积状云、层状云和波状云 3 种基本类型以及一些特殊的云。

2.2.1　积状云的形成和天气

积状云是指在对流上升运动中形成的云，包括淡积云、浓积云、积雨云和碎积云。

1. 积状云的形成和发展

在对流运动中能否形成积状云，取决于对流上升所能达到的高度(对流高度)和上升气块开始发生水汽凝结的高度(凝结高度)。当对流高度低于凝结高度时(见图 2.9(a))，上升气块不能达到饱和，不能形成云；如果对流高度高于凝结高度，积状云就形成于两高度之间(见图 2.9(b))。淡积云、浓积云、积雨云是积状云发展的不同阶段(见图 2.10)。

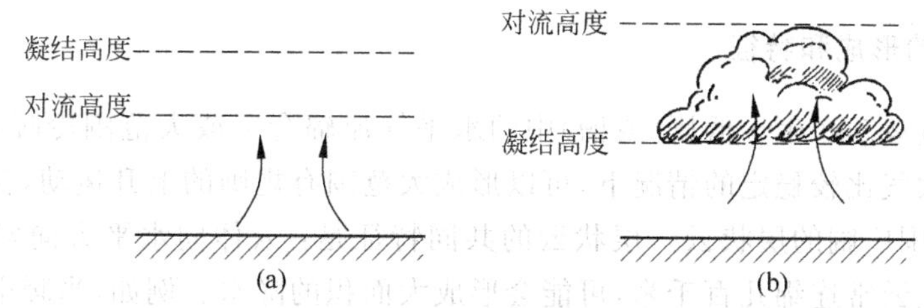

图 2.9　对流高度和凝结高度与积状云的形成

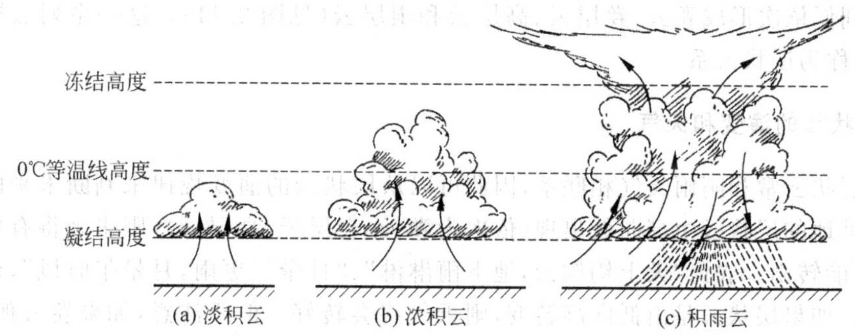

图 2.10　积状云的发展阶段

淡积云是在对流发展的初始阶段形成的。这时对流比较微弱，对流高度仅稍高于凝结高度，只能形成一个厚度不大的云泡，如果这时空中有强风或较强乱流，就可能会形成碎积云。

如果对流继续加强，则一朵积状云可由数个云泡聚集而成，云块也变得高大臃肿，云顶圆弧形轮廓相互重叠，就形成了浓积云。

当对流发展得非常旺盛时，气流猛烈上升，会使云顶发展到很高的高度，温度也降低到−15℃以下，云滴完全成为冰晶，云顶的圆弧形轮廓开始模糊发毛，浓积云也就形成了积雨云。积雨云中强烈发展的对流可使云顶向上伸展到很高的高空，有时由于高空强风的作用，会使云顶向下风方向倒去，有如随风飘扬的马鬃，这种积雨云称鬃积雨云（见图 2.1(d)）。有时积雨云顶向上急剧伸展至对流层顶附近，受到阻挡而向周围平展开，形成砧状云顶，称砧状积雨云。

2. 积状云的特征和天气

积状云是垂直发展的云块，具有孤立分散、底部平坦和顶部凸起的外貌特征。这些特征由热力对流产生的积状云表现最为明显，这是由于热力对流本身的特征而决定的。

积状云具有明显的日变化。一日之中，随着对流强度的日变化，积状云的演变规律通常是：上午为淡积云，中午发展为浓积云，下午则成为积雨云，到傍晚逐渐消散，或演变成其他云。在暖季，可利用这一规律了解天气短期演变趋势。例如，如果上午相继出现淡积云和浓积云，则表示气层不稳定，下午有可能发展成积雨云；如果午后天空还是淡积云，表示气层稳定，对流不易发展，天气仍会很好；傍晚由积云平衍而形成的积云性层积云或积云性高积云（常伴有晚霞），往往预示明天天气仍然晴好，故有“晚霞行千里”之说。

2.2.2 层状云的形成和天气

层状云是指在大规模的系统性垂直运动中形成的云，包括卷云、卷层云、高层云和雨层云。

1. 层状云的形成和特征

系统性垂直运动产生于低压（或槽）中的水平气流辐合区或大范围冷暖空气的交锋区。在这些区域中大气比较稳定的情况下，可以形成大范围有规则的上升运动，在水汽充沛的条件下，能形成范围广阔的层状云。层状云的共同特征是：云体向水平方向发展、云层均匀、范围广阔。层状云常连绵几百千米，可能会形成大面积的降水。例如，当暖空气向冷空气一侧移动时，由于两者密度不同，稳定的暖湿空气沿冷空气斜坡缓慢爬升，绝热冷却，在不同的部位由高到低依次形成卷云、卷层云、高层云和雨层云（见图 2.11)。这一系列云按一定的顺序出现，称为层状云系。

2. 层状云的演变和天气

由于层状云常和阴雨天气相联系，因此可以从层状云的演变规律来判断未来的天气趋势。如果某地的层状云由高向低出现（依次为卷云、卷层云、高层云），则未来将有雨层云移来，天气可能转雨。农谚“天上钩钩云，地下雨淋淋”、“日晕三更雨，月晕午时风”，说的就是这种天气。如果层状云是由低向高转变，则天气将会转好。但要注意，如果卷云孤立分散，云量逐渐减少或少变，则说明系统性垂直运动在减弱，天气常常会继续晴好。

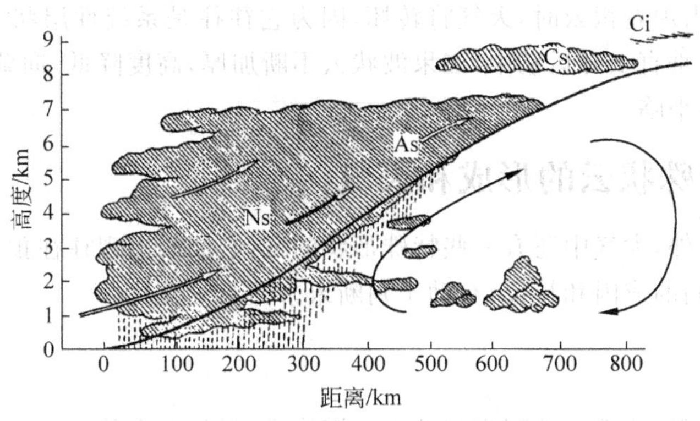

图 2.11 冷暖空气交锋区的层状云系

2.2.3 波状云的形成和天气

波状云是指由大气波动或大气乱流形成的云，包括卷积云、高积云和层积云以及层云、碎层云和碎雨云。

1. 波状云的形成

1）在波动中形成的波状云

层积云、高积云和卷积云是由大气波动形成的波状云。大气波动可出现在不同的高度上，由于波动的特点，在波峰处空气上升形成云，在波谷处空气下沉，云很少或没有云，这样云层看起来就像起伏的波浪。

波状云由云块、云片或云条组成。当波动出现在低空时，形成的波状云为层积云。由于其距离地面较近，在地面上观测时，可见大而松散的云条、云块。中空出现波动时形成的波状云为高积云。由于高度较高，空气中水汽含量一般较少，云体相对要薄一些。从地面上看，可见体积较小、呈灰白色、光滑的云块、云条或云片。大气波动出现在高空时，形成的波状云为卷积云。从地面看，可见白色鳞片状的小云块。

2）在乱流中形成的波状云

层云、碎层云和碎雨云是由大气乱流形成的波状云，其顶部呈起伏的波浪状。

在摩擦层中，当逆温层下有较强的乱流发展时，由于乱流混合作用，使混合层上部的水汽增多，同时乱流的上升运动引起空气温度下降，从而在逆温层下形成层云。层云高度很低，也可由乱流将雾抬升而形成，从云下看仍然像雾，外形呈幕状像层状云，但从其形成原因来看，属于波状云。层云消散时，分裂形成碎层云。碎层云的云体薄而破碎，形状极不规则，从地面看移动较快。当有降水云层存在时，降水使云下空气湿度增加，如有乱流发展形成上升运动，则可在降水云层下形成破碎的云块、云片，这种云的形状极不规则，随风飘移，云高很低，称为碎雨云。

2. 波状云的天气

大多数波状云出现时，气层比较稳定，天气少变。“天上鲤鱼斑，晒谷不用翻”指的就是透光高积云或透光层积云，它们常预示晴天。但有时波状云与坏天气也有联系。“鱼鳞天，不雨也风颠”是指出现卷积云时，天气将转坏，因为它往往是系统性层状云系的先导。波状云也出现在系统性垂直上升运动中，如果波状云不断加厚，高度降低，向蔽光层积云演变，则表示阴雨天气将要来临。

2.2.4 特殊状云的形成和天气

除上述3类云外，大气中还有一些特殊形状的云，它们的出现往往预示着特殊的天气变化。因此，了解它们的成因和特征，有助于判断未来的天气变化。

1. 堡状云

堡状云底部水平，顶部由并列突起的小云塔构成，形如远方的城堡。这种云往往是在波状云的基础上发展起来的。当波状云在逆温层下形成后，如果逆温层厚度不大，其下又有对流和乱流发展，较强的上升气流就可能穿过逆温层的某些薄弱部分，形成具有积云特征的云顶（见图2.12）。一般将堡状云归入波状云一类，出现于低空的堡状云称为堡状层积云，出现于中空的堡状云称为堡状高积云（见图2.5(e)）。

图2.12 堡状云的形成

可见，堡状云是由大气波动和对流、乱流共同形成的，它的出现说明当时空中有逆温层，但不能完全阻止对流的发展，如对流进一步加强，就有可能形成强烈对流而产生恶劣天气。因此，如果飞行时发现某地早上有堡状云出现，就应估计到到了中午或下午，由于大气一般会变得更加不稳定，对流进一步发展，就可能会出现雷阵雨天气，给飞行活动带来很大的影响。

2. 絮状云

絮状云的个体破碎，形状像棉絮团，它通常是潮湿气层中的强烈乱流混合作用形成的，属波状云，主要为絮状高积云（见图2.5(f)）。可见，在絮状云区中飞行时飞机的颠簸较强烈。如果暖季早晨出现了絮状云，则表示中空气层不稳定，到中午或下午，如果中低空的不稳定层结合起来，就有可能形成雷阵雨天气。

3. 荚状云

荚状云中间厚、边缘薄，云块呈豆荚状。常见的荚状云主要是中空的荚状高积云（见图2.5(d)）和低空的荚状层积云。荚状云是由局部升降气流汇合形成的。在上升气流区，

因空气冷却而形成云，而上部下沉气流使云的边缘变薄形成豆荚状。荚状云多出现在晨昏，因为此时最易出现升降气流对峙的情形。此外，在山区由于地形影响也能产生荚状云。荚状云通常是晴天的预兆，但如在它之后又出现高层云，也可能会向阴雨天气转变。

4. 砧状云

砧状云是积雨云顶部的云砧。在积雨云上部，由于上升气流的速度逐渐减弱，变为水平辐散气流，所以使云顶向四周展开呈砧状。有时由于云顶受到对流层顶的阻挡，不能继续向上伸展，也会形成云砧。在顺风方向上，云砧能伸展很远，常可用它判定积雨云移动的方向。

5. 悬球状云

悬球状云是指从云底下垂的云泡，多出现在积雨云底部，在高积云、高层云和雨层云底部有时也可见到。这是由于云中下降气流携带水滴下降时，在云底附近被强烈的上升气流托住，水滴一时无法下降而形成的。另外积雨云内强烈的乱流运动也会形成悬球状云。它的出现常是有降水的预兆，因为一旦上升气流减弱，被托住的水滴就会降下，形成降水。

6. 滚轴状云

当上升气流和下降气流间的切变十分强烈时，就会发生沿水平轴旋转的涡旋，这种涡旋的生成与云中强烈的升降气流有关，因此在积雨云的前部或底部有时生成滚轴状云。

2.2.5　云对飞行的影响

1. 低云对飞行的影响

1）淡积云

淡积云对飞行的影响较小。在淡积云上飞行时比较平稳；若云量较多时，在云下或云中飞行有时有轻微的颠簸；云中飞行时，连续穿过许多云块，由于光线忽明忽暗，还容易引起疲劳。

2）碎积云

碎积云对飞行的影响不大，但云量多时，会妨碍飞行员观测地标和影响着陆。

3）浓积云

浓积云对飞行的影响比淡积云大得多，在云下或云中飞行常有中度到强烈颠簸，在云中飞行时还常有积冰。此外，由于云内水滴浓密，能见度很低，通常不超过20m，因此，禁止在浓积云中飞行。

4）积雨云

积雨云对飞行的影响最为严重。云中的能见度极低，飞机积冰严重；在云中或云区都会遇到强烈的颠簸、雷电的袭击和干扰；暴雨、冰雹、狂风都可能危及飞行安全。因此，禁止在积雨云中或积雨云区飞行。

2. 中云对飞行的影响

在高层云中飞行较平稳，但有可能会遇到轻度到中度积冰。在高积云中飞行通常天气较好，冬季可有轻度积冰，夏季有轻度到中度颠簸。

3. 高云对飞行的影响

在卷云、卷层云和卷积云中或云上飞行时，冰晶耀眼，有时可遇到轻度颠簸。在卷云中，甚至能遇到中度颠簸。

总的说来，在云区飞行，一般常见的是低能见度和飞机颠簸，云状不同，影响的程度也不同。在低于0℃的云中可遇到飞机积冰，在积雨云区可遇到天电干扰或雷击。此外，在云中或接近云层飞行时，缺乏经验的飞行员还可能发生错觉。例如，接近云层时，好像飞得快一些，离开云层时又好像慢一些；在云中，由于看不见天地线，如果明暗不均，就会以为飞机有俯仰角或带坡度；在靠近阴暗的云底飞行时，下明上暗，会误认为在倒飞，等等。在这些情况下，切忌精神紧张和凭主观感觉操纵飞机，应少向外看，坚信仪表的指示。在以上14种云中，对飞行影响最大的是积雨云和浓积云，无论在航线上或起落过程中，都应避开。

下面将主要云种的特征及对飞行的影响列于表2.1中。

表2.1 主要云种的特征及其对飞行的影响

云族	云类	云高/m	云厚/m	云滴物态	外貌特征	天气现象	湍流	积冰	其他
高云	卷云(Ci)	7 000～10 000	500～2 500	冰晶	白色，纤维状结构，常显丝缕状或片状，有光泽		有弱湍流，出现在急流中时有强湍流		冰晶耀眼
	卷层云(Cs)	6 000～9 000	1 000～2 000	冰晶	乳白色，层状，透过云层看日月，轮廓分明，有晕		有时有弱湍流	偶有弱积冰	冰晶耀眼，云中能见度常为几百米
	卷积云(Cc)	6 000～8 000	几百	冰晶	白色，鳞片状的小云块，排列成群，单体视角小于1°		有弱湍流	偶有弱积冰	
中云	高积云(Ac)	2 500～6 000	200～1 000	水滴或冰晶	白色或灰白色的云片或云块，它们有时零散分布，有时整齐排列，单体视角为1°～5°		常有弱至中湍流	有弱积冰，偶有中积冰	
	高层云(As)	2 500～5 000	1 000～3 500	水滴、冰晶和雪花	浅灰色，层状，从云层较薄处可模糊地看到日月，云层厚时则看不到日月	小雨或小雪	多弱湍流，在锋区时为中至强湍流	有弱至中积冰	云中能见度通常为几十米

续表

云族	云类	云高/m	云厚/m	云滴物态	外貌特征	天气现象	湍流	积冰	其他
低云	雨层云(Ns)	500～2 000	3 000～6 000	水滴、冰晶和雪花	低而阴暗的云幕,云底模糊不清,云下常有碎雨云	连续性雨或雪	有时有弱湍流,在锋区或山地上时有中至强湍流	有中至强积冰	云中能见度通常为15～20m,云中有时隐藏着积状云
	层积云(Sc)	500～2 500	几百～2 000	水滴或冰晶	灰色或灰白色的云片、云块或云条,单体视角大于5°	有时有小雨或小雪	有弱至中湍流	冬季有弱至中积冰	云中能见度通常为几十米
	层云(St)	50～500	几百	水滴	浅灰色底而均匀的云幕,像雾,但不及地	有时有毛毛雨,能见度低	有弱湍流	冬季有强积冰	云中能见度通常小于50m,下部约100m
	积云(Cu)	500～2 000	几百～5 000	水滴	底部平坦,顶部呈圆弧形,浓积云垂直伸展很高	浓积云有阵雨	有弱、中或强湍流	9℃线高度以上有明冰	云中能见度很低,浓积云中飞行有危险,禁止进入
	积雨云(Cb)	300～2 000	5 000～12 000	水滴、冰晶和雪花	垂直发展极高,云顶模糊或呈砧状,云底阴暗	雷暴、闪电、阵雨、大风,有时有冰雹	有强湍流,有时有下击暴流	云的中上部有强积冰	云中飞行非常危险,禁止进入

注：表中所列的云高、云厚均为在我国常见的云高、云厚范围。

2.2.6　云的相互转化和演变

云体形成后,由于天气系统的移动、地形的变化等,可以发展、消散,还可以相互转化、演变。不仅仅同类之间可以相互演变,就是不同种类的云体之间也可以相互转变。

通常来说,同状云的演变较为常见,演变规律比较明显。层状云中卷层云和高层云也可以相互转变,雨层云和高层云之间也可以发生转变；波状云中,卷积云和高积云可以相互转变,高积云和层积云也可以相互转变,层积云和层云之间也可以发生转变；积状云中,淡积云和浓积云也可以相互转变,浓积云和积雨云也可以相互转变,积雨云和伪卷云之间也可以相互转变。

从上述规律可以看出,云的演变是指云有系统的发展,云层加厚,云底高度降低,天气渐渐转坏；或者是云有系统的衰退,云层逐渐变薄,云底高度升高,天气渐渐转好。

不同状云的演变有下列一般规律。

1. 层状云和波状云的互相演变

层状云和波状云之间的演变,主要决定于暖湿空气上升滑行的速度。当气层稳定度增强时,波状云可以融合增厚,演变成为层状云。反之,气层稳定度减弱或锋面坡度减小时,层状云可以分裂变薄,演变成为波状云。

2. 波状云与积状云的互相演变

波状云的出现,一般说明空中某一高度上有逆温层(稳定层)。当云中对流增强,冲破逆温层时,波状云即可演变成为积状云。反之,积状云在发展过程中,如果遇到逆温层阻挡或对流明显减弱,气层由不稳定转为稳定,这时积状云就会演变成为积云性高积云或积云性层积云。

3. 积状云与层状云的互相演变

波状云和层状云之间的演变,主要出现在锋面云系上。不稳定急行冷锋经过时,由于冷空气的强烈冲击,如果暖空气较潮湿且不稳定,就会形成浓积云或积雨云,之后逐渐演变为雨层云或高层云。当高层云、雨层云处于暖锋上对流不稳定区域时,可演变为积雨云。此外,积雨云在发展过程中受到稳定层的阻挡,其顶部和中部也可演变成为卷层云或高层云。

2.2.7 云的缩写符号

在航空气象资料中,云一般以缩写符号的形式表示,见表 2.2。

表 2.2 云的中英文名称及缩写符号

中文名称	英文名称	缩写符号
淡积云	Cumulus	Cu
浓积云	Towering Cumulus	TCu
积雨云	Cumulonimbus	Cb
碎积云	Fractocumulus	Fc
层积云	Stratocumulus	Sc
层云	Stratus	St
碎层云	Fractostratus	Fs
雨层云	Nimbostratus	Ns
碎雨云	Fractonimbus	Fn
高积云	Altocumulus	Ac
高层云	Altostratus	As
卷云	Cirrus	Ci
卷层云	Cirrostratus	Cs
卷积云	Cirrocumulus	Cc

2.3 降水的形成与分类

2.3.1 降水的种类和特征

1. 降水和雨幡

降水是水汽凝结物从云中降落到地面的现象。若有水汽凝结物从云中落下,但没有降落到地面,而是在空中就蒸发掉了,这种现象称为雨幡。由于有雨幡,有时飞机在空中碰到降水,但地面并没有观测到降水。

2. 降水的分类

1) 降水从形态上可分为固态降水和液态降水两种。固态降水如雪、雪丸、冰丸、冰雹

等；液态降水有雨和毛毛雨。

2）降水按性质可分为连续性降水、间歇性降水和阵性降水。

（1）连续性降水：持续时间长，降水强度变化不大，通常由层状云产生，水平范围较大。卷层云一般不产生降水，在纬度较高地区有时可降小雪。雨层云、高层云可产生连续性降水。

（2）间歇性降水：降水强度变化也不大，但时降时停，多由波状云产生。其中层云可降毛毛雨或米雪，层积云、高积云可降不大的雨或雪。

（3）阵性降水：强度变化很大，持续时间短，影响范围小，多由积状云产生。其中淡积云一般不产生降水；浓积云有时会产生降水，低纬度地区可降大雨；积雨云可降暴雨，有时会产生冰雹和阵雪。

3）降水还可按强度进行划分。降水强度常用单位时间内的降水量（降水在地平面上的积水深度）来表示，有时也根据降水中的能见度来估计（见表 2.3）。但由于水汽凝结物在降落过程中因为增温等作用要发生蒸发，因此降水强度往往地面比空中要小。

表 2.3　降水强度等级

等　　级	降水强度/(mm/d)
小雨	<10
中雨	10～25
大雨	25～50
暴雨	50～100
大暴雨	100～200
特大暴雨	>200

气象上常用各种符号来表示不同类型的降水，表 2.4 给出了几种基本的降水符号。

表 2.4　常见的几种降水符号

间　歇　性			连　续　性			阵　性		
小雨	轻毛毛雨	小雪	小雨	轻毛毛雨	小雪	小雨	小雪	小冰雹或霰
•	,	*	••	,,	**	•/▽	*/▽	△/▽

2.3.2　降水的形成

降水的形成是云滴增大为雨滴、雪花或其他降水，并降至地面的过程。

1. 云滴的增长过程

云滴的增长主要有两种方式：一是云滴的凝结或凝华增长，二是云滴的碰并增长。

1）云滴的凝结或凝华增长

凝结或凝华增长过程是指云滴依靠水汽分子在其表面上凝聚而增长的过程。在可能形成降水的云中，往往是大、小云滴，冷、暖云滴，冰、水云滴共存。由于暖云滴、水云滴、小云滴面上的空气饱和程度分别比冷云滴、冰云滴、大云滴表面上的空气饱和程度要小，暖云滴、水云滴、小云滴上的水分容易蒸发转移到冷云滴、冰云滴、大云滴上凝结或凝华，使其增长（见

图 2.13)。云滴增长初期,主要是通过这一方式实现的,它能形成直径几十微米的大云滴。

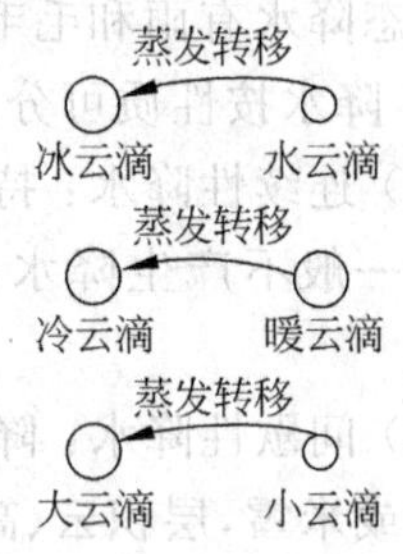

图 2.13 云滴的凝结、凝华增长

2) 云滴的碰并增长

碰并增长过程是大小云滴之间发生碰撞而合并增大的过程。当云中出现了体积差异较大的云滴后,由于气流的作用,使云滴之间发生碰撞,大云滴"吞并"小云滴,体积进一步增大而形成降水云滴。

如果以上凝结增长和碰并增长进行得比较充分,就有可能形成半径几百微米到几毫米的降水云滴。但能否形成降水,不仅与降水云滴的大小有关,还与空中气流情况,云下气层的温湿情况,以及云底高低等因素有关。只有当这些条件使降水云滴在下降到地面以前不被完全蒸发,才能形成降水。

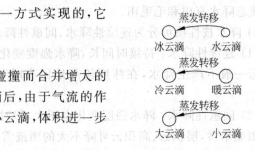

2. 不同形态降水的形成

降水有固态和液态之分。形成固态降水还是液态降水,主要取决于云中和云下的气温。若云中和云下气温都高于 0℃,则形成液态降水;若都低于 0℃,则形成固态降水或冻雨、冻毛毛雨;若云内气温低于 0℃,而云下气温高于 0℃,则降水可以是液态、固态,或二者的混合物(如雨夹雪)。有时,地面在降雨,而飞机在空中遇到的是降雪,就是因为地面与空中气温不同。

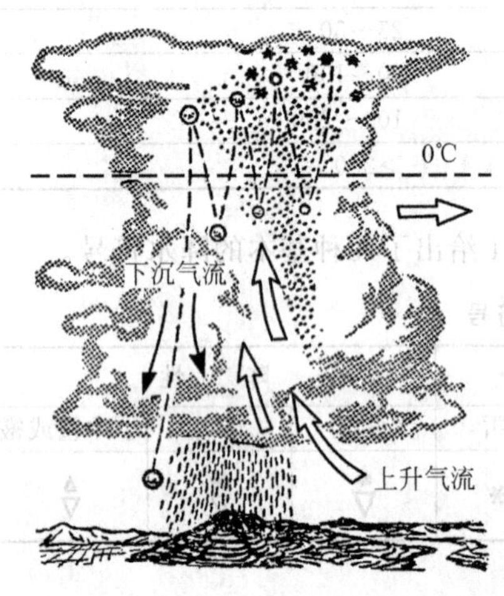

图 2.14 冰雹的形成

冰雹是积雨云强烈发展形成的一种球状、圆锥状或其他不规则形状的降水,大的冰雹直径可达十几厘米以上,可造成严重灾害,对飞行也有很大危害。强烈发展的积雨云中有很强的升降气流和乱流,云体可伸展到上万米的高空,云内成分复杂,可同时存在过冷水滴、雪花和冰晶。雪花、冰晶与过冷水滴碰撞时,会冻结在一起,形成不透明的小雪球——霰,即雹核。雹核在积雨云中随升降气流在 0℃ 等温线附近上下运动,反复冻结、融化、再冻结,并继续与水滴、冰晶,过冷水滴合并,逐渐增大形成冰雹(见图 2.14)。冰雹在云中升降次数越多,体积越大,表示积雨云中气流越强烈,积雨云发展也越旺盛。

2.3.3 降水与云的关系以及对飞行的影响

1. 降水与云的关系

不同的云,由于其水平范围、云高、云厚、云中含水量、云中温度和升降气流等情况不同,因而降水的形态、强度、性质也有所不同。

1) 积状云的降水

积状云一般包括淡积云、浓积云和积雨云。

淡积云由于云薄,云中含水量少,而且水滴又小,所以一般不降水。

浓积云是否降水则随地区而异。在中高纬度地区，浓积云很少降水。在低纬度地区，因为有丰富的水汽和强烈的对流，浓积云的厚度、云中含水量和水滴都较大，虽然云中没有冰晶存在，但水滴之间碰并作用显著，故可降较大的阵雨。

积雨云是冰水共存的混合云，云的厚度和云中含水量都很大，云中升降气流强，因此云滴的凝华增长和碰并作用均很强烈，致使积雨云能降较大的阵雨、阵雪，有时还可下冰雹。

积状云的降水属于阵性降水。

2）层状云的降水

在层状云中，卷层云是由冰晶组成的，由于冰面饱和水汽压小于同温度下的水面饱和水汽压，使冰晶可在较小的相对湿度（可以<100%）情况下增大。但是，因卷层云中含水量较小，云底又高，所以除了在冬季高纬度地区的卷云可以降微雪外，卷层云一般是不降水的。

雨层云和高层云经常是混合云，所以云滴的凝华增长和碰并增长作用同时存在，其降水与云厚和云高有密切关系。云厚时，冰水共存的层次也厚，有利于冰晶的凝华增长，而且云滴在云中碰并增长的路程也长，因此有利于云滴的增大。云底高度低时，云滴离开云体降落到地面的路程短，不容易被蒸发掉，这就有利于形成降水。所以对雨层云和高层云来说，云越厚、越低，降水就越强。一般情况下，雨层云比高层云的降水大得多。

由于层状云云体比较均匀，云中气流也比较稳定，所以层状云的降水是连续性的，持续时间较长，降水强度变化小。

3）波状云的降水

波状云由于含水量较小，厚度不均匀，所以降水强度较小，往往时降时停，属间隙性降水。层云只能降毛毛雨，层积云可降小的雨、雪和霰。高积云很少降水。但在我国南方地区，由于水汽比较充沛，层积云也可产生连续性降水，高积云有时也可产生降水。

2. 降水对飞行的影响

降水对飞行有多方面的影响，其影响程度主要与降水强度和降水种类有关。

1）降水使能见度减小

降水对能见度的影响程度，主要与降水强度、种类及飞机的飞行速度有关。降水强度越大，能见度越差；降雪比降雨对能见度的影响更大（见表2.5）。由于毛毛雨雨滴小、密度大，其中能见度也很差，一般与降雪时相当。有的小雨密度很大，也可能使能见度变得很差。

表2.5　降水中的地面能见度

降水种类和强度	大雨	中雨	小雨	大雪	中雪	小雪
地面能见度/km	<4	4～10	>10	<0.5	0.5～1	>1

飞行员在降水中从空中观测的能见度，还受飞行速度的影响，飞行速度越大，能见度减小越多。原因是降水使座舱玻璃沾附水滴或雪花，折射光线使能见度变坏，以及机场目标与背景亮度对比减小。如降小雨或中雨时，地面能见度一般大于4km，在雨中飞行时，如速度不大，空中能见度将减小到2～4km；速度很大时，空中能见度会降到1～2km以下。在大雨中飞行时，空中能见度只有几十米。

2）含有过冷水滴的降水会造成飞机积冰

在有过冷水滴的降水（如冻雨、雨夹雪）中飞行，雨滴打在飞机上会立即冻结。因为雨滴比云滴大得多，所以积冰强度也比较大。冬季在长江以南地区飞行最容易出现这种情况。

3）在积雨云区及其附近飞行的飞机可能遭雹击

飞机误入积雨云中或在积雨云附近几十千米范围内飞行时，有被雹击的危险。曾有过飞机远离云体在晴空中遭雹击的事例。

4）大雨和暴雨能使发动机熄火

在雨中飞行时，喷气式飞机的飞行速度会增大一些。因为在发动机转速不变的情况下，雨滴进入涡轮压缩机后，由于雨滴蒸发吸收热量降低燃烧室温度，使增压比变大，增加了发动机推力，相应使飞机速度有所增大。但如果雨量过大，发动机吸入雨水过多，点火不及时也有可能造成发动机熄火，特别是在飞机处于着陆低速阶段，更要提高警惕。

5）大雨恶化飞机气动性能

大雨对飞机气动性能的影响主要来自以下两方面。

(1) 空气动力损失。雨滴打在飞机上使机体表面形成一层水膜，气流流过时，在水膜上引起波纹；同时雨滴打在水膜上，形成小水坑。这两种作用都使机体表面粗糙度增大，改变了机翼和机身周围气流的流型，使飞机阻力增大，升力减小。计算表明机身和机翼两者的阻力增加约 5%～20%。

(2) 飞机动量损耗。雨滴撞击飞机时，将动量传给飞机引起飞机速度变化。雨滴的垂直分速度给予飞机向下的动量，使飞机下沉；雨滴对飞机的迎面撞击则使之减速。飞机在大雨中着陆时，其放下的起落架、襟翼和飞行姿态使得水平动量损失更为严重，可能使飞机失速。

2.3.4 冰雪天气与地面积冰

降水会引起跑道上积雪、结冰和积水，影响跑道的使用。

跑道有积雪时，一般应将积雪清除后再起飞、降落。不同的飞机对跑道积雪时起飞、着陆的限制条件有差异，如《图-154 飞机手册》限定跑道上雪泥的厚度不超过 12mm，干雪厚度不超过 50mm 时，飞机才可以起降。

跑道积冰有的是由冻雨或冻毛毛雨降落在道面上冻结而形成，有的是由跑道上的雨水或融化的积雪再冻结而形成的。跑道上有积冰时，飞机轮胎与冰层摩擦力很小，滑跑的飞机不易保持方向，容易冲出跑道。

跑道积水是由于下大雨，雨水来不及排出道面而形成的，或由道面排水不良引起的。飞机在积水的跑道上滑行时，可能会产生滑水现象，从而使飞机方向操纵和刹车作用减弱，容易冲出或偏离跑道。各类飞机都可产生滑水现象，但以喷气运输机发生最多。如图 2.15 所示，飞机在积水跑道上滑行，水对机轮有相对运动，产生流体动力 $\boldsymbol{R}$，$\boldsymbol{R}$ 的水平分力 $\boldsymbol{X}_{动}$ 使飞机阻力增大，妨碍飞机滑跑增速。$\boldsymbol{R}$ 的垂直分力 $\boldsymbol{Y}_{动}$ 产生一个向上托起飞机的力，使轮胎与道面间的摩擦力和接触面积急剧减小，甚至完全停转出现轮胎滑水现象。

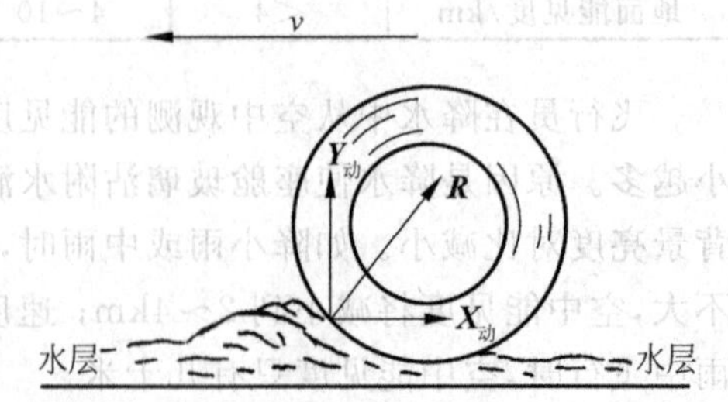

图 2.15 飞机滑水

此外，跑道被雨水淋湿变暗，还可能使着陆时

目测偏高，影响飞机的正常着陆。

本章小结

云和降水与飞行活动密切相关，常给飞行造成困难，甚至危及安全。本章主要介绍了云的分类和特征、云的形成和天气以及降水的形成与分类3个方面。

复习与思考

1. 根据云底的高度，云可以划分为几类？
2. 根据空气的垂直运动过程，云可以划分为几类？
3. 云形成的基本条件是什么？
4. 积状云的外貌特征如何？产生哪些天气？产生什么样的降水？对飞行有什么影响？
5. 层状云的外貌特征如何？产生哪些天气？产生什么样的降水？对飞行有什么影响？
6. 波状云的外貌特征如何？产生哪些天气？产生什么样的降水？对飞行有什么影响？
7. 堡状云、絮状云和荚状云是如何形成的？与天气演变有何关系？
8. 降水的形成过程有哪些？
9. 降水是如何对飞行产生影响的？

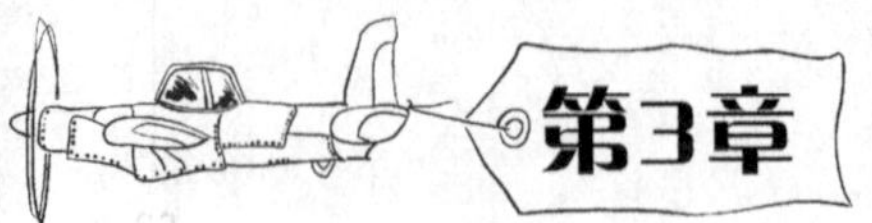

第3章 天气系统分析

本章关键词

气团(air mass)	锋(front)
暖锋(warm front)	冷锋(cold front)
准静止锋(quasi-stationary front)	锢囚锋(occluded front)
气旋(cyclone)	反气旋(anti-cyclone)
槽线(trough line)	切变线(shear line)

天气系统是具有一定的温度、气压或风等气象要素空间结构特征的大气运动系统。不同的天气系统或其发展的不同阶段表现为不同的天气现象,会对飞行活动产生不同的影响。掌握常见天气系统的特征及其发生、发展规律,不仅有助于深入了解天气系统对飞行活动的影响,同时也有助于飞行时趋利避害,减少天气对飞行活动的影响。

3.1 气团和锋

3.1.1 气团

气团是指气象要素(主要指温度、湿度和大气静力稳定度)在水平分布上比较均匀的大范围空气。其水平范围从几百千米到几千千米,垂直范围可达几千米到十几千米。同一气团内的温度水平梯度一般小于1~2℃/100km,垂直稳定度及天气现象也都变化不大。

1. 气团的形成

气团形成的源地需要两个条件:一是范围广阔、地表性质比较均匀的下垫面,其性质决定着气团的属性;二是有一个能使空气物理属性在水平方向均匀化的环流场,如缓行的高压系统。具备了上述两个条件,气团的形成主要通过大气中各种尺度的湍流、大范围系统性垂直运动以及蒸发、凝结和辐射等动力、热力过程而与地表间进行水汽和热量交换,并经过足够的时间来获得下垫面的属性影响。

2. 气团的变性

气团形成后，随着大气的运动，由源地移到另一新的地区时，由于下垫面性质以及物理过程的改变，气团原有的物理属性也随之发生相应的变化，这个过程称为气团变性。

一般来说，冷气团移向暖区时容易变暖，而暖气团移向冷区时则不易变冷。这是因为冷气团移到较暖的地表后，使所经地区变冷；而冷气团底层被加热后，由于低层增温，气温直减率增大，气层趋于不稳定，有利于对流的发展，故气团变性较快。相反，暖气团移经较冷地表面后，使所经地区变暖，而暖气团底层因不断失热而逐渐变冷，气温直减率变小，气层趋于稳定，有时会形成逆温层或等温层，可引起长时间的低云幂和低能见度，具有稳定性天气的特点，因而气团变性较慢。

3. 气团的分类

为了分析气团的特性、分布、移动规律，对地球上的气团进行了分类，主要采用地理分类法和热力分类法两种方法。

地理分类法是根据气团源地的地理位置和下垫面性质进行分类。首先按源地的纬度位置可分为冰洋气团、极地（中纬度）气团、热带气团和赤道气团 4 大类。再根据源地的海陆位置，把前 3 种又分为海洋型和大陆型。这样，共划分出 7 种气团，见表 3.1。

表 3.1　气团的分类

种　类		分布地区	主要特征
冰洋气团	冰洋大陆气团	南极大陆、北极冰雪覆盖区	气温低，水汽少，气层稳定
	冰洋海洋气团	北极洋面、南极周围洋面	与上相近，但暖季可从海洋获得热量和水汽
中纬度气团	极地大陆气团	西伯利亚、蒙古和北美洲北部	低温、干燥、天气晴朗，低层有逆温，气层稳定
	极地海洋气团	南、北半球中纬度海洋	暖季与极地大陆气团相近，冷季气温、湿度都要高一些，易出现云和降水
热带气团	热带大陆气团	西南亚、北非和北美西南、澳大利亚	高温、干燥、晴朗少云，但低层不稳定
	热带海洋气团	副热带洋面上	低层暖湿而不稳定，中层常有逆温层
赤道气团		赤道附近洋面	湿热不稳定，气温高，湿度大，多雷暴

热力分类法是根据气团与流经地区下垫面间热力对比进行的分类。气团温度高于流经地区下垫面温度的，称为暖气团；反之，气团温度低于流经地区下垫面温度的，称为冷气团。暖气团一般为含有丰富的水汽，容易形成云雨天气；而冷气团一般形成干冷天气。

我国的大部分地区处于中纬度，冷暖气流交汇频繁，缺少气团形成的环流条件。同时，我国地表性质复杂，没有大范围均匀的下垫面作为气团源地。因而，活动在我国境内的气团大多是从其他地区移来的变性气团，其中最主要的是极地大陆气团和热带海洋气团。

3.1.2 锋

锋是冷暖气团交绥的地带。该地带冷暖空气异常活跃，常常形成广阔的云系和降水天气，有时还出现大风、降温和雷暴等剧烈天气现象。

锋是占据三维空间的天气系统，其水平范围与气团水平尺度相当，可达几百千米到几千千米。锋的水平宽度在近地面层为几千米到几百千米，到高空增宽到200～400km，甚至更宽。锋的宽度同气团宽度相比显得很狭窄，因而常把锋区看成是一个几何面，称为锋面。锋面与地面的交线称为锋线，锋面和锋线统称锋。

锋在空间上呈倾斜状态，暖气团在上，冷气团在下。锋面倾斜的程度称为锋面坡度，它由锋面所在的纬度决定，纬度越高，坡度越大；纬度越低，坡度越小(一般为1/300～1/50)。锋面坡度的形成和维持是地转偏向力作用的结果。

1. 锋面附近气象要素场的特征

锋是冷暖气团间的过渡带，因而锋两侧的温度、湿度、稳定度以及风、云、气压等气象要素都有明显的差异，故可以把锋看成是大气中气象要素的不连续面。

1）温度场

锋区内的温度水平梯度远比其两侧的单一气团内的温度梯度大。锋附近区域内相距100km，气温差可达几度，有时达10℃左右，是气团内水平温度梯度的5～10倍。在天气图上，锋区温度场表现为等温线相对密集，锋区走向与地面锋线基本平行。所以天气图上等温线的分布可以很明显地指示锋区的特点。等温线越密集，水平温度梯度越大，锋区越强。由于锋面在空间呈倾斜状态，使得各等压面上的等温线密集区位置随高度升高不断向冷区一侧偏移。因而，高空图上的锋区位置偏在地面锋线的冷空气一侧，锋伸展的高度越高，锋区偏离地面锋线越远。在锋区附近，锋的下部是冷气团，上部是暖气团，自下而上通过锋区，会出现气温随高度增高而增加的现象，称为锋面逆温。

2）气压场

锋面两侧是密度不同的冷暖气团，因而锋两侧的气压倾向是不连续的，当等压线横穿锋面时便产生折角，折角的尖端指向高压一方，锋落在低压槽中。如图3.1所示，如果实线表示无锋时气压水平分布状况，那么穿越锋面进入冷气团中，由于锋下密度大，气压沿AA'线逐点升高，冷区中的等压线则变为虚线所示的形状，即锋区处于低压槽中。等压线通过锋面时就会发生气旋性弯曲，最大曲率出现在锋线处。

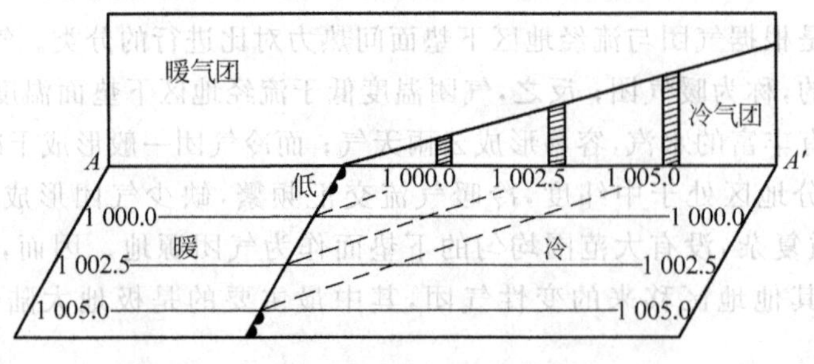

图3.1 锋附近气压场的特征(单位：hPa)

3) 风场

地面锋处于低压槽内，锋线附近的风场应具有气旋性切变。如图 3.2 所示，当冷锋呈东北-西南走向时，锋前多为西南风，风后多为西北风，风向呈逆时针旋转。同时冷区一侧的风速会比暖区一侧的风速大得多，地面锋线处有气流辐合。在垂直方向上通过锋区，风向将作逆时针(冷锋)或顺时针(暖锋)转动。

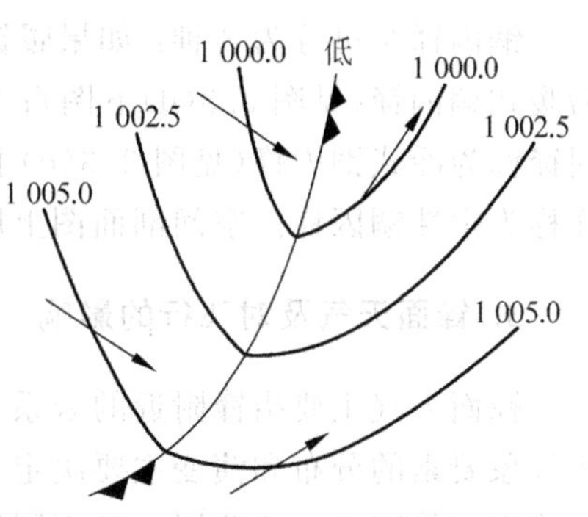

图 3.2 锋附近风的分布(单位：hPa)

2. 锋的分类

根据锋在移动过程中冷暖气团所占的主次地位，可将锋分为：暖锋(见图 3.3(a))、冷锋(见图 3.3(b))、准静止锋(见图 3.3(c))和锢囚锋(见图 3.3(d))。

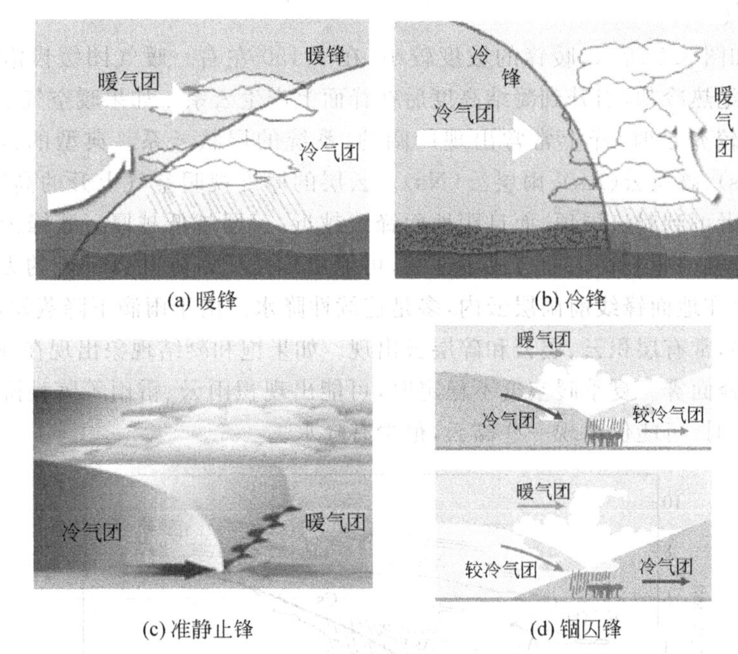

(a) 暖锋 (b) 冷锋

(c) 准静止锋 (d) 锢囚锋

图 3.3 锋的分类

(1) 暖锋：暖锋是暖气团前沿的锋。在移动过程中，锋后暖气团占主导地位，推动锋面向冷气团一侧移动。

(2) 冷锋：冷锋是冷气团前缘的锋。在移动过程中，锋后冷气团起主导作用，推动锋面向暖气团一侧移动。冷锋又因移动速度快慢不同，分为第一型(缓行)冷锋和第二型(急行)冷锋。

(3) 准静止锋：当冷暖气团势力相当，锋面移动很少时，称为准静止锋。事实上，准静止锋中冷暖气团互相对峙，有时冷气团占主导地位，有时暖气团起主导作用，锋面处于来回摆动状态。

(4) 锢囚锋：当冷锋赶上暖锋，两锋间暖空气被抬离地面锢囚到高空，冷锋后的冷气团与暖锋前的冷气团相接触形成的锋，称为锢囚锋。此类锋中存在有暖气团、较冷气团和更冷气团 3 种性质不同的气团。

锢囚锋又可分为 3 种：如果暖锋前的冷气团比冷锋后的冷气团更冷，其间的锢囚锋称为暖式锢囚锋（见图 3.3(d)下图）；如果冷锋后的冷气团比暖锋前的冷气团更冷，其间的锢囚锋称为冷式锢囚锋（见图 3.3(d)上图）；如果锋前后的冷气团属性差别不大，其间的锢囚锋称为中性锢囚锋。空间剖面图上原来两条锋面的交接点称为锢囚点。

3. 锋面天气及对飞行的影响

锋面天气主要指锋附近的云系、降水、风、能见度等气象要素的分布和演变状况。而这些气象要素的分布和演变主要决定于锋面坡度大小、锋附近空气垂直运动状态、气团含水量和稳定度等因素。这些因素的不同组合构成不同的锋面天气，主要有冷锋天气、暖锋天气、准静止锋天气和锢囚锋天气。

1）暖锋天气

如图 3.4 和图 3.5 所示，暖锋的坡度较小，在 1/150 左右。暖气团缓慢沿锋面向上爬升，爬升过程中绝热冷却，当升到凝结高度后在锋面上产生云系。如果暖空气上升的高度足够高，水汽又比较充足时，锋上常常出现广阔的、系统的层状云系。典型的云序为：卷云(Ci)、卷层云(Cs)、高层云(As)、雨层云(Ns)。云层的厚度视暖空气上升的高度而异，一般可达几千米，厚者可到对流层顶，而且距地面锋线越近，云层越低越厚。暖锋云系有时因空气湿度和垂直速度分布不均匀而造成不连续，可能出现几千米到几百千米的无云空隙。暖锋降水主要发生在地面锋线前雨层云内，多是连续性降水。由于雨滴下降蒸发，锋下冷气团中水汽含量增多，常有层积云、层云和碎层云出现。如果饱和凝结现象出现在锋线附近的地面层时，将形成锋面雾。夏季暖空气不稳定时，可能出现积雨云、雷雨等阵性降水。春季暖气团中水汽较少时，可能仅出现一些高云，很少有降水。

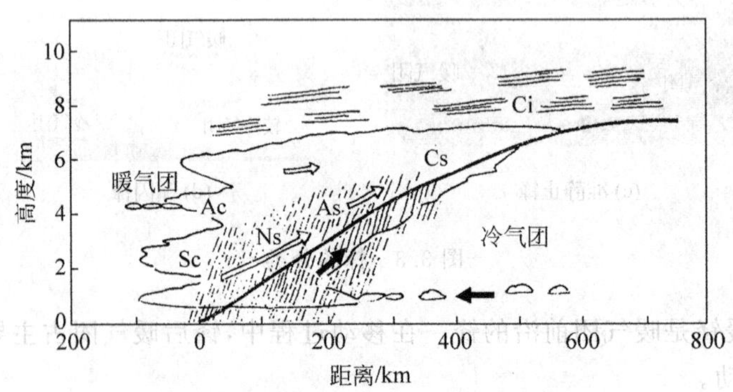

图 3.4 稳定的暖锋天气

暖锋云(高云除外)和降水区内能见度往往很差，可能遇到浓雾；暖风云系范围很广，因此穿越或沿暖锋飞行，在很大程度上要依靠仪表，未经复杂气象训练的飞行员应避免进入。暖锋中容易产生严重的积冰，由于锋两侧温差可达 5～10℃，因而锋两侧积冰区高度是不同的。应避免严重积冰的高度，选择在积冰层以下或－20℃层以上的高度飞行。暖锋云中如果暖空气潮湿不稳定，在雨层云甚至高层云中可能隐藏有雷暴云。

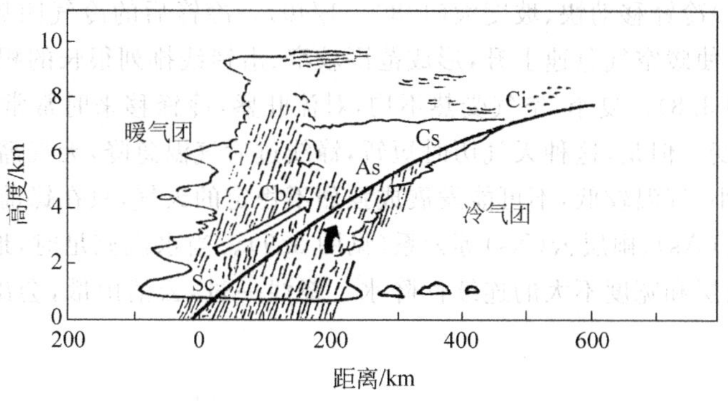

图 3.5 不稳定的暖锋天气

2）冷锋天气

根据气团移动速度的快慢，可以把冷锋分为第一型（缓行）冷锋和第二型（急行）冷锋。

第一型（缓行）冷锋移动缓慢、锋面坡度较小（1/100 左右），暖空气沿锋面向上爬升，云和降水主要出现在地面锋线后，且分布较广。当暖气团比较稳定、水汽比较充沛时，产生与暖锋相似而分布序列相反的层状云系，即雨层云（Ns）、高层云（As）、卷层云（Cs）、卷云（Ci）。由于锋面坡度大于暖锋，因而云区和雨区都比暖锋窄些，且多稳定的连续性降水（见图 3.6）。但当锋前暖气团不稳定时，在地面锋线附近也常出现积雨云和雷阵雨天气（见图 3.7）。

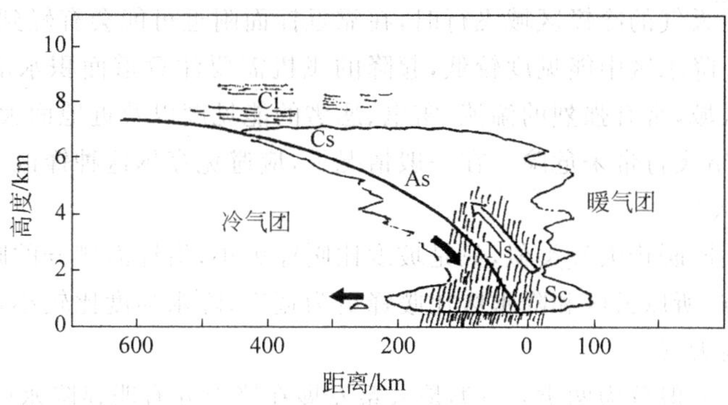

图 3.6 稳定的缓行冷锋天气

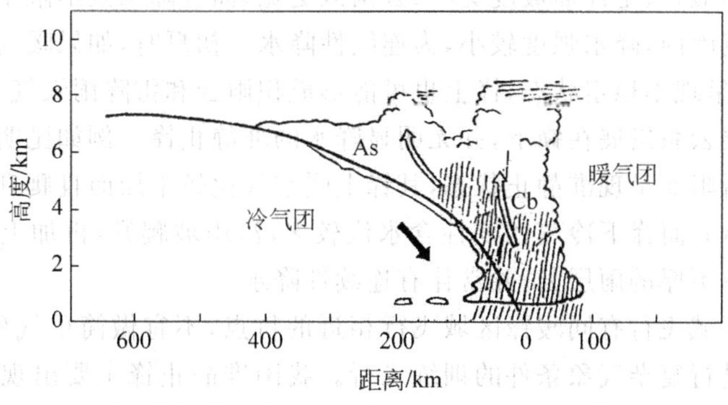

图 3.7 不稳定的缓行冷锋天气

第二型(急行)冷锋移动快、坡度大(1/80～1/40)。冷锋后的冷气团势力强、移动快，猛烈地冲击暖空气，使暖空气急速上升，形成范围较窄、沿锋线排列很长的积状云带，产生对流性降水天气(见图3.8)。夏季，空气受热不均，对流旺盛，冷锋移来时常常伴随大风和雷雨，气象要素发生剧变。但是，这种天气历时短暂，锋线过后气温急降，天气豁然开朗。冬季，由于暖气团湿度较小、气温较低，不可能发展成强烈不稳定的天气，只在锋前出现卷云(Ci)、卷层云(Cs)、高层云(As)、雨层云(Ns)等云系(见图3.9)。当水汽充足时，地面锋线附近可能有很厚、很低的云层和宽度不大的连续性降水。锋线一过，云消雨散，会出现晴朗、大风、降温的天气。

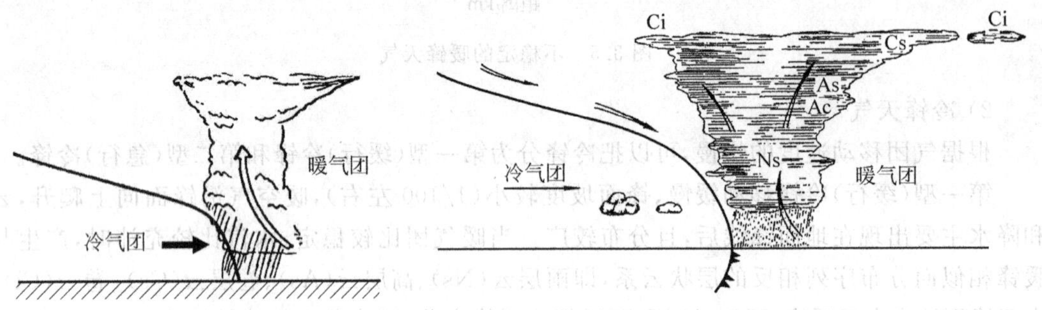

图3.8　不稳定的急行冷锋天气　　　图3.9　稳定的急行冷锋天气

在具有稳定性天气的冷锋区域飞行时，在靠近锋面附近可能会有轻到中度的颠簸，云中飞行可能有积冰。降水区中能见度较低，起降的飞机需要注意道面积水的影响。在具有不稳定天气的冷锋区域，常有强烈的湍流、雷电、恶劣的能见度以及近地面大风，会产生强烈的飞机积冰和颠簸，给飞行带来危险。在一般情况下，应避免穿越这种锋区。

3）准静止锋天气

准静止锋天气同暖锋天气类似，只是坡度比暖锋更小，沿锋面爬升的暖空气可以伸展到距锋线很远的地方，所以云区和降水区比暖锋更为宽广，降水强度比较小，但持续时间长，可能会造成连续阴雨天气。

准静止锋天气一般分为两类：一类是云系发展在锋上并有明显降水(见图3.10)。例如我国华南准静止锋，大多由冷锋南下过程中冷气团减弱、暖气团增强演变而成，因而这种天气和第一型冷锋相似，只是锋面坡度更小、云雨区更宽，而且降水区不限于锋线地区，可以延伸到锋后很大的范围内，降水强度较小，为连续性降水。初夏时，如果暖气团湿度增大、低层升温，气层还可能呈现不稳定状态，锋上也可能形成积雨云和雷阵雨天气。

另一类是主要云系发展在锋下，并无明显降水的准静止锋。例如昆明准静止锋，它是南下冷空气被山脉所阻而呈现准静止状态，其锋上暖空气比较干燥而且爬升缓慢，产生不了大规模的云系和降水；而锋下冷气团变性含水汽较多，沿山坡爬升，再加上湍流、混合的作用容易形成层积云或不厚的雨层云，并常伴有连续性降水。

在准静止锋区域飞行有同暖锋区域飞行相近的特点，不宜做简单气象条件飞行。在稳定天气形势下可进行复杂气象条件的训练飞行。我国准静止锋主要出现在华南、西南和天山北侧，出现时间多在冬半年，其对这些地区及其附近天气的影响很大。

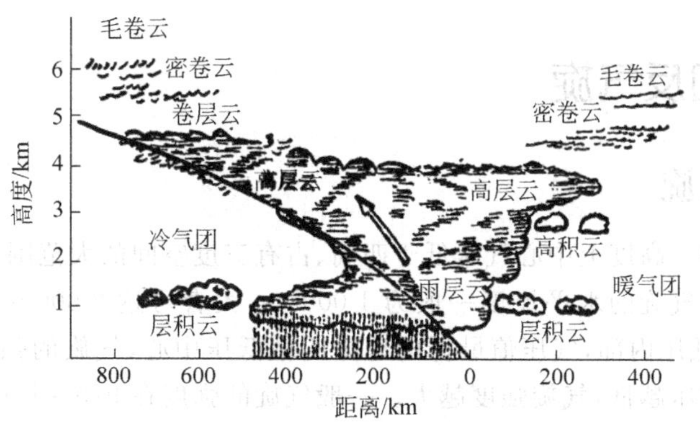

图 3.10　准静止锋天气

4）锢囚锋天气

锢囚锋是由两条移动着的锋合并而成，所以它的天气仍保留着原来两条锋的天气特征，如图 3.11 所示。如果锢囚锋是由两条具有层状云系的冷、暖锋合并而成，则锢囚锋的云系也呈现层状并近似对称地分布在锢囚点的两侧。当这种锋过境时，云层先由薄到厚，再由厚到薄。如果两条锋锢囚时，一条锋是积状云，另一条是层状云，那么锋锢囚后积状云和层状云相连。锢囚锋降水不仅保留着原来锋段降水的特点，而且由于锢囚作用促使上升作用发展，暖空气被抬升到锢囚点以上，利于云层变厚、降水增强、降雨区扩大。在锢囚点以下的锋段，根据锋是暖式或冷式而出现相应的云系。

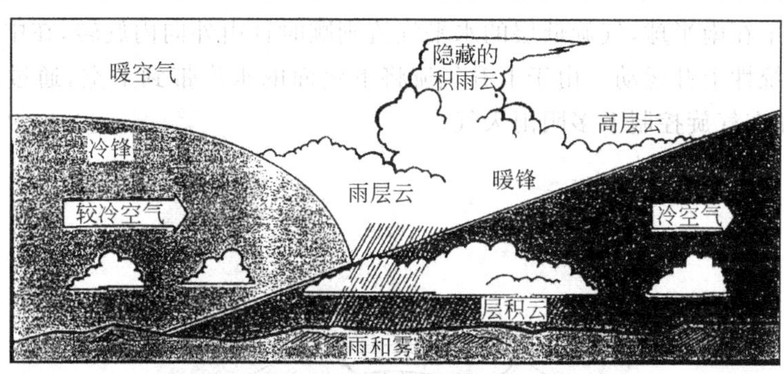

(a) 暖式锢囚锋

(b) 冷式锢囚锋

图 3.11　锢囚锋天气

在锢囚锋区域飞行，锢囚锋形成初期在锢囚点以上，将会遇到较宽广的云层和降水，还可能有雷暴、积冰和颠簸。锢囚点以下在低压中心附近广大范围内存在相当低的能见度和低的云幕。在锢囚锋后期，气象条件逐渐好转。

3.2 气旋和反气旋

3.2.1 气旋

气旋是指在同一高度上中心气压低于四周、占有三度空间的大范围水平涡旋，其在气压场上表现为低压。气旋的水平尺度一般为 1 000km，大者可达 2 000～3 000km，小的只有 200～300km。在低压内部，气压值最低的地方叫做低压中心，气旋的强度用低压中心的数值来表示。中心气压越低，气旋强度越大。一般气旋的强度在 970～1 010hPa 之间，最低的可达 887hPa。

1. 气旋的分类

根据气旋形成和活动的地理区域，可将气旋分为温带气旋和热带气旋两大类。根据气旋的形成原因及热力结构，可将气旋分为锋面气旋和无锋面气旋。温带气旋多为锋面气旋，无锋面气旋包括暖性气旋（如热低压、台风）和冷性气旋（如高空冷涡）。

2. 气旋的流场特征和一般天气

气旋是有一定厚度的天气系统。在北半球，气旋区由于中心气压低，其低层的水平气流逆时针由外向内旋转，由于低层气流的辐合，在中心附近的垂直方向上会形成系统性上升运动（见图 3.12）；在南半球，气旋低层的水平气流则顺时针由外向内旋转，在中心附近的垂直方向上形成系统性上升运动。由于上升气流将下垫面的水汽带到上空，通过绝热冷却往往成云致雨，因而在气旋控制下多阴雨天气。

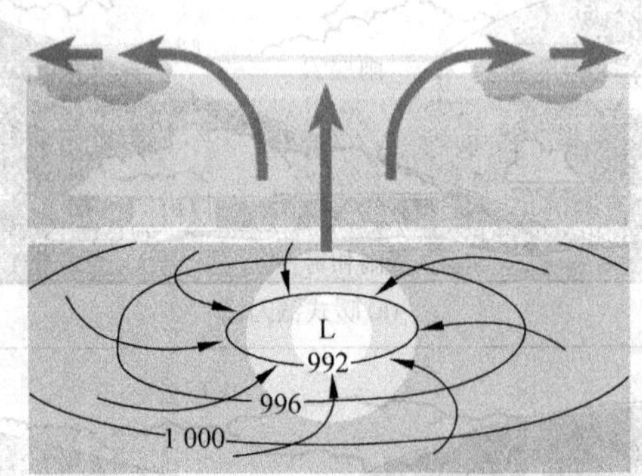

图 3.12 气旋流场（北半球）（单位：hPa）

3. 影响我国的气旋

我国地处东亚大陆，气旋活动频繁而有特点。东亚地区的气旋主要发生在两个地区：南面的气旋主要发生在北纬 25°～35°之间，即我国的江淮流域、东海和日本南部海面的广阔区域。这些区域的气旋称为南方气旋，包括江淮气旋和东海气旋等。北面的气旋主要发生在北纬 45°～55°之间，即黄河以北、贝加尔湖以南的广大地区。其中以黑龙江、吉林与内蒙古的交界地区产生最多。这些地区的气旋称为北方气旋，有蒙古气旋、东北气旋、黄河气旋、

黄海气旋等。

1）蒙古气旋

蒙古气旋是典型的北方气旋，属锋面气旋，一年四季均可出现，但以春秋季为最多。一般气旋所具有的天气现象都可以在蒙古气旋中出现，其中比较突出的是大风。发展较强的蒙古气旋，在其任何部位都可以出现大风。蒙古气旋活动时，总是伴有冷空气的侵袭，随之出现降温、风沙、吹雪、霜冻等天气现象。由于我国北方地区降水较少，在大风的作用下常常出现风沙。特别是春季，植被还不茂盛，容易出现沙尘暴，往往造成这一地区的能见度降低。

2）江淮气旋

江淮气旋是典型的南方气旋，属锋面气旋，以春季和初夏较多。由于这一区域水汽充沛，常造成大范围降水、雷暴和沿海大风。在冷锋前和暖锋后容易形成很低的碎雨云和锋面雾，在其东部有利的流场下常带来海上平流雾和平流低云，使能见度降低。

3）热低压

热低压是一种无锋面的暖性气旋，由于近地面空气受热后上升，气压迅速降低造成局部温度与气压差异而形成的。随着高度的升高热低压迅速减弱，对流层中部低压已被暖高压所取代。热低压通常出现在低纬度的大陆上，以春夏季较多。海面上偶有热低压产生但是数量很少，且集中于秋冬季。

3.2.2 反气旋

反气旋是指在同一高度上中心气压高于四周、占有三度空间的大范围水平涡旋，在气压场上表现为高压。反气旋的水平尺度一般比气旋大得多，发展强盛时可达数千千米。在高压内部，气压值最高的地方叫做高压中心，反气旋的强度用高压中心的数值来表示。中心气压越高，反气旋强度越大。一般反气旋的强度在1 020～1 030hPa之间，最高可达1 079hPa。

1. 反气旋的分类

根据反气旋形成和活动的地理区域，可将反气旋分为极地反气旋、温带反气旋和副热带反气旋。根据反气旋的热力结构，可将反气旋分为冷性反气旋和暖性反气旋。活动于中、高纬度区域的温带反气旋属冷性反气旋，又称冷高压。副热带高压活动于副热带地区，属暖性反气旋。

2. 反气旋的流场特征和一般天气

反气旋是有一定厚度的天气系统。在北半球，反气旋区由于中心气压高，其低层的水平气流呈顺时针由内向外旋转，由于低层气流辐散，在中心附近的垂直方向上形成系统性下沉运动（见图3.13）；在南半球，反气旋低层的水平气流则逆时针由内向外旋转，在中心附近的垂直方向上形成系统性下沉运动。由于下沉气流阻止下垫面水汽向上输送，难以成云，因而在反气旋控制下天气晴朗。

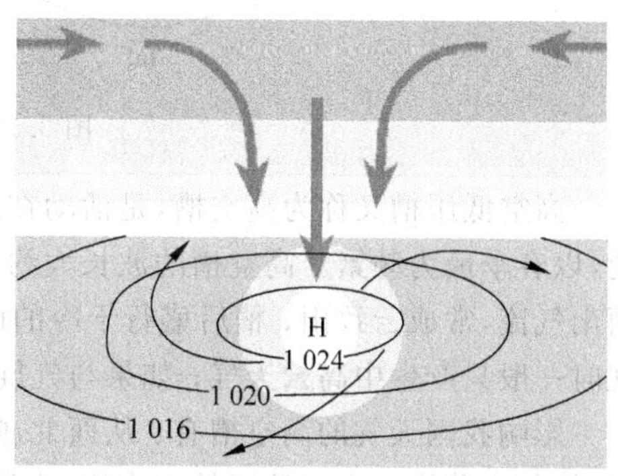

图3.13 反气旋流场（北半球）（单位：hPa）

3. 影响我国的反气旋

影响我国的反气旋有蒙古冷高压和副热带高压(见 3.4.1 节)。蒙古冷高压是发源于蒙古地区的冷性反气旋,是冬季东亚地区最强大的高压系统。在适当的环流引导下,蒙古高压向东、南移动,引起大规模的冷空气活动。蒙古冷高压前缘常存在冷锋,冷锋经过时常出现偏北大风;与南方暖空气交汇,往往形成云雨天气。冷锋过后,转受冷高压控制,风速减小,出现晴朗、少云、寒冷的天气,可稳定维持两三天。当进入冷高压后部时,因盛行偏南气流,气温回升,湿度增加,云量增多。蒙古冷高压南行到江淮流域以南时,因气团变性,湿度增加,往往在北风过后出现阴雨天气。

当蒙古冷高压势力强大时,带来强冷空气的侵袭,使我国广大地区剧烈降温,出现霜冻、大风等灾害性天气。这种大范围的强冷空气活动,称为寒潮。寒潮天气各地不同,但最为突出的表现是剧烈降温、偏北大风和降水。在短时间内温度可以下降 10℃以上,风速可猛增到 10～20m/s,有时还伴有降雪与沙暴。

寒潮冷锋过境前,多为偏南风,天气晴朗。寒潮冷锋过境后,气温剧降,气压急升,出现偏北大风,风力迅速增大,海上可达 6～8 级,最大可达 11 级,大风可持续 1～2 天。有时伴有降水,海面产生大浪。寒潮入侵我国后,先在黄渤海引起大风,然后向东海南海扩展,甚至扩展到越南、菲律宾一带。进入冷高压中部,天气多为晴朗微风、多云、干冷。冷高压中心过后,气温回升,偏南微风,沿海有时会形成平流雾。

3.3 槽线和切变线

3.3.1 槽线

从低压中心延伸出来的狭长区域,称为低压槽。其中各条等压线或等高线弯曲最大处的连线叫做槽线(见图 3.14(a))。

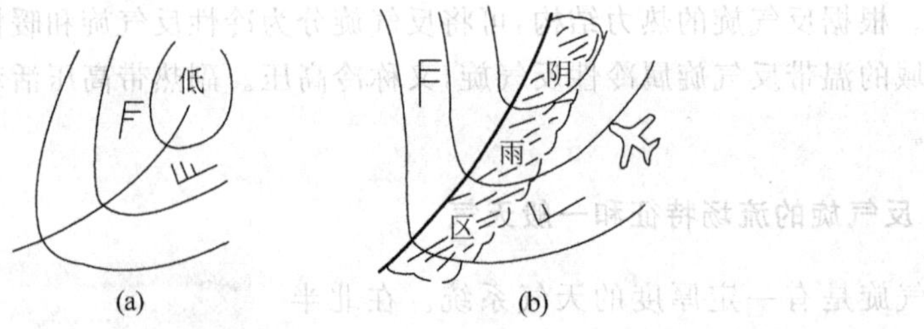

图 3.14　槽线及其天气

高空低压槽又称为高空槽,是活动在对流层中层西风带上的短波槽。一年四季都有出现,以春季最为频繁。高空槽的波长大约为 1 000 多千米,自西向东移动。槽前盛行暖湿的西南气流,常成云致雨;槽后盛行干冷的西北气流,多晴冷天气(见图 3.14(b))。槽单独出现时一般只产生中高云天气;如果与气旋和锋面配合,则带来比较恶劣的天气。

影响我国天气的高空槽有:从西北越青藏高原影响北方地区的西北槽、青藏槽和从印度、缅甸东移影响南方地区的南支槽(也称印缅槽)。高空槽活动频繁,一年四季都可发生,

每次活动都会带来一定强度的冷空气入侵，地面形成锋面天气（冷锋或准静止锋），造成较大范围的降水或阴雨天气。

当飞机横穿槽线时，在槽线附近和槽前往往是阴雨天气（夏季偶尔伴有雷暴产生），且会遇到明显的风向、风速变化：在北半球先遇到左侧风，过槽线后转为右侧风。槽区由于气流的切变常会产生乱流，造成飞机颠簸。西风槽东移有时会演变成切变线，引导地面锋面气旋的发展，带来一次次冷空气活动，造成暴雨、雷暴、冰雹等强对流天气。

3.3.2　切变线

切变线是指风向或风速分布的不连续线，是发生在850hPa或700hPa等压面天气图上的天气系统。切变线的两侧风向构成气旋式切变，但两侧的温度差别很小。这是切变线与锋的主要区别。根据切变线附近的风场形式，可将切变线分为3种类型：冷锋式切变线、暖锋式切变线、准静止锋式切变线（见图3.15）。切变线近于东西向，两侧的空气相向流动，气流水平辐合明显，有利于上升运动，产生云雨天气。冷锋式切变线以偏北风为主，水汽含量少，移动速度快，降水时间不长，降水量不大。暖锋式切变线上气旋性环流强，偏南风含有水汽多，云层厚，降水时间较长（一般可维持3～5天，最长可达10天），降水量较多，有时还会形成雷阵雨和阵性大风。准静止锋式切变线上虽然风向切变很强，但气流辐合较弱，云层相对较薄，降水时间较长，但降水量不大。

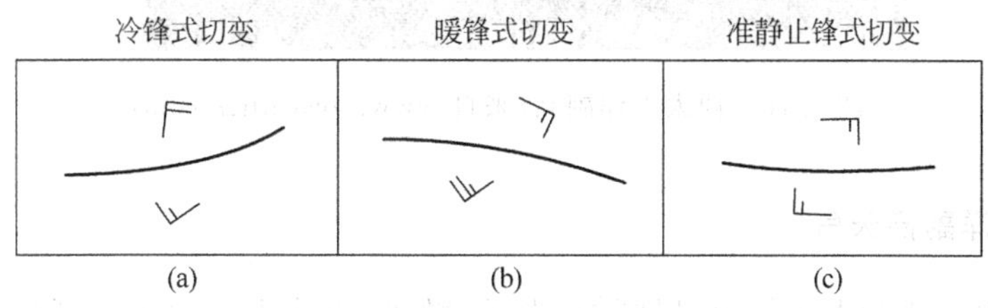

图3.15　切变线类型（北半球）

活动于我国的切变线主要有：高原西部切变线、华南切变线、江淮切变线和华北切变线。后面三线的北侧为西风带的高压或脊，南侧为太平洋副高西伸脊；由于副高位置的季节性变化，故春秋季活动于华南地区，春末夏初活动于江淮地区，盛夏活动于华北。

江淮切变线常与锋面相结合，是造成江淮流域夏半年降水及雷暴天气的重要系统。切变线带来的云雨和不稳定天气，对飞行有很大影响。当飞机横穿切变线时，在切变线附近往往是阴雨天气（夏季偶尔伴有雷暴产生），且会遇到明显的风向、风速变化，由于气流的切变常会产生乱流，造成飞机颠簸。

切变线和槽线是两种不同的天气系统：前者反映的是水平流场的特征，而后者反映的是水平气压场的特征。但因为风场与气压场相互适应，两者也有一定的联系。槽线两侧风向有明显的气旋性切变，切变线也常产生于两个高压之间的低压带中，但不表现为低压槽的形式。

3.4 热带天气系统

3.4.1 副热带高压

副热带高压是位于南北半球副热带地区沿纬圈分布的高压带，属于暖性反气旋，简称副高。受海陆分布的影响，副高常断裂成若干个高压单体，其中对我国影响较大的是位于太平洋西部的副高，称为西太平洋副高，如图3.16所示。图中虚线为副高脊线，用于区分副高北侧西风气流和南侧东风气流。

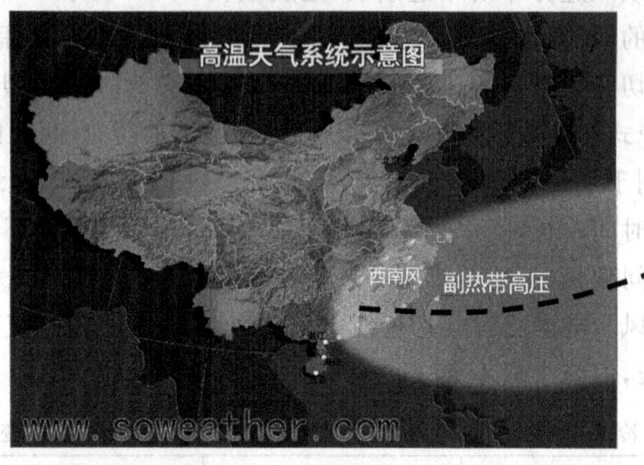

图3.16 西太平洋副高(来自 www.soweather.com)

1. 西太平洋副高天气

副高内部由于盛行下沉气流，以晴朗、少云、微风、炎热天气为主。副高北侧、西北侧是南方西南暖湿气流和北方干冷空气的交汇区域，常伴随锋面、气旋、低压槽等西风带天气系统。强烈的上升气流往往形成降水，因而这一区域多阴雨天气。据统计，雨带主要位于副高脊线以北5～8个纬度。副高南侧是东风气流，晴朗少云，低层潮湿、闷热，常有热带气旋、东风波等热带天气系统活动，容易产生大范围暴雨和中小尺度雷阵雨及大风天气。副高东侧受北方冷气团影响，往往形成较厚的逆温层，产生少云、干燥、多雾天气。

2. 西太平洋副高的季节变化及对我国天气的影响

西太平洋副高具有明显的季节性变化，常以副高脊线的南北移动表示。冬季，副高脊线位于北纬15°附近，此时华南地区出现低温阴雨或霜冻天气。随着季节转暖，西太平洋副高逐渐加强，副高脊线缓慢北移。3—5月副高脊线北移至北纬18°～20°之间，华南地区进入前汛期。大约到6月中旬，脊线出现第一次北跳，越过北纬20°，在北纬20°～25°间徘徊，此时雨带位于长江中下游和淮河流域，江淮地区进入梅雨期。7月中上旬出现第二次北跳，脊线迅速跳过北纬25°，以后摆动于北纬25°～30°之间，同时雨带北抬至黄河流域，而江淮流域受高压控制，进入炎热少雨的伏旱期。约在7月底至8月初，副高脊线跨过北纬30°到达最北位置，主要雨带移至华北、东北地区。9月以后，随着西太平洋副高减弱，副高脊线迅速南

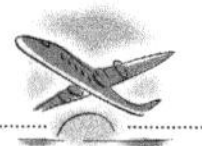

撤，雨带也随之南移。9月上旬，副高脊线第一次回跳到北纬25°附近，雨带又退回到黄河流域，而长江中、下游地区则是秋高气爽的天气。10月上旬，副高脊线再次跳到北纬20°以南地区，江南晴好天气结束，华南进入后汛期。

3.4.2 热带辐合带

热带辐合带是南、北半球信风气流汇合形成的狭窄气流辐合带(见图3.17)，又称赤道辐合带(ITCZ)。由于辐合带区的气压值比附近区域低，曾被称为赤道槽。热带辐合带环绕地球呈不连续带状分布，是热带地区重要的大型天气系统之一，其生消、强弱、移动和变化，对热带地区长、中、短期天气变化影响极大。

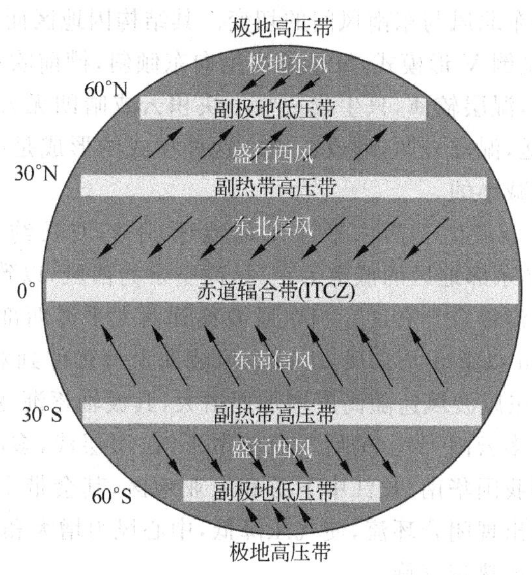

图3.17 热带辐合带示意图

热带辐合带按其气流辐合的特性可分为两种类型：一种是在北半球夏季，由东北信风与赤道西风相遇形成的气流辐合带，因为这种辐合带活动于季风区，称季风辐合带；另一种是南、北半球信风直接交汇形成的辐合带，称信风辐合带。

热带辐合带的位置随季节而有南北移动，但在各地区移动的幅度并不相等。主要活动于东太平洋、大西洋和西非的信风辐合带，移动幅度较小，而且一年中大部分时间位于北半球；而活动在东非、亚洲、澳大利亚的季风辐合带，季节位移较大，冬季位于南半球，夏季又移至北半球，而且有些年份10月份南、北半球各出现一个季风辐合带(双重热带辐合带)，这种季节变化是同其活动区域的海陆分布和地形特征密切相关的。

热带辐合带一般只存在于对流层的中、下层。季风辐合带的轴线随高度向南或向西南倾斜，这是因为赤道西风带在大多数情况下出现在500hPa层以下的缘故。而位于海洋上的信风辐合带，由于相交汇的两支气流之间几乎没有温度和湿度的差异，以及临近赤道地转作用的消失，结果辐合带在不同高度上几乎是重合的。

热带辐合带，特别是季风辐合带是低纬度地区水汽、热量最集中的区域，其月平均降水量达300～400mm。水汽凝结释放的大量潜热成为最重要的热源。而热带辐合带被加热之后又激发对流云、热带气旋等热带天气系统的产生。在卫星云图上，季风辐合带常表现为一条绵延数千千米的东西向的、由离散云团组成的巨大云带。

飞行中，在穿越较弱的赤道辐合带时，会遇到孤立的积云、阵雨和强度较弱的风。较强的赤道辐合带中常存在对流旺盛的积状云和积雨云，穿越时会遇到大阵雨、大范围雷暴和冰雹等恶劣天气。

3.4.3 东风波

东风波是副高南侧(北半球)深厚东风气流受扰动而产生的波动。其波动的波长一般为1 000～1 500km，长者达4 000～5 000km，伸展的高度一般为6～7km，有的能达到对流层的顶部。最大强度出现在700～500hPa之间，周期3～7天，移速约20～25km/h。

东风波一般表现为东北风与东南风间的切变。其结构因地区而有所不同。在西大西洋加勒比海地区，东风波呈倒V形模式，波轴随高度向东倾斜，槽前吹东北风，槽后吹东南风，槽前为辐散下沉气流区，湿层较薄，只生成一些小块积云或晴朗无云，槽后为辐合上升气流区，有大量水汽向上输送，湿层较厚，形成云雨。这种模式的形成是因为这里对流层中低层的偏东风风速是随高度减小的。

西太平洋东风波大多产生于西太平洋东部地区，平均波长约2 000km，移速约25～30km/h。由于西太平洋东部地区的低空为东风，高空常为西风，以致东风波波轴向东倾斜，云雨天气发生在槽后气流辐合上升区。当东风波移到西太平洋西部和南海地区时，因为低层经常有赤道西风，5km以上才是东风，因而东风波向上可延伸到对流层中上层，在400～200hPa间最清楚，而且东风波风速随高度增加而增大，其波轴逐渐变为向西倾斜，结果槽前气流辐合上升，湿层厚，多云雨天气，槽后气流辐散下沉，湿层浅，多晴好天气。西太平洋西部的东风波往往影响到我国华南、长江中下游和东亚地区，其会带来大雨和大风天气，发展较强的东风波还可能会出现闭合环流，使气压降低，中心风力增大和降水加强。东风波在适当条件下还可能会发展成热带气旋。

3.4.4 热带云团

从卫星云图上可以发现，热带地区存在着大量深厚的由对流云组成的直径在100～1 000km范围内的云区，称为云团。在天气图上很难分析出与云团相对应的天气系统，但东风波、热带气旋等天气系统大多是在云团基础上发展起来的。云团经过地区常常发生大风和暴雨。

云团根据其尺度、产生的地区分为三种类型。

(1) 季风云团，因同西南季风活动相联系而得名，是地球上规模最大的云团。其南北宽达10个纬距，东西长20～40个纬距，主要发生在热带的印度洋和东南亚地带。冬季时云团位于北纬5°～10°之间的区域，6月中旬开始随季风向北推进，8月份进到北纬20°～30°之间。该云团中常产生季风低压，有时可发展成孟加拉湾风暴，形成特大暴雨。

(2) 普通云团，常发生在海洋上的热带辐合带中，尺度在4个纬距以上，常常是热带气旋、东风波等天气系统最初始的胚胎。这种云团对我国华南、华东等沿海地区有较大影响，能形成暴雨天气。

(3) 小尺度云团(爆玉米花状云团)，是由一些水平尺度为50km×50km的积雨云群组成，而每个积雨云群又由约10个积雨云单体组成，多发生在南美大陆的热带地区和我国西

藏南部地区，其有明显的日变化。

云团是由尺度 10～100km、生命期数小时到一天的中对流云系和尺度 4～10km、生命期 30min 到数小时的小对流云系组成。中、小对流云系在随盛行风移动的过程中，常常在上风侧形成，到下风侧消亡，不断新陈代谢，但在温度较高的海面上常保持不动，有时还会发生云系积聚，出现暴雨。

3.4.5 热带气旋

热带气旋是形成于热带海洋上、具有暖心结构、强烈的气旋性涡旋，其常带来猛烈的狂风、高大的雷暴云和倾盆大雨，是一种极具破坏力的天气系统，是夏秋季影响我国沿海地区的主要灾害性天气，也是热带地区最重要的天气系统之一。热带气旋严重影响沿海甚至内陆机场航班的正常起降，甚至威胁着飞机的巡航安全，是一种航空危险天气。

1. 热带气旋的分类

根据国际规定热带气旋名称和等级标准，将热带气旋分为 4 类：热带低压、热带风暴、强热带风暴和台风。近年来，台风的威力逐渐增强，带来的灾害程度也越来越大，WMO 因此将台风划分为台风、强台风和超强台风。这样，热带气旋可被划分为 6 类，如表 3.2 所示。

表 3.2　热带气旋分类

名　　称	近中心最大风速/(m/s)	风 力 等 级
热带低压 tropical depression	10.8～17.1	6～7 级
热带风暴 tropical storm	17.2～24.4	8～9 级
强热带风暴 severe tropical storm	24.5～32.6	10～11 级
台风 typhoon	32.7～41.4	12～13 级
强台风 severe typhoon	41.5～50.9	14～15 级
超强台风 super typhoon	≥ 51	16 级以上

为了更好地识别和追踪风力强大的热带气旋，对其进行命名或编号。我国中央气象台采用区域专业气象中心——东京台风中心的相同的命名，该中心负责按照台风委员会确定的命名表，在给达到热带风暴及其以上强度的热带气旋编号的同时命名，按热带气旋命名编号(加括号)的次序排列。规定在经度 180°以西、赤道以北的西北太平洋和南中国海海面上出现的中心附近的最大平均风力达到八级或以上的热带气旋，按照其出现的先后次序进行编号。近海的热带气旋，当其云系结构和环流清楚时，只要获得中心附近的最大平均风力为七级的报告即应编号。编号用四个数码，前两个数码表示年份的末两位，后两个数码表示在该年出现的先后次序。例如，2003 年出现的第 2 个达到编号标准的热带气旋，应编为“0302”。

2. 台风的结构和天气

台风是热带气旋发展的一个阶段，其范围通常以其最外围闭合等压线的直径来度量，大多数台风的范围在600～1 000km，最大的可达2 000km，最小的仅100km左右。台风环流伸展的高度可达12～16km，台风强度以近台风中心地面最大平均风速和台风中心海平面最低气压值来确定。大多数台风的风速在32～50m/s，大者达110m/s，甚至更大。台风中心气压值一般为950hPa，低者达920hPa，有的仅870hPa。

台风大多数发生在南、北纬5°～20°的海水温度较高的洋面上，主要发生在8个海区，即北半球的北太平洋西部和东部、北大西洋西部、孟加拉湾和阿拉伯海5个海区，南半球的南太平洋西部、南印度洋西部和东部3个海区。每年发生的台风(包括热带风暴)总数约80次，其中半数以上发生在北太平洋(约占55%)，北半球占总数的73%，南半球仅占27%。南大西洋和南太平洋东部没有台风发生。

北半球台风(除孟加拉湾和阿拉伯海以外)主要发生在海温比较高的7—10月，南半球发生在高温的1—3月，其他季节显著减少。

台风是一个强大而深厚的气旋性涡旋，发展成熟的台风，其低层按辐合气流速度大小分为三个区域。

(1) 外圈，又称大风区，自台风边缘到涡旋区外缘，半径约200～300km，其主要特点是风速向中心急增，风力可达6级以上。

(2) 中圈，又称涡旋区，从大风区边缘到台风眼壁，半径约100km，是台风中对流和风、雨最强烈的区域，该区域的破坏力最大。

(3) 内圈，又称台风眼区，半径约5～30km。多呈圆形，风速迅速减小或静风。

台风流场的垂直分布，大致分为三层。

(1) 低层流入层，从地面到3km，气流强烈向中心辐合，最强的流入层出现在1km以下的行星边界层内。由于地转偏向力作用，内流气流呈气旋式旋转，而且在向内流入过程中越接近台风中心，旋转半径越短，等压线曲率越大，惯性离心力也相应增大。结果在地转偏向力和惯性离心力作用下，内流气流并不能到达台风中心，而在台风眼壁附近强烈螺旋上升。

(2) 上升气流层，位于地面以上3km～10km左右，气流主要沿切线方向环绕台风眼壁上升，上升速度在700～300hPa之间达到最大。

(3) 高空流出层，大约从地面以上10km到对流层顶(12～16km)，气流在上升过程中释放大量潜热，导致台风中部气温高于周围，台风中的水平气压梯度力便随着高度而逐渐减小，当达到某一高度(约10～12km)时，水平梯度力小于惯性离心力和水平地转偏向力的合力时，便出现向四周外流的气流。空气的外流量同低层的流入量大体相当，否则台风会加强或减弱。

台风各个等压面上的温度场是近于圆形的暖心结构。台风低层温度的水平分布是自外围向眼区逐渐增高的，但温度梯度很小。这种水平温度场结构随着高度升高逐渐明显，这是眼壁外侧雨区释放凝结潜热和眼区空气下沉增温的共同结果。

依据台风卫星云图和雷达回波，发展成熟的台风云系(见图3.18)由外向内有外围螺旋云带、云墙和台风眼区。

(1) 外围螺旋云带，包括外螺旋云带和内螺旋云带。外螺旋云带由层积云或浓积云组

图 3.18　发展成熟的台风云系

成，以较小角度旋向台风内部，云带常常被高空风吹散成“飞云”；内螺旋云带由数条积雨云或浓积云组成，直接卷入台风内部，并有降水形成。

(2) 云墙，由高耸的积雨云组成的围绕台风中心的同心圆状云带。其云顶高度可达12km以上，好似一堵高耸的云墙，并形成狂风、暴雨等恶劣天气。

(3) 眼区，气流下沉，晴朗无云天气。如果低层水汽充沛，逆温层以下也可能会产生一些层积云和积云，但垂直发展不强、云隙较多、一般无降水。

台风形成及发展的机制，至今尚无完善的结论。大多数学者都认为台风是由热带弱小扰动发展起来的。当弱小的热带气旋性系统在高温洋面上空产生或由外区移来时，因摩擦作用使气流产生向弱气旋内部流动的分量，把洋面上高温、高湿空气辐合到气旋中心，并随上升运动输送到中、上部凝结，释放潜热，加热气旋中心上空的气柱，形成暖心。暖心的反馈作用又使空气变轻，地面气压下降，气旋性环流加强。环流的加强进一步使摩擦辐合量加大，向上输送的水汽增多，继续促使对流层中上部加热，地面气压继续下降，如此反复循环，直至增强成台风。由上可见，台风形成和发展的重要机制是台风暖心的形成，而暖心的形成、维持和发展需要有合适的环境条件以及产生热带扰动的流场，这两者既是相互关联的，又是缺一不可的。

一般认为台风形成的合适环境条件和流场如下。

(1) 广阔的高温洋面：台风是一种十分猛烈的天气系统，具有相当大的能量，这些能量主要由大量水汽凝结，释放的潜热转化而来，而潜热释放又是大气层结不稳定发展的结果。所以大气层结不稳定就成为台风形成、发展的重要前提条件。而对流层低层大气层结不稳定的程度主要取决于大气层中温度、湿度的垂直分布。大气低层温度越高、湿度越大，大气层结不稳定程度越强。因而广阔的高温洋面就成为台风形成、发展的必要条件。据统计，海温低于26.5℃的洋面，一般不会有台风发生，而海温高于29～30℃的洋面则极易发生台风。北太平洋西部的低纬洋面暖季(7—10月)海温可达30℃以上，水汽又充沛，因此成为全球台风发生最多的区域。

(2) 合适的地转参数值：热带初始扰动的发展、壮大，需要依靠一定的地转偏向力的作用，才能不断地使辐合气流逐渐变为气旋性旋转的水平涡旋，使气旋性环流加强。否则，若无地转偏向力或地转偏向力过小，达不到一定数值时，水平辐合气流可径直到达低压中心，发生空气堆积，中心填塞，致使气旋性涡旋减弱或不能形成。据计算，只有在距赤道5个纬距以外的地区，地转参数值才能达到一定的数值，利于台风形成。事实上，大多数台风发生在纬度5°～20°之间。

(3) 气流铅直切变要小：为使潜热聚积在同一铅直气柱中而不被扩散出去，基本气流的铅直切变要小。否则高、低空风速相差过大或风向相反，潜热会迅速平流出去，而不利于暖心形成和维持，因而也不利于发展成台风。据统计，台风多形成于200hPa和850hPa等压面间，风速差小于10m/s的地区。西太平洋风速垂直切变一年都很小，夏季更小，因而台风发生较多。印度洋北部的孟加拉湾和阿拉伯海地区，盛夏时低层是西南季风，高层是青藏高压南侧的强东风急流，铅直风速切变很大，台风发生的可能性很小，而春、秋季时铅直风速切变变小，台风发生较多。

(4) 合适的流场：大气中积蓄的大量不稳定能量能否释放出来转化为台风的动能，是同有利流场的起动和诱导关系甚大。卫星云图资料表明，台风发生之前都有一个扰动系统存在，并由扰动发展演变成台风。这是因为大气低层扰动中有较强的辐合流场，高空有辐散流场，利于潜热释放，尤其当高空辐散流场强于低空辐合流场时，低空扰动就得以加强，逐渐发展成台风。热带辐合带、东风波都是气流辐合系统，极易产生弱涡旋，成为台风形成、发展的有利流场。从全球来看，台风生成有一定的地区性和季节性。

台风的消亡条件主要是高温、高湿空气不能继续供给，低空辐合、高空辐散流场不能维持以及风速铅直切变增大等。造成这些条件的途径一般有两个：一是台风登陆后，高温、高湿空气得不到源源补充，失去了维持强烈对流所需的能量。同时低层摩擦加强，内流气流加强，台风中心被逐渐填塞、减弱以至消失。二是台风移到温带后，有冷空气侵入，破坏了台风的暖心结构，变性为温带气旋。

3. 热带气旋的危害

热带气旋给广大的地区带来了充足的雨水，也同时带来各种破坏，它具有突发性强、破坏力大的特点。

1) 强风

台风的风速都在17m/s以上，有的甚至达到60m/s以上。例如，"0608"号强台风桑美登陆时最大瞬间风速达81m/s(温州鹤顶山风力发电站测得，非海平面风速)。

2) 暴雨

台风登陆时，降雨中心可出现大暴雨，日降水量可达100～300mm，有时甚至达500～800mm。

3) 风暴潮

当台风移向陆地时，由于台风强风和低气压的作用，使海水向海岸方向强力堆积，潮位猛涨，海浪似排山倒海般压向海岸。强台风的风暴潮能使沿海水位上升5～6m。

4. 台风天气下的集中运行控制与防台风措施

运行控制中心是航空公司组织飞行的核心机构，普遍采用集中签派、放行和运行监控的措施。台风不仅仅是飞行危险天气，也是大面积航班延误和旅客滞留的一个主要原因；台风的影响主要体现为长时间的强风、降水强且集中、生命史长。对台风天气进行精细的气象

信息服务，可以使运行控制决策更加具有科学性，提前合理安排、调整航班，使大量旅客得以顺利出行，从而显著地提高经济效益和提升航空公司的形象。下文以上海航空公司(简称"上航")为例进行介绍。

台风是大气中巨大的旋涡，高度只有十几千米，平面半径却有几百千米。台风中心眼区之外是由高大的对流云组成的云墙区，其外围是螺旋云带。北半球台风是逆时针方向旋转，气旋右半边风向与行进方向一致，风速得到加强，而左半边则相反。台风的右侧特别是在东北象限是强风、降水区最强烈的区域。强降雨在风暴中心附近及螺旋雨带中发生。雨带随着风暴环流方向逆时针旋转，扫过的地方有间歇性的大雨，风势强劲。当风暴中心移近时，雨势会变得持续增大，风力亦更趋猛烈。移动速度同高空 3～5km 引导气流的流速有关系，移动速度平均约 20～30km/h。

一般来说，西北太平洋台风的 8 级以上大风所覆盖的半径仅有 100～200km 左右；统计表明，在 8 月中旬至 9 月上旬往往是强台风正面袭击长江三角洲的季节，对上海及长三角地区的经济及航空安全有着重要影响，其主要登陆点在浙江、福建，以台州—温州一线居多。在上海登陆的几率很小，约占 10%～20%。在北太平洋西部生成的，向西北方向移动的台风是上航防台工作的重点。对华东地区从外围影响到影响结束一般为 3 天左右，飞机起降困难时间可持续 24h 左右；台风登陆以后减弱较明显，尤其是外围 6 级大风圈的半径、中心气压值的减弱尤为明显。

1) 台风对集中运行控制的影响

阵性强风使飞机起降操纵困难，平均风速达到 15m/s，偏东气流加湿跑道，就超过了飞机在南北方向的起降标准；强降水引起的低能见度造成飞行员视线受阻，影响操纵动作；强降水时能见度一般在几十米至几百米；有时还会出现对流天气。尽管机场助航设施和飞机的性能越来越先进，但是由于出现强台风、超强台风机会的增多，台风天气所造成的旅客滞留、航班大面积延误、返航和备降，随着飞行量的增大却没有明显减少。

台风不仅影响航班正常，还对停场飞机的安全构成威胁。根据台风风力的大小，需要采取把飞机迎风停放、加一定的油、前起落架系留、前和主起落架系留、飞机转场躲避台风等措施，还要考虑根据机坪飞机系留地锚的数量来决定停场飞机的架数。

2) 科学防台风的决策对台风精细气象信息服务的需求

基地航空公司的运营有显著的特点：航班量比较多，进出港时段集中，过站的航班量也比较大，停场过夜飞机数量多。集中运行控制负责对正常航班进行运行管理，对不正常航班进行处置与调整，在应急救援情况下的组织与指挥，需要高度的协同作业、顺畅的流程作业、集中统一的指挥调度、及时的航班运行信息采集和发布。

随着飞机性能的不断提高，飞行技术的不断进步，航空公司集中运行控制的防台决策，正在从台风气象条件决定能否飞行，变为在台风气象条件下如何组织飞行的问题。提供准确的台风运行天气标准的阶段性变化，航空公司可以据此制定航班调整、转场、旅客疏散、设备保障、停场飞机安全保障等预案。科学防台风的决策离不开对台风天气的精细气象信息服务，当遇到复杂、多变的台风天气时，在确保飞行安全的前提下，来达到减小损失、减少旅客机场滞留、保障旅客安全出行的目的。

3) 防台风的精细气象信息服务

一般性台风的情况通报，主要告知近期有无台风生成和短中期内暂时不考虑其影响上海主基地的台风动向，属于非定期定时的信息通报，通报标题为"台风信息"。

对于影响型台风的情况通报，当台风生成、发展并进入警戒区之后，上航防台风阶段划分为5个阶段：6级大风圈影响还有10h以上时，台风中心风速已达到8级以上，是台风预警阶段，发布"台风消息"，通报台风的整体信息，和对主基地的影响情况，预计警报发布时间；在大风圈影响还有4～10h时，是台风警报阶段，发布"台风警报"，制定和修改防台风预案、措施；在6级大风圈影响还有4～1h，台风的6级大风圈距离本场80～100km左右，是台风紧急警报阶段，发布"台风紧急警报"，实施防台风预案，落实措施；在台风的6级大风圈开始影响本场阶段，是台风登陆阶段，发布"台风登陆影响"，组织紧急救援；在台风中心已移离本场，并继续逐渐远离，本场风速逐渐减小至6级以下，发布"台风解除警报"。

4）防台精细气象信息服务的经济、安全效益

一般来说，影响上海的台风大部分从警戒区的右下方进入，为副高控制下的高湿高温结构。当台风位于太平洋上时，地面参考资料很少，一般只能利用卫星等手段来确认其准确位置。当台风移动到距大陆500km以内时，利用多普勒天气雷达来探测其移动及发展变化，机场气象台站就可以观测到其外围气流，通过了解台风外围环流的变化可推断其距台风中心距离和移动速度。台风中心的移动方向、最大风速、6级大风圈半径的变化、航班调整的气象条件、备降机场选择、飞机转场、转场机场选择、外站支援天气条件是防台精细气象服务的关键点。

（1）对基地航空公司的基地有影响的台风

集中运行科学的防台风决策，需要获得持续的精细气象信息服务，包括风向、风力等级、超过运行标准的风开始影响、阶段性影响、完全影响即将停止运行的时间节点等。

以台风"麦莎"为例，预报2005年8月5日下午17时开始，台风"麦莎"将影响上海。经过仔细会商，可以断定随着台风中心逐渐靠近大陆，受到陆地阻挡，台风北部6级大风圈的开始明显减小，阵风也逐渐减弱，16时前我们提出防台风决策支持意见，完全可以考虑从17时到19时，有2h期间的阶段可以运行。17时后虹桥、浦东机场所有其他公司航班全部停止运行，只有上航还在继续运行。到19时根据台风外围6级大风圈半径进一步减弱的情况，提出决策建议再延长2h运行期间。虹桥、浦东一共多起、降了50个航班。在确保安全的前提下，使大量旅客得以顺利出行，公司减少了航班的取消、备降和延误率，也增加了经济效益。并对台风影响即将结束，可以恢复运行的时间节点以及天气强度变化节点提出细致的建议。

特别值得研究的是台风中心逐渐靠近大陆时，其外围6级大风圈的半径会突然明显减小，经验表明一般可以推迟1～2h左右。这可能是由于在台风北部、西北部低层3km以下的流入层，流场受到浙闽地表山地的影响，改变了低层流场的结构，减弱了台风第Ⅱ、Ⅲ象限的风力，从而使整个台风的流场都会发生不同程度的变化。

同时要多利用华东地区机场跑道方向大多是近乎南北方向的优势，当西北移动的台风6级大风圈靠近时，从台风外围风场分布来看，机场的风向大多为偏北风，风向与跑道的夹角会从比较小逐渐变到正侧风。以波音737机型为例，湿跑道条件下正侧风15m/s为降落标准，30°角情况下需要30m/s、10级风，60°角情况下需要17.3m/s、8级风。因此对6级大风圈开始波及到8级大风圈完全笼罩机场这一时段进行精细气象分析，可以科学、有效地进行航班调整，提高经济效益。

(2) 对基地以外的区域有影响的台风

对主基地以外的区域有影响的台风的精细气象信息服务，包括航班能否放行、较近的第一备降场、稍远的第二备降场等。备降机场要选择地面保障力量能够尽可能给旅客提供周到地面服务的机场。

以台风利奇马为例，预报台风利奇马 2007 年 10 月 2 日开始影响海南。根据气象预测 2 日晚 20 时之后台风的 6 级大风圈将会影响到海南的三亚、海口机场，风力会增加到 14～20m/s，形成湿跑道条件。20 时之后的风向与跑道的夹角会比较小，航班执行时间接近台风影响时段，不正常的可能性极大。下午再次会商分析并研究了台风的动向，发现台风移动的路径有转偏西的倾向，海口的风速也开始有所减弱，决定当晚海口、三亚的航班正常执行，考虑到是边缘天气，首先是加强机组力量的配置；其次是选择广州机场作为最远备降机场，交代好机组在三亚和海口天气都达不到标准时，选择广州作为备降机场。当晚海口航班的运行一切正常；三亚航班的预计到达时间是 21 时 20 分，21 时前后三亚机场的风力持续增大并超过起降标准，飞机备降海口机场停场过夜。

此次对台风进行的精细气象信息服务，对台风的影响做出了准确的预报，对于航班的放行与否及备降场的选择做出科学的决策，确定了关键的时间决策点。最远备降场选择了广州机场，海口机场作为第一备降场。因为落地后旅客能够用车辆地转至三亚目的地，在海口机场满足落地标准的情况下尽量选择在该机场落地，能够缩短旅客出行时间，节约公司成本；如果海口机场不能落地，去广州也是一个理想的选择，因为广州有公司的基地，落地后对于旅客能够有比较妥善的安置。由于受台风影响，高速公路运送旅客比较困难，飞机落地海口后旅客当晚未能成功实施从海口转至三亚；同样三亚的旅客也未能转至海口，未能达到直接从海口将三亚旅客运回上海，节约成本的目的，这也体现了在航班调整的执行过程中考虑因素欠全面。

集中运行控制对气象信息服务的要求已变得越来越详细。其目的就是要确保安全性、提高效益和争取较高的正点率。

由于台风天气的复杂、多变，科学的防台风的决策客观上要求实行精细的气象信息服务，不仅仅是要了解台风的路径、最大风速的量级等常规信息，更需要针对台风天气的不同阶段，尤其在其外围环流发生变化后，提供更为准确的台风 6 级大风圈半径的变化、超过运行标准的风开始影响、阶段性影响、完全影响即将停止运行的时间节点，台风影响即将结束、可以恢复运行的时间节点以及航班调整的气象条件等精细的气象信息服务。而常规的经验预报方法并不能提供精细化的气象信息。由于中尺度数值预报模式具有较高的时间和空间分辨率，可根据台风天气条件下飞机的运行要求，通过加密输出模式结果来提供较短时间间隔和更精细化、多样化的气象预报产品。同时利用中尺度预报数值模式对台风中心逐渐靠近大陆、登陆后，低层流场受到地表山地阻挡的影响，从而减弱台风流场的形成机制进行细致的模拟研究，为台风的预报提供一定的理论依据。

本章小结

天气系统形式多样，成因、天气、危害也不尽相同。本章主要介绍了气团和锋、气旋和反气旋、槽线和切变线、热带天气系统等方面的内容。

复习与思考

1. 什么是气团？主要有哪几类？
2. 什么是气团的变性？暖气团和冷气团会带来什么样的天气？
3. 什么是锋？锋面附近的气象要素有何变化？
4. 锋可以分为几类？各种锋的天气如何？对飞行有哪些影响？
5. 什么是气旋和反气旋？其流场特征分别是什么？会产生什么样的天气？
6. 影响我国的气旋和反气旋有哪些？
7. 什么是槽线？槽线附近的天气有什么特点？
8. 什么是切变线？切变线有哪些特征？会产生什么样的天气？
9. 副热带高压随季节变化有何特点？对我国的天气有何影响？
10. 台风的结构有什么特点？对航空有什么影响？

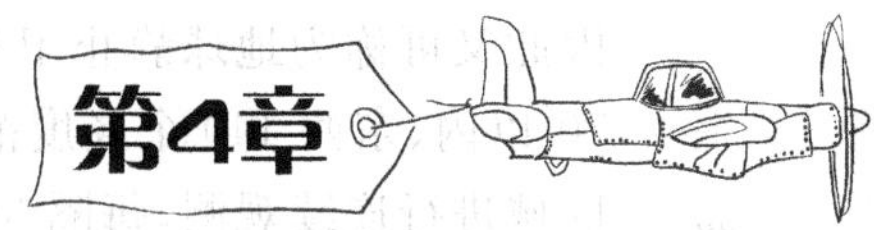

卫星云图与雷达

本章关键词

红外云图(infrared cloud image,IR)

可见光云图(visible cloud image,VIS)

机载气象雷达(airborne weather radar,AWR)

随着遥感和无线电技术的发展,卫星云图和雷达资料的应用越来越广泛。利用气象卫星进行探测具有连续性、范围广、不受时间限制等优点;而利用雷达可以及时发现和避开一定距离内的目标物。因而卫星云图和雷达资料已成为目前最重要的航空气象资料之一。

4.1 卫星云图与云的判别

4.1.1 气象卫星简介

人造卫星是进行现代科学研究的重要工具,已广泛应用于天文、气象、海洋、农业、军事和通信等各个领域。其中,在人造卫星上携带有各种气象观测仪器,测量诸如大气温度、湿度、风、云等气象要素以及各种天气现象的卫星,称为气象卫星。其按绕地球运行轨道可分为极轨气象卫星和地球同步气象卫星两类。

1. 极轨气象卫星

这类卫星的轨道平面与太阳始终保持固定的取向。由于其轨道的倾角(轨道平面与赤道平面的夹角)接近 90°,卫星近乎通过极地,所以也称为近极地太阳同步卫星。它几乎以同一地方时经过世界各地上空,其轨道平面每天自西向东旋转 1°(相对于太阳)。极轨卫星还可以观测全球,尤其是极地区域,但由于时间分辨率低,一颗极轨卫星每天只能对同一地区观测两次,不能满足气象观测要求,不能监视生命短、变化快的中小尺度天气系统。

2. 静止气象卫星

如果卫星位于赤道上空,轨道平面与赤道平面重合,运行周期和地球自转周期相等,我们把这类卫星称作地球同步卫星。在地面看,这种轨道上的卫星好像静止在天空某一地方,因此又可称为地球静止卫星。由于静止卫星的高度高，视野广阔，一颗卫星可以对南北纬70°以内、东西140个经度范围内的地球表面进行观测。同时，静止卫星还可以对某一固定区域进行连续观测，每隔30min或1h获取一张图片。在特殊需要时，可每隔3～5min对某个小区域进行一次观测。因此，静止卫星可以监视天气云系的连续变化，特别是生命短、变化快的中小尺度天气系统。

3. 全球气象卫星观测系统

从观测范围而言，静止卫星只能对中低纬度固定地区进行连续观测，但不能观测南北极地区；但极轨卫星能实现全球观测。从观测时间上看，极轨卫星每天只能对中低纬度地区进行两次观测，而静止卫星可以进行全天时(全天候)观测。为了实现全天时、全天候对全球进行连续观测，将多颗静止卫星与几颗极轨卫星组合在一起，取长补短，形成一个全球气象卫星观测体系(见图4.1)。在赤道上空放置5颗静止卫星，其位置为0°、70°E、140°E、140°W、75°W；近极地太阳同步轨道卫星两个，一个在上午通过，另一个在下午通过，这样可以每间隔半小时获得一次全球性资料。为了有效地覆盖地球，各卫星的观测区彼此有较多的重叠。

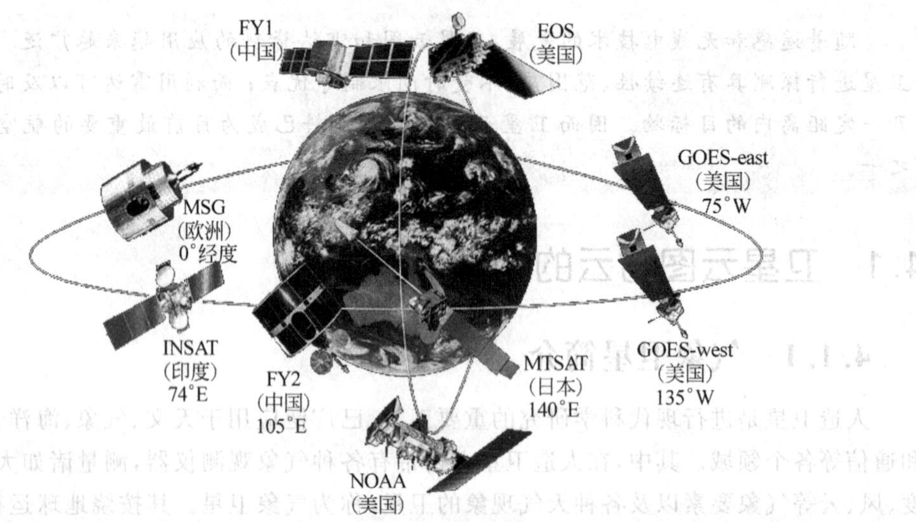

图4.1　全球卫星观测系统

4.1.2　卫星云图简介

1. 红外云图

利用红外波段测量地面和云面的红外辐射，并转换得到的图像称为红外云图。由于卫星接收到的辐射与温度有关：物体温度越高，辐射越大；温度越低，辐射越小，因而红外云图上的色调可以反映物体的温度分布。一般，辐射大的用黑色表示，辐射小的用白色表示；这样，色调越黑表示目标物的温度越高；色调越白，表示目标物的温度越低。因此，根据红外云图上色调的差异可以判别云系分布、云顶温度和高度等。

由于大气和地表的温度随季节和纬度而变化，所以红外云图的色调表现为以下几种特征。

1）地面、云面的色调随纬度和季节而变化

由于地面及云面的温度自低纬向高纬减小，在红外云图上，从赤道到极地，色调越来越白。但是高纬地区地面与云之间、云与云之间的温差较小（这种情况冬季最明显，而且尤其在夜间），所以很难区别云与冷地表以及云的类型。

2）水陆色调的变化

在中高纬度地区，冬季海面的温度高于陆面温度，海面的色调比陆面暗；夏季情况相反，陆面的温度高于海面温度，陆面的色调比海面暗。如果水陆温差较小，水陆色调相近，这样就难以辨别水陆界线。白天，干燥地表的温度日变化较大，色调变化也较大；在潮湿或有植被覆盖的地区，温度的日变化小于干燥地区，故色调变化较小。

2. 可见光云图

利用可见光波段测量地面和云面反射的太阳辐射，并转换得到的图像称为可见光云图。其中，卫星接收到的反射太阳辐射决定于太阳辐射强度和目标物的反照率。而太阳辐射强度与太阳高度角有关。所以，在可见光云图上，物体的色调取决于太阳高度角和其本身的反照率。

1）反照率对物象色调的影响

当太阳高度角一定时，物象的色调仅与物体的反照率有关。由于不同性质的下垫面、不同类型的云面对太阳辐射有不同的反照率，相应地在云图上呈现出不同程度的黑白色调：反照率越大，色调越白；反照率越小，色调越黑。按照云面和下垫面反照率的强弱，可把云图上的色调分为 6 个等级，见表 4.1 所示。由于云与地表间的反照率差异很大，所以在可见光云图上很容易将云和地表区分开。

表 4.1　各种目标的一般色调

色　调	目　标　物
黑色	海洋、湖泊、大的河流
深灰色	大面积森林、草地、耕地
灰色	陆地晴天积云、大沙漠、单独出现的卷云
灰白色	大陆上薄的中高云
白色	积雪、冰冻湖海、中等厚度的云
浓白色	大块厚云、积雨云、多层云

2）太阳高度角对物象色调的影响

所谓太阳高度角，是指太阳与地球的连线与地平面的夹角，其大小随时间和季节发生变化：同一地点一天中，随着太阳升高，太阳高度角增大；正午太阳高度角达到最大，随后减小。在北半球，一年中冬至日的太阳高度角最小，随后逐渐增大；到夏至日达到最大值，随后减小。而太阳高度角的大小决定着观测时的照明条件：太阳高度角越大，光照条件越好，反射的太阳辐射强度越大，反之越小。可见，同一地点一天中正午的可见光云图较早晨或傍晚明亮；在同一张云图上也会出现一侧亮、一侧暗的现象，据此可以判断云图的观测时刻。另外，在北半球中纬度地区夏季的可见光云图较冬季明亮。

3）红外云图和可见光云图的比较

红外云图上的色调决定于目标物的温度，而可见光云图上的色调取决于目标物本身的反照率和太阳高度角。比较两种云图，有些云和地表特征在外貌上相差很大，但有些很相似，如表 4.2 所示。

表 4.2　可见光云图与红外云图的比较

<table>
<tr><td rowspan="5">红外云图</td><td>黑</td><td colspan="2">太阳耀斑</td><td>夏季沙漠(白天)</td><td>沙漠(白天)</td><td>暖湿地</td><td>暖海洋</td></tr>
<tr><td>深灰</td><td></td><td rowspan="2">层积云</td><td>沙漠(白)</td><td>晴天积云
沙漠(夜间)</td><td>湿土壤</td><td></td></tr>
<tr><td>灰</td><td>层云(厚)
雾(厚)</td><td>晴天积云
卷层云(薄)</td><td>纤维状卷云</td><td>青藏高原</td><td>高山森林</td></tr>
<tr><td>浅灰</td><td colspan="2">高层云(厚)浓积云</td><td>纤维状卷云</td><td>高层高积云(薄)</td><td></td><td>冷海洋</td></tr>
<tr><td>白</td><td colspan="2">密卷云、多层卷层云
积雨云、卷云砧
高山积雪、极地冰雪</td><td>单独厚卷云
卷层云</td><td>卷云
消失中的卷云砧</td><td>单独薄卷云</td><td>宇宙空间</td></tr>
<tr><td></td><td colspan="3">白</td><td>浅灰</td><td>灰</td><td>深灰</td><td>黑</td></tr>
<tr><td></td><td colspan="7">可见光云图</td></tr>
</table>

卫星云图上标有卫星名称、拍摄时间(世界时)、卫星所处的经纬度、国境线以及云图种类。可见光云图用“VIS”表示，红外云图用“IR”表示。两种云图配合起来用，比单独用一种更好些。一般来说，白天可以同时得到红外和可见光云图，而夜间只能得到红外云图。

4.1.3　卫星云图上云状的判别依据

在卫星云图上，可以根据以下 6 个判别依据来识别云的种类：结构形式、范围大小、边界形状、色调、暗影和纹理。其中在红外云图上不可以通过暗影进行云的识别。

1. 结构形式

所谓结构形式是指不同明暗程度物像点的分布式样，其可以是有组织的，也可以是散乱的，即表现出一定的结构形式。卫星云图上常见的云系结构形式有带状、涡旋状、团状(块)、细胞状和波状。云的结构形式能帮助我们识别云的种类和了解形成云的物理过程，也有助于我们识别天气系统。例如，锋面云系呈带状；热带气旋呈涡旋状；洋面冷锋后的积状云为细胞状(见图 4.2)。

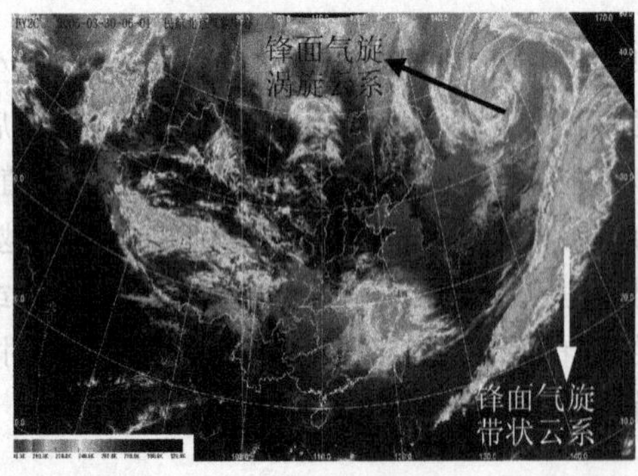

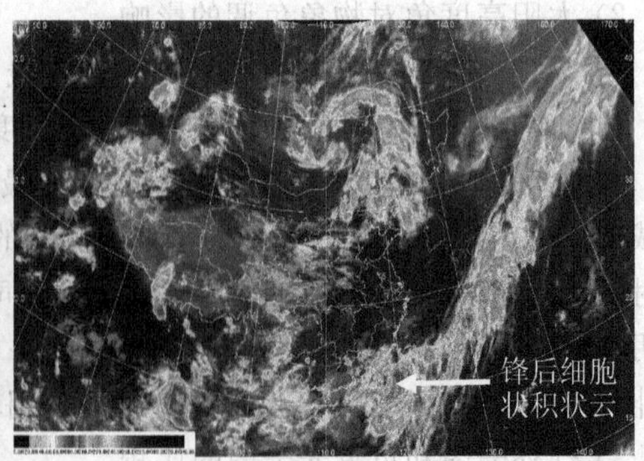

图 4.2　红外云图

2. 范围大小

根据水平范围的大小，可以将天气系统划分为大尺度、中尺度和小尺度。不同尺度的天气系统往往伴随着不同类型的云系，因而在卫星云图上，不同云的类型，其范围也不同。如急流的云系可长达几千千米，而洋面上的细胞状云系，只有几十千米。

3. 边界形状

卫星云图上不同云系表现出不同的边界形状，如圆形、扇形、锯齿形等，以及直线、弯曲、光滑和破碎等。我们可以通过识别不同的云和物像的边界形状，来区别地表和云。云的边界还可以用于判断天气系统，如急流云系的左边界整齐光滑，冷锋云带呈气旋性弯曲。

4. 色调

在卫星云图上，色调指云区的明暗程度，也称亮度或灰度。可见光云图上的色调与太阳高度角和目标反照率有关。对云而言，其色调与它的厚度、成分和表面的光滑程度有关：云的厚度越厚，反照率越大，色调越白。在相同的照明和厚度条件下，水滴云要比冰云白。在红外云图上，目标物本身的温度决定了物象的色调，目标物温度越高，色调越黑。发展旺盛的积雨云，其云顶高度较高，温度较低，在云图上呈现浓白色。

5. 暗影

暗影只出现在可见光云图上。高的云常在低云面或色调浅的表面上形成投影区，即暗影。它都出现在物象的背光一侧边界处。通过分析可见光云图上的暗影，有助于我们了解云的垂直分布状况和云的类别。值得注意的是，在分析暗影时要区分云的裂缝与暗影。

6. 纹理

纹理是用来表示云顶表面的粗糙程度。云的种类、云顶高度和云顶厚度使云顶表面呈现出不同的纹理结构。如层云(雾)的云顶表面均匀、光滑；积云的云顶表面多起伏、不均匀；而卷云的云顶则表现出纤维状的纹理结构。因而根据云的纹理可以识别云的种类。

4.1.4 卫星云图上各类云的识别

卫星云图上云的识别与否取决于云的大小和卫星探测的分辨率。当前者小于后者时，就难以在云图上加以判别。目前，可在卫星云图上识别的云有以下5类。

1. 积云、浓积云

在可见光云图上，积云、浓积云的色调很白，但由于其高度不一，在红外云图上的色调可以从灰白到白色不等，其纹理不均匀，边界不整齐。其形式表现为积云线和开口细胞状云。

如图4.3所示，K、B处为积云线，D处为未闭合细胞状云系，H处为涡旋状云系，E处为海冰。

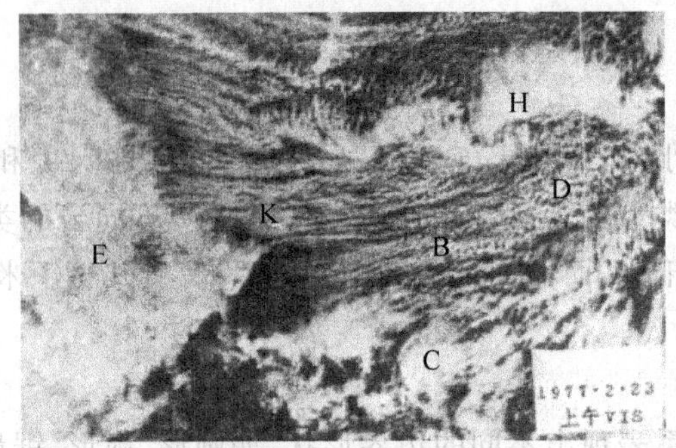

图 4.3　积云线和中尺度涡旋

2. 积雨云

无论可见光云图还是红外云图，积雨云的色调最白；当高空风小时，积雨云呈圆形，高空风大时，其顶部常有卷云砧，表现为椭圆形。

积雨云团常伴随冷锋出现，如图 4.4 所示，A-B 是一条连续的冷锋云带，云带北面（A）色调较浅，越往南面，云的色调变暗，云顶变低。沿冷锋边界处有色调较白的对流云团。

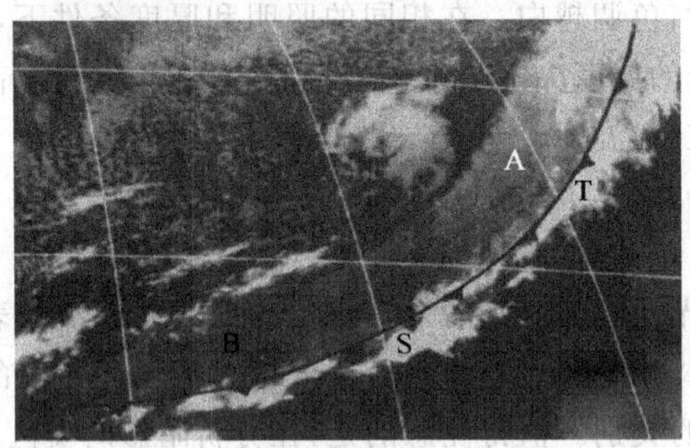

图 4.4　积云线和中尺度涡旋

不同高空风下也会产生积雨云团，如图 4.5 所示，高空风大时的积雨云团多表现为椭圆形，并出现卷云砧。图 4.5(a)显示高空风很大时积雨云团 G、H，上风边界整齐，下风方向 C 上出现卷云砧。高空风小时的积雨云团多表现为圆形，图 4.5(b)显示 A 处为高空风很小时的圆形积雨云团，其云顶都向四周伸出短的卷云羽。

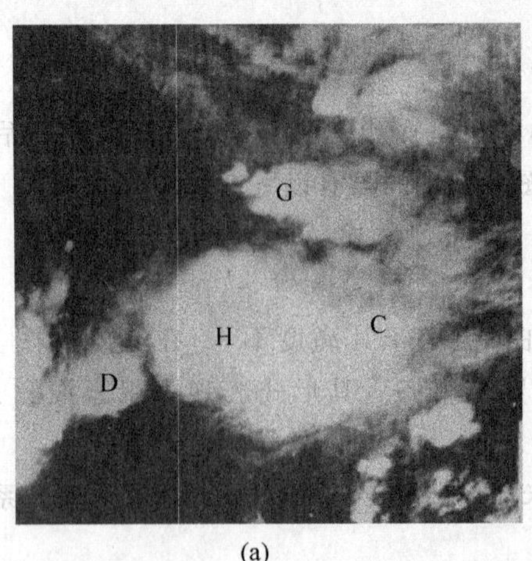

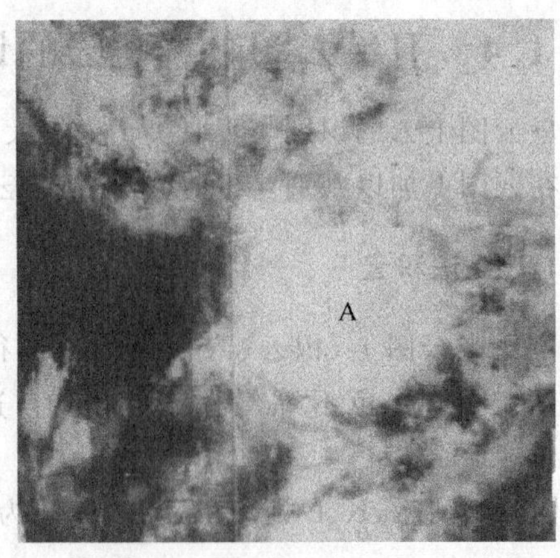

(a)　(b)

图 4.5　高空风产生的积雨云团

3. 层云(雾)

在可见光云图上,层云(雾)表现为光滑均匀的云区；色调从白到灰白,若层云厚度超过300m,则其色调很白,层云(雾)边界整齐清楚,与山脉、河流、海岸线走向相一致。在红外云图上,层云色调较暗,与地面色调相近。图4.6给出了"风云一号"气象卫星监测到的雾区。

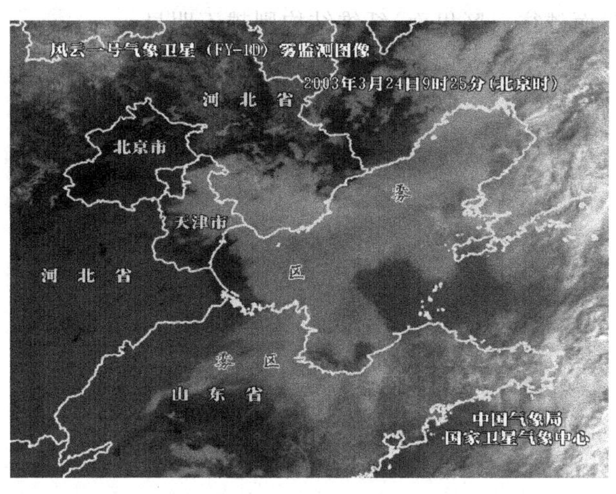

图4.6　雾区

4. 中云(高层云和高积云)

在卫星云图上,中云与天气系统相连,表现为大范围的带状、涡旋状、逗点状。在可见光云图上,中云呈灰白色到白色,可根据色调的差异判定云的厚度；在红外云图上,中云呈中等程度灰色,云区的边界不清楚。

如图4.7所示,在红外云图上,M-N是与气旋相连的中云区,R处表现为多起伏,说明该处云层厚薄不一,云中有对流,色调最白处与降水相连。

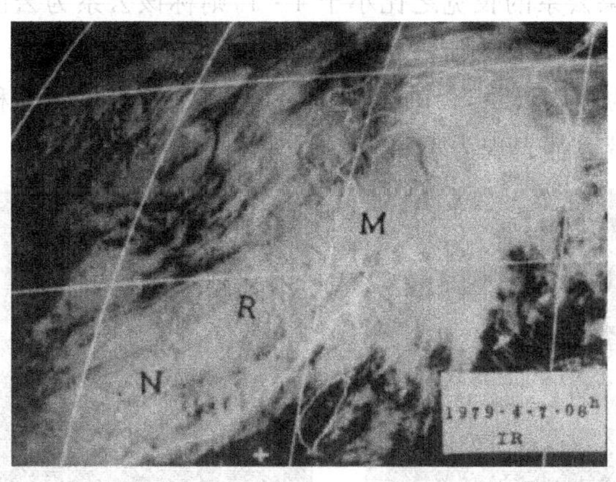

图4.7　中云区

5. 卷状云

在可见光云图上，卷云的反照率较低，呈灰到深灰色；若可见光云图上卷云呈白色，则表明其云层很厚，或与其他云相重叠；在红外云图上，卷云顶温度很低，呈白色。无论可见光云图还是红外云图，卷云都有纤维结构。

如图 4.8 所示，A 和 B 是处于青藏高原上的纤维状卷云，可以看到 B 处越往东(云的边缘)纤维结构越清楚，而越往云区里面，纤维结构则越不明显。

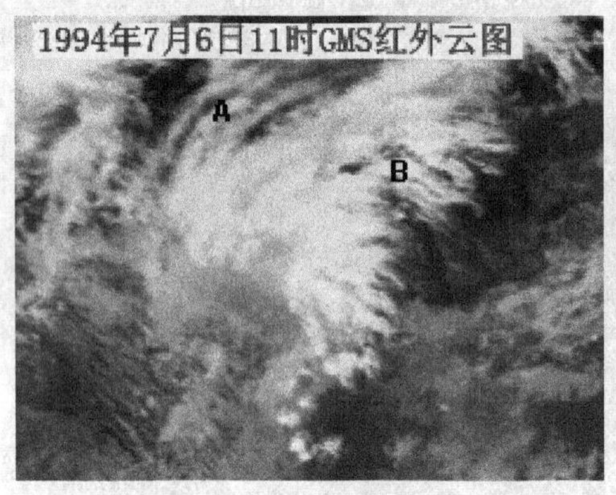

图 4.8 纤维状卷云

4.2 卫星云图与天气系统的判别

4.2.1 常见云系

1. 带状云系

在卫星云图上，带状云系是一条连续分布，但偶有断裂的云带，它具有明显的长轴，长宽之比至少为 4∶1。如果云系的长宽之比小于 4∶1，则称该云系为云区。如果带状云系的宽度大于一个纬距，则称为云带；小于一个纬距，则称为云线。

带状云系大多数为多层云系，云的种类可以是卷状云，也可以是积状云或层状云。一般锋面、急流、热带辐合带等都表现为带状云系，如图 4.9 所示。

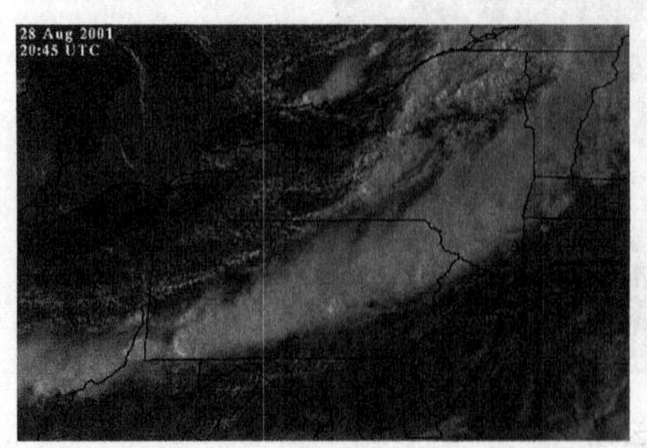

(a) 锋面云带

(b) 急流卷云带

图 4.9 带状云系

云线在卫星云图上有积云线和卷云线两种。积云线由积云、浓积云组成，在可见光云图上能清楚地看到。积云线常见于低压后部的冷气团中，其走向表明低空风的方向。卷云线可在红外云图上清楚地辨别出来，它常见于高空急流中，其走向表明高空风的方向。

2. 涡旋云系及逗点云系

在卫星云图上，涡旋云系表现为以螺旋形式旋向一个共同中心的一条或多条云带或云线组成的云系，它一般与大气中的气旋性涡旋相联系，如发展完好的温带气旋(见图 4.10(a))、成熟的台风(见图 4.10(b))等。因此，通过识别这种云系，可以确定低压中心的位置和强度。有时涡旋云系表现为一片密蔽的圆形云区，涡旋中心就是云区的几何中心，而螺旋状的云带并不明显，如西南涡云系。

(a) 温带气旋

(b) 热带气旋

图 4.10　涡旋云系

逗点云系是涡旋云系的一种，在卫星云图上形如标点符号中的逗号“,”(见图 4.11)。这类云系常出现在西风带高空槽的前部，由中高云组成，其色调很白。发展完好的逗点云系，在地面常有低压系统相对应。

图 4.11　逗点云系

3. 细胞状云系

在卫星云图上常见到一种类似细胞一样的云系，称为细胞状云系(见图 4.12)，它主要由大范围的积状云组成。当冷空气移经暖的下垫面后，气团下部被加热而升温，使气层变得不稳定，形成对流。如果大气中水汽充足，则在上空会形成大片的积云。由于细胞状云系的尺度较大（直径约为40～80km），一般不能在地面上观测到，主要出现在湖面或洋面上。凡是出现细胞状云系的地区，风速垂直切变都较小，如果风的垂直切变较大，细胞状云系也就被破坏了。

细胞状云系可分为两类：未闭合的细胞状云系（见图4.12(a)）和闭合的细胞状云系（见图4.12(b)）。

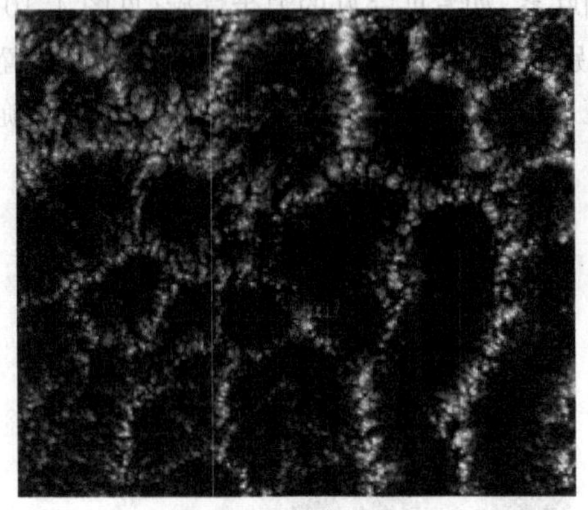

(a) 未闭合的细胞状云系

(b) 闭合的细胞状云系

图4.12　细胞状云系

1）未闭合的细胞状云系

未闭合的细胞状云系是冬季洋面冷锋后常见的云系，其主要特征如下。

(1) 云形呈指环状或U形，每个细胞中心部分是晴空少云区，边缘是云区；

(2) 主要由积云、浓积云组成，有时还会有积雨云出现；

(3) 常出现于低压南侧低空气流呈气旋性弯曲的地方；

(4) 出现于深厚不稳定的冷气团中；

(5) 常形成在气温和海水温度差异较大、对流比较强的区域。

2）闭合的细胞状云系

冬季，闭合的细胞状云系也出现在洋面冷锋的后面，但发生条件和地方与未闭合的细胞状云系不同，其主要特征如下。

(1) 呈球状，每个细胞中心是云区，而在细胞的边缘上则是无云或者少云区，其色调也由中央向边缘变暗；

(2) 主要由层积云组成；

(3) 出现在高压的东南方向，地面气流呈反气旋弯曲的地方；

(4) 出现在稳定的冷气团内；

(5) 常形成在气温和海水温度差异较小、对流比较弱的区域。

4. 波状云系

在卫星云图上，有时可以看到排列整齐、波纹状结构的云系，称为波状云系，它一般出现在以下两种情形中。

(1) 山脉背风坡后由重力波造成的云系。山脉背风坡上空产生的波状云和山脉的走向

一致，平行排列，如图 4.13(a)所示。

(2) 高空急流区中的横向波动云系。高空急流里的波状云系以卷云线的形式出现，高空急流里的波状卷云线的方向与急流轴正交，并使急流云系的边界表现成锯齿形(见图 4.13(b))。

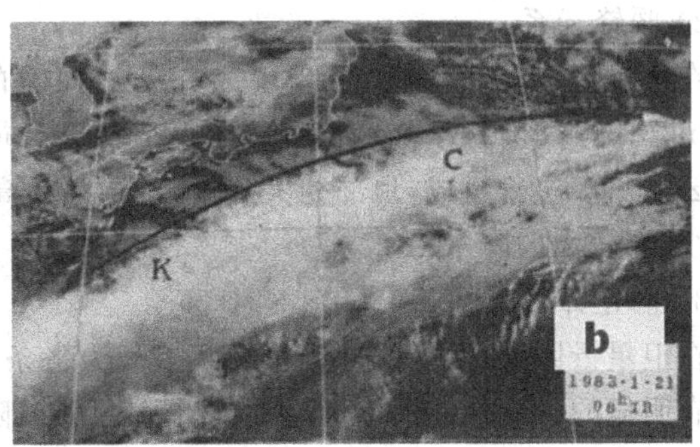

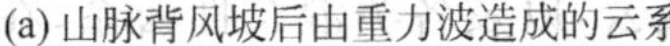
(a) 山脉背风坡后由重力波造成的云系

(b) 高空急流区中的横向波动云系

图 4.13　波状云系

4.2.2　重要天气系统的云图特征

1. 锋面云系的特征

在卫星云图上，锋面往往表现为带状云系、涡旋状云系，称为锋面云带。锋面云带往往有数千千米长，其宽度差异很大，窄的只有 2～3 个纬距，宽的可达 8 个纬距；锋面云带常常是由多层云系组成的，最上一层是卷状云，下面是中云或低云。

1) 冷锋云系

在冬季洋面上，冷锋云系可以分为活跃的冷锋云系和不活跃的冷锋云系两类(见图 4.14)。

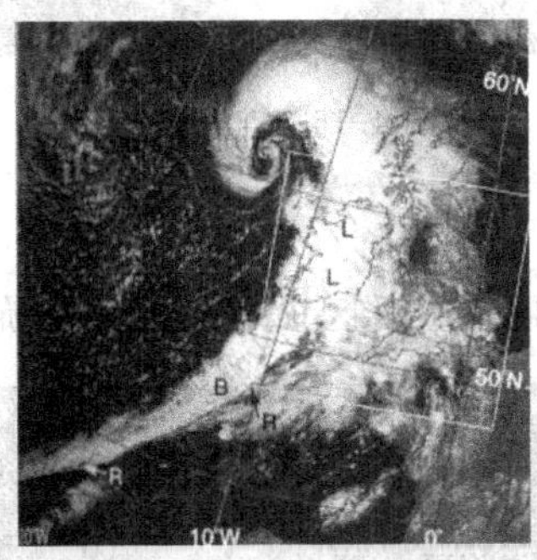

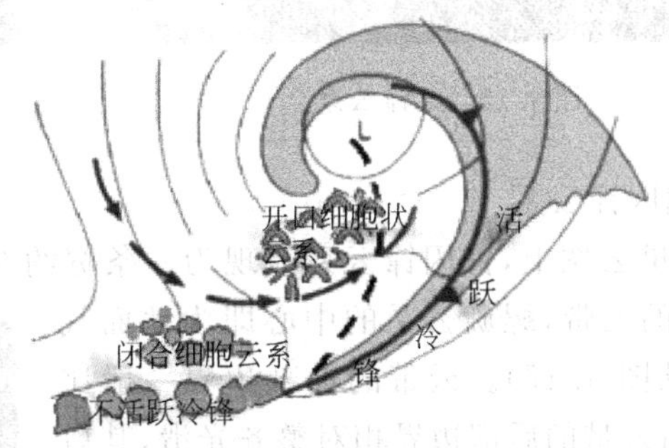

(a) 冷锋云系卫星云图

(b) 冷锋云系示意图

图 4.14　冷锋云系

(1) 活跃的冷锋云系：在卫星云图上表现为边界清楚的、与涡旋云系相连接的一条长而宽的完整云带，长度可达数千千米，宽度可达 3 个纬距以上，离涡旋中心越远，云带越窄。该云带向南凸起，呈明显的气旋性弯曲，曲率越大，表明冷锋后的冷空气强度越大。冷锋云系由多层云组成(以层状云为主)，常伴有降水。云带位于高空(500hPa)槽前，其走向与对流层中部气流方向平行。在冬季，越往云带北端，云顶温度越低，其在红外云图上的色调越白；反之，越往南，色调越暗。

(2) 不活跃的冷锋云系：在卫星云图上表现为窄而不完整、出现断裂的云带。云系以低空积云或层积云为主，中高云较少。这类云系通常出现于高空(500hPa)槽前后，高空西北气流与云带相垂直。

2) 暖锋云系

在卫星云图上，暖锋云系表现为一条短而宽的云带，一般长约几百千米，宽为300～500km(见图4.15中A处)，长宽之比很小。云带向冷空气一侧凸起，云区呈反气旋性弯曲。暖锋云系由多层云组成，顶部为大片卷云，下面是高层云、雨层云和积状云，云区的色调白而亮，常伴有较大的降水。

3) 静止锋云系

在卫星云图上，活跃的静止锋云系表现为一条云系分布不均、边界不规则的宽云带，一般没有明显的气旋性或反旋性弯曲(见图4.16)。随着季节和地理位置的不同，静止锋云系中的云状也有所不同：冬季以层状云为主；夏季多对流云，以及各类混合性云系，在云带南缘常伸出一条条枝状云线。

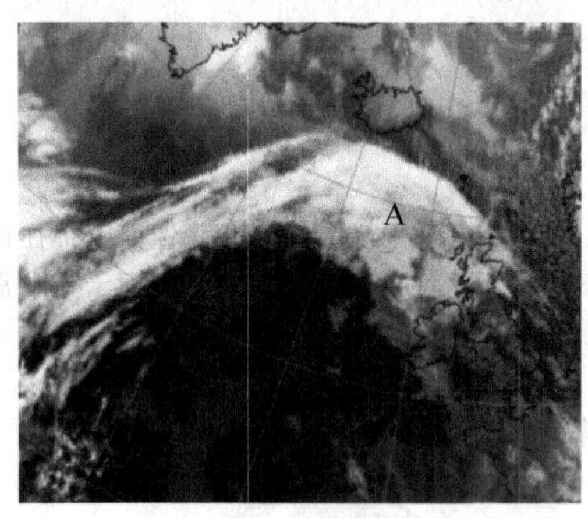

图4.15　暖锋云系

图4.16　准静止锋云系

4) 锢囚锋云系

在卫星云图上，锢囚锋云系表现为一条宽约300km，从暖区顶端出发按螺旋方式旋向涡旋中心的云带，螺旋云系的中心即为地面气压中心(见图4.17)。云带的前部边界一般比较粗糙，而云带的后部边界相对整齐光滑，其后面常是一条无云或少云带。在红外云图上，越接近螺旋中心，色调越暗，这是因为螺旋中心处云的高度最低。

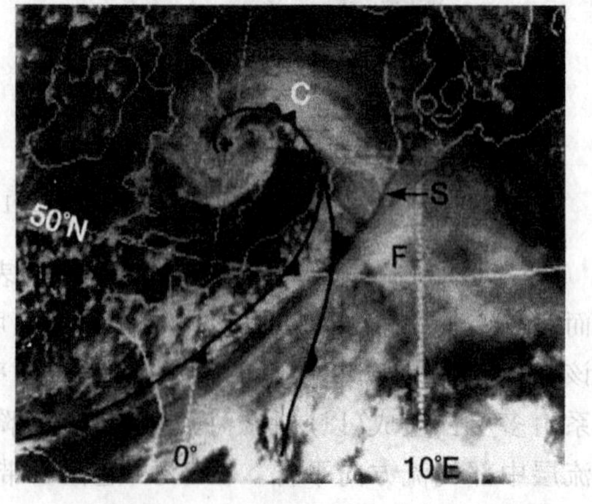

图4.17　锢囚锋云系

2. 温带气旋云系的特征

温带气旋云系在它的初期和后期很不一样。在初期，它表现为稠密的密蔽云区，而在后期则具有明显的螺旋结构，如图4.17所示。

3. 西南低涡

西南低涡在云图上常表现为结构稠密、色调白亮，近于圆形的孤立的云团，有时还可见到涡旋结构的云系。

4. 高空急流云系

高空急流云系以卷云为主，在卫星云图上通常表现为带状分布，其主要特征如下。

(1) 在北半球，卷云区位于急流轴南侧，其左界光滑，与急流轴相平行；

(2) 在急流呈反气旋弯曲的地方云系稠密，而在急流呈气旋性弯曲的地方云系稀薄或消失，所以急流云系主要位于反气旋弯曲急流轴的南侧；

(3) 在可见光云图上，急流云系左界有明显的暗影，而且暗影呈反气旋弯曲的线状。

图 4.18 是一条十分典型的副热带急流云系，整个云系由卷云组成，并略呈气旋性弯曲，急流的强风带轴线就位于云系的左侧。

图 4.18　高空急流云系

当高空急流附近水汽条件不充分时，在高空急流区就没有大片卷云，只表现为一条条狭长的卷云线，这种卷云线大体上与风向相平行，并处于急流轴的南侧。由于这种卷云线是断裂的，所以不容易确定急流轴的位置。但根据卷云线可以推断高空风的方向：卷云线越狭长，边界越光滑，说明风速越大。

在高空急流云系左界附近，时常可见到一条条与急流轴相垂直的波状云线，使得急流轴的左界呈现锯齿形，这种云系称横向波动云系。飞机探测表明，在横向波动云线中的乱流，比表面光滑的盾状卷云区或带状卷云区中强得多，所以飞机在这种云区中常常会遇到严重的颠簸。当有横向波动出现时，风速都很强，一般大于 40m/s。这种横向波动云线是风的水平切变的结果。由于风的水平切变，使得卷云线在云区内离开急流轴，最远的一些云线末端朝上风方向旋转。

5. 槽线云系

中纬度西风带中，南北振幅很大的深槽云系表现为南北幅度很大的云带，槽线即在云带后界附近。图 4.19 是一深槽云系，这种槽移动速度较慢。图中的 B 处为青藏高原东南方的南支槽云系，表现为成片的卷云区，槽线位于该云区的后界处。

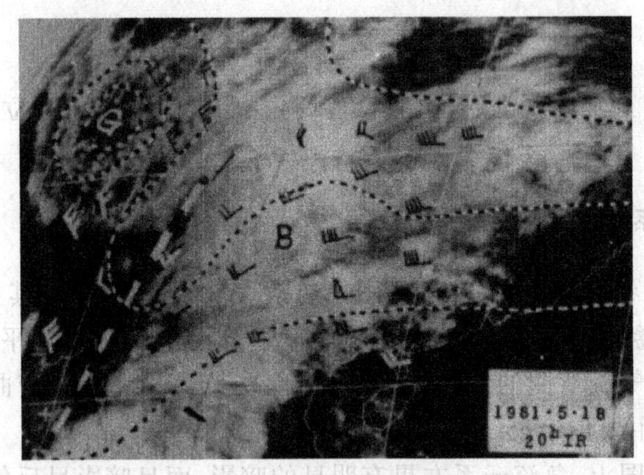

图 4.19　片状卷云的南支槽云系

6. 热带云团

热带云团是在卫星云图上发现的新的天气系统，许多热带系统都与云团有关，它占据热带地区面积的 20%，是热带地区能量和水汽垂直输送的主要方式。

云团是由许多积雨云单体组成的，其顶部的卷云连线成一片，在卫星云图上表现为白而密的云区，直径为 100～1 000km（见图 4.20）。

7. 热带辐合带云系（ITCZ）

在卫星云图上，热带辐合带是由许多活跃的对流云团组成的、近于纬向排列的连续云带，其宽度可达 500km 以上，东西长达数千千米。当其不活跃时，云带很窄，表现为断裂的一团团尺度较小的云团。有时在云带内还叠加一个或几个涡旋云系，每个涡旋对应一个地面低压。

图 4.21 是一次中等强度的热带辐合带云系的分布，图中的 C_1、C_2、C_3、C_4 是从西太平洋经南海到孟加拉湾的赤道辐合带上的热带云团，其中 C_3 是处于波峰处的带有涡旋的云团，云团顶部为向西南方伸出的卷云羽，表示高空盛行东风气流。低空则为西南季风气流。

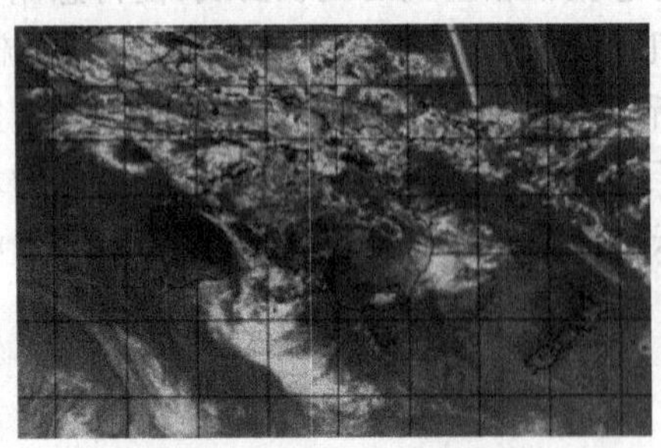

图 4.20　由积雨云构成的热带云团

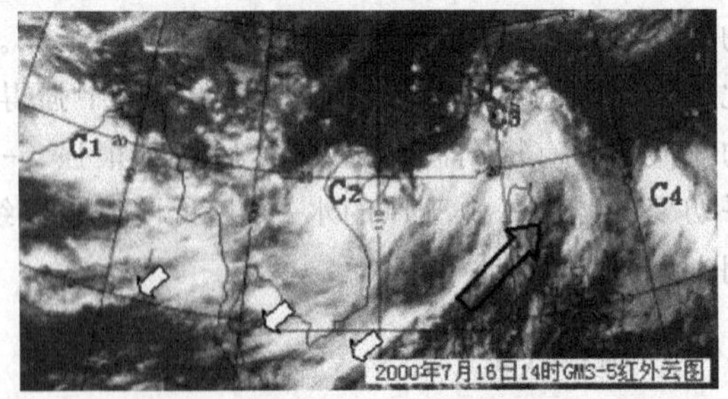

图 4.21　热带西太平洋和南亚地区热带辐合带云系

8. 台风云系

台风在卫星云图上表现为有组织的涡旋状云系，因此是最容易识别的一种天气系统。

台风的水平云系可分为三部分：台风中心是暗黑的无云眼区，眼区周围是连续的密蔽云区，密蔽云区外围是螺旋云带(见图4.22)。

图4.22 "梅花"台风云系

4.3 气象雷达

气象雷达是用于探测气象要素和各种天气现象的雷达，被誉为观察气象的千里眼、顺风耳。气象雷达可以为飞行提供准确和连续的图像，从而使飞机改变航道、避开颠簸区域，保障飞行安全。先进的民用飞机和军用飞机上，一般都装有气象雷达。气象雷达装置由天线系统、发射机、接收机、天线控制器、显示器以及与计算机图形工作站接口的图形处理设备等部分组成。雷达通过间歇性地向空中发射电磁脉冲，然后接收被气象目标散射的回波，从而探测远方气象目标的空间位置和特性。

4.3.1 气象雷达的种类

根据所测目标，可将气象雷达分为测雨雷达、测云雷达和测风雷达。

1. 测雨雷达

测雨雷达，又称天气雷达，是利用雨滴、云滴、冰晶、雪花等对电磁波的散射作用来探测大气中的降水或云中水滴的浓度、分布、移动和演变，了解天气系统的结构和特征。测雨雷达主要用于探测天气图上不易反映出来的中小尺度天气系统，如台风、冰雹、强对流性天气等，并能监视天气的形成和演变过程。

2. 测云雷达

测云雷达是用来探测未形成降水的云层高度、厚度以及云内物理特性的雷达。其工作原理与测雨雷达相似，利用雨滴、云滴、冰晶、雪花等对电磁波的散射作用，来探测云顶、云底的高度。如果空中出现多层云，其还能测出各层云的高度。由于云滴的直径比雨滴的直径小，测云雷达的工作波长较短，因而测云雷达只能探测云滴较大、含量浓度较高的云。

3. 测风雷达

测风雷达是用来探测高空不同大气层的水平风向、风速以及气压、温度、湿度等气象要素。测风雷达的探测方式一般都是利用跟踪挂在气球上的反射靶或应答器，不断对气球进行定位。根据气球单位时间内的位移，就能定出不同大气层的水平风向和风速。在气球上同时挂有探空仪，遥测高空的气压、温度和湿度。

4. 多普勒雷达

常规天气雷达的探测原理是利用云、雨目标物对雷达所发射电磁波的散射回波来测定其空间位置、强弱分布、垂直结构等。而多普勒气象雷达除具有常规天气雷达的功能外，还可以利用多普勒效应来测定云和降水粒子的径向运动速度，推断降水云体的移动速度、风场结构特征、垂直气流速度、湍流、强风切变等，可以有效地监测雷暴、冰雹、龙卷、下击暴流等灾害性天气的发生、发展；同时还具有良好地定量测量回波强度的性能，可以定量估测大范围降水。

多普勒气象雷达是通过探测降雨水滴的大小和数量来判定前方天气的，水滴越大、越密集，在雷达上的反射回波也就越强；雷达种类包括 L、S、C、X 等波段的雷达；地面雷达大多使用 L、S、C 波段；机载雷达多数使用 X 波段，其生产商包括 HONEYWELL 公司、COLLINS 公司。生产的雷达型号有 WXR-700、840、2100 型等。

目前我国装备的新一代多普勒天气雷达主要分 S、C 两种波段，S 波段雷达主要分布在沿海地区及主要降雨流域，C 波段雷达主要分布在我国内陆地区。

C 波段天气雷达(CINRAD/CC)可以对台风、暴雨等大范围强降水天气的监测距离大于 400km 并能获取 150km 半径范围内的降水区降水及风场信息，可对 150km 半径范围内的降雨进行较准确的估测。与常规天气雷达相比，CINRAD/CC 雷达增加了风场信息，能有效地监测和预报阵风锋、下击暴流、热带气旋、风切变等灾害性天气。

S 波段雷达(CINRAD/SA)可以监视半径为 400km 范围的地区内台风、暴雨、飑线、冰雹、龙卷等大范围强降水天气，对雹云、龙卷气旋等中小尺度强天气现象的有效监测和识别距离可达 230km，可在距离雷达 150km 处识别雹云中尺度为 2～3km 的核区，或判别尺度为 10km 左右的龙卷气旋。

常规气象雷达和多普勒气象雷达主要安装在气象台站和机场区域。在飞行中，飞行人员主要依靠机载气象雷达进行天气的监测和识别。所谓机载气象雷达，是指安装在飞机头部用以探测航向前方的云、雨、雷暴、湍流等危险天气的小型天气雷达，其探测对象是含有大小水滴的“湿性”气象目标，并通过不同颜色在屏幕上反映出雷达回波的强弱。

4.3.2 气象目标的反射特性

1. 对降水区的探测

水是一种导体，液态的水滴具有良好的导电性，因此，包含有雨滴的降雨区域，能够对机载气象雷达天线所辐射的 X 波段电磁波产生一定程度的反射，形成降雨区域的雷达回波，从而被气象雷达所接收。雨滴直径越大，雨区所产生的雷达回波就越强，如湿雪和湿冰雹，

由于表面裹有一层水膜，对入射的电磁波产生有效的反射，所以能形成强回波。然而，干冰雹对电磁波的反射能力很差，这是因为其所产生的反射回波只相当于同尺寸的雨滴的1/5左右。因此，颗粒较小的冰雹区域所产生的反射回波很弱，难于被雷达所检测。只有当干冰雹的直径增大到雷达波长的8/10左右时，才能被雷达正常检测。这对于一般的气象雷达来说，意味着冰雹的直径已达到2.5cm左右。常见目标物的反射率如图4.23所示。

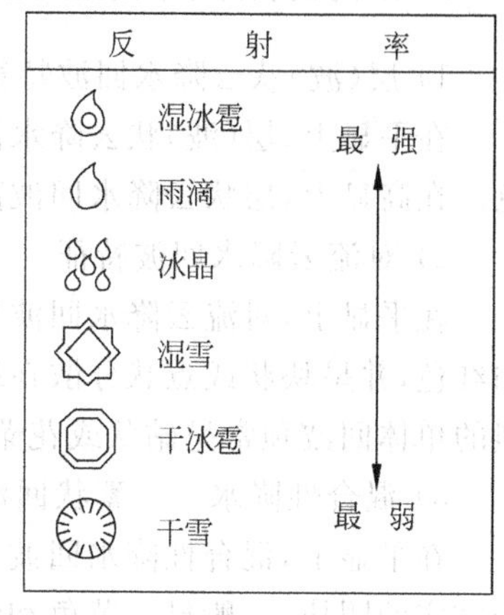

图4.23　不同目标物的反射率

彩色气象雷达用象征性的颜色来表示不同降水强度(单位时间内的降水量)的区域。一般，紫色或品红色用于表示暴雨区，红色表示大雨区，黄色表示中雨区，绿色表示小雨区，无雨区用黑色表示。

2. 对湍流的探测

气象雷达是利用与湍流夹杂在一起的水滴反射电磁波时产生多普勒效应这一特性来探测湍流的：被湍流所夹带的水滴在反射电磁波时，由于其急速多变的运动特性，会形成一个偏离发射频率且频谱宽度较宽的多普勒频谱，它与一般降雨区所产生的反射回波明显不同。雷达的接收处理电路对这类回波信号进行处理，就可以通过回波信号的频谱宽度探测出湍流的存在。如果湍流没有夹带足够的雨滴，对入射的电磁波就不会产生有效的回波，这样很难被气象雷达所探测。因此，天气雷达不能直接探测晴空湍流区。

3. 一般的云、雾不能被有效的探测

一般的云、雾中虽含有大量的微细水珠，但因其直径过于微小，也不能在天气雷达上产生回波，因而不能被其有效的探测。

4.3.3　地面雷达回波的识别

1. 气象雷达显示

气象雷达探测到的回波是通过雷达显示器在荧光屏上显示出来的。常用的天气雷达显示方式有平面位置显示和距离高度显示。平面位置显示简称平显或PPI，是通过电子束从屏幕的中心向外作等速径向扫描的工作方式，在荧光屏上显示出雷达站周围气象目标的分布。距离高度显示简称高显或PHI，用来显示气象目标回波的垂直分布。

2. 气象回波和非气象回波

气象回波是指大气中云、降水中的各种水汽凝结物对电磁波的后向散射和大气中温度、气压、湿度等气象要素剧烈变化而引起的回波。非气象回波则是指由于地物、飞机等非气象目标的干扰而产生的虚假回波。因此，在判读天气雷达图时要注意区分以上两种回波。

3. 不同云状降水回波的识别

1) 层(波)状云降水回波特征

在平显上,层(波)状云降水回波呈大范围、均匀的片状,其边缘模糊,显示颜色一般为绿色。在高显上,层状云降水回波高度不高,顶部较平坦。

2) 对流云降水回波特征

在平显上,对流云降水回波呈小范围、块状结构,其内部密实、边缘清晰,一般显示黄色和红色,并呈块状或点状分散在绿色区域中。在高显上,对流云降水回波呈柱状,而发展强烈的单体回波顶常呈砧状或花菜状,高度较高。

3) 混合性降水——絮状回波

在平显上,混合性降水回波范围较大,其边缘支离破碎,没有明显的边界,回波中夹有一个结实的团块,一般显示黄色和红色,有时呈片状、有时呈带状或块状。在高显上,混合性降水回波高低起伏,高峰常达到雷阵雨的高度,而较低的平坦部分一般只有连续性降水的高度,有时会出现零度层亮带。

4) 雹云回波特征

在平显上,雹云回波表现为强度大、边缘分明的块状回波,有时会出现U形的无回波缺口指状或钩状回波。在高显上,雹云回波柱粗大、高耸、陡直,顶部呈花椰菜状或砧状。在雹云内部上升气流的部位,其呈现弱回波穹隆。

4. 非降水回波

1) 云的回波

层(波)状云的回波:在平显上,层(波)状云的回波呈薄膜状或小片状,强度很弱,边缘不整齐。在高显上,其顶部平坦,底部不及地,有时可看见雨幡。

对流云的回波:在平显上,对流云的回波呈小范围、分散孤立的小块状。在高显上,其呈米粒状或上大下小的倒梨状。

2) 雾的回波

在平显上,雾的回波呈均匀弥散状,犹如一层薄纱罩在荧光屏上。在高显上,雾的回波高度很低,其顶高只有1km左右。

5. 地面多普勒雷达回波特点

地面多普勒雷达的天线角度有0.5°、1.5°、2.4°等,天线的波束角基本是1°左右。随着天线角度、探测距离的不同,显示的是探测目标云体的不同部位的回波,回波面积的大小有明显的差别。

探测目标的厚度可以通过下面的方法简单地计算出来。

回波云体的底部高度(ft)=天线角度×100×探测距离(n mile)

回波云体的顶部高度(ft)=(天线角度+1)×100×探测距离(n mile)

1) 天线仰角为0.5°的回波图

如图4.24所示,25n mile处回波反映的是高度从1 250ft(100×25×0.5)起、厚度2 500ft(25×100×1)云体的综合回波强度。50n mile处回波反映的是高度从2 500ft(100×

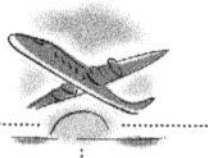

50×0.5)起、厚度 5 000ft(50×100×1)云体的综合回波强度。100n mile 处回波反映的是高度从 5 000ft(100×100×0.5)起、厚度 10 000ft(100×100×1)云体的综合回波强度。

如果天线高度为 150m，则回波图上可以看到近距离(25n mile)是云带的底部(地面以上 500～1 300m)的回波；中等距离(50n mile)是云带的中下部(地面以上 1 000～2 500m)的回波；远距离(100n mile)是云带的中部(地面以上 1 600～4 600m)的回波。

图 4.24　天线仰角为 0.5°的回波图

2) 天线仰角为 1.5°的回波图

如图 4.25 所示，25n mile 处回波反映的是高度从 3 750ft(100×25×1.5)起、厚度 2 500ft(25×100×1)云体的综合回波强度。50n mile 处回波反映的是高度从 7 500ft(100×50×1.5)起、厚度 5 000ft(50×100×1)云体的综合回波强度。100n mile 处回波反映的是高度从 15 000ft(100×100×1.5)起、厚度 10 000ft(100×100×1)云体的综合回波强度。

如果天线高度为 150m，回波图上可以看到近距离(25n mile)是云带的中下部(地面以上 2 000～2 750m)的回波；中等距离(50n mile)是云带的中部(地面以上 2 400～4 900m)的回波；远距离(100n mile)是云带的中上部(地面以上 4 500～6 000m)的回波。

3) 天线仰角为 2.4°的回波图

如图 4.26 所示，25n mile 处回波反映的是高度从 6 000ft(100×25×2.4)起、厚度 2 500ft(25×100×1)云体的综合回波强度。50n mile 处回波反映的是高度从 12 000ft(100×50×2.4)起、厚度 5 000ft(50×100×1)云体的综合回波强度。100n mile 处回波反映的是高度从 24 000ft(100×100×2.4)起、厚度 10 000ft(100×100×1)云体的综合回波强度。

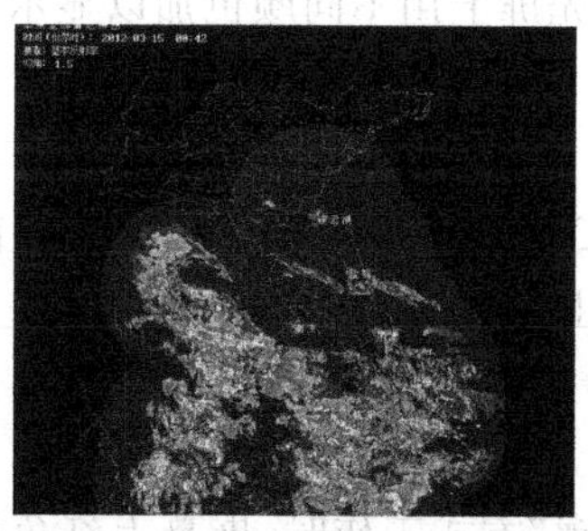

图 4.25　天线仰角为 1.5°的回波图

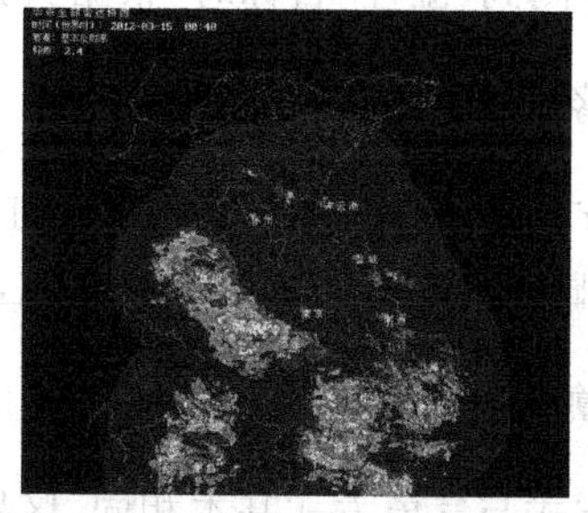

图 4.26　天线仰角为 2.4°的回波图

如果天线高度为 150m，回波图上可以看到近距离(25n mile)是云带的中下部(地面以上 2 000～2 800m)的回波；中等距离(50n mile)是云带的中部(地面以上 3 800～5 100m)的回波；远距离(100n mile)是云带的上部(地面以上 7 300～8 000m)的回波。

可见，天线的角度越高、距离越远，扫描到云体的部位就越高。50n mile 以内，天线仰角 0.5°回波反映的高度是云带的中下部(地面以上 1 000～2 500m)的回波；50～100n mile 左右，天线仰角 1.5°的回波图反映的是云带的中上部的回波；100n mile 以外，天线仰角 2.4°的回波反映的是云带的上部的回波。

4.4 机载气象雷达

4.4.1 工作方式

现代机载气象雷达的工作方式有“准备”、“自检”、“气象”、“气象与湍流”、“地图”和“轮廓”等。

1. 准备(STBY)方式

按下 STBY 键,雷达的接收机即正常工作,但发射机处于加温准备状态,不产生射频发射信号,天线也不扫掠。准备状态约需持续 70s。如果在开机后立即按下其他工作方式键中的一个而未选择准备方式,系统也会自动进入一个准备状态,不会马上进入所选择的工作方式。此时,显示器上会显示 WAIT(等待)字样。

2. 自检(TEST)方式

这一工作方式用于判断雷达系统的性能状态,并在显示屏上显示检测结果。飞行员只需按下雷达控制盒或显示器上的自检方式键,即可完成这一检查。在地面或在天空中,均可选用自检方式。

3. 气象(WX)方式

这一方式是机载气象雷达的基本工作方式。当按下 WX 键时,雷达工作于气象方式,并在显示屏上显示飞机飞行前方航路及其两侧扇形区域中的气象状况及其他障碍物的平显图像。当探测到“湿性”目标时,根据其强度,会在荧光屏上用不同颜色加以显示。

4. 气象与湍流(WX+T)方式

这一方式是现代气象雷达的典型工作方式。当工作于“湍流”方式时,雷达能检测湍流区域,并在显示屏上显示紫色或品红色,也有的雷达显示为白色。

5. 轮廓(CYC)方式

这一方式与气象方式基本相同,区别在于:“轮廓”方式工作时,屏幕上红色图像将会按每秒一次的间隔闪烁——半秒显现半秒消失,所消失的红色图像区域呈现为一个黑洞。此时黄色和绿色图像仍与气象方式一样稳定显示。采用这种红色图像闪烁方式的目的,是提醒飞行员注意那些较强的 3 级(红色)降雨区。

6. 地图(MAP)方式

机载气象雷达工作于地图方式时,用于显示飞机前下方扇形区域中的地表特征,帮助飞行员判明飞机当前的地理位置及飞机的实际航向。在缺少地面导航设备的荒凉地区,也可以利用气象雷达所提供的地图来进行导航。

4.4.2 不同降水区域的色彩显示

与地面天气雷达相同，机载气象雷达也用象征性的颜色来表示不同降水强度的区域：紫色或品红色用于表示暴雨区或湍流区，红色表示大雨区，黄色表示中雨区，绿色表示小雨区，无雨区用黑色表示（见图 4.27）。

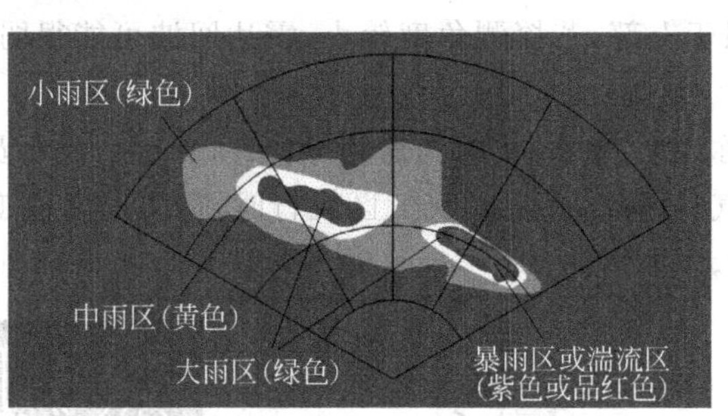

图 4.27 不同降水区域的色彩显示

4.4.3 对湍流区的探测和显示

机载气象雷达对湍流的探测，主要是探测湍流中的水滴对雷达波的反射，但这种反射与雨中的反射是不相同的。由于湍流中水滴的急速多变的运动，会使反射的回波产生明显的多普勒效应，在雷达显示器上形成一个偏离雷达发射频率且频谱宽度较宽的多普勒频谱，它与一般的降水所产生的反射回波有很大的不同。气象雷达正是通过这一特性来检测湍流的。在平显上，湍流区一般用紫色或品红色表示，也有的用红色或白色表示。

4.4.4 机载气象雷达的地形识别

机载气象雷达是根据不同地物对雷达信号反射能力的差异来显示地形轮廓的。其中，含有大量钢铁或其他金属结构的城市建筑物具有比周围大地更强的反射能力；而江河湖海等水体对电磁波的反射能力较差。根据地物反射能力的强弱并用不同的颜色表示，即可在雷达显示屏上显示出飞机航线前下方的地形特征。

反射率强的地物能产生强回波，在显示屏上呈现为红色或紫色图像，如城市地区带有金属结构的建筑物；反射率中等的地物产生中等强度的回波，在显示屏上用黄色表示，如陆地；反射率较弱的地物产生的回波也较弱，用绿色表示，如水体；反射率很弱或者面积很小的地物因不能产生足够强的回波，在显示屏上融为黑色背景。当地物反射率差异明显或地形起伏较大时，可以在显示屏上形成明显的分界线，如海岸线、河湖的轮廓线、大型工业城市的轮廓线等。

利用机载气象雷达的地形探测能力，在山区、丘陵地区飞行时，可以避免在进近或起飞过程中撞击飞机前方突出的山峰；在巡航过程中或低能见度天气条件下飞行时，也可以利用机载气象雷达来探测其他飞机的位置。

4.4.5 “气象盲谷”

利用机载气象雷达探测危险天气的过程中，可能会遇到如下 3 种情况。

（1）当选用较小的显示距离时，在显示屏上无法显示较远处的危险目标。

(2) 当航路前方存在多个危险区时，由于雷达波束无法穿透前面的气象目标或穿透后波束衰减严重，无法准确地探测后面的气象目标，不能在雷达显示屏上显示出后面的危险区域(见图 4.28)。

(3) 不同目标，由于其高度不同，当使用固定角度进行探测时，可能无法探测到所有目标。即使探测同一物体，如果探测角度不同，探测结果也差异较大，如发展旺盛的雷暴云单体，其下部的反射率强于上部，若探测角度较小，雷达回波可能很弱，在显示屏上仅显示为绿色。

上述 3 种情况被称为“气象盲谷”。当遇到“气象盲谷”时，飞行员很难在短时间内安全地避开邻近的危险天气。因此，在危险天气区飞行时，需要时常改变显示距离以及探测角度，避免进入盲谷区域。

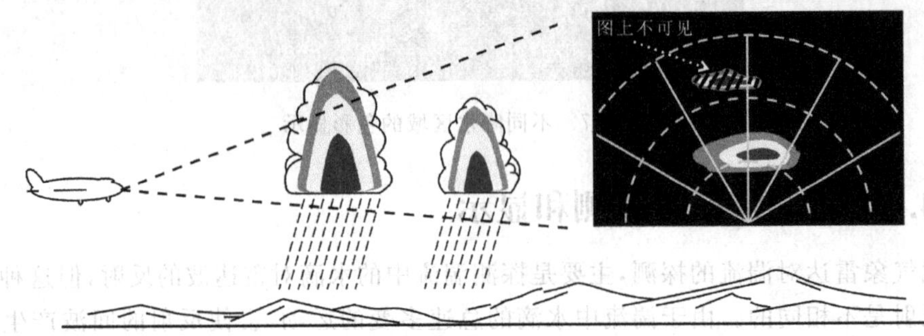

图 4.28 “气象盲谷”

4.4.6 机载雷达的气象回避

在一些区域和雷雨季节，空中的气象状况是复杂多变的。雷暴可以很快地形成，其耗散也相当迅速。干性湍流等与雷暴及猛烈降雨相联系的危险区域，目前气象雷达还无法直接显示。雷暴区域中的闪电，会给穿越其间的飞机带来危险。温度的急剧多变，还可能造成飞机操纵面的结冰。利用气象雷达探测出各类恶劣的气象区域，就可以使飞行员尽早地选择合理的航线，回避一切有可能导致危险和激烈颠簸的区域。从这个意义上讲，气象雷达的功用是引导飞机回避恶劣的气象区域。

在利用气象雷达所提供的彩色图像回避各种恶劣气象区域时，应注意以下一些问题。

(1) 将气象工作方式作为基本的工作方式，结合使用湍流方式。增益旋钮通常应置于自动(AUTO)位，以保证雷达对不同强度目标的检查与定标。

(2) 应回避一切在屏幕上显现为红色和紫色的区域。尽量使飞机与这些区域的距离保持在 20n mile 以上，因为一些不夹带较多雨粒的湍流区域会存在于较大降雨区以外的地方。

(3) 飞机不可进入雷暴云回波范围之内的无回波区。

(4) 如果在两块雷暴云之间穿越时，两块雷暴云回波之间的距离应不小于 40n mile。

(5) 在巡航高度较高时，应经常下俯天线以保持对低高度雷暴区的监视；在低高度飞行时，则应该常上仰天线，以避免误入高层雷暴区的下方。

利用气象雷达回避恶劣天气区域的具体方法在各种使用手册中有详细的说明和规定，以上只是粗略地加以说明。

4.4.7　使用机载气象雷达的注意事项

1. 飞行中的注意事项

(1) 机载气象雷达是一种天气雷达，它只能探测到含有水滴的气象目标，而不能有效地探测到干冰雹和干雪，一般的云、雾及晴空湍流也不能探测到。所以机载气象雷达不能保证避开所有危险天气的区域。

(2) 气象雷达的基本功能是探测大面积的气象降雨区，它对山峰，相遇飞机的探测能力和所显示的相应图像及位置的准确程度，是不能满足地形回避和防撞要求的。因此，绝不可把气象雷达的显示图像作为地形回避和空中防撞的依据。

(3) 如只选用较小的显示距离，很难保证有足够的时间和以较大的安全距离来避开已邻近的恶劣天气区域，这种现象称为"气象盲谷"。在危险天气区飞行时，有时要适当增加显示距离，以观测远处的危险天气，避免因选用较短显示距离而使飞机进入盲谷区域。

(4) 我们要清楚地知道，机载气象雷达是用来帮助飞行员避开危险气象区域的，而不是用来帮助穿过这些区域的。雷暴、湍流、冰雹区域会给飞机带来极大的危害，即使有机载气象雷达，也不能飞进去。

2. 地面注意事项

雷达在地面工作时，应采取预防措施，以防起火，伤害人体或烧坏接收机。

(1) 在飞机或其附近正在进行加油或抽油时，不得使气象雷达处于发射工作方式，以免引燃汽油蒸发汽。在机坪上大量使用汽油清洗机件时，也应避免接通雷达电源。

(2) 不应在机库中或在机头朝着近距离内的建筑物、大型金属反射面的情况下使气象雷达工作于发射方式，以免回波过强而损坏气象雷达接收机。

(3) 地面检查时，应尽量使雷达工作于准备或自检方式。在需要使雷达工作于发射方式时，应将天线上仰，尽量避免天线波束照射近处的地面目标。

(4) 在飞机前方 0°～120°，距离为 3m 范围内，如果有人，不得接通雷达，以防有害辐射伤害人体。

各型飞机气象雷达的使用注意事项，在有关维护手册、使用手册中均有明确的规定。使用人员、维修人员应当仔细阅读有关内容，严格按规定执行。

本章小结

卫星云图和气象雷达是获取航空气象信息的重要来源。本章介绍了卫星云图与云的判别、卫星云图与天气系统的判别、气象雷达及机载气象雷达。

复习与思考

1. 红外云图和可见光云图成像的原理是什么？
2. 卫星云图上识别云状的依据有哪些？

3. 常见云在卫星云图上的特点有哪些？

4. 卫星云图上带状云系、涡旋云系、逗点云系、细胞状云系和波状云系与哪些天气系统有关？

5. 锋面云系、温带气旋云系、西南低涡、高空急流云系、槽线云系、热带云团、热带辐合带云系、台风云系等重要天气系统的云图特征是什么？

6. 气象雷达的种类有哪些？

7. 气象雷达的探测原理是什么？

8. 层状云降水、对流云降水、混合性降水、雹云的回波特征是什么？

9. 机载气象雷达的工作方式有哪些？

10. 机载气象雷达图上分别用什么颜色来显示暴雨区或湍流区、大雨区、中雨区、小雨区和无雨区？

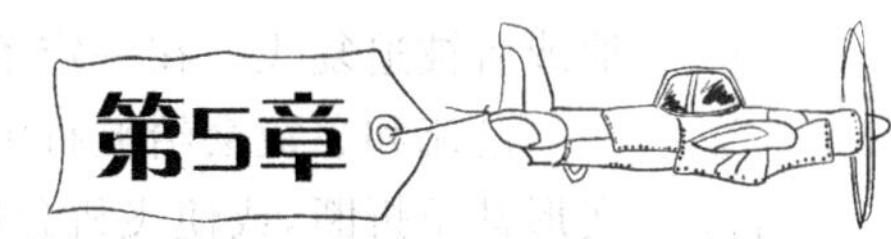

飞行气象条件

本章关键词

目视气象条件(visual meteorological conditions,VMC)
仪表气象条件(instrument meteorological conditions,IMC)
能见度(visibility)
辐射雾(radiation fog)
霾(haze)
烟幕(smoke)
晴空颠簸(clear air turbulence,CAT)
跑道视程(runway visual range,RVR)
平流雾(advection fog)
沙尘(sand and dust)
高空急流(upper-level jetstream)

飞行活动与气象条件密切相关,恶劣天气往往是导致飞行事故的诱因。民航部门根据不同的飞行规则,规定相应的气象条件。其中,云高和能见度是决定机场正常运营的气象要素。同时受纬度、地形、海陆等因素的影响,气象要素在空间上的分布不均,形成了不同的气象条件,影响着飞行活动。

5.1 概述

5.1.1 影响飞行的主要天气

飞行活动在很大程度上受到天气因素的制约,如低云、低能见度、雷暴、风切变、急流、乱流、积冰等天气现象都直接威胁飞行安全,甚至会导致飞行事故的发生。

云高和能见度是决定机场开放、关闭的气象要素。当云高和能见度下降到一定程度,处于起降阶段的飞机上的飞行员,看不清地表和跑道,就容易造成复飞,甚至发生飞行事故。雨、云、雾、沙尘暴、浮尘、烟幕和霾等是常见的视程障碍现象,有的往往会造成低能见度。

雷暴是夏季影响飞行的主要天气之一。雷暴发展阶段形成的强风、阵风和下击暴流严重影响飞机性能,甚至会摧毁机场地面设施;伴随雷暴的闪电和雷暴电场严重干扰中、短波无线电通信,甚至会中断通信联络;强降水、低能见度、颠簸、积冰、冰雹、龙卷风等均会给飞行造成很大的困难。

低空风切变也对飞机的起飞和降落有严重的威胁。强烈的风切变瞬间可以使飞机过早地或者被迫复飞。在一定条件下其还可导致飞机失速、难以操纵，甚至造成飞行事故。

乱流和急流会给航行中的飞机造成不同程度的颠簸，严重的颠簸可使机翼负荷加大而变形甚至折断，或使飞机急剧下沉或上升。

飞机在高海拔恶劣天气下容易发生积冰，使机翼流线型改变，起落架收放困难，无线电天线失效，汽化器进气量减少，容易造成发动机空中停车，甚至造成发动机损坏。

5.1.2 飞行方式和最低气象条件

1. 飞行方式

按驾驶和领航条件，可将飞行方式划分为目视飞行和仪表飞行。

目视飞行时，飞行员主要依靠视觉来判断和发现其他飞行物或地面障碍，判断飞机的飞行状态，确定飞机的位置。那么，能满足目视飞行的气象条件就称为目视气象条件。

仪表飞行时，飞行员则依靠飞行仪表和机载无线电导航设备，操纵飞机，躲避障碍物，判断飞机的飞行状态，确定飞机的位置。目前，空中飞行绝大多数都采用仪表飞行；而起飞和着陆阶段仍采用目视飞行。能满足仪表飞行的气象条件称为仪表气象条件。仪表飞行大大降低了天气对飞行可能造成的影响，因而仪表飞行的气象条件要宽于目视飞行。

2. 最低气象条件

最低气象条件是为保障飞行所规定的气象条件，因机场设施、机场周边地形、飞机种类的不同而不同，其主要包括云底高度最小值、能见度的最低值以及 RVR 最小值。

云底高度最小值是指看清地标，能把飞机目视引向着陆和实际着陆的必需高度。

能见度/RVR 的最低值是指沿下滑航迹倾斜方向接地的飞行员，从仪表驾驶转向目视驾驶能发现和识别跑道起始端的极限最小值。

广义上，最低气象条件可分为目视飞行规则的最低气象条件、仪表飞行规则的最低气象条件和备降机场的最低气象条件 3 种。

目视飞行规则的最低气象条件是能见度 5 000m、云高 300m。

仪表飞行规则的最低气象条件因起飞和着陆而不同。起飞时其取决于云底高度、能见度以及 RVR；着陆时取决于进场极限高度(决断高度)、空中向下能见度以及 RVR。

备降机场的最低气象条件使用着陆最低气象条件，它由地面能见度和云底高度决定。一般在地形不复杂的机场，规定能见度为 3 200m，云高为 180m。在实际飞行时，采用相应机场的着陆最低气象条件。

最低气象条件的确定，主要取决于机场条件、机型、昼间与夜间、飞行员的驾驶技术、飞行任务的性质等，最低气象条件因具体情况的不同而不同。

5.2 能见度和跑道视程

5.2.1 能见度的基本概念

能见度是影响飞行运行的重要天气要素之一，其与云底高一起决定着机场开放或关闭。所谓能见度是指视力正常的人在昼间能看清目标物轮廓的最大距离，在夜间则是能看清灯

光发光点的最大距离。因此，能见度可以分为昼间能见度和夜间能见度。

影响昼间能见度的因子主要有目标物与背景的亮度对比、大气透明度和亮度对比视觉阈等。观测时，目标物与其背景的亮度对比越大，颜色差异越大，就容易把目标物从背景中识别出来。大气杂质具有吸收和散射太阳光的作用，能削弱目标物与背景的亮度对比，因而大气杂质越多，大气透明度越差，对亮度对比的削弱作用越强。此外，人的视觉对亮度对比有一定的敏感度，当亮度对比减小至某个值时，观察者就不能把目标物从背景中辨别出来。这个临界值称为亮度对比视觉阈。

在夜间，能见度主要受灯光发光强度、大气透明度和灯光视觉阈（观测者能感觉到的最小照度）的影响。在其他条件相同时，灯光越强，能见距离越大。在相同的灯光强度下，大气透明度越差，灯光被减弱得越多，能见距离就越小。对视力正常的人来说，灯光视觉阈主要随灯光背景的亮度和观测者对黑暗的适应程度而变化。灯光的背景越亮，对灯光的视觉阈就越大，发现灯光就越困难。

5.2.2 能见度的分类

航空上使用的能见度有地面能见度、空中能见度和跑道视程。

1. 地面能见度

地面能见度又叫气象能见度，是指昼间以靠近地平线的天空为背景的、视角大于20′的地面灰暗目标物的能见度。能见度的观测受近地面水平方向大气透明度的影响较大，各方向的能见度不一致，因此地面能见度又可分为有效能见度、主导能见度、最小能见度和跑道能见度等。

有效能见度：观测点四周一半以上的视野内都能达到的最大水平距离。目前，中国民航观测和报告有效能见度。

主导能见度：观测点四周一半或以上的视野内能达到的最大水平距离。

最小能见度：各方向的能见度中最小的那个能见度。

跑道能见度：沿跑道方向观测的地面能见度。当能见度接近机场最低天气标准时，应观测跑道能见度。

能见度的判读方法是，根据各种能见度的概念，将能见距离不同的各扇区，由大到小逐一相加，然后进行定义。例如，图5.1中主导能见度和有效能见度都为3km，最小能见度为2km。

2. 空中能见度

空中能见度是指飞行中，从空中观测目标时的能见度。根据观测方向的不同，可分为空中水平能见度（见图5.2中AB）、空中垂直能见度（见图5.2中AC）和空中倾斜能见度（见图5.2中AD）。空中能见度的大小取决于大气透明度、驾驶舱视野和观测条件，也随观测方位和相对天气现象的位置不同而不同。如图5.2所示，在云上飞行时，空中水平能见度和垂直能见度较好，但倾斜能见度较差。

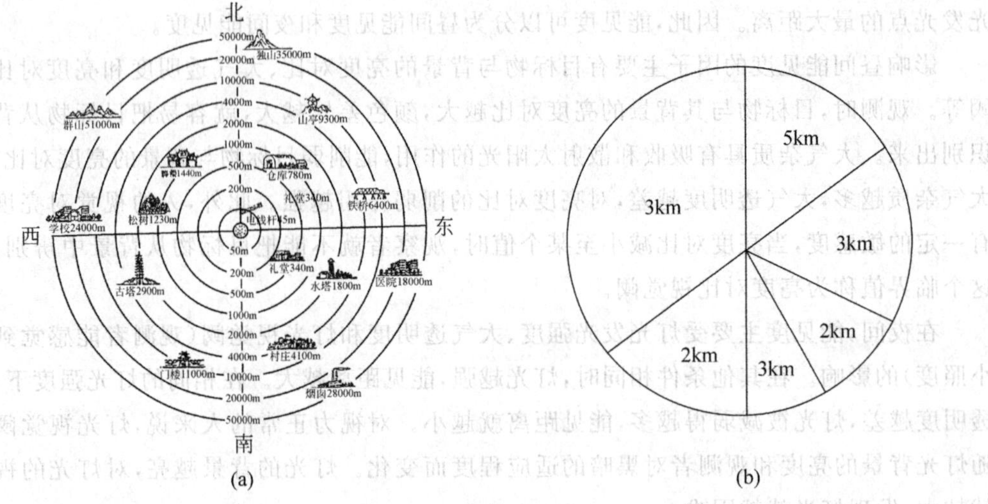

图 5.1　能见度判读

3. 着陆能见度

飞机着陆时，从飞机上观测跑道的能见度称为着陆能见度。由于跑道与草地的亮度对比值通常小于地面灰暗物体与天空的亮度对比，因而着陆能见度一般比地面能见度小。

着陆能见度可以用地面能见度估计得到。白天，对两边是草地的干混凝土跑道而言，着陆能见度约为地面能见度的60%左右。当机场有积雪，有低于300m的低云、正在降雨雪，或者迎着太阳着陆时，着陆能见度约为地面能见度的30%左右或更小。这种影响还与飞行速度有关，飞行速度越快，影响越大。

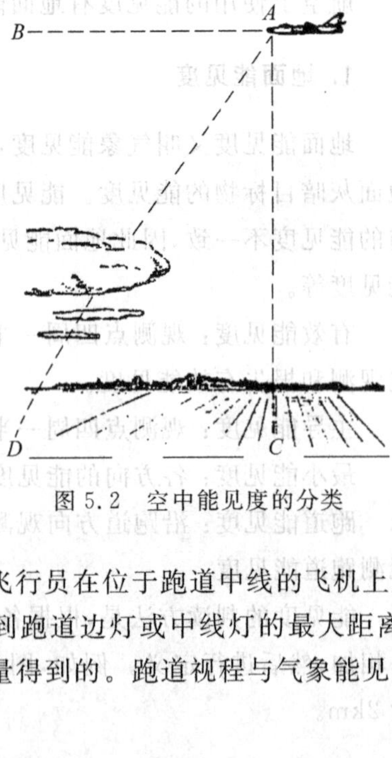

图 5.2　空中能见度的分类

4. 跑道视程

当气象能见度降低到1500m时，就要向飞行员及其他相关人员提供跑道视程的资料。所谓跑道视程是指飞行员在位于跑道中线的飞机上观测起飞方向或着陆方向，能看到跑道面上的标志或能看到跑道边灯或中线灯的最大距离。跑道视程是通过安装在跑道区域的跑道视程探测系统测量得到的。跑道视程与气象能见度的比较见表5.1。

表 5.1　跑道视程与气象能见度的比较

	跑道视程	气象能见度
观测地点	着陆端	气象站台
观测方式	跑道视程仪	人工观测
观测范围	1500m	观测者视野可及的距离
仪器高度	2～10m	1.6m
观测目标	昼间：跑道、道面标志 夜间：跑道中线灯、边灯	昼间：测站周围灰暗目标物 夜间：测站周围光源

5.3 产生视程障碍的天气现象

5.3.1 雾

雾是悬浮于近地面空气中的水滴或冰晶使水平能见度小于1km的天气现象。雾的形成机制是由于近地面空气降温或水汽含量增加而达到饱和,水汽在凝结核上凝结或凝华而形成的。当雾发生时水平能见度在1～5km时,称为轻雾;当水平能见度小于200m时,称为大雾;如果雾的厚度不到2m时,称为浅雾。

雾在时间尺度上分为形成、发展和消散3个阶段,往往由于局地条件、气候条件、各地地形和生态环境的不同,其结构和生消过程也会有很大的差异。根据形成条件的不同,雾可分为辐射雾、平流雾、上坡雾、蒸发雾、锋面雾等。其中,辐射雾和平流雾对飞行影响较大。

1. 辐射雾

辐射雾是由于地表辐射冷却使近地面水汽凝结而形成的雾,其形成需要具备如下3个条件。

(1) 晴朗的夜间或清晨,天空少云或无云。在这种条件下,地表长波辐射加快,近地面空气迅速降温,容易形成低空逆温层,阻止水汽向上扩散,因而容易达到饱和而形成雾。

(2) 近地面相对湿度大。相对湿度大表明近地面水汽含量充足,短时的辐射冷却就能使空气达到饱和,迅速凝结而形成雾。

(3) 微风,风速一般为1～3m/s。当风速过小时,垂直混合较弱;当风速过大时,垂直混合太强。这两种情况都不利于辐射雾的形成。当风速为1～3m/s时,湍流运动不仅能使水汽悬浮在近空,还能使上层的暖空气被带到下层与近地面冷空气混合、发生凝结,从而促进辐射雾的形成和发展。

因此,辐射雾具有如下特征。

(1) 辐射雾多出现在秋冬季节的夜晚或清晨。

(2) 辐射雾一般形成于陆地,特别是潮湿的山谷、洼地和盆地。

(3) 辐射雾常发生在高压内部、高压脊附近以及鞍形场中。因为在这些气压场中,气压变化不大,风速较小,有利于辐射雾的形成。

(4) 辐射雾的水平范围小、厚度不大、分布不均。辐射雾一般形成于陆地上的潮湿、低洼地区,因而水平范围较小,零星分布,但在平原上形成时可以连成一片。辐射雾的厚度一般为几十米到几百米,越接近地面辐射雾越浓。在辐射雾上空飞行,往往能见度较好,可以看见地面的高大目标,甚至可以看见跑道。但在下滑着陆时,受其影响能见度变差,可能什么都看不见。

辐射雾的消散一般通过以下两种形式进行。

(1) 日出后,随着太阳辐射增强,对流作用明显,辐射雾或被抬升成云,或因水汽蒸发而消散。

(2) 当风速变大时,辐射雾可被抬升到上空,往往形成层云。

2. 平流雾

当暖湿气流移经冷的下垫面时，暖空气的下部冷却、水汽凝结而形成的雾，称为平流雾，其形成需要具备如下3个条件。

(1) 暖空气温度与下垫面温度差别显著。一方面，下垫面温度要明显低于暖空气温度，特别是当下垫面温度低于暖空气的露点温度时，水汽容易发生凝结作用。另一方面，当暖湿气流移经冷的下垫面时会形成平流逆温，有利于水汽在近地面层聚集而形成雾。

(2) 暖空气的相对湿度较大，容易使空气达到饱和，迅速凝结成雾。

(3) 适宜的风向和风速。风向为由暖湿空气区吹向冷下垫面，风速一般在2～7m/s。

因此，平流雾具有如下特征。

(1) 平流雾多发生于春夏季节，秋冬两季较少。一天中任何时候都可形成平流雾，但条件变化后，也会迅速消散。但总体而言，以下半夜至日出前平流雾出现最多。

(2) 平流雾可以出现在陆地，特别是沿海地区，也可以出现在海上。大部分的海雾都属于平流雾。

(3) 受风的影响较大，平流雾来去突然。沿海地区，如果风向为由暖海面吹向冷陆地，则平流雾可很快形成，短时间内迅速覆盖整个机场；一旦风向转变，雾就会迅速消散。因此，春、夏季节在沿海地区飞行时，要特别注意海上天气的变化，特别是风向的变化。

(4) 平流雾的范围广、厚度大。其水平范围可达几百千米以上，厚度可从几十米至2 000m。另外，平流雾的强度也比辐射雾大。

当风向改变或风速变大(>7m/s)时，平流雾随即消散或被抬升到上空形成层云。

5.3.2 沙尘

1. 基本概念

(1) 浮尘：尘土、细沙均匀地浮游在空中，使水平能见度小于10km的天气现象。

(2) 扬沙：风将地面尘沙吹起，使空气相当混浊，水平能见度在1～10km的天气现象。

(3) 沙尘暴：强风将地面大量尘沙吹起，使空气很混浊，水平能见度小于1km的天气现象。

(4) 强沙尘暴：大风将地面尘沙吹起，使空气很混浊，水平能见度小于500m的天气现象。

2. 来源

浮尘、扬沙有本地产生的，也有从外地以来的，以后者为主。本地形成的多出现在地面大风减弱、风沙天气结束，本地大气比较稳定的情况下。

由于浮尘、扬沙所达高度较高，所以对飞行的影响，不仅在于地面水平能见度低，影响飞机起落，垂直能见度差，影响目视飞行，还在于空中的细小沙粒影响发动机、天线、导航设备等。因此不宜较长时间在浮尘、扬沙层中飞行。

3. 沙尘暴

在气象学上，把强风将地面尘沙吹起，使水平能见度小于1km的现象称为沙尘暴。因

此，不能把一般的沙尘天气都说成沙尘暴。风把足够的沙尘刮到天空，水平能见度达到一定程度的时候，才称得上沙尘暴。沙尘暴是一种全球气候现象，主要发生在中亚、北美干旱地区，澳大利亚、北非。我国的沙尘暴属于中亚干旱地区，包括中亚、蒙古、我国西北。

沙尘暴自古就有。我国有记载的沙尘暴可追溯到汉代。实际上沙尘暴在地球上至少有几百万年的历史。几万年前，赤峰市达理诺尔地区曾出现荒漠化时期，3.5万年前湖水达到最低点，当时飞沙走石，形成了沙漠。我国沙尘暴波及面积大，其形成往往不止一个沙尘源地。假如几个源地同时发生，逐渐加速，就可能形成大面积的强沙尘暴。

历史上迄今为止，最强的沙尘暴不是发生在我国，而是发生在美国。美国1934年的沙尘暴是人类历史迄今为止有记载以来最强悍的沙尘暴。

1）形成条件

沙尘暴天气的形成条件主要有以下3个方面：

（1）利于产生大风或强风的天气形势；

（2）有利的沙源、尘源分布；

（3）有利的空气不稳定条件是沙尘暴或强沙尘暴形成的主要原因。

强风是沙尘暴产生的动力，沙源、尘源是沙尘暴发生的物质基础，不稳定的热力条件有利于风力加大、强对流发展，从而挟带更多的沙尘，并卷扬得更高。

地面冷锋前对流单体发展成云团或飑线是有利于沙尘暴发展并加强的中小尺度系统；有利于风速加大的地形条件（如地形的狭管效应），是沙尘暴形成的有利条件之一。除此之外，前期干旱少雨，天气变暖，气温回升，是沙尘暴形成的特殊的天气背景。

沙尘暴发生的时候，由于沙尘暴里面含有一些硅、钙、铁等地壳元素，会对人们产生一些物理的伤害，比如说，对我们的呼吸道、眼睛，但不会产生化学的伤害，沙尘暴发生的高度一般只有2 000～3 000m。

2）形成原因

沙尘暴是自然现象。沙尘暴形成的原因很复杂，是多方面的。沙尘暴的动力是风，物质基础是沙尘。风与沙尘各有复杂多样的时空变化。有足够强大的风，还要有足够量的沙尘。但是把大量沙尘吹起来，还要求很多其他的条件。

我国西北干旱地区，盛行强烈的西北风。由于古地中海抬升形成大量松软的沙尘堆积，且气候干旱少雨，植被稀疏，特别是干旱、风大、植被稀疏都同步发生在春季，因此春季就具备了沙尘暴发生的自然条件，再加上人为活动破坏了地面植被，使沙尘暴越发强烈。

我国近年来沙尘暴发生频率高，在很大程度上，是我国北方，特别是干旱地区生态环境全面恶化的反应。如内蒙古额济纳旗发生的引起人家关注的多次强沙尘暴，就与黑河断流，大面积胡杨林、梭梭等的死亡有直接关系。内蒙古海拉尔市以往极少见沙尘天气，但由于西面大面积开荒，沙尘已成为海拉尔市的重要环境问题。我国草原地区近年来不仅沙尘暴天气发生频率高、强度大，而且还造成沙漠的扩大，甚至新的沙漠形成。这些都与草原的全面破坏有直接关系，而且沙漠是沙尘暴的后果。

沙尘、沙尘暴的季节分布一致为春多秋少，呈"～"形，春季我国北方管制区冷空气活跃，多大风，气温回暖解冻，地表裸露，容易起沙，其占全年总数的53.97%。

3）危害

沙尘暴天气对飞行的影响主要体现在两个主要方面：能见度降低和机体、设备的损坏。

(1) 能见度降低：沙尘暴出现时，能见度急剧下降，一般降至1km以下。强沙尘暴出现时，能见度可降至500m以下。由于风沙天气，特别是沙尘暴天气来势猛、强度大，在短短几分钟之内就会使机场能见度迅速下降，对航班起飞、降落影响极大，甚至会危及飞行安全。2010年3月19日，银川河东机场遭遇当年最强的沙尘暴天气，在这场沙尘天气过程中，能见度最低仅为1 000m，最大风速达24m/s，塔台(高45m)持续摆动长达1h之久，摆幅高达6°。

在上游地区有大范围风沙天气出现时，要注意天气转坏的可能性，特别是在机场能见度接近飞行最低气象条件时，一定要有预备方案，要选好备降场，留有足够的油量。地面保障要到位，打开一切助航设备。

受风沙和强风影响，气象条件已转到低于机组降落标准时，准备进近的飞机应果断去备降机场降落，不要勉强作超越气象条件的降落，也不要盲目下降高度。2003年3月27日的《洛杉矶时报》报道，来势汹汹的沙尘暴吹过了美军航母的甲板，阻塞了飞机引擎、飞机通风口的阀门、甚至士兵的鼻孔。一些战机在执行完空袭任务后，天篷和引擎都受到了一些损坏，一些严重的地区，甚至使飞机的机身出现了颤抖，极大的风沙使飞行员感到十分痛苦，昏暗的天空完全不适合飞行。

(2) 机体、设备的损坏：大体可归纳为熔(融)解、静电、机械刨摩等。

熔(融)解：沙尘的主要成分是二氧化硅和其他的矿物质，对飞机的整体结构都有熔(融)解的副作用，尤其是在相对速度很高的情况下，摩擦所产生的温度加剧了这种物理和化学变化上的熔(融)解。

静电：飞机跟沙尘之间存在高速的相对运动，而沙尘的金属矿物质成分本身就可能带有电荷，加之摩擦的作用，因此在飞机跟沙尘之间还存在静电和静电释放的现象，给飞机的通信、导航和发动机燃油系统都带来危险。图5.3是美国摄影师 Michael Yon 在阿富汗西南部赫尔曼德省的 Sangin 拍摄的一组直升机降落的照片。图中是一架满载补给物资的CH-47直升机正在沙尘暴肆虐的山区基地降落。当直升机飞近地面时，螺旋桨忽然凭空擦出耀眼的火花，远看像一个大号的焰火。但最终直升机平安降落，随后顺利起飞，直升机起飞后再次擦出火花。

机械刨磨：沙尘颗粒的直径，大部分在1～100μm之间，坚硬的矿物质颗粒，是工业中较好的磨光剂。当沙尘颗粒摩擦刨光飞机外表的时候，飞机原来的空气动力构型布局被不规则地改变。改变的程度取决于飞机与沙尘的相对速度、沙尘的密度和均匀度等。机械摩擦造成飞机表面的温度急剧上升，由于一部分沙尘的熔点比较低，会导致这部分沙尘的表面部分区域熔化，而附着在飞机的表面上，粘得很牢固。沙尘的“附粘性”将会堵住皮托管和静压口，导致所有与高度、速度、温度相关的测量数据无效。

另外，沙尘对引气的影响也是比较大的。气动部件可能会引起卡阻，引气滤塞可能会出现故障，空调引气的质量也会下降，加大对零部件的机械损伤。还有可能会发生沙尘酸腐蚀或者沙尘碱腐蚀。

因此，执行航班任务的飞机，应及时搞好飞机维护，防止沙粒进入飞机发动机及机身舱内，以免因风沙影响飞机性能。沙尘暴除了造成恶劣能见度影响飞行外，由于漫天飞舞的沙粒还会使电磁波严重衰减，以及机体表面与小沙粒互相摩擦而产生的静电效应，也会使无线电通信受到严重干扰。

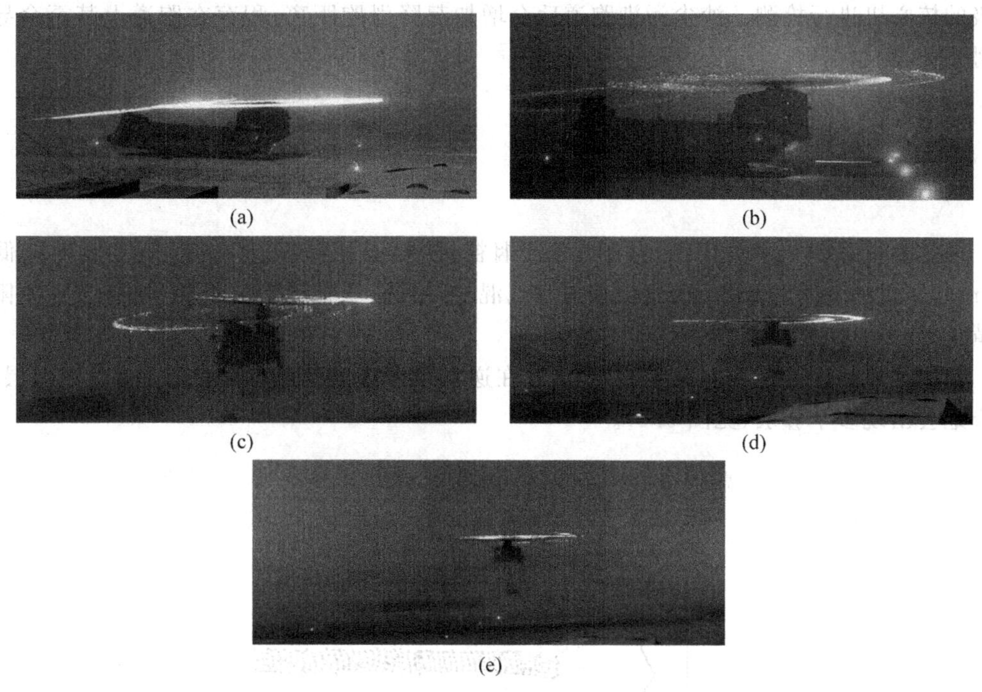

图 5.3 沙尘暴天气下的直升机降落

4）应对措施

其实除了避开沙尘暴的天气，没有更好的应对措施了。首先在飞行前，应注意研究天气预报和天气形势图，避开选择沙尘暴有可能影响的航路。其次加强航路观察，在白天的时候，要及早预防误入沙尘暴。

如果是在夜间云中，不便观察外部的情况时，判断误入沙尘暴天气的标准如下。

(1) 发动机动力明显不可靠；

(2) 高度、速度表明显不可靠；

(3) 风挡出现非水汽式弧光放电（蓝色或者红色）；

(4) 驾驶舱和客舱明显充斥着沙尘或者非烟尘的味道；

(5) 打开外部所有照明灯光，确认已经进入沙尘暴。

上述标准必须全部满足，才能够判断为进入了沙尘暴天气。如果误入沙尘暴天气后，应立即采取下列措施。

(1) 发动机点火全开，按需调整推力。

(2) 立即以最快的角度180°转弯回头，寻找就近的机场着陆，对飞机进行检查。

(3) 选择180°掉头转弯，这是因为：如果是逆风对着沙尘飞行的，那么飞机跟沙尘的接近速度很快，沙尘的速度就是风的速度，180°掉头转弯飞行后，飞机会以最快的速度离开沙尘暴；如果是顺风对着沙尘暴飞行，那么属于飞机追赶沙尘暴，相对接近速度不是最大，但是，如果飞机180°掉头转弯飞行后，飞机同样会以最快的速度离开沙尘暴。

(4) 当飞机在地面的时候，要做好防护，在沙尘暴到来时不要开车，一定要把发动机罩好，罩好后机头逆风停放。做完勤务后各勤务盖板要及时盖好。由于沙砾会对发动机的叶片，特别是导向叶片有较大的磨损。因此经历过沙尘暴飞行的飞机，落地后需要对发动机低压级的核心机进行检测。沙尘污染跑道后会增加起降滑跑距离，积存在跑道上甚至会导致极滑条件、轮胎爆破。

5.3.3 霾和烟幕

1. 霾

霾是大量悬浮在大气中的微小尘粒、烟粒、盐粒等固体杂质，使水平能见度降低到10km以下的一种天气现象。出现霾时，空气混浊，山脉、森林等深色景物呈浅蓝色，太阳呈淡黄色。

霾的形成往往与逆温层有关，一般出现在逆温层下。当垂直高度上存在多个逆温层时，相应地会出现多个霾层(见图5.4)。

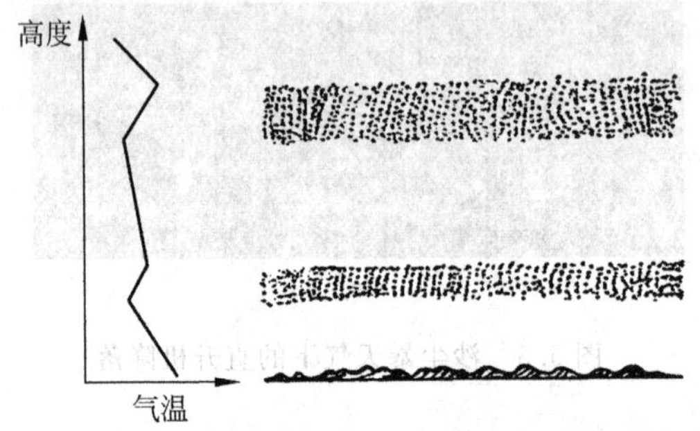

图5.4 霾层与空中逆温层的关系

在霾层的不同位置飞行，能见度差异较大。在霾层中飞行，能见度较差；而在霾层以上飞行，气流平稳，能见度较好，但由于霾层中颗粒物对光线的散射作用，常常使飞行员看不清地面物体。还应注意的是，不要把远处的霾层顶误认为天地线。

2. 烟幕

烟幕是由城市、工矿区或森林火灾等因燃烧而排放的大量烟粒聚集在空中形成的(见图5.5)，当烟幕出现时水平能见度一般小于10km。烟幕呈灰色、褐色或黑色。浓的烟幕可闻到烟味，能见度小于1～2km。

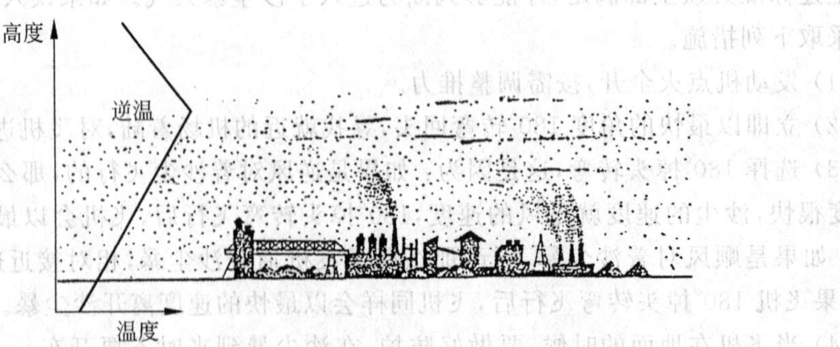

图5.5 烟幕的形成

烟幕形成的条件如下。

(1) 烟粒的来源。由于人类的活动主要聚集在城市地区或工矿区,因此这些地区成为烟粒的主要来源。

(2) 有逆温层存在。逆温层能阻挡近地面的烟粒向空中扩散,因而烟幕常形成于逆温层下。

(3) 适宜的风速和风向。在烟源,微风将地面烟粒吹起,使其悬浮在近地面。如果风速过大,烟粒就会被吹散,同时破坏逆温层的形成,不利于烟粒在地面附近聚集。风向有利于把烟粒从源地吹向机场。在靠近烟源的机场,掌握风向的变化,往往是判断机场烟幕形成或消散的关键。

烟幕多出现在冬季,夏季最少。一天中,烟幕以早晨出现的最多,午后最少,这与近地面逆温层的日变化是一致的。烟幕多在等压线稀疏的区域出现,如弱高压脊和均压场,当有强冷锋过境时,烟幕会很快被强风吹散。

5.4 高空飞行的一般气象条件

5.4.1 对流层顶的气象条件

对流层顶是对流层与平流层之间的过渡气层,其厚度为几百米到 1～2km,是对流层的重要部分之一。

1. 对流层顶的特征

(1) 随着高度增高,对流层顶的温度不变或缓慢降低,也可能缓慢升高,这样可将对流层顶视为等温层或逆温层。等温层和逆温层是稳定气层,能阻挡下层水汽和杂质向上扩散,限制对流层中的云向上发展。

(2) 对流层顶具有不连续性,即在南北纬 40°附近(30°～50°),高、低纬地区对流层顶的高度存在明显的突变(见图 5.6)。

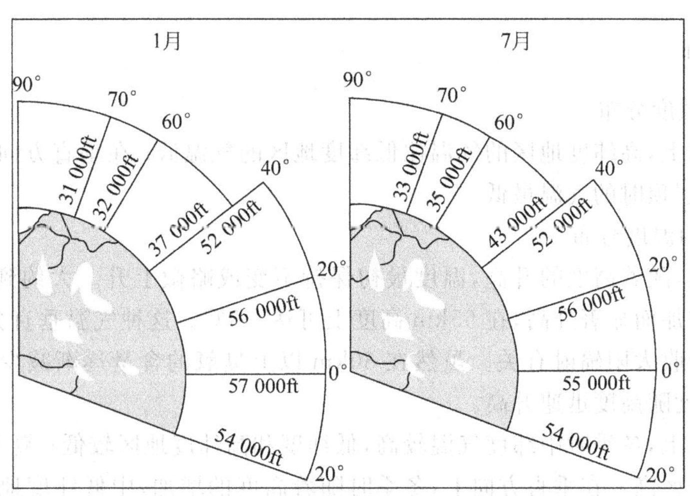

图 5.6　沿本初子午线对流层顶的平均高度

(3) 对流层顶的高度随纬度和季节的变化而变化。低纬度地区对流层顶的高度为17～18km,中纬度地区为10～12km,高纬度地区为8～9km。一年中,夏季气温高,湍流和对流活动强,因而对流层顶较高;相反,冬季气温低,湍流和对流活动弱,故对流层顶较低。

2. 对流层顶附近的气象条件

1) 温度

对流层顶的温度随对流层顶的高度发生变化。在保持飞行高度不变时穿越对流层顶,会遇到气温突然升高或突然降低的现象。根据气温的垂直分布特征,由对流层进入平流层气温会升高;反之,从平流层进入对流层时气温会降低。因此,可以利用高空温度的变化来判断飞机是在对流层内飞行还是在平流层飞行。

2) 云和能见度

对流层顶是一个强大的稳定气层,其上平流层和其下对流层的天气情况是不同的。对流层顶限制对流层中的云向上发展,只有少数发展旺盛的积雨云才能出现在平流层中,因而对流层顶决定着云的上限、降水以及和云有关的天气现象的位置。同时,对流层中的水汽和杂质受到对流层顶的阻挡而聚集在对流层内,造成对流层内的能见度下降。但在平流层中,气流稳定,能见度良好。

3) 风

在对流层中,风速的水平风量一般随高度的增加而增大,在对流层顶附近达到最大值。对流层顶是高空急流出现的地方,而平流层中的气流相对平稳,这样在穿越对流层顶进入平流层或对流层时,容易遇到强烈的风切变,也常有晴空颠簸。

5.4.2 高空、平流层的温、压、风的分布

飞机在7 000～12 000m高度上的飞行称为高空飞行,一般这一高度是指对流层上层;而在12 000m以上的飞行则称为平流层飞行。由于受下垫面影响较小,高空和平流层飞行所遇到的气象条件与中低空不同。

1. 温度分布

1) 高空的温度分布

在水平方向上,高纬度地区的气温比低纬度地区的气温低;在垂直方向上,气温随高度递减,到达对流层顶时的气温最低。

2) 平流层的温度分布

在平流层内,随着高度的升高,温度最初保持不变或略微上升。大约到30km以上时,气温随高度的增加而显著升高,在55km高度上可达−3℃。这种气温垂直分布的特征与平流层中的臭氧吸收太阳辐射有关。虽然在30km以上臭氧的含量逐渐减少,但这里紫外线辐射强烈,故温度随高度迅速升高。

在水平方向上,冬季时中纬度气温较高,低纬度和高纬度地区较低;夏季时高纬度地区气温比低纬度地区高。在垂直方向上,冬季时随着高度的增加,中低纬度地区的气温升高,而极地降低;夏季时各地的气温都随高度的增加而升高。

2. 气压分布

在垂直方向上，气压总是随着高度的升高而降低，在 10km 高度上的气压仅为海平面的 1/4。在对流层内，气压的水平分布是不均匀的，在天气图上表现为许多高低压系统；而在平流层内，气压较低，故这些系统大多消失。

3. 风的分布

高空和平流层的风遵循自由大气的风压定理。在副极地低压和副热带高压的作用下，中纬度地区盛行西风。在高空，对流层顶下常常是最大风速区，有时会出现急流，因此在高空飞行时通常会遇到较强的高空风。

5.4.3 臭氧及其对飞行的影响

臭氧是大气中重要的微量成分之一，主要分布在 10～50km 高度的平流层大气中，其极大值出现在 20～30km 高度之间，称为臭氧层。臭氧层对太阳紫外辐射有强烈的吸收作用，使平流层大气产生明显的增温效应。故在平流层中飞行时，如果发现气温迅速升高，说明飞机已进入臭氧层。臭氧的总量随季节和纬度的变化而变化，其最大值出现在春季，最小值出现在秋季。由赤道向极地臭氧的总量逐渐增加，在纬度 75°～80°处臭氧的总量达到最大。

由于臭氧具有强烈的氧化性，在高空飞行时，臭氧会对飞机轮胎和机身某些材料产生氧化作用，同时臭氧的刺激作用也会危害机组和乘客的身体健康，引起人体生理上的不良反应，严重时可损害人体的呼吸系统、中枢神经系统，甚至危及人们的生命安全。虽然由于空气流经涡轮压缩机时受气动加热作用可破坏大部分臭氧，但在高空飞行时仍会有少量臭氧进入机舱，而目前臭氧过滤设备并未普遍使用，因此在臭氧层或臭氧含量较大的地区飞行时，要提高机舱的密封性，防止臭氧渗入机舱，并在有条件的飞机上要加强对进入加压舱的空气进行过滤，同时应尽快改变飞行高度，脱离臭氧的高值区。

5.4.4 高空急流

高空急流是位于对流层上层或平流层中风速大于 30m/s 的狭窄强风带，水平长为几千千米，有的可达万余千米，宽度为几百至千余千米，厚度为几千米，其形成与大气中较大的水平气温梯度有关。

1. 高空急流的特征

1）急流轴特征

急流中心的长轴称为急流轴，呈准水平、沿纬向分布。在中高纬度的低压或槽脊加强时，急流轴会呈经向分布和拐弯。

2）风速特征

急流区的风速下限为 30m/s，如果风速小于 30m/s，则可认为是急流的中断现象。

急流轴上分布有一个或多个风速最大区，风速一般为 50～80m/s，有时可达 100～150m/s。急流中的最大风速区常沿槽线出现，因为锋区在这里最明显。最大风速区沿急流移动，但其移动速度比气流本身的风速慢。顺急流飞行时，若气温没有什么明显变化，顺风的减小并不意味着已经离开了急流。它仅仅表明已经通过了急流的极值区。急流轴在有的地区有分支,有的地区有汇合的现象。

3) 风切变

急流区中风呈不均匀分布,存在很强的风切变：水平切变量级为 5(m/s)/100km,垂直切变量级为 5～10(m/s)/km。在水平方向上飞离急流轴时,风速变化较小,但在改变飞行高度时,风速变化较大。在垂直方向上,风切变通常是急流轴的下面比上面强。往急流的极地一侧,风速的减小比往副热带一侧的风速的减小要快得多。能发生风切变的最大水平范围从急流轴起往极地一侧大约有 200km。因此,无论是垂直穿越急流还是水平通过急流,都应注意强风切变及其引起的强湍流。

2. 高空急流的分类

根据急流出现的纬度,可将急流分为 4 类。

1) 副热带急流

副热带急流出现在副热带高压北缘,高度一般在 12～14km,其位置和强度随季节变化明显。冬季时副热带急流位于北纬 25°～32°之间,其中心最大风速可达 60m/s；夏季时其往北推移 10～15 个纬度,中心最大风速减弱至 30m/s。

除个别地方中断外,副热带急流几乎完整地环绕地球一周。冬季,这支急流由强风形成很宽的带状,宽度可达 1 000km,其最大风速区位于喜马拉雅山和西太平洋上空、大西洋西部、非洲北部到中东等地。

在北半球,副热带急流常与温带急流合并,形成世界上最强的急流,通过我国东部和日本西南部上空,其最大风速平均为 60～80m/s,冬季可达 100～150m/s,最大可达 200m/s。

2) 温带急流

温带急流出现在中纬度地区,急流轴通常位于极地对流层附近或极地对流层顶以下 1～2km 处,其位置、高度和强度也随季节改变而发生变化。在北半球,冬季温带急流偏南,位于北纬 40°～60°之间,平均高度为 7～10km；夏季时其位置偏北,位于北纬 70°附近,平均高度为 8～11km,中心最大风速为 45～55m/s,少数可达 105m/s。由于温带急流的存在,对流层顶的高度在北纬 40°附近呈不连续分布,在急流的低压一侧对流层顶较低,在高压的一侧对流层顶较高。

从大气环流的角度而言,副热带急流和温带急流主要位于盛行西风带,故两支急流又称为西风急流。根据位置不同,将副热带急流称为南支急流,将温带急流称为北支急流。

3) 极地平流层急流

极地平流层急流是隆冬时出现在中高纬度地区平流层顶附近的急流。在冬季的平流层里,由于极地长期处于黑夜,大气因辐射而冷却,但在中、低纬度地区平流层中的臭氧,却因为直接吸收太阳的紫外辐射而增温,形成了很强的温度梯度,产生了直接经圈环流。在地转偏向力作用下,向极地流动的气流逐渐右偏,在极地区域 50～60km 的上空,形成了一支西风急流。极地平流层急流的风向有明显的年变化：其隆冬时为西风,强度较大；夏季时转为东风,强度比西风弱。

4) 热带东风急流

夏季随着北半球西风带北移,赤道地区的东风带也北移,在热带对流层顶附近约 100～

150hPa 处，东风达到急流标准，称为热带东风急流，也称赤道东风急流。热带东风急流一般位于副热带高压南缘，在北纬 15°～20°之间，其平均高度为 14～16km，平均风速为 30～40m/s，夏季比冬季强。

3. 高空急流的判定

飞行前，可以通过查阅高空等压面天气图、垂直剖面图、卫星云图等航空气象资料，以及高空云的形状来判定高空急流的位置、范围和强度。

1) 高空等压面图

高空急流出现在对流层上层，可以利用 200hPa(高度约为 12 000m)和 300hPa(高度约为 9 000m)天气图上的等高线密集区，结合天气图上的单站风速进行判别。天气图上风速不小于 30m/s 的区域即为高空急流区(见图 5.7)。

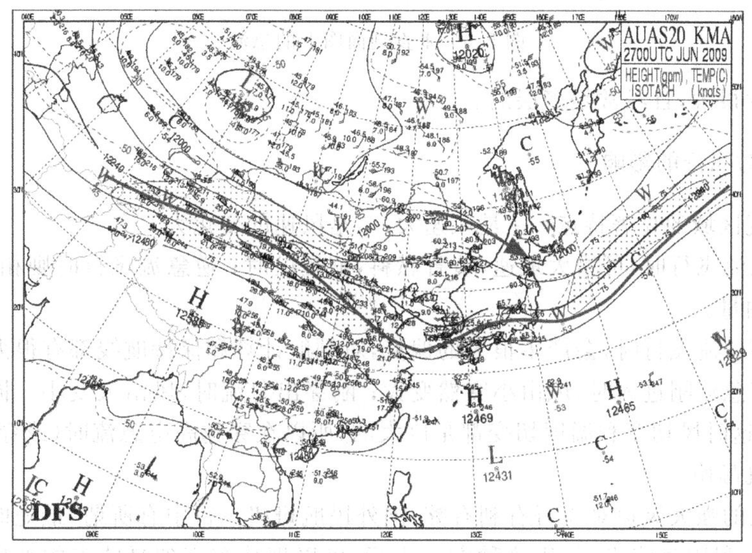

图 5.7　200hPa 天气图上的急流

2) 垂直剖面图

垂直剖面图反映的是同一时刻某一个垂直面上气象要素的分布，它以水平距离为横坐标，以气压或对数气压为纵坐标，能够较清楚地反映出气象要素在剖面上的垂直结构特点，如图 5.8 所示。

3) 卫星云图

天气系统的发生往往伴随特定云系的出现，在卫星云图上通过高空急流云系(见图 4.9 和图 4.18)，可以方便地确定高空急流的位置及其变化。在卫星云图上，中纬度地区的高空急流云系以卷云为主，常表现为带状。急流卷云主要位于急流轴南侧(北半球)，其左界光滑整齐，并且与急流轴相平行。急流云系主要集中在反气旋弯曲急流轴的南侧，在可见光云图上，急流云系的左界有明显的暗影。

4) 高空云的形状

在地面和空中，可以通过高空急流云的形状进行判别。常见的急流云有：移动迅速的细长束状、辐射状的卷云带，呈波脊状并不断变化的卷云、卷层云，荚状高积云和卷积云，沿

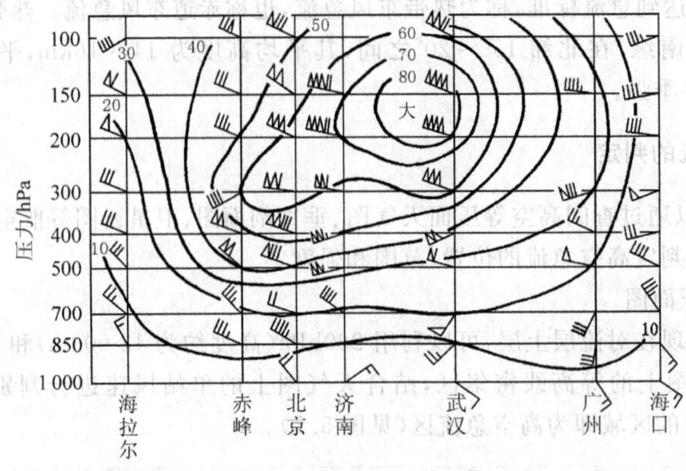

图 5.8 垂直剖面图上的急流

顺风方向长度很大,且经常是多层的。

4. 急流对飞行的影响

高空急流区域的显著特点:一是风速大,二是风速的变化大。

(1) 顺急流飞行时,可增大地速,节省燃料,缩短航时;逆急流飞行时则相反,同时要注意多加备份油量。

(2) 横穿急流飞行时,会产生很大的偏流,对领航计算和保持航线都有很大影响。

(3) 横穿急流刚进入时,风由小突然变大;刚穿出急流时,风由大变小。同时气温变化亦是相当大,这时风切变和温度切变都是巨大的,所以在穿越高空急流时(或穿越锋区时)最容易产生飞机颠簸。

(4) 急流的强大风速对飞行有利有弊,国外民航班机飞行中有所谓"最短时间飞行法",其中之一就是利用急流飞行,用这种方法飞行,可以把从东京到夏威夷的平均飞行时间缩短 8h。

(5) 急流区中,风速变化最剧烈的地方是在急流轴偏低压的一侧和急流轴下方有锋面的区域。强烈颠簸也多出现在这些地方。

(6) 急流区中的强扰动气流是分散出现的,其时有时无,时强时弱,变化无常,难以掌握。

5. 飞行应采取的措施

(1) 高空飞行已接近飞机最大升限的高度,飞机的操纵性和空气动力性能均不好。即使顺急流飞行最为有利,但在选择航线高度时,也绝不可选择飞机最大升限的高度。

(2) 顺着急流进入急流轴飞行时,最好不要从急流轴的正下方进入,而应从急流轴的一侧保持平飞状态进入,同时进入角应小于 30°,以免偏流过大。

(3) 如果要在急流中飞行,需先查明飞机与急流轴的相对位置,避免横穿急流区。

(4) 如果顺急流飞行,则应选择在风速最大的区域内进行,以获得较大的地速,节省燃料;如逆急流飞行,则应选择在风速最小的区域内进行,以免地速减小过多,同时要注意所带的备份燃油是否够用,如油量不足,为了安全起见,应就近备降加油。

(5) 采取改变高度或航向的方法脱离急流强颠簸区。通常改变高度 300～400m，偏离航线 50～70km 即可脱离。操纵时应动作柔和，沉着地保持飞机在颠簸中飞行的规定速度，正确地操纵飞机，脱离强烈颠簸区。

(6) 在急流中飞行时，如果发现云的外形不断迅速变化，且水平云带非常散乱时，表明云内的乱流较强，往往会引起强烈的颠簸，因而应尽量避免在这种云内飞行。

(7) 飞行人员及乘客应及早系好安全带，以免发生颠簸时人员被抛离座位而发生危险。

5.4.5　晴空乱流

晴空乱流是发生在 6 000m 以上高空的一种大气乱流，它出现在晴朗天空，与对流云无关。事实上，晴空乱流不仅局限在晴空，也包括在卷云中出现的乱流。

1. 晴空乱流的特征

(1) 晴空乱流一般出现在 6～15km 的高度上，以 10km 附近最多。乱流区往往有明显的边界，飞机一旦进入，往往会突然产生颠簸。

(2) 乱流区的水平尺度变化较大：对流层上部大多为 100km 左右，个别情况可达几百千米；而平流层中的乱流区相对较小。乱流区的厚度随纬度、高度和高空天气条件发生较大变化，但通常在 200～1 500m 之间。因而，晴空乱流区呈扁平状。

(3) 晴空乱流通常发生在气温水平梯度较大和风切变较强的地区，如急流、锋区、槽线、低涡等。

2. 晴空乱流的判定

1) 与急流有关的晴空乱流

飞机感受到的大气湍流多发生在空中温度水平梯度较大和风切变较大的区域。在高空急流区附近，因存在较强的风速切变及温度平流变化，常有晴空颠簸出现。晴空颠簸最有可能出现的地方是锋面急流的极地一侧。

(1) 在 250hPa 或 200hPa 等压面图上，一般在急流轴附近高空槽中的冷平流大于 5℃/100km，是产生晴空颠簸的重要指标，如图 5.9 所示。

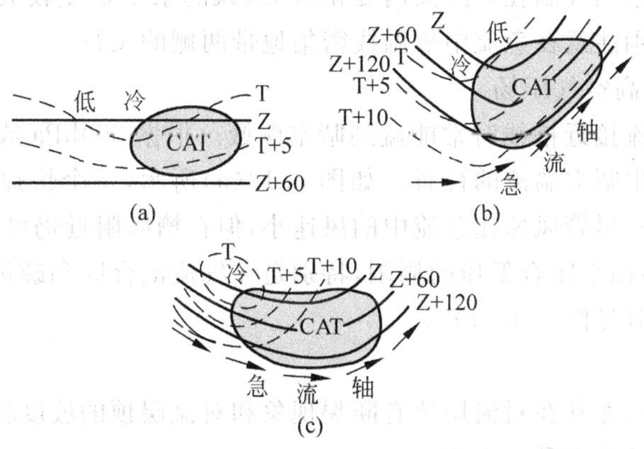

图 5.9　急流轴附近高空槽内冷平流中的晴空颠簸区

(2) 急流彼此靠近到 500km 以内时，在汇合区产生晴空乱流的频率很高。由于南支急流轴位置高于北支急流，后者常在前者下方穿过，于是加大了汇合区气层的垂直切变和静力稳定度。晴空湍流区的垂直厚度为两支急流之间的垂直距离。在汇合区当垂直切变大于 3(m/s)/100km时，可能发生中度以上的颠簸，如图 5.10 所示。

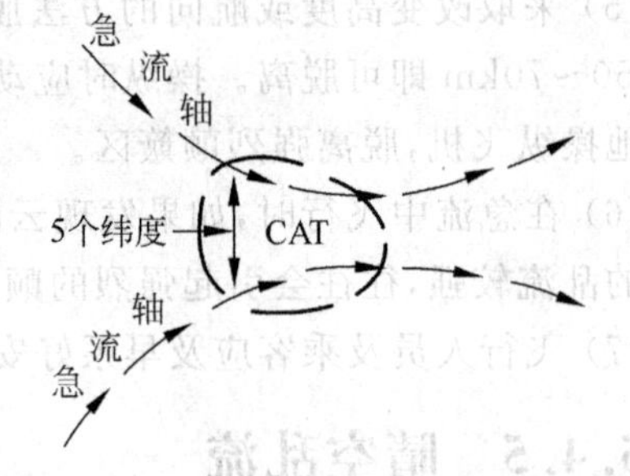

图 5.10　两支急流汇合区出现晴空颠簸的部位

(3) 在高空高压脊发展增强(向北伸展)且急流通过时，在轴线两侧可能出现中度以上的晴空颠簸。颠簸层的厚度为最大风速高度的上下各伸展 1 000m 或再多一些(见图 5.11)。

(4) 地面上有气旋新生时，在急流轴北侧及地面气旋新生区以东，从高空脊线往上、下游各 500km 的范围内有晴空乱流(见图 5.12)。

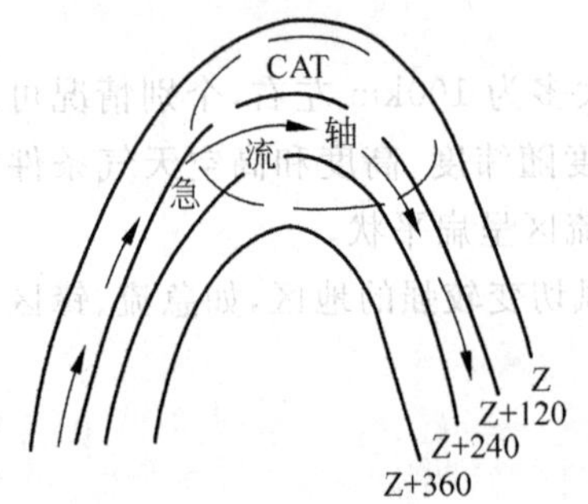

图 5.11　与增强的高压脊相伴随的晴空颠簸

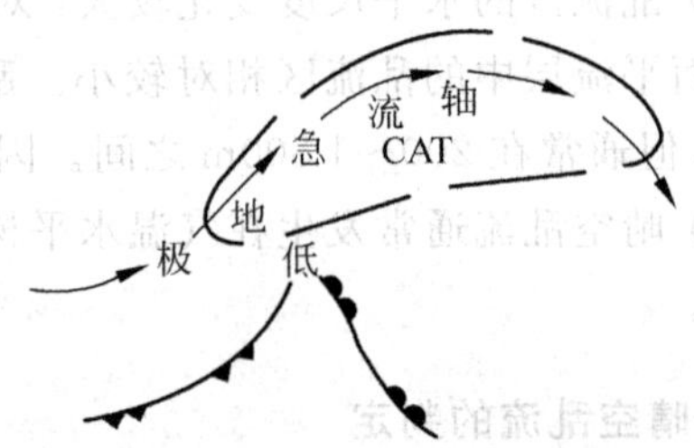

图 5.12　地面气旋上空的晴空颠簸

2) 与天气系统有关的晴空乱流

(1) 晴空乱流与高空锋区

锋面附近存在较大的水平风切变和温度梯度是湍流容易出现的地方。产生晴空颠簸的高空锋区常与高空急流相配合。飞机顺急流飞行时一般是没有颠簸的，但当急流穿过高空锋区两侧时，飞机常遇到气温在短距离内变化较大、风的水平切变较大的情况，此时就会产生颠簸。因此，要特别注意在急流中等温线密集地带两侧的飞行。

(2) 晴空乱流与高空气压场

报告显示，当急流接近槽线时常能碰到晴空颠簸。根据 300hPa 或 200hPa 高空图上风场的类型，可以判断出晴空湍流的位置。如图 5.13(a)所示，一个快速移动的、槽线两侧风向切变很大的深槽中，尽管风速比急流中的风速小，但在槽线附近仍可能有晴空湍流。晴空湍流还可能会出现在高空闭合低压的周围，特别是在气流汇合区和疏散区(见图 5.13(b))，以及低压槽的东北部(见图 5.13(c))。

(3) 对流层顶

在对流层顶附近，尤其在对流层顶有断裂现象和对流层顶的坡度较陡时，往往有较强的风切变，因此有较强的晴空乱流出现。

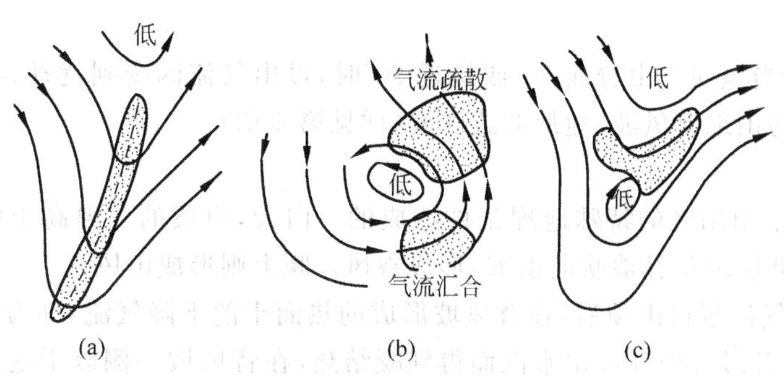

图 5.13 晴空湍流与高空气压场

5.5 山地和高原飞行的气象条件

5.5.1 山地飞行的气象条件

山地是世界陆地的地貌形态之一,其面积占整个陆地的 30%。由于山地地形复杂、天气多变,在山地飞行时经常会遇到复杂的气象条件。因此,了解山地天气对山地飞行有很大的帮助。

1. 山地气流

1) 升降气流

气流流经山地时,受地形阻挡,一部分沿迎风坡爬升,称为上升气流;如果上升气流足够强,爬升至山顶后,在重力作用下,沿背风坡下沉,称为下降气流。上升气流是山地飞行的主要问题之一,其强度最大可超过 15m/s;然而下降气流对飞行安全也同样重要。一般情况下,强大的升降气流出现在较大的山脉或连绵的大山地区,这是因为高大的地形阻挡气流从山的两侧绕过,尤其是风向与山脉走向成 90°时,升降气流特别强。升降气流的影响范围也很大:水平距离在迎风坡一般为山高的 5~10 倍,背风坡为山高的 15 倍左右;垂直方向上距山顶、山坡 500~1 000m 的层次中最强,向上则很快减弱。

2) 乱流

气流沿山坡运动时,在山坡及山顶和背风坡上空会产生乱流。山坡上的乱流是气流与山坡的摩擦作用产生的,高度较低的涡旋形成的,其中迎风坡的涡旋停留在原地,而背风坡的涡旋不断生成并随下降气流移动、消失。山顶和背风坡上空的乱流则是由越山气流的垂直风切变产生的,即当上升气流爬升至山顶时,山顶风速大,背风坡风速小,在垂直方向上形成风速的不连续。山地乱流的强度取决于风速、风向与山脊的交角、地形特点、气层稳定度等。当风速越大,风向与山脉走向越接近 90°,地形越陡峭,气层越不稳定时,乱流越强,影响范围越大。

下垫面热力性质的差异和坡向会造成地表增温、冷却效应的不同,这也会影响山地乱流的发展。午后,太阳辐射强,气温高,乱流活动强。同样,向阳坡比背阳坡接受的太阳辐射多,增温快,乱流活动强。

3）山地波

山地波是指当风向与山脊成 90°或接近 90°时，过山气流因受到扰动，在背风面上空形成的波动，又称为山地背风波、地形波或驻波（详见第 6 章）。

4）局地风

（1）山谷风：由山区的特殊地理条件造成的。白天，山坡的气温高于山谷上同高度位置的气温，导致低层风从谷地吹向山坡，形成谷风。晚上则形成山风。

（2）焚风：气流越过山顶后，在背风坡形成的热而干的下降气流，称为焚风。它是由于气流在迎风坡上升过程中释放出水汽而得到凝结热，在背风坡一侧以干绝热率下降增温所致。焚风出现时，同一高度上，背风坡的气温比迎风坡高，湿度比迎风坡小。以北京为例，焚风效应加剧了北京夏季高温，但使北京冬季的气温高于同纬度太行山以西地区。焚风往往以阵风的形式出现，给所经之地造成危害。

（3）下坡风（katabatic winds）：广义上，气流沿山坡下降而形成的风都称为下坡风；狭义上，下坡风特指风速大于山风的下降气流。下坡风可以是暖空气，也可以是冷空气。

当气流流过冰雪覆盖的山顶时，空气冷却降温，在山顶附近形成高压区。在气压梯度力的作用下，冷空气沿山坡下沉。虽然下降过程中冷空气绝热升温，但温度仍然低于其流经地区。这样形成的下坡风是冷的。

当暖空气流过山脊上空时，常常在背风面形成低压槽，气流下沉。下沉气流因受压而气温升高，一小时之内可上升 20°。这样形成的下坡风是暖的，其风速为 10～25m/s，最大可达 50m/s。

（4）峡谷风：根据流体运动的连续性定理，当空气由开阔地区进入山地峡谷口时，气流的横截面减小，但气流流速加快，从而形成强风，这种风称为峡谷风。

2. 山地的云、雾和降水

1）山地的云

气流流经山地时，在迎风坡形成上升气流，而在背风坡形成下降气流，因而山地云主要出现在迎风坡的上空和山顶附近。如果气团稳定，常形成层状云；但当气团不稳定时，则形成积状云。加之山地的热力对流比平原强烈，故山地多积状云。积状云有明显的日变化，其日出后在向阳坡和山脊上空出现，并逐渐发展，午后对流最强时往往可能会形成雷暴，入夜后会逐渐消散。

山地地形复杂，气流多变，能形成一些特殊的地形云，主要有帽状云、滚轴云和荚状云（见图 5.14）。在山地飞行时，可通过这些云的位置和大小来判断山地气流的状况。

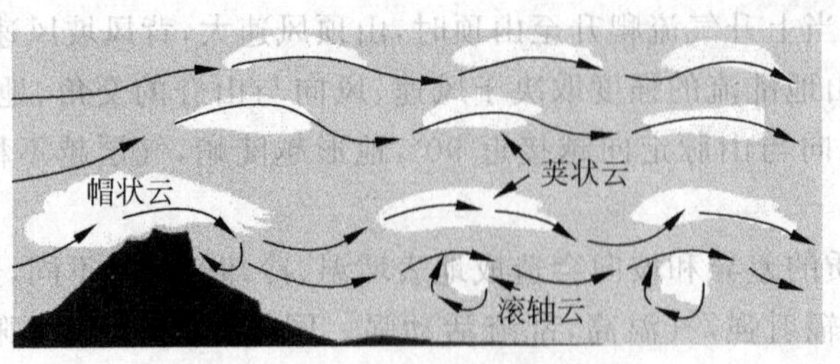

图 5.14　山地云的位置示意图

(1) 帽状云(cap clouds)：当气流相对干燥时，仅在山顶上空形成的云，因其形如帽子，故称为帽状云。有时在风的吹拂下，帽状云会偏离山头。当风速过大时，则会沿背风坡向下移动。

(2) 滚轴云(rotor clouds)：在山地背风波强的涡旋上升气流中形成的云，其形如辘轳，边缘支离破碎，随总的气流向下游滚动，故称为滚轴云。它的底部低于山峰，顶部可高出顶许多。滚轴云出现的地方会有较强的乱流。

(3) 荚状云(lenticular clouds)：在山地背风波波峰处形成的云，呈豆荚形或椭圆形，故称为荚状云。若山地波的波幅大，空气中水汽充足，荚状云可出现在不同的高度上。根据形成高度的不同，荚状云可以由层积云、高积云、卷云组成。

2) 山地的雾

山地的雾以辐射雾为主，也会出现上坡雾和平流雾。辐射雾出现在山谷中，因为山谷湿度大，风速小，在夜晚辐射冷却的作用下，有利于辐射雾的形成。当风将谷地的湿空气吹向山坡时，因抬升而绝热膨胀冷却形成上坡雾。此外，暖空气流经山地冰川或雪面上时，也会因冷却而形成山地平流雾。

3) 山地的降水

一般而言，山地的降水比平原多，但因坡向、海拔、山脉的大小等因素，其降水量分布不均。山地的降水多出现在迎风坡。当稳定气团移来时，可形成长时间的连续性降水；但当气团不稳定时，往往会产生阵性降水，甚至雷暴。在迎风坡上，降水量起初是随着海拔高度的增加而递增，到一定高度时降水量达到最大，此后随高度的增加而递减。高大的山脉可以阻挡或改变气流的运动，使北来的干冷空气不易南下，南来的暖湿气流滞缓北上，又可使湿润气团的水分在迎风坡随降水下落，背风坡则变得十分干燥。另外，一天中，由于热力对流的作用，山顶、山坡上的对流性降水多出现在下午或傍晚，而谷地和山麓则出现得晚些，有时会出现在夜间。

3. 山地飞行应注意的问题

山地地形复杂，气流紊乱，湍流较强，天气多变，对飞行影响很大，特别是对直升机等小型机种影响更大。

(1) 山地飞行要保持一定的安全高度，既可以避免撞山，也可避免进入强烈的下降气流或湍流中。山地的升降气流会使飞机的真高度急剧变化，无线电领航设备性能变差，应把握飞行高度，避免迷航。

(2) 在迎风坡上低于0℃的云中飞行时，往往会有较强的飞机积冰。在山顶或背风坡上的云中飞行，特别是在有滚轴状云的高度上飞行，会遇到强烈的颠簸。

(3) 山地多对流云，且发展强盛，到了中午常发生雷暴，飞行时应注意积雨云的发展，不要误入积雨云，并防止雷击。

(4) 山地的风有明显的地方性特点，在水平方向或垂直方向上短距离内都可能会有很大的变化。有时起飞前是逆风，而起飞滑跑结束时竟转为顺风，离地后不久又变成顺侧风。山地机场多在谷地，起飞后就须立即爬高，避开高地。有的只能单向开放，一旦有云遮盖，就无法着陆。因此山地机场给飞机起降带来较多困难，飞行员一定要严格遵循飞行手册的各项规定，当出现复杂天气时应增加飞行安全高度。

(5) 若在山谷中飞行,应避开背风坡而靠近迎风坡,以减小乱流的影响。当风顺着山谷吹时,谷中的乱流随风速增大而增强。此外,从峡谷吹来的强风进入宽广的谷地或平原时,由于沿山散开的气流速度骤减,主流与两旁气流之间存在大的风切变,因而有时在主流的两侧形成绕垂直轴的强大涡旋。如果顺风向沿山谷飞行,应尽力避免靠近谷底或山坡,出口时也不要过早转弯,以免误入两旁的涡旋气流中。

5.5.2 高原飞行的气象条件

高原是高度在1 000m以上,面积广大,地形开阔,周边以明显的陡坡为界,比较完整的大面积隆起地区,高原具有海拔高、气压低、太阳辐射多、高差小、山地多等特点。

1. 高原的气压和空气密度

高原由于海拔高,含氧量低,空气密度小,气压较低。如果海平面气压为760mmHg,则海拔高度4 000m处的气压会下降至620mmHg左右。同时,高原多山地,各地海拔和气压相差显著。因此,在高原飞行时,需要注意以下问题。

(1) 在缺氧环境下,人体会出现一系列的高原反应,轻者会出现头疼、头晕、眼花、耳鸣,严重者会出现呕吐、心慌、气短、胸闷、面色发紫,甚至意识恍惚、幻觉等症状。

(2) 空气密度小会使飞机的空气动力性能变差,也会增大起飞、着陆滑跑的距离和接地速度。这就是高原机场的跑道比一般机场跑道长的原因。我国西藏邦达机场是世界上海拔最高的机场,拥有世界上最长的跑道,主跑道长度为5 500m。

(3) 在高原机场起飞前,航空器上气压式高度表的气压刻度不能调整到机场场面气压数值的,应当将气压式高度表的标准海平面气压值调整到固定指标(此时所指示的高度为假定零点高度),然后起飞和上升到规定的飞行高度。

(4) 在高原机场降落时,航空器上气压式高度表的气压刻度不能调整到机场场面气压数值的,应当按照空中交通管制员或者飞行指挥员通知的假定零点高度进行着陆。航空器上有两个气压式高度表的,应当将其中一个气压式高度表的标准海平面气压值调整到固定指标,而将另一个气压式高度表以修正海平面气压值调整到固定指标。

(5) 在高原、山区飞行,必须注意航空器上气压式高度表与无线电高度表配合使用。

(6) 在高原飞行时,应使轮胎保持适当的压力,以免在起飞着陆时由于内外压力差过大而使轮胎爆破。

2. 高原的气温

由于海拔高,高原的气温比同纬度平原地区低,而且气温的日较差大,但年较差小。与山地不同,高原顶部面积大,接收的太阳辐射多。白天,地表吸收大量太阳辐射,近地面气温迅速升高;夜晚,地表放出长波辐射迅速冷却降温,由于高原大气稀薄,保温作用较差,热量释放较多,近地面气温迅速下降,因而高原地区的日较差大。造成高原年较差小的原因是由于受海拔对高原的影响远远超过纬度对高原的影响,使年内气温变化有所减缓,年振幅相对较小。高原地区夏季的温度比较低,而冬季的温度不太低,导致高原地区的气温年变化小。因此,可以用"一年无四季,一天见四季"来形容高原的气温变化。

3. 高原的气流

高原的气流与山地类似，其主要特点有风速大、风的分布不均且变化显著、乱流强等。风速随着高度的增加而增大，高原因海拔高，风速比平原地区大，大风日也较多。高原地势复杂，地形起伏较大，风的分布很不均匀。在高地或山峰处，风速大；但低洼的谷地、盆地或群山阻隔的背风地区风速小。此外，高原山地多，热力对流强，乱流十分明显，故颠簸也较强。

4. 高原的云和降水

1) 高原的云

在海拔较低的高原地区，云的情况与一般山地类似，但在海拔较高的青藏高原上，云的情况有如下特点。

(1) 云型丰富，多积状云。青藏高原上云的种类繁多，标准云图上的云型几乎在高原上都能看到，但以积状云为主，层状云次之。青藏高原及周围地区的云状有明显的地域性，高原北侧多为高云；主体以积雨云为主；高原东南侧云、贵、川地区多为层状低云。

青藏高原有时还会出现一些特殊的地形云，如旗云、冰川云。当气流绕过高差较大的孤立山峰时，在山的背风面会形成强大涡旋。在水汽充沛的条件下，可在涡旋上部靠山峰处形成云。这种云紧贴在山峰背风面，向山后伸展，形如一面飘扬的旗子，故得名"旗云"。在晴空时，洁白的云体与雪山混成一色，这就是冰雪区水汽在空中凝华产生的冰川云。

(2) 云高混乱，很少中云。由于高原地区海拔高、水汽少，云高的差别较小，常出现云高与云状不一致的现象。各种天气系统下的云系演变，一般先出现高云，接着就出现低云，很少见中云，而且绝大多数是在出现积雨云云状时发生降水。

另外，雾在青藏高原上很少见，绝大部分地区不出现雾或偶尔可见。

2) 高原的降水

高原地区的降水与输送水汽的气流有密切关系。以青藏高原为例，夏季来自印度洋的西南季风在南坡产生丰富的降水。但随着气流的深入，高原内部的降水量逐渐减少，造成降水在空间上的分布不均。

一年中，高原有雨季和干季之分。雨季始于5月，止于9月下旬至10月中旬；雨季的降水量占全年总降水量的90%左右。一天中，高原的降水多出现在夜晚，白天天气晴朗，一到傍晚乌云密布，降雨接踵而来，黎明后渐止。

高原地区的雷暴日数和冰雹日数较同纬度平原地区多，但持续时间较短，主要出现在白天。

5.6 极地和荒漠地区飞行的气象条件

5.6.1 极地地区飞行的气象条件

极地地区是指北极圈(北纬 66°30′)和南极圈(南纬 66°30′)至极点以内的区域。对于航空公司而言，飞越极地可以缩短亚洲到北美洲东海岸的时间，是这一航线上比较经济、有效的航路。然而，极地地处高纬度地区，天气寒冷，具有与中低纬度不同的气象条件。

1. 极地气候特征

根据目前气候的分类，极地地区的气候主要有两类，即极地长寒气候和极地冰原气候。

1）极地长寒气候

极地长寒气候，分布在南北纬 60°～75°，在北半球出现在北美洲和欧亚大陆的北部边缘、格陵兰沿海的一部分和北冰洋中的若干岛屿上。在南半球则分布在马尔维纳斯群岛（福克兰群岛）、南设得兰群岛和奥克尼群岛等地。出现在北极沿岸的极地长寒气候，受极地大陆气团、极地海洋气团和北极大陆气团的控制，气旋活动频繁。其主要特征如下。

（1）全年皆冬。一年中只有 1～4 个月的月平均气温为 0～10℃：从纬度来讲，这里已接近或位于北极圈或南极圈以内，极昼、极夜现象明显。在极夜期间气温很低，内陆地区比沿海更冷。在北冰洋沿海地带，最热月份的气温在 1～5℃左右，内陆地区稍高，接近 10℃。但在 7、8 月份的夜间气温仍可降到 0℃以下，出现霜冻。这里虽然温度很低，但在极昼期间，较长的光照时间仍能促进苔藓、地衣及小灌木的生长。

（2）降水量少，多云雾。极地长寒气候因气温低，蒸散少，空气的绝对湿度小，但相对湿度大。沿岸地区多云雾，但降水量少，出现在冰洋锋上，一般年降水量为 200～300mm 左右，内陆小于 200mm。夏季的降水为雨或湿雪；而冬季的降水大多为干雪，因风速大，常形成雪雾，能见度差，但地面积雪面积不大。

2）极地冰原气候

极地冰原气候分布在南北纬 65°～90°，出现在格陵兰岛和南极大陆的冰冻高原和北冰洋的若干岛屿上，其主要特征如下。

（1）全年寒冷。各月份温度皆在 0℃以下，具有全球最低的年平均气温。极地地区一年中有长时期的极夜，接受不到太阳辐射；即使在极昼期间，因获得的热量微弱，气温仍在 0℃以下。北极地区年平均气温约为－22.3℃，南极大陆为－35～－28.9℃左右，是世界上最冷的地区。

（2）雪量少，但常年累积，形成很厚的冻原。据不完全观测资料表明，极地地区年降水量小于 250mm，全部为降雪，雪干而硬，长期积累形成冰雪很厚的冰原，几乎没有什么植被。极地风速很大，地上积雪被风吹起，能见度恶劣。在斜坡地带，冷而重的空气挟带着雪粒，沿坡下降，往往形成雪暴。

2. 特殊天气及对飞行的影响

（1）白朦天：在冰雪覆盖的极地地区，当天空出现均匀的云层时，由于阳光多次反射，使天空与地表混为一体，这种视程障碍现象称为白朦天。在白朦天飞行时，飞行员难以目测离地高度，看不清地形，也不能分辨天地线的位置，给飞机的起降带来危险。

（2）吹雪：极地地区的降雪多为干雪，当风速超过 4～6m/s 时，即可形成低吹雪。然而，极地的风速很大，常常会形成高吹雪，甚至是雪暴。吹雪是极地地区秋冬季节常见的危险天气，一旦出现吹雪，能见度明显降低，地物难以辨别，有时能见度接近零，严重影响飞行安全。

（3）极光：极光是南北两极出现的发光现象，它是由于太阳带电粒子进入地球大气后，

大气粒子受到激发或电离而产生的。极光虽绚丽多彩，但会干扰高频无线电通信，甚至使其中断，持续时间可达30min至几小时。

(4) 雾：雾主要出现在极地水域和沿海地区。在北极地区，雾的出现频率很高，尤其是夏半年。夏季，雾是极地沿海地区影响飞行的主要因素，当气温低于0℃时，雾会引起飞机积冰。冬季，严寒及静风的潮湿空气会形成冰雾，使能见度迅速降低，持续时间由几分钟到几天不等，危害飞行安全。在微风、温度低于−29℃或更冷的情况下，汽车及飞机排出的废气也会形成冰雾。

此外，极地覆盖的冰雪具有较强的反射率，大量的反射光线使地物的影子几乎消失，地物难以分辨，飞行员观测目标发生困难。极地因气温低，停在露天的飞机上常形成浓霜或雾凇，有时还会有明冰，因此在起飞前要及时清除。同样，常年低温使极区大气温度达到−70～−60℃，比常规航路上的大气温度低10～20℃，如果使用普通航空燃油的话，可能会产生结冰现象。

5.6.2 荒漠地区飞行的气象条件

荒漠是一种特殊的地表，通常指由于降水稀少或者蒸发量大而引起的气候干燥、植被贫乏、环境荒凉的地区。根据组成物质的不同，荒漠可分为岩漠、砾漠、沙漠、泥漠、盐漠等多种类型。就沙漠而言，全球沙漠面积占世界陆地面积的近1/4。荒漠面积较大，气候条件特殊，对飞行活动也会产生一定的影响。

1. 荒漠的气候特征

(1) 荒漠地区气候干燥，气温年较差和日较差大。素有“火洲”之称的吐鲁番盆地是中国最热的地方，历史上测得的极端最高气温达49.6℃，极端最高地温达75℃，其年较差可达41.3℃，最大日较差达20～25℃。

(2) 荒漠地区植被稀疏，风速大，如撒哈拉沙漠的风速可达100km/h。加上地表干燥、裸露，沙砾或降雪容易被吹起，常形成风沙或吹雪，能见度下降。当沙尘暴或雪暴出现时，能见度极其恶劣。在我国，大风主要出现在春、秋两季，是北方冷空气(或寒潮)扩散南下造成的。

(3) 荒漠地区晴朗少云、干旱少雨。我国西北、北部地区的年平均总云量为3～4成，年平均低云量则更少，如甘肃酒泉仅有0.3成。绝大部分地区平均暴雨日数都小于1次，年降水量极少，如吐鲁番为15.6mm。受地形影响，有些地方较弱的一次暴雨也可能会造成灾害。

(4) 荒漠地区云和降水虽少，但出现雷暴和冰雹的次数并不少，如那曲的年降雹日数达35天，居全球首位。冰雹具有明显的局地性和分散性，多出现在山地和高原，但范围较小。

2. 荒漠地区飞行的注意事项

(1) 由于荒漠地区地形复杂、备降机场少，飞行前要详细了解天气，加强陆空联系，密切关注风沙、沙暴天气对所飞机场和航路的影响。

(2) 由于地标稀少，加上地表风沙严重影响视程，容易发生迷航，因此应事先熟悉地标特征随季节的变化，了解导航台、电台的频率、信号。

(3) 夏季午后沙漠机场高温起降,滑跑距离增加,要注意起飞重量的限制和防止道面不洁造成轮胎爆裂。

5.7 海上飞行的气象条件

地球上海洋面积远远大于陆地面积,而海洋和陆地的物理性质又差异很大(见表 5.2),因而海上有着与陆地不同的气象条件。

表 5.2 海陆物理性质的比较

	性 质
海洋	海面平滑,摩擦阻力小;比热容大; 水汽充足,但蒸发量大;增温和冷却慢
陆地	摩擦阻力大;比热容小; 水汽少,蒸发也少;增温和冷却快

1. 海上的气流

(1) 风呈明显的季节性变化。海陆热力差异引起冬夏季风向的变化是季风形成的原因之一。以东亚季风为例,冬季,大陆受强大的冷高压控制,高压前缘的偏北风形成我国东部沿海地区的冬季盛行风;夏季,大陆转受热低压控制,加上副高西伸北进的影响,偏南风成为我国东部沿海地区的夏季盛行风。一般来说,冬季风比夏季风强,春秋两季是季风交替的季节。

(2) 风的日变化。与由海陆热力差异形成的季风类似,在沿海地区有明显的海陆风。白天,由于陆地升温快,气温高于海洋,在陆上形成低气压区,在海洋形成高气压区,近地面风由海洋吹向陆地,形成海风;夜晚,由于陆地降温比海洋快,陆地气温比海洋低,在陆地上形成高气压区,海洋上形成低气压区,近地面风由陆地吹向海洋,形成陆风。

(3) 风场与气压场比较一致。由于海面平滑、摩擦阻力小,在气压梯度相同的情况下,海上的风速比陆地略大。在中纬度地区,海上的风速约为地转风风速的 60%~70%,而陆上为 35%~45%;风与等压线的交角在海上为 15°~20°,陆上则为 35°~45°。我国东部沿海在出现大风时,海上的风速比陆上约大 3~6m/s,故海上的大风日数比陆上多。

(4) 海上垂直气流弱。由于海面平滑、性质均匀,因此在海上由热力和地形作用产生的对流和乱流很少,颠簸也较少。但在沿海岸和岛屿地区做低空飞行有时仍有颠簸产生。

2. 海雾

海洋水汽充足、蒸发量大,在适宜的海面(一般为冷海面)和风向风速下能形成海雾。在雾的各种类型中,海雾以平流雾居多,其次是蒸发雾和混合雾。由于受洋流和风场的季节变化影响,海雾的发生具有明显的季节性,主要出现在春夏两季,而且随着寒、暖流交汇地带的北移,沿海的雾区也由南向北推移。海雾的特点是雾浓、范围广、持续时间长,严重的大雾可持续 1~2 个月。在一定的风向风速影响下,沿海机场受海雾的影响较大,特别是海雾的突然出现往往对飞行安全造成很大的影响。

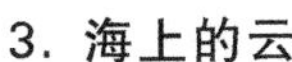

3. 海上的云

海陆云的差异主要在低云。由于海洋水汽充足、蒸发量大，造成低层空气湿度较大，在适宜的风向风速下，可形成层云和层积云。因此，海上的层云和层积云较陆地多。根据形成方式，这些云可分为两类，即平流低云和冷性低云。

平流低云是由暖湿空气流经冷海面形成的，常发生在春夏两季，与海雾的形成过程类似。海雾发生时，当风向改变或风速变大时，平流低云被抬升形成低云，一旦风速减弱，低云又可降低形成雾。当低云发生时，低空能见度较低，但云上能见度较好。

冷性低云是由冷空气流经暖海面时低层空气受热不稳定而形成的对流云，常发生在秋冬季节。由于冷性低云中和云下气流不稳定，可出现中度颠簸。云中含有过冷水滴时，也可能会产生飞机积冰。

除层云和层积云外，积云也是海上云的主要类型。海上积云一般发生在夜晚，这是由于低层空气受海洋影响，降温缓慢，而上层空气在辐射冷却作用下迅速降温，形成上冷下热的不稳定气层，有利于对流的发生。另外，在海陆风环流的影响下，夏季午后的海岛地区也会形成发展强烈的积状云，其位置常出现在海岛中部地区的上空；而夜晚，积状云多在海上发生。

4. 海上飞行应注意的问题

海上飞行与陆上飞行有许多不同之处，主要有如下几点。

(1) 海上中低空飞行时环境比陆上阴暗，天空、海水都是蓝色，天水线不易分辨。

(2) 海上飞行目视判断飞行的高度困难，易偏低。曾发生过误将实际飞行高度 2 000m 当成 400m 的情况。

(3) 海上飞行时发动机声音发闷，习惯于陆上飞行的空勤人员会误认为发动机出现故障，其实这是发动机声音被海水大量吸收所致。

(4) 海上缺少地标，目测困难，且无备降场(水上飞机除外)。

(5) 海上飞行环境单调，空勤人员易感到疲劳。

(6) 海上水汽充足，易出现高度极低的层云，云下能见度又差，往往限制了低空飞行活动，对沿海地区的飞行有很大影响。

(7) 海雾把广大海面及各种目标掩盖起来，给海上飞行带来困难。

为了飞行安全，在起飞前，空勤人员必须了解海上飞行区域的天气实况及天气预报，及时掌握和正确判断海上的天气。

本章小结

飞行活动受到各种气象条件的制约。本章从飞行方式和最低气象条件、能见度和跑道视程、产生视程障碍的天气现象、高空飞行的一般气象条件、山地和高原飞行的气象条件、极地和荒漠地区飞行的气象条件以及海上飞行的气象条件 7 个方面进行了介绍。

复习与思考

1. 什么是目视飞行气象条件？什么是仪表飞行气象条件？
2. 决定最低气象条件的因素有哪些？
3. 什么是能见度？航空上使用的能见度有哪几种？
4. 什么是跑道视程？与气象能见度有何差别？
5. 什么是辐射雾？其形成条件是什么？有何特征？
6. 什么是平流雾？其形成条件是什么？有何特征？
7. 沙尘天气有哪些？对飞行有什么影响？
8. 霾和烟幕是怎样形成的？
9. 对流层顶有何特征？对飞行有什么影响？
10. 高空和平流层内温度、气压和风的分布有何特点？
11. 臭氧对飞行有何影响？
12. 什么是高空急流？其有何特征？对飞行有什么影响？
13. 按出现的纬度划分，高空急流可分为哪几类？
14. 通过哪些航空气象资料可以来判定高空急流？
15. 什么是晴空乱流？其有何特征？
16. 如何判定晴空乱流的位置？
17. 山地气流、云、雾和降水各有哪些特点？在山地飞行时应注意哪些问题？
18. 高原气压、密度、气温、气流、云和降水各有哪些特点？
19. 极地的特殊天气有哪些？分别对飞行产生什么影响？
20. 荒漠和海上飞行时各需要注意哪些气象条件？

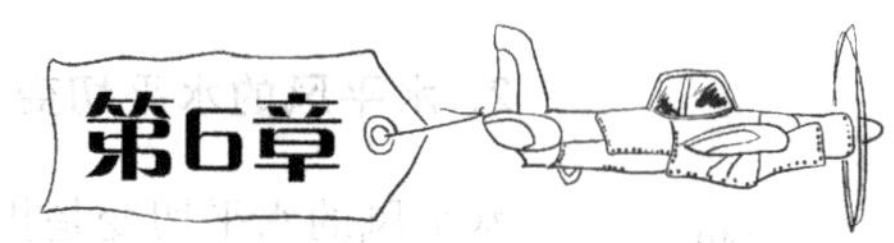

航空危险天气

本章关键词

低空风切变(low-level wind shear)
顺风切变(tailwind shear)
逆风切变　(head wind shear)
垂直风切变(vertical wind shear)
侧风切变(cross wind shear)
飞机积冰(airframe icing)
飞机颠簸(airframe turbulence)
雷暴(thunderstorm)
闪电(lightning)
火山灰云(volcanic ash)

航空安全受许多因素的影响,但大致可分为3类:机械因素、环境因素和人的因素。其中,由危险天气引起的环境因素是影响飞行安全的重要因素。即使在科技高速发展的当代,探测设备、预警技术等得到了提高,但风切变、雷暴、湍流、积冰等仍会对飞行活动构成威胁,可能导致机体结构损坏、飞机失控、甚至飞机坠毁。因而对于飞行人员来说,有必要掌握一定的危险天气知识,在飞行中应尽量避开危险天气,以确保飞行安全。

6.1　低空风切变

低空风切变是威胁飞行安全的重要原因之一,特别是在飞机起飞和降落阶段。因为飞机在低高度遭遇风切变后,空速、升力会骤减,从而导致飞机失速和操纵困难,甚至坠地造成空难。所以说,风切变是飞机在起飞和着陆阶段的"无形杀手"。

6.1.1　风切变和低空风切变

风切变是空间两点之间风的矢量差,即风向、风速在水平和垂直方向突然变化的一种现象。通常把发生在600m高度以下的风切变称为低空风切变。

根据风场的空间结构把风切变分为3种类型。

1. 水平风的垂直切变

水平风的垂直切变是指水平风在垂直方向上,一定距离内两个不同高度点之间的风向和风速的变化(见图6.1)。

2. 水平风的水平切变

水平风的水平切变是指水平风在水平方向上两点之间的风向和风速的变化(见图 6.2)。

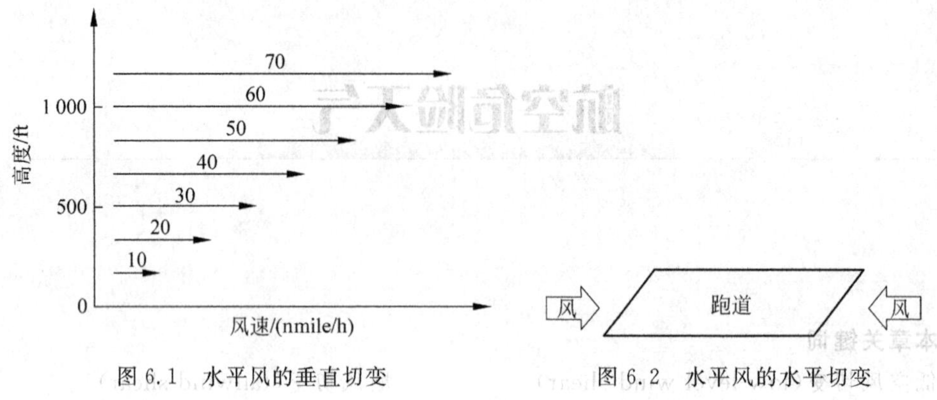

图 6.1 水平风的垂直切变　　图 6.2 水平风的水平切变

3. 垂直风的切变

垂直风的切变是指上升或下降气流(垂直风)在水平方向上两点之间的变化(见图 6.3)。

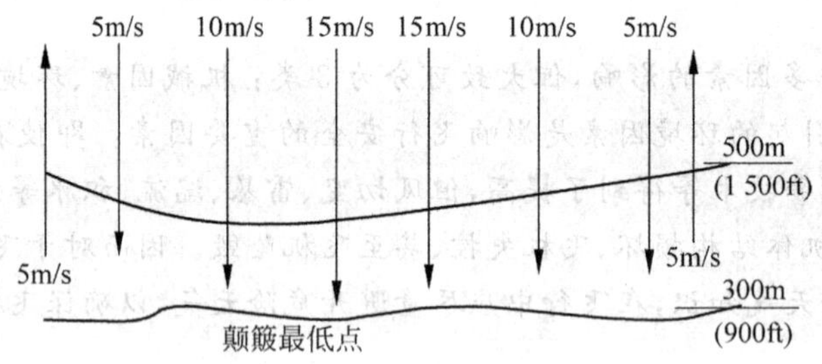

图 6.3 垂直风的垂直切变

6.1.2 低空风切变的形式

飞机在大气中飞行,会遇到顺风、逆风、侧风和垂直风等因素的影响。因此,根据飞机运动相对于风矢量的方位不同,风切变可分为顺风切变、逆风切变、侧风切变和垂直风的切变4 种形式。

1. 顺风切变

顺风切变是指水平风的变量相对飞机来说是顺风,如飞机从静风到顺风、小顺风到大顺风、逆风到静风、大逆风到小逆风区域内的飞行。

如图 6.4 所示,这是一种比较危险的风切变。飞机在这种情形下飞行,由于顺风矢量增大,机体与空气的相对速度减少,升力随之减少,飞机下沉,低于正常轨迹。如果飞机在着陆过程中遇到顺风切变,且目测离地高度较低,修正不及时,则飞机将会提前触地。

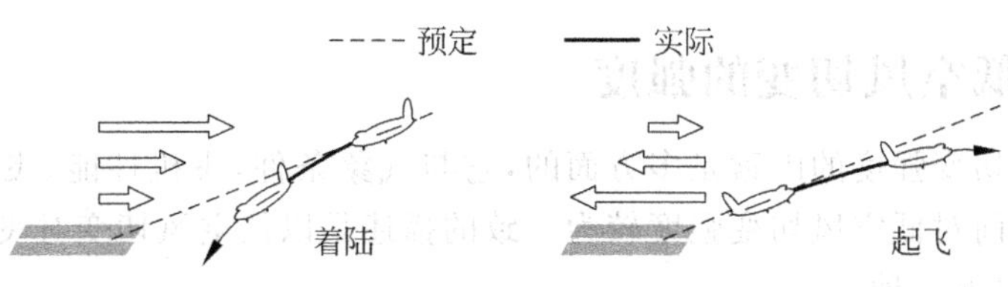

图 6.4　顺风切变

2. 逆风切变

逆风切变是指水平风的变量相对飞机来说是逆风，如飞机从顺风到静风、大顺风到小顺风、静风到逆风、小逆风到大逆风区域内的飞行。

如图 6.5 所示，飞机在这种情况下飞行，由于顺风矢量减小，逆风矢量增大，机体与空气的相对速度增加，升力随之增大，飞机将高于正常轨迹。在着陆过程中，如果目测离地高度过高，修正不及时，就会造成飞机着陆速度过大，滑跑距离增加，甚至会冲出跑道。

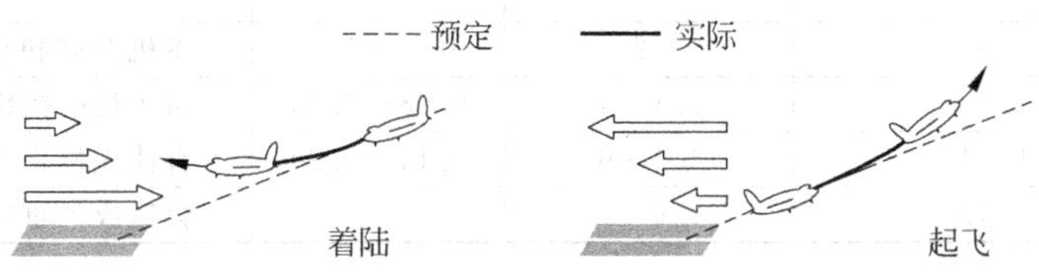

图 6.5　逆风切变

3. 侧风切变

侧风切变是指飞机从一种侧风（或无侧风）状态进入另一种明显不同的侧风状态的情况。如图 6.6 所示，在着陆过程中，侧风切变使飞机向左或向右偏航，对不准跑道，甚至造成偏转或翻滚。

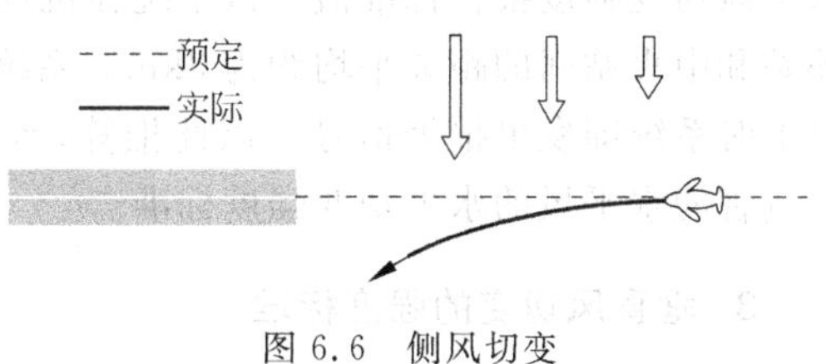

图 6.6　侧风切变

4. 垂直风的切变

垂直风的切变是指飞机从无明显的升降气流区域进入到强烈的升降气流区域的情形，特别是强烈的下降气流，会使飞机突然下沉，在这种情形下对飞行的危害最大，也是最危险的，如图 6.7 所示。

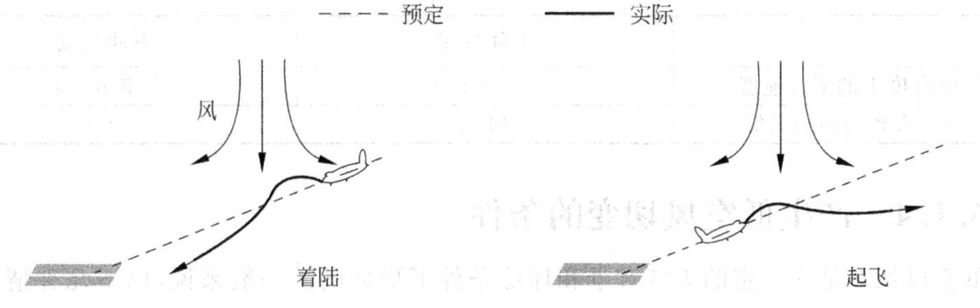

图 6.7　垂直风的切变

6.1.3 低空风切变的强度

影响低空风切变强度的因素是多方面的,它与气象条件,飞机性能、飞行员的技术水平等息息相关。目前对低空风切变强度较为一致的描述是以低空风切变对飞行的危害程度来进行分类的,有以下 3 种。

1. 水平风的垂直切变强度标准

国际民航组织所建议采用的水平风的垂直切变强度标准,如表 6.1 所示。这里的空气层垂直厚度取 30m,用于计算风的资料取 2min 的平均值。一般认为 $0.1s^{-1}$ 以上的垂直切变就会对喷气式运输机带来威胁。

表 6.1 水平风的垂直切变强度标准

强度等级	风切变数值标准			对飞行的影响
	(n mile/h)/30m	(m/s)/30m	s^{-1}	
轻度	≤4	0~2	0~0.07	飞机航迹和空速稍有变化
中度	5~8	2.1~4	0.08~0.13	对飞机的操纵造成很大困难
强烈	9~12	4.1~6	0.14~0.20	有使飞机失去操纵的危险
严重	>12	>6	>2.0	会造成严重的危害

2. 水平风的水平切变强度标准

该项目前尚无统一标准。这里介绍的是美国在机场低空风切变警报系统中采用的一个水平风切变强度报警标准值。该系统在机场平面有 6 个测风站,即中央站和 5 个外站。各外站和中央站间的距离平均约为 3km。系统规定每一分钟与中央站的风向量差达 7.7m/s 以上时系统即发出报警信号。以此推算,水平风切变值 2.6(m/s)/km 可作为能对飞行构成危害的水平风的水平切变强度标准。

3. 垂直风切变的强度标准

垂直风的切变强度,在相同的空间距离内主要由垂直风本身的大小变化来决定。对飞行安全危害最大的是强下降气流。根据著名气象学家藤田和科尔斯的建议,提出了一种称为下冲气流的数值的强度标准,它以下降气流速度和到达地面的辐散值来确定(见表 6.2)。后来对于危害最大的直径小于 4km 的下冲气流称之为微下冲气流。

表 6.2 下降气流和下冲气流的强度标准

	下降气流	下冲气流
91m 高度上的下降速度	<3.6m/s	>3.6m/s
800m 直径内的辐散值	<$144h^{-1}$	>$144h^{-1}$

6.1.4 产生低空风切变的条件

低空风切变是在一定的天气背景和环境条件下形成的。一般来说,以下几种情况容易产生较强的低空风切变。

1. 雷暴

雷暴是产生风切变的重要天气条件。一般来说雷暴的下降气流在不同的区域可造成两种不同的风切变。一种是发生在雷暴单体的下面，由下击暴流造成的风切变(见图6.8)。这种切变的特点是范围小、持续时间短、强度大。雷达回波图中钩状回波和弓状回波下冲气流的大致位置如图6.9所示。另一种是雷雨中的下冲气流到达地面后，形成强烈的冷性气流向四周传播，这股气流可传播到离雷暴云20km处。由于它离开雷暴主体，并且不伴随其他可见的天气现象，往往不易被发现，故其对飞行威胁较大(见图6.10)。

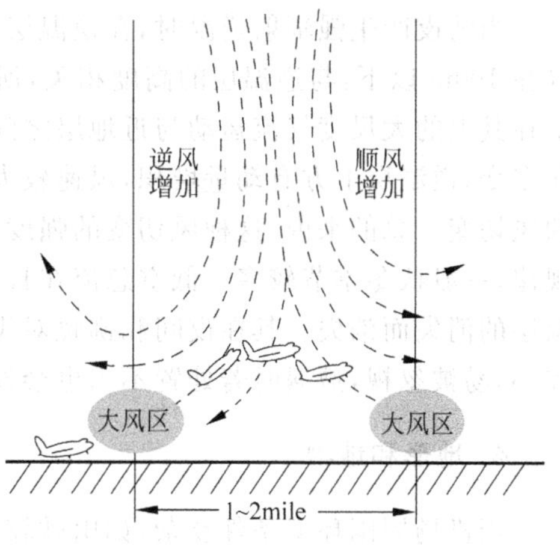

图6.8 雷暴下击暴流中的风切变

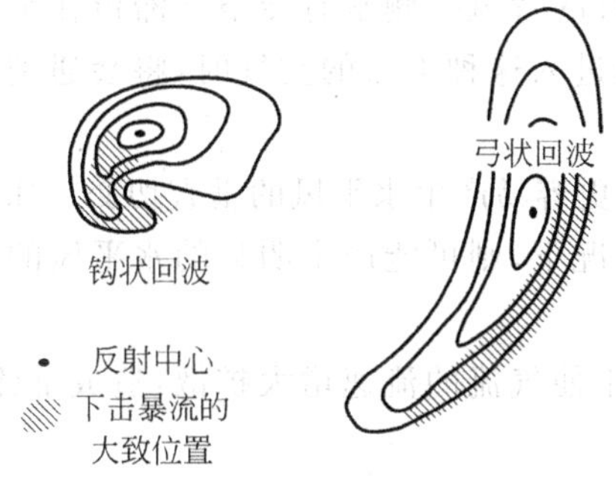

图6.9 雷达回波图中钩状回波和弓状回波下冲气流的大致位置

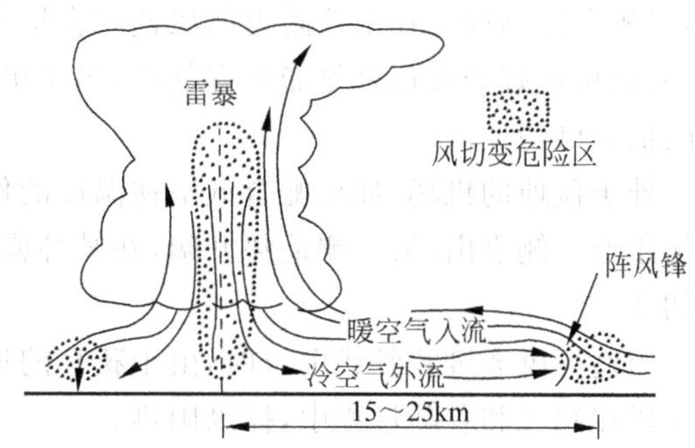

图6.10 与雷暴有关的低空风切变

2. 锋面

锋面是产生风切变最多的气象条件。锋面两侧气象要素有很大的差异，锋面过渡区的垂直结构是产生风切变的重要条件。飞机穿过锋面时，会碰到突然的风速和风向的变化。一般来说，若锋面两侧温差不小于5℃和(或)移动速度不小于55km/h，则锋面附近都会产生较强的风切变。

无论是冷锋、暖锋或锢囚锋均可产生低空风切变，但其强度和区域范围不尽相同。这种风切变多以水平风的水平和垂直切变为主(锋面雷暴天气除外)，一般来说其危害程度不如强对流天气的风切变。

冷锋移经机场时，低空风切变伴随锋面一起或稍后出现。因冷锋移速较快，故此种风切变持续时间较短，但强冷锋及强冷锋后大风区内往往存在严重的低空风切变。暖锋移经机场时，由于其移动速度较慢，与之相伴随的低空风切变将在机场上空持续相对较长的时间，也可能在距离锋面较远的地方出现。

3. 辐射逆温型的低空急流

当晴夜产生强辐射逆温时，在逆温层顶附近常有低空急流，高度一般为几百米，有时可以在 100m 以下，与逆温层的高度相关，所以又称夜间急流。其形成的原因是，逆温层阻挡了在其上的大尺度气流运动与近地层之间的混合作用和动量传递，致使地面的风很弱，且风向多变，逆温层上方有动量堆积，风速较大，这样就在地面附近和上层气流之间形成了较大的风切变。总的来说，这种风切变的强度比雷暴或锋面所形成的风切变要小得多，且比较有规律，一般秋冬季节较多。低空急流在日落以后开始形成，日出之前达到最强，日出后随逆温层的消失而消失。其在夜间和拂晓对飞行有一定的影响。但由于该类风切变的强度通常较小，易被忽视，遭遇时若处置不当也会发生危险。

4. 地形和地物

当机场周围环境条件复杂，如山脉较多或地形地物复杂时，也经常产生风切变。当盛行风横越山脉时，在其迎风坡会形成上升气流，飞机会上升高度。而在背风坡出现下降气流时，飞机会掉高度。在山顶附近的风速将会增大。山脊的背风一侧常有冷空气滞留在平地上，若机场正好处在这种停滞的空气中，当飞机从上面进入这种停滞的空气时，将会遇到严重的低空风切变。

处于盆地的机场，如果配合低空逆温层的作用，就更容易产生水平风的垂直切变。如果机场跑道一侧靠山，另一侧地势开阔，在某种盛行风情况下，则可能产生明显的水平风的水平切变。

当盛行风通过峡谷或山口时，由于狭窄的通道作用使气流的流速增大扩散，造成乱流，使飞机在起飞和着陆过程中，操纵困难。

另外，当阵风风速比平均风速增减 5m/s 以上时，或大风吹过跑道附近高大的建筑物时，也会产生局地的风切变。

5. 与大雨有关的风切变

在不少与大雨有关的风切变引起的飞行事故分析中，曾忽略了大雨撞击飞机产生的效应。大雨撞击飞机所产生的效应如下。

(1) 雨滴撞击飞机引起动量的损耗；

(2) 飞机表面水膜及其对恶化气动力特性的作用。雨滴撞击水膜引起飞机机身的粗糙度增大，水膜波纹引起的摩擦阻力增大。

曾经有多次风切变飞行事故是飞机在进近着陆期间遭遇大雨时发生的。

6.1.5 低空风切变的时空尺度特征

不同原因形成的风切变现象有不同的时空特征，而且对飞行的影响程度也不相同。表 6.3 所列的是几种风切变类型的时间和空间尺度特征值。

但必须指出的是，锋区切变在整个锋线上的分布是相当不均匀的，其上可能有更小时空尺度的风切变存在。同样，对于地形、水陆界面、障碍物所形成的风切变的时空尺度分布也有很大的不均匀性。它们与盛行风、地形高低及尺度和形状、水域以及障碍物的大小等有关。

表 6.3　各类风切变的时空尺度特征

风切变类型	空间(水平)尺度	时 间 尺 度	危害程度
微下冲气流	<4km	几分钟至十几分钟	大
宏下冲气流	>4 千米	几十分钟	大
雷暴阵风锋	几十千米	几小时	大
冷锋	几百千米	几十小时	中
暖锋	几百千米	几十小时	中
辐射逆温	几百米至几千米	几小时	中
地形风切变	几百米至几十千米	几小时	中
水陆界面风切变	几至几十千米	几小时	小
障碍物风切变	几百米至十几千米	几分钟至几小时	小

6.1.6　低空风切变对飞机起飞和着陆的影响

由于大气运动的复杂性，在形成低空风切变时其强度、范围不尽相同。且飞机在起飞爬升和下降着落的过程中，其位置、高度也在不断改变，低空风切变对飞机起降的影响十分复杂。通常，如果飞机在起飞爬升或下降着落过程中遇到明显的低空风切变，其起降的航迹、稳定性及操纵性、部分仪表的准确性等都将受到影响。这些都会不同程度地影响飞行员对飞机的掌控，极端情况下甚至会造成飞行事故。

1. 顺风切变对着陆的影响

飞机下降着陆进入顺风切变区时，指示空速就会迅速降低，升力(假定仰角不变)就会明显减小，使飞机不能保持高度而往下掉。因风切变所在的高度不同，对飞机飞行轨迹的影响有如图 6.11 所示的 3 种情况。

(1) 如果风切变层相对跑道的高度较高，如图 6.11(a)所示，则飞机通过切变线后，空速减小，升力降低，机头下俯，飞机掉在标准下滑线以下。这种情况下，飞行员应及时加大油门，增大空(地)速，并减小下滑角，拉起机头，可以接近正常的下滑线。若飞机上升到正常下滑线之上，可再松杆增大下滑角，并收小油门，减少多余的空速，沿正常下滑线下滑，完成着陆。

(2) 如果风切变层相对于跑道的高度较低，如图 6.11(b)所示，飞行员只能完成上述修正动作的前一半，而来不及做增大下滑角、减小空速的修正动作，这时飞机就会以较大的地速接地，导致滑跑距离增加，甚至会冲出跑道。

(3) 如果风切变层相对于跑道的高度更低，如图 6.11(c)所示，飞行员来不及做修正动作，则飞机未到跑道头就会触地，造成事故。

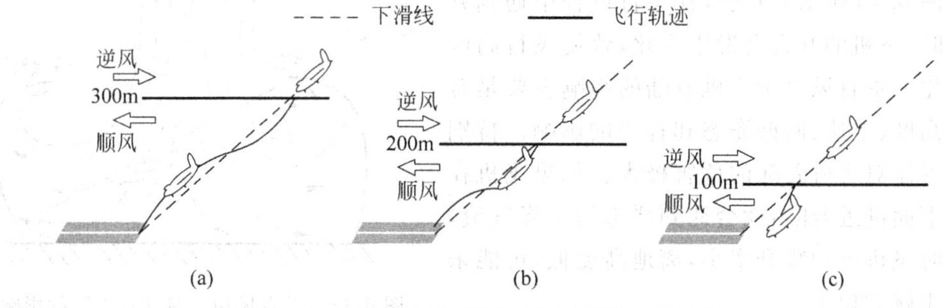

图 6.11　不同高度的顺风切变对飞机着陆的影响

2. 逆风切变对着陆的影响

飞机下降着陆进入逆风切变区时，指示空速迅速增大，升力明显增加，飞机被抬升，脱离正常下滑线，飞行员面临的问题是怎样消耗掉飞机过剩的能量或过大的空速。因风切变所在的高度不同也有3种情形。

(1) 如果风切变层相对于跑道的高度较高，如图6.12(a)所示，当飞机进入风切变层后，指示空速迅速增大，升力明显增加，机头上仰，飞机上升到下滑线之上。飞行员可以及早收回油门，利用侧滑或蹬碎舵方法来增大阻力，使飞机空速迅速回降，并推杆回到预定下滑线之下，然后再带杆和补些油门，回到正常下滑线下滑，完成着陆。

(2) 如果风切变层相对于跑道的高度较低，如图6.12(b)所示，当飞机进入风切变层后，指示空速迅速增大，升力明显增加，飞机上仰并上升到下滑线之上。飞行员应减小推力进行修正，使飞机下降到下滑线以下，由于此时离地很近，再做修正动作已来不及，飞机未到跑道头就会触地。

(3) 如果风切变层相对于跑道的高度很低，如图6.12(c)所示，飞行员来不及做修正动作，飞机已经接近跑道，由于接地速度较大，滑跑距离增加，飞机有可能会冲出跑道。

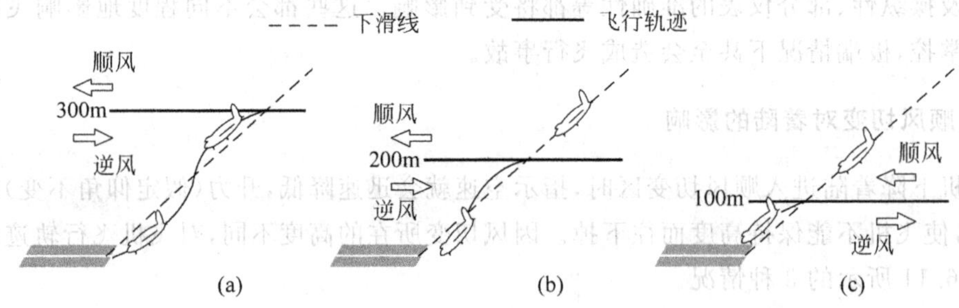

图6.12　不同高度的逆风切变对飞机着陆的影响

3. 侧风切变对着陆的影响

飞机下降着陆时遇到侧风切变，会产生侧滑，带坡度，使飞机偏离预定的下滑着陆方向，飞行员要及时修正。如果侧风切变层的高度较低，飞行员来不及修正时，飞机会带坡度和偏流接地，影响着陆滑跑方向，甚至会偏离跑道(见图6.6)。

4. 垂直风切变对着陆的影响

如图6.13所示，当飞机在飞行过程中遇到升降气流时，飞机的升力会发生变化，致使飞行高度发生变化。垂直风对于飞机着陆的影响主要是对飞机的高度、空速、俯仰姿态和杆力的影响。特别是下降气流对飞机着陆的危害极大。如果飞机在雷暴云下面进近着陆，就会遇到严重的下降气流，由于此时飞机可用爬升率小，离地高度低，可能来不及复飞就撞地了。

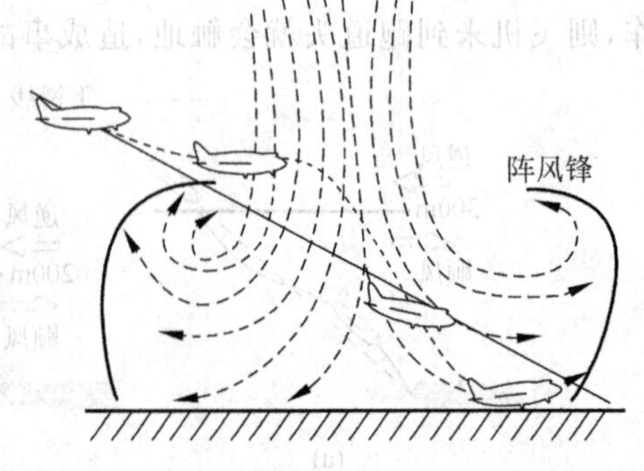

图6.13　垂直风切变对飞机着陆的影响

上面讨论的是低空风切变对飞机下降着陆的影响，其对飞机起飞爬升的影响也与此类似。

另外，从上面的讨论中我们可以看到，飞机起飞或着陆遇到风切变时，飞机所在的高度是影响飞行安全的重要因素。因为如果飞行高度足够，飞行员就有充分的时间来使飞机回到正常的航迹线上完成起飞或降落。美国曾计算过某大型喷气飞机在风切变条件下改变空速需用的时间。假设飞机在风速为 36km/h(10m/s)的顶风中飞行，空速为 180km/h，地速为 144km/h，突然进入风速为零的区域，空速降低到 144km/h，在这种情况下，增加地速，使飞机空速恢复到 180km/h，最少也要 176s。而通常几秒钟内飞机就会穿过风切变，如果飞行员不能在这几秒钟之内操纵飞机使其高度不致降低过多以完成增速的话，飞机就有坠毁的危险。

6.1.7 低空风切变的判定

目前，强低空风切变是难以抗拒的，只有避开它才是最有效的办法。因此，及时准确地判断低空风切变的存在以及其类型和强度，是减轻和避免低空风切变的危害，确保飞机起降安全的重要措施。

虽然风切变日益受到人们的关注，并且对它进行了大量的研究，但到目前为止，尚未完全清楚其规律，因而对它的预报还存在许多困难。不过，低空风切变还是有征兆可循的，目前采用的判别方法主要有以下 3 种。

1. 目视判别法

目视判别法比较直观简便，其是通过观察低空风切变来临的征兆来判断是否出现低空风切变，这是目前常用的一种判别方法。但是这种判别方法有局限性，它只能提供粗略的形象特征，精确度远不及仪器测定。对于那些无目视征兆的风切变则很容易被忽视，如逆温型风切变。下面是几种典型的风切变征兆。

1) 雷暴冷性外流气流的沙暴堤

雷暴冷性外流气流的前缘的强劲气流会把地面的尘土吹起相当的高度，在沙尘暴前缘是一堵又宽又高的沙壁并随气流移动。它能显现出外流气流的范围和高度，其高度越高，强度越大。一旦出现这种沙尘暴堤就应提高警惕，立即采取措施，因为紧跟在沙尘暴堤之后的就是强烈的风切变。

2) 雷暴云体下的雨幡

雷暴云体下的雨幡是有强烈下降气流的重要征兆。雨幡的形状、颜色深浅、离地高度等都同风切变的强度相关。通常雨幡下垂高度越低，个体形状越大，色泽越暗，预示着风切变和下击暴流也越强。由于雨幡四周相当范围(1～2km)内的风场都比较复杂，常有强的风切变，所以一旦遇到雨幡，不能穿越，且要与其保持一定的距离。

3) 滚轴状云

在雷暴型和强冷锋型风切变中，强的冷性外流往往有明显的涡旋运动结构，并伴有低空滚轴状云。从远处看，它犹如贴地滚滚而来的一堵云墙，其颜色多为乌黑灰暗，伴有沙尘暴时多为黄褐色。云底高一般在几百米以下，这种云的出现预示着强烈的地面风和低空风切变的来临。

4）强风吹倒的树林和庄稼

强风或下击暴流吹倒的成片树木、庄稼，其倒伏方向会呈现出气流的流动状况。

2. 座舱仪表判别法

飞机在正常的起飞和着陆过程中，有预定的飞行程序和标准航迹，驾驶舱各种仪表的示度有一定的变化范围。飞机一旦遭遇风切变，首先会反映到座舱仪表上，仪表的指示会出现异常。下面介绍几种主要飞行仪表在遭遇风切变时的反应。

1）空速表

空速表是飞机遇到风切变时反应最灵敏的仪表之一，飞机遭遇风切变时空速表的指示一般都会发生急剧变化。所以，一旦其出现异常指示，应警惕风切变。

美国波音公司规定，当空速表的指示值突然改变28～37km/h时，应中止起飞或不作进近着陆。

在穿越微下击暴流时，往往先是逆风使空速增大，紧接着就是顺风使空速减小，而真正的危害发生在空速迅速下降的时刻，因此不能被短时的增速迷惑。

2）高度表

高度表指示的正常下滑高度是飞机进近着陆的重要依据。如果飞机在下滑过程中高度表的指示异常，大幅偏离正常高度值时，必须立即采取措施，及时拉起。当然也应该注意到遭遇微下击暴流时，会出现因遇强风而短暂的使飞机高于正常下滑高度的现象，紧接着就会发生迅速掉高度的危险，所以判断必须谨慎。

3）升降速率表

升降速率表与高度的关系密切，在遭遇风切变时反应很明显。如果见到升降速率表的指示异常，特别是下沉速率明显加大时，必须充分注意。

美国波音公司建议在下降速度短时间内改变值达164m/min(500ft/min)时，即认为遇到了强风切变，飞行员应采取复飞等措施。

4）俯仰角指示器

俯仰角是飞机起飞、着陆时飞行员必须掌握的重要参数。例如，许多喷气式运输机多采用$-3°$角下滑，$+6°$或$+10°$角起飞，在起降过程中通常控制该值保持基本不变。一旦遭遇风切变，俯仰角指示器会迅速发生变化，其变化越快、越大，则危害越大。

美国波音公司规定，俯仰角指示器的值突然改变超过5°时，即认为遭遇风切变，应立即停止进近而采取复飞。

3. 用机载专用设备探测低空风切变

为了确保飞行安全，应该使飞行员能够在空中探测强风切变。因此，现有的飞机已经安装了机载风切变探测设备。这种探测的基本要求是能迅速地探明风切变的情况，并将探测结果显示给飞行员，以便据此做出决定。

但是，目前机载风切变探测设备性能还不完善，有的费用昂贵，还不能广泛应用。有几种探测设备经试验有一定的效果。如机载低空风切变警报系统，其使用垂直、纵向加速度计，把风切变对飞行影响的垂直部分和纵向部分结合起来，结合机上可供使用的其他数据来计算飞机的推力余量。当推力余量下降到规定值以下时，该系统就会发出警报。再如红外

辐射计机载风切变探测系统，其利用装在飞机头部的前视红外辐射计和侧视红外辐射计，分别探测出前方10～20km和侧方200m范围内的温度值加以比较，根据两者的温度差确定风切变的大小。它可用于测定雷暴外流气流的阵风锋。此外，还有机载脉冲多普勒激光雷达，其用于强风暴研究时的空中测风。

除了上面的介绍外，飞行员还要善于使用来自地面和空中的关于风切变的报告。还要关注飞机上观测到的风温值与地面观测报告的风温值的差距，若差距过大，就要提前做好准备。

6.1.8 遭遇低空风切变的处置方法

在飞行中遭遇低空风切变，如何使飞机保持在预定的飞行轨迹上安全起飞着陆是一个极为重要而又复杂的问题。为了迅速而准确地做出反应，飞行员应该做到以下几点。

首先要有思想准备。起飞前要认真仔细地了解和研究天气预报和天气实况报告，警惕在飞行中会遇到风切变及风切变可能出现的位置、高度、强度。起飞后要注意收听地面的气象报告和别的飞机关于风切变的报告，了解风切变的存在及其性质。避开严重风切变，对轻度风切变可借助操纵来修正克服它。其次，不要有意识地穿越严重风切变区或强下降气流区。特别是在飞行高度低于离地高度200m或有一台发动机失效的情况下。

其次，要与雷暴云和大的降水区保持适当的距离。雷暴云的外流气流有时可以超越雷暴前方20～30km。因此，飞机低空飞行时应在离雷暴云20～30km以外飞行，不要侥幸抢飞这一危险区域。

还有，当遇有强风切变时，不要冒险起飞、着陆。如果在着陆的最后时刻遇到风切变，只要难以改变，无法确保安全着陆，就应立即复飞。可以推迟着陆的，等到风切变减弱或消失后再着陆，或到备降机场着陆。

另外，若飞机遭遇风切变时，应立即将风切变出现的区域、高度、空速变化大小等报告飞行管制部门，以避免其他飞机误入。

此外，组织飞行人员进行应对各种低空风切变的模拟训练，以提高应对风切变的能力，也是十分重要的措施。

6.2 飞机颠簸

包围着我们地球的大气有比较平顺、清晰、无掺混现象的运动；也有杂乱无章、看似毫无规则的运动。这种不规则运动称为湍流，又称乱流。大气湍流是大气复杂运动的集中体现。飞机在飞行中遇到扰动气流，就会产生振颤、上下抛掷、左右摇晃，造成操纵困难，仪表指示不准等现象，这就是飞机颠簸。

6.2.1 大气湍流

空气的运动可以分为两种，一种是有规则的运动，它表明空气的总的运动方向和速率；另一种是不规则的涡旋运动，表明空气的运动方向和速率存在不规则变化。这种包含不规则涡旋运动的气流就是湍流，其是大气中普遍存在的现象。

1. 大气湍流的成因

大气湍流的发生机制可分为动力学机制和热力学机制。实际大气中，湍流的形成和发展往往是动力和热力因素共同作用的结果。在对流层，特别是摩擦层(距地面1～2km)当气流经过粗糙不平的地表(如丘陵、山地、建筑物、树等)，或地表受热不均，通常会形成湍流。在自由大气中(摩擦层以上)，特别是对流层的中上层，地表影响一般不大，其湍流是由环境风的垂直或(和)水平风切变产生的绕水平轴或垂直轴的涡旋造成的。

通常情况下，风的垂直切变比水平切变大的多，因为在垂直方向上，高度变化不大时风向变化也不大，而风速变化较大，所以垂直切变可以用气层上下的风速差(ΔV)和高度差(ΔZ)之比来表示，即$\Delta V/\Delta Z$。湍流还与稳定度有关，大气不稳定有利于气流上升或下降加强，反之减弱。干绝热直减率和实际气温直减率之差($\gamma_d-\gamma$)越小，越有利于湍流发展。将稳定度与风速垂直切变结合起来，得到一个判断湍流发展或减弱的无因次特征量——理查德孙数，即

$$Ri=\frac{g(\gamma_d-\gamma)}{T(\Delta V/\Delta Z)^2} \tag{6.1}$$

式中，$\Delta V/\Delta Z$为风速垂直切变；T为气层的平均温度；g为重力加速度。

从式(6.1)可知，当$\Delta V/\Delta Z$增大或($\gamma_d-\gamma$)减小时，Ri减小，有利于湍流发展；反之不利于湍流发展。湍流发展或减弱的Ri数临界值为0.25～0.5。

2. 大气湍流的种类

根据湍流的成因，并考虑航空上判断湍流的需要，可把大气湍流分为热力湍流、动力湍流、晴空湍流和尾涡湍流4类。

1) 热力湍流

由空气热力原因形成的湍流称热力湍流。它是引起飞机颠簸最常见的原因。

热力湍流主要是由于地表的热力性质不一致，相邻地区升温或降温的幅度不同，水平方向温度差异使热力湍流分布不均。地表面相邻地段的热力性质差异越大，湍流就越强。这种湍流有明显的日变化：一般日出前湍流最弱，日出后湍流逐渐增强，影响的高度也不断扩大，午后湍流最强，波及的高度最高，随后湍流又逐渐减弱，影响的高度降低。

在夏季炎热的午后弱风或无风的情况下，热力湍流容易得到发展，尤其是在低纬度地区。不同性质的地表面增热的快慢是不同的，这就使得热力湍流的分布极不均匀，飞机飞过这些地区时就会产生颠簸，特别是对飞机起飞上升和着陆下滑时有很大的影响(见图6.14)。

有对流云时，云中的湍流强度通常从云底向上增强，到云中和中上部达到最强，至云顶则迅速减弱，趋于平稳。除积雨云云顶以上100m处仍有湍流的存在外，其他对流云云顶大多气流平稳(见图6.15)。在水平方向湍流区一般比云体大1～2倍，距云体越远，湍流越弱。

热力湍流还与大气稳定度有关，大气稳定度越小，其发展越强。当低层环境空气的温度递减率达到0.7℃/100m或以上时，会有中度以上的颠簸。当冷空气流经暖的地表面时，大气稳定度变小，湍流增强。

在高原上，白天日照强烈，向阳坡和背阳坡增热存在显著差异，热力湍流较强，而且分布错综复杂。在青藏高原上空，热力湍流和动力湍流经常存在，所以除非飞行高度在10 000m

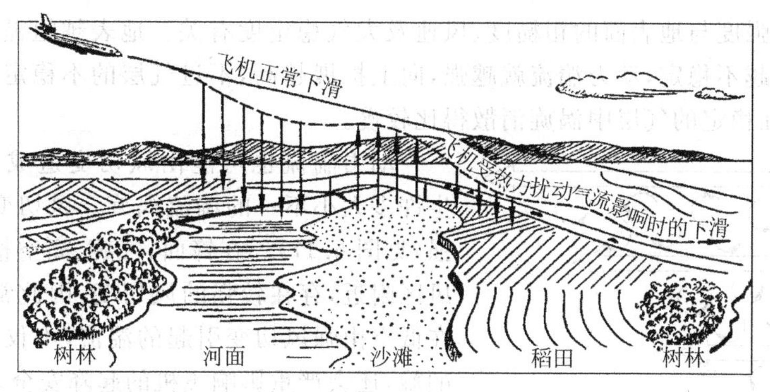

图 6.14　热力湍流对飞机下滑角的影响

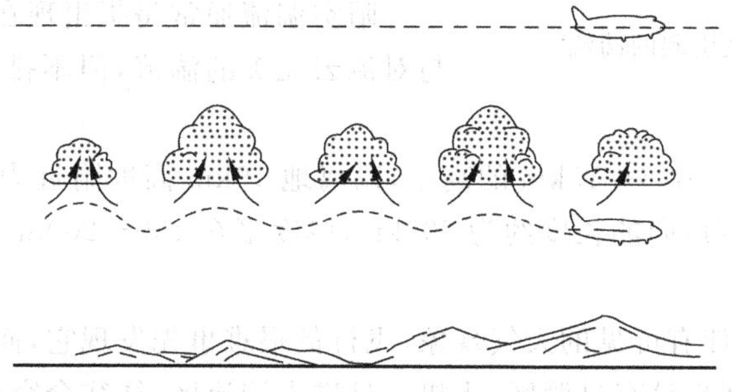

图 6.15　在对流云上飞行可避免湍流

以上，否则多会遇到颠簸。

在山区，热力湍流出现的时间比平原上早，而且与山坡上的阳光照射区一起移动，向东的山坡在午前湍流发展强，向西的山坡在午后湍流发展强。

2）动力湍流

空气流过粗糙不平的地表面或障碍物时出现的湍流，或由风切变引起的湍流，都称为动力湍流，其影响范围多在 1～2km 高度以下。

如图 6.16 所示，气流遇到障碍物时会产生一系列复杂涡旋，并沿气流方向移动，逐渐消失。

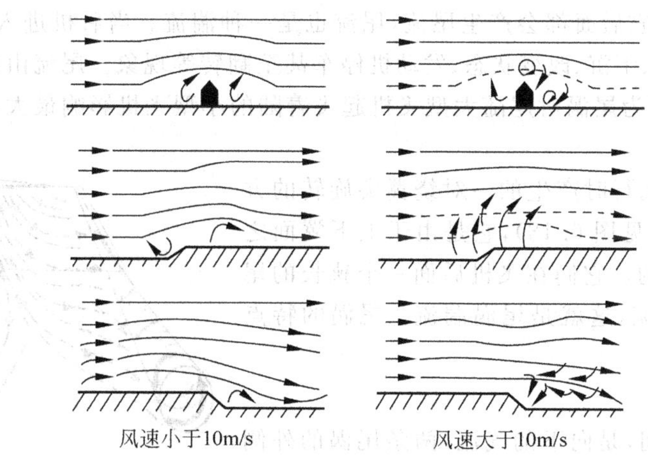

图 6.16　气流遇到障碍形成的湍流

动力湍流强度与地表面的粗糙度、风速及大气稳定度有关。地表越粗糙，风速越大，近地面层的空气越不稳定，动力湍流就越强，向上扩展越高，不过气层的不稳定又会迅速破坏这些涡旋，而在稳定的气层中涡旋消散得比较慢。

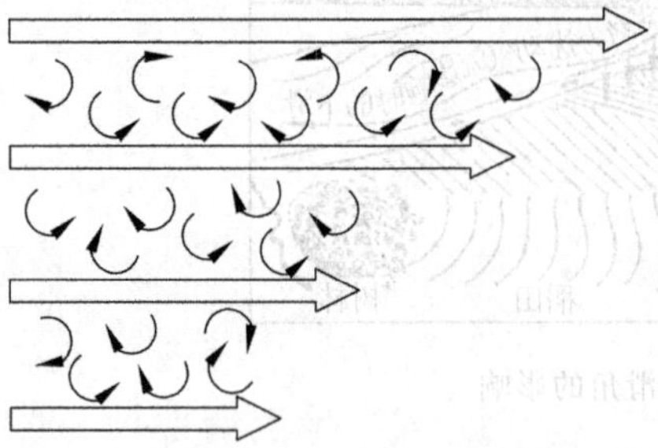

图 6.17　风切变引起的湍流

动力湍流也可能由风切变造成。风切变能产生许多大小不一的湍流涡旋。风切变越大，湍流越强(见图 6.17)。在锋面、气旋、高空槽、切变线及强风区附近，存在较强的风切变，因此常有湍流发生。在低空由强风切变引起的湍流，不仅会造成飞机的颠簸，还会严重影响飞机的起降安全。

3) 晴空湍流

晴空湍流通常是指出现在 6 000m 以上高空，且与对流云无关的湍流，但不排斥其他云(多指卷云)有关的湍流。

晴空湍流通常发生在 6～15km 的高空，以离地 10km 高度附近为最多。湍流区的水平宽度约为 100km，顺着风向的长度约为 200km，厚度多在 150～200m 之间，它是一种中尺度的天气现象。

由于晴空湍流不伴有可见的天气现象，飞行员很难事先发现它，而且湍流区与非湍流区没有明显的边界，其间也没有过渡区，飞机一旦进入湍流区，往往会突然产生颠簸，对飞行安全存在很大的威胁。不过，晴空湍流中有时也会出现一些卷云。

晴空湍流的成因与强风切变有密切的关系，在高空急流附近常有强风切变，故常有晴空湍流出现。强风切变也会出现在锋区或低涡区等特定区域，根据计算和飞机报告，当垂直风切变达到 1～2(m/s)/100m，水平风切变达到 5～6(m/s)/100km 时，常有晴空湍流出现。

根据 300hPa 或 200hPa 高空图上风场的类型，可判断晴空湍流的位置。快速移动的、槽线两侧风向切变很大的深槽中，尽管风速比急流中的风速小，但在槽线附近仍可能会有晴空湍流，如图 5.14(a)所示。晴空湍流还有可能会出现在高空闭合低压的周围，特别是在气流汇合区和疏散区，以及切断低压的东北部，分别如图 5.14(b)和图 5.14(c)所示。

4) 尾涡湍流

飞机飞行时，在它后面都会产生尾流，尾流也是一种湍流。当后机进入前机的尾流区时，会出现飞机抖动、下沉、改变状态、发动机停车甚至翻转等现象。尾流由滑流、紊流和尾涡 3 个部分组成，因为尾涡对尾随大型飞机起飞着陆的小型飞机影响最大，这里主要讨论尾涡。

尾涡是指飞机飞行时产生的一对绕翼尖旋转的方向相反的闭合涡旋(见图 6.18)，它是由于上下翼面之间的压力差而产生的。它们在飞机后面一个狭长的尾流区造成极强的湍流，这就是尾涡湍流。尾涡的特点如下。

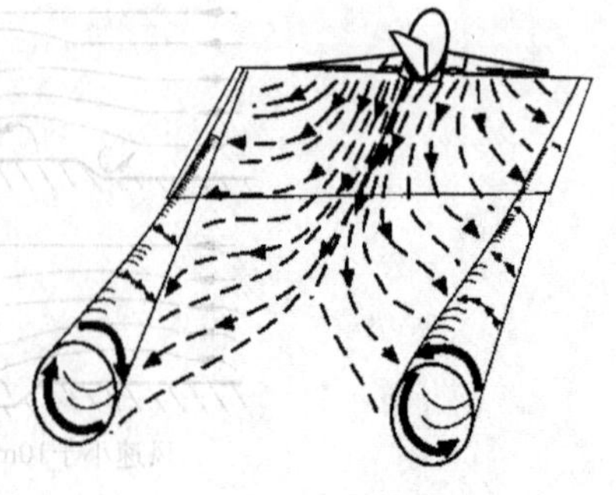

图 6.18　尾涡

(1) 气流分布

在两条尾涡之间，是向下的气流，两条尾涡的外侧是向上的气流。尾涡流场的宽度约为两个翼展，厚度约

为一个翼展。

(2) 尾涡产生的时间和运动

尾涡在飞机起飞前轮抬起时产生，在着陆前轮接地时结束(见图 6.19)。在空中，尾涡大约以 120～150m/min 的速率下降，在飞行高度以下 250m 处趋于水平，不再下降(见图 6.20)。故后机应在不低于前机的飞行高度上飞行，方可免受尾涡的危害。如果飞机在离地面较低的高度飞行，尾涡下降受地面阻挡，当降至离地 0.5～1 个翼展的高度后，就会以 2～3m/s 的速度向两侧移动(见图 6.21)。有侧风时会将它吹向下游方向。在逆温层中，尾涡持续的时间比较长。

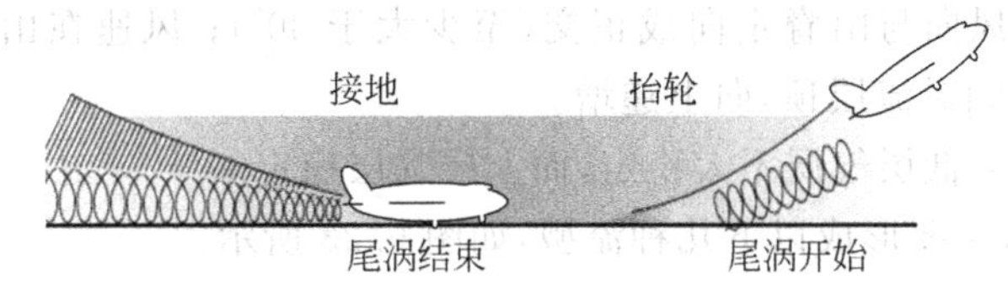

图 6.19 尾涡的产生

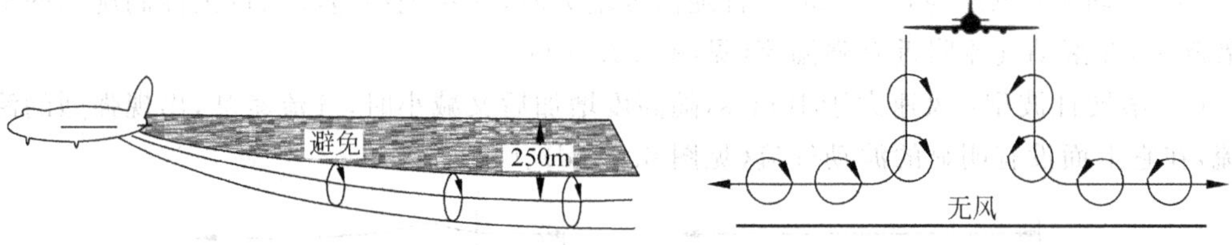

图 6.20 尾涡的下降和变平

图 6.21 尾涡在地面向两侧移动

(3) 尾涡的强度

尾涡的强度视飞机的重量、速度和机翼的形状而定，其中最重要的是飞机的重量。尾涡强度随飞机的重量和载荷因素的增大而增大，随飞行速度的增大而减小。如果飞机上有附加的襟翼或其他的装置，则尾涡的性质也会变化。

尾涡对飞行的影响及注意事项如下。

(1) 当后机从正后方进入前机的尾流区时，会遇到较大的下降气流，使后机下沉(或上升率减小)、颠簸、姿态改变、发动机停车甚至翻转等现象。特别是小型飞机尾随大型飞机起降，并进入前机尾流中时，若处置不当极易造成事故。

后机从后方进入前机的尾涡中心时，一个机翼会遇到上升气流，另一个机翼会遇到下降气流，飞机会因承受很大的滚转力矩而急剧滚转，滚转的速率主要取决于后机的翼展长度，翼展短的小型机滚转速率较大，如果滚转力超过飞机的控制能力，飞机就会失控翻转，甚至坠毁。

(2) 直升机在向前飞行时，旋翼产生的下拽气流会转化为一对拖曳气流(见图 6.22)。直升机和小型飞机应设法避开重型直升机产生的这种涡流及下拽气流。

图 6.22 直升机涡流

(3) 根据以上可知，小型飞机应尽量避免在大型飞机后下方飞行，尽量在大型飞机起飞着陆前起飞着陆。如果在大型飞机起飞着陆后起飞着陆，应拉大时间，才能保证安全。

3. 山地波

山地波不同于直接在丘陵或山地附近产生的动力湍流。它是指强风通过山脉时，在下风方向形成的一系列的背风波或涡旋。山地波的影响范围，在水平方向上可伸展几十千米至几百千米，向上可伸展到整个对流层，甚至影响到平流层。

山地波的形成需具备3个条件。

(1) 地形条件：气流越过的不是孤立的山峰，而是长山脊或山岳地带。

(2) 风向风速：风向与山脊走向成正交(至少大于30°)；风速在山脊高度上一般大于8～10m/s，且从山脊到对流层顶，向上递增。

(3) 气层稳定度：低层气层不太稳定，而上层气层稳定。

气流翻越山脉后主要形成以下几种流型，如图6.23所示。

(1) 平滑波型：风速小于5m/s，气流越山没有明显湍流(见图6.23(a))。

(2) 停滞性波型：风速为5～7m/s，且随高度增大时，在背风坡有一个大涡旋(见图6.23(b))。

(3) 波动型：风速为8～10m/s，且随高度增大时，一系列山地波以持久性涡旋列的形式发展起来，在滚动气流附近有强湍流(见图6.23(c))。

(4) 滚转性波型：风速大于10m/s，随高度增加后又减小时，气流紊乱，出现强烈的滚转气流，在它上面没有明显的波动气流(见图6.23(d)、(e))。

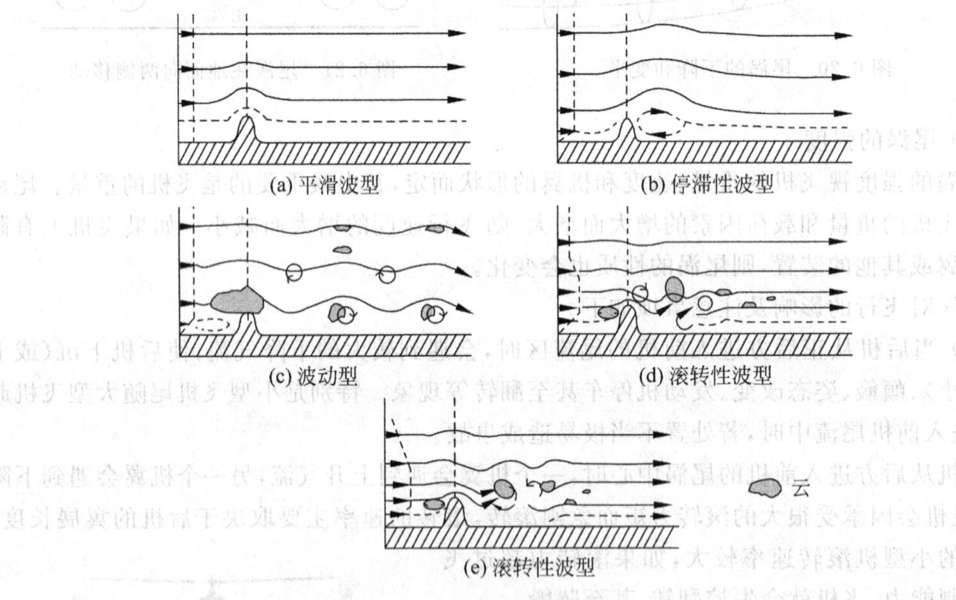

图6.23　山地波的4种基本流型

山地波形成之后，随即顺风向下游传播，振幅逐渐减小，直至消失。向下游传播的距离，与山脊的长度有密切关系；长山脊的下游常常可以观测到10个以上的山地波；短而孤立的山脉，则仅有1～3个山地波。有山地波时，空中常出现帽状云、滚轴云和荚状云(见图6.24)，飞行中应尽量避开。需要注意的是，当空气干燥时不会有这类云生成，但山地波确实存在。

(1) 帽状云：帽状云是气流沿山坡上升时水汽凝结而形成的。云底贴近或遮住山顶，

在背风坡下沉气流中逐渐消失。

(2) 滚轴云：出现此类云表明该处有滚转气流。它看起来像一条平行于山脊排列成行的积云。在滚轴云中及云下的湍流区内飞行是极其危险的。

(3) 荚状云：荚状云出现在山脉下风方向，云块位置很少变动，有时即使被风吹散了，在原处很快又会有新的荚状云形成。

图 6.24 帽状云、滚轴云和荚状云

以北京秋冬季节白天为例，因北京地处太行山余脉东侧，当有平均风速 10m/s 以上、阵风 15m/s 以上的西北大风出现时，常见到西部天空有扰动性低云，呈滚轴状或看上去像淡积云，预示控制气流不好，有颠簸。

山地波中的升降气流速度可达 2～10m/s。飞机进入这种波动气流后，往往在 1～2min 内可掉几百米高度，而后又上升，有时如此反复多次。在夜间或云中飞行时，由于不易察觉可能会导致严重事故。因为流经山脊的气流，速度增大，使气压降低而静压力降低，可使气压式高度表的指示偏高几百米，若机组未加警惕，轻信高度表，很容易会发生事故。

山地波波峰处的风速比波谷处大，观测表明，在波幅为 1350m 的波列中，波谷处风速为 16m/s 时，波峰处的风速可达 26m/s。平行山脊方向飞行的飞机，如不注意这种风速差别，可能会发生偏航，甚至迷航。

6.2.2 飞机颠簸的形成和强度

飞机在飞行中遇到扰动气流，就会产生颤振、上下抛掷、左右摇晃，造成操纵困难，仪表指示不准等现象，这就是飞机颠簸。

在大气的湍流区存在大小尺度不同的涡旋。过小尺度的涡旋，从各个方向作用到飞机上，作用力互相抵消。过大尺度的涡旋，除飞机进入涡旋边缘引起抖动外，进入涡旋后各个部位受到相同影响，即随之作有规则的升降运动，不会出现显著颠簸。研究表明，飞机颠簸是由那些与飞机尺度相当的、无一定顺序出现的涡旋造成的，这种涡旋的直径一般为 15～150m。另外，飞机颠簸除了与涡旋的尺度有关外，还与涡旋的频率有关。飞机在湍流区会遇到一个又一个的涡旋作用，这种作用力的方向、大小和时间都是随机的，飞机的运动随之发生不规则的变化，于是产生了颠簸。如果这些涡旋的作用频率与飞机机翼的自然振动频率很接近，就会发生共振，颠簸会显著加剧。

1. 颠簸的形成

以飞机为参照物，湍流涡旋对飞机的作用是一股方向不定、强弱不同的阵风。这种阵风可以分解为垂直阵风和水平阵风来讨论。

1）垂直阵风

当飞机在平飞中突然遇到速度为 W 的向上的垂直阵风时（见图 6.25），相对气流就由原来的 V_0 增大为 V，飞机的迎角由原来的 α 增大为 $\alpha+\Delta\alpha$，于是飞机的升力由原来的 Y_0 增大为 $Y_0+\Delta Y_0$，飞机突然跃升；同理，当突然遇到向下的垂直阵风时，飞机将突然下降。因乱流中垂直阵风的大小、方向变化不定，所以飞机因升力不断急剧改变而呈现忽升忽降的颠簸状态。如果作用在左右机翼上的垂直阵风的方向和大小不一致，产生的力矩会使飞机产生摇晃，如果作用的时间短促而频繁则会使飞机产生抖动。

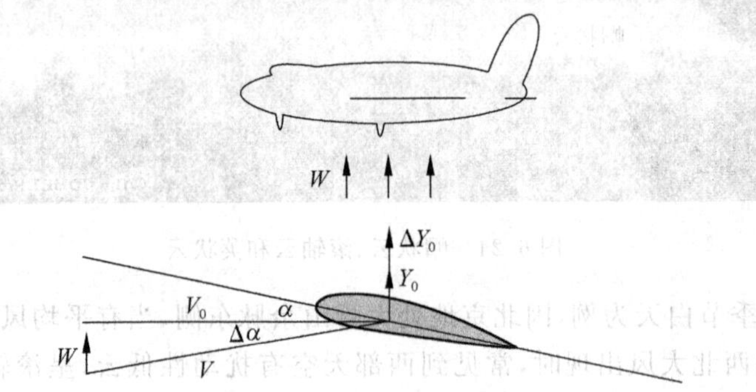

图 6.25 飞机遇到向上的垂直阵风时迎角和升力的变化

2）水平阵风

当飞机在平飞中遇到水平阵风时，空速以及升力也随之发生不规则的变化，同样会造成飞机颠簸。当水平阵风是从正前方或正后方吹来的，会引起飞机上下抛掷等现象；如果是从侧方吹来的，就会使飞机发生摇晃、摆头等现象。

水平阵风和垂直阵风对颠簸的影响作用是不同的。水平阵风要比飞机的速度小得多，对升力的影响较小；而垂直阵风能使飞机迎角发生较大的改变，对飞机升力的影响大得多。根据计算，在垂直阵风风速和水平阵风风速大小相等的情况下，当 $\alpha=10°$ 时，由垂直阵风引起的升力增量约为水平阵风的 3 倍；当 $\alpha=2°$ 时，则增大为 14 倍；因此在一般情况下分析飞机颠簸主要考虑垂直阵风的作用。

2. 颠簸的强度

颠簸强度的区分可按飞行状态的变化程度和飞机所承受的载荷因数的变化量来区分。

1）根据飞行状态划分

在飞行中，根据飞行员感觉和目测的飞行状态的变化程度及机舱中反应的大小，可将颠簸分为弱、中、强、极强 4 个等级（见表 6.4）。表中的最后一栏为推算得出的阵风风速值。此表供大型喷气运输机飞行人员用感觉和目测判断颠簸强度用。

表 6.4　飞机颠簸强度的等级

强度	飞机状态的变化	机舱中的反应	阵风风速
弱	飞机姿态短暂变动，轻微抛掷，航行稍有摆动；或者飞机在没有显著高度变化或偏航的情况下有轻微脉动	乘员感到安全带或肩带稍拉紧，未固定的东西仍保持不动，饮食照常，步行无困难	1.5～6.1m/s(5～20ft/s)
中	与弱颠簸相似，但强度增强，飞机姿态、飞行高度及航行均有变化，但飞机保持无反向操纵；或者飞机在有显著高度变化、滚转及偏航的情况下出现急剧抛掷式冲击	乘员感到安全带或肩带绷紧，未固定的东西发生移动，进食及步行困难	6.1～10.7m/s(20～35ft/s)
强	飞机姿态、飞行高度及航行均有变化，引起的指示空速变化较大，短时间内飞机失去操纵	乘员被迫系紧和抓住安全带或肩带，未固定的东西颤动不已，进食及步行无法进行	10.6～15.2m/s(35～50ft/s)
极强	飞机被急剧地和频繁地上下抛掷，事实上已无法操纵，可能会造成飞机结构的损坏		＞15.2m/s(＞50ft/s)

2）根据飞机在垂直方向承受的负荷变量划分

在颠簸的形成中已了解到飞机颠簸主要是由于垂直阵风变化造成的。垂直阵风使飞机受到垂直加速度变化，亦即飞机承受载荷因数的变化。

在飞机动力计算中，取飞机的升力与重力之比来表示飞机承受外力的相对大小，称载荷因数(亦称过载)，即

$$N = Y/G \tag{6.2}$$

式中，N 为载荷因数；Y 为飞机的升力；G 为飞机的重力。在短时间内 G 可以认为是不变的，则 N 的变化就取决于 Y 的变化。所以载荷因数的变化大时，反映了升力变化大，颠簸较强，反之则颠簸较弱。

在平飞时，$Y=G$，则 $N=1$。如果 $Y>G$，则 $N>1$；如果 $Y<G$，则 $N<1$，飞机将出现向上向下的加速运动。取式(6.2)差分得到

$$\Delta N = \Delta Y/G = (M \times \Delta a)/(M \times g) = \Delta a/g \tag{6.3}$$

式中，M 为飞机质量；Δa 表示由升力引起的飞机垂直加速度的改变量；g 为重力加速度。

此式表明，载荷因数变量就是飞机垂直加速度与重力加速度之比，通常用重力加速度的倍数表示。例如，$\Delta N=0.2$，就是说飞机的垂直加速度等于重力加速度的 0.2 倍，约为 2m/s 的加速度。一般情况下，我们可以用 $|\Delta N|$ 来划分颠簸强度：当 $|\Delta N|<0.2$ 时为弱颠簸；当 $0.2\leqslant|\Delta N|\leqslant0.5$ 时为中度颠簸；当 $|\Delta N|>0.5$ 时为强颠簸(见表 6.5)。

表 6.5　ΔN 飞机颠簸强度(飞行速度 500km/h)

ΔN	飞行员估计的颠簸强度/%		
	弱	中	强
＜0.2	71	24	5
0.2	53	40	7
0.21～0.5	—	78	22
＞0.5	—	—	100

下面讨论ΔN与垂直阵风的关系。飞机一旦遇到垂直阵风(W),迎角将随之改变$\Delta\alpha$,它们与飞行速度(V)有如下关系:

$$\Delta\alpha \approx W/V$$

这时升力系数也产生增量,即

$$\Delta C_y = \frac{\delta C_y}{\delta\alpha}\cdot\Delta\alpha = \frac{\delta C_y}{\delta\alpha}\cdot\frac{W}{V} \tag{6.4}$$

式中,$\delta C_y/\delta\alpha$为升力系数斜升率。由升力公式$Y=\frac{1}{2}\rho V^2 SC$可知,只考虑垂直阵风时,

$$\Delta Y = \frac{1}{2}\rho V^2 S\Delta C_y = \frac{1}{2}\rho V^2 S\frac{\delta C_y}{\delta\alpha}\cdot\frac{W}{V} \tag{6.5}$$

将式(6.5)代入式(6.3)可得

$$\Delta N = \frac{\rho V\dfrac{\delta C_y}{\delta\alpha}}{2\dfrac{G}{S}}\cdot W \tag{6.6}$$

式中,ρ为密度;V为飞行速度;S为面翼面积;G/S为飞机翼载荷。

式(6.6)为垂直阵风对飞机载荷因数的影响关系式。对某架飞机来说,G/S为给定值,在迎角小于临界角的情况下,$\delta C_y/\delta\alpha$可视为常数;当飞机的速度和高度保持不变时,V和ρ均为定值,这时ΔN的大小就反映了W的大小。

3. 影响颠簸强度的因子

从式(6.6)可以看出,影响颠簸强度的因子如下。

1) 湍流强度

湍流强度取决于垂直阵风区的风速和空气密度,垂直阵风的风速越大,空气密度越大,所引起的飞机升力的变化越大,颠簸也越强;反之则颠簸越弱。飞机平飞时空气密度变化不大,可以不计,这时湍流强度主要取决于垂直阵风的大小。

2) 飞行速度

飞行速度越大,载荷因数变化越大。这是因为飞行速度越大,飞机单位时间受到垂直阵风冲击的次数越多,但振幅减小。因此高速飞机发生颠簸时,常常感到的是抖动,高度变化小。但在低速飞行条件下(空速600km/h以下)飞行速度越大,飞机因湍流而产生的振动的振幅和频率都越大,颠簸就越强。

3) 飞机的翼载荷

翼载荷大的飞机单位机翼面积上承受的飞机重量大,受到垂直阵风冲击后产生的加速度小,所以颠簸弱;反之,翼载荷小的飞机颠簸强。对于同一类型的飞机来说,由于翼面积是一定的,因而颠簸强度只与载重多少有关。载重少时颠簸较强,载重多时颠簸较弱。

但是,也不能由此得出飞行重量越大越好的结论。随着飞行重量的增加,机翼的紧固性相应地减小,其不利作用往往会超过减轻颠簸的作用。

4. 颠簸区的空间分布特征

1）低空颠簸区的分布

在低空，由于山地和丘陵地区湍流易得到发展，所以在山区飞行时的颠簸比在平原地区多。我国西南、西北和华北等地区地形复杂，飞行时发生的颠簸比东部平原地区多。在我国西部多山地区，当很强的气流横越山脉时，经常会产生动力湍流和地形波，造成飞机颠簸。例如，在格尔木—当雄航线上，友山口至乔克溪山口为一南北向的山谷，两侧为高山，当出现偏西大风时，飞经该处的飞机都会发生颠簸，有时会发生强的颠簸。又如在云贵地区，运输机航线飞行时，在表6.6所列的地区经常会发生颠簸。

表6.6　云贵地区航线飞行常发生颠簸的地区

航　　线	发生颠簸的地区
昆明—昭通	威宁、者海
昆明—贵阳	盘县
昆明—保山	天子庙坡、红岩坡、南华北部、滇池
昆明—蒙自	抚仙湖、华宁
昆明—砚山	南盘江、母猪山
昆明—思茅	元江北部、新平

2）中高空颠簸层的厚度和水平尺度

飞行经验指出，位于中、高空的颠簸层一般具有比较明显的边界，飞机一旦进入其中，就会产生不同程度的颠簸，但在改变一定高度（通常不过几百米）或改变航向后，又能迅速恢复正常的飞行状态，说明颠簸区的厚度和水平尺度都是不大的。

6.2.3　产生颠簸的天气系统和地区

1. 产生颠簸的天气背景

1）锋面

大气锋面及其附近是非常有利于湍流发展的地方。由于冷暖空气的交汇，暖空气被抬升，以及锋面的移动都会引起垂直气流和水平气流的切变而形成湍流。再加上地形动力因素，以及由锋面原因生成的不稳定云系，所以在锋面及其附近遇到湍流颠簸的频率大，且比较复杂。一般锋面的移动速度越快其两侧的气团越不稳定，产生的乱流颠簸就越强。较强的颠簸多出现在锋面附近，冷气团一侧出现的频率比暖气团一侧大。

在暖锋云系中飞行比较平稳，湍流颠簸不强，发生的概率也比冷锋小。但当暖锋云系中隐藏着积雨云时，也会产生很强的颠簸。

冷锋锋面附近冷气团的冲击，锋后大风与地形的共同作用，空中强锋区，水平、垂直风切变，以及冷锋附近常有不稳定云系产生，对湍流的形成发展特别有利。其强度与锋面强度（冷暖气团温差对比）、坡度、移动速度、地形粗糙度有关。当锋面强度大、坡度陡、移动速度快、地面地形越粗糙，则湍流越强，反之则越弱。

2）高空槽

高空槽是大型的天气不稳定区，槽前后的风切变大，风速辐合强，且有冷暖平流配置，整层都有反应。由于在槽前后有明显的风切变和温度切变，所以在其中飞行时有较强的颠簸（见图 6.26）。

3）切变线

这里的切变线是指单纯的风切变。在切变线附近虽然风速较小，但风向多变，在此情况下飞行很容易产生颠簸（见图 6.27）。

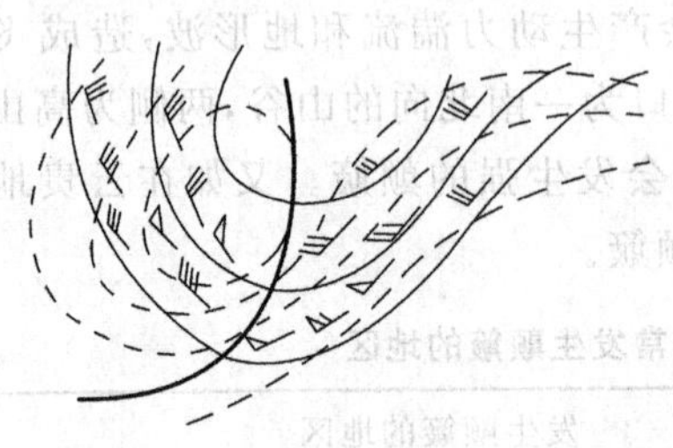

图 6.26　高空槽型

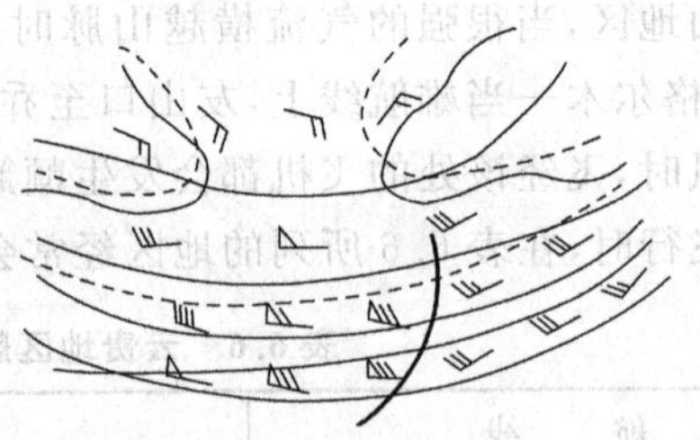

图 6.27　切变线型

4）高空低涡

当飞机穿过高空低涡时，碰到的高空风很小，但风向打转，并且由于高空低涡大多是冷性的，使气层变得不稳定，乱流发展，飞机会遇到中度以上的颠簸（见图 6.28）。

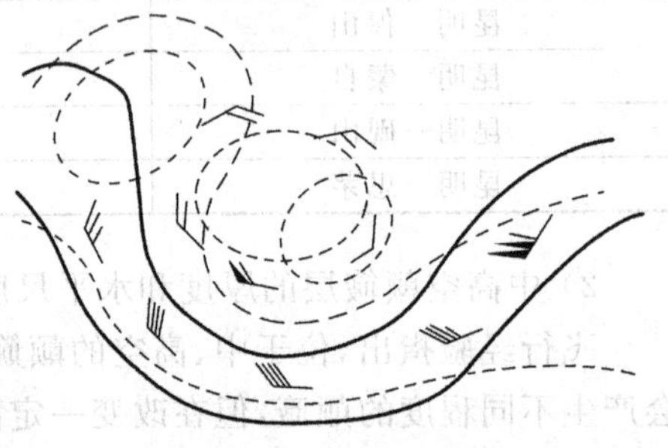

图 6.28　高空低涡型

5）对流层顶附近

在对流层顶附近，尤其在对流层顶有断裂现象和对流层顶坡度较陡时，往往有较强的乱流出现。根据有关资料记载，当对流层顶的坡度达到 1/100～1/300 时会产生颠簸，当坡度大于 1/100 时颠簸将十分强烈。可见，对流层顶附近是一个重要的晴空颠簸区。

6）飞机沿等高线飞行，在风速切变较大的区域会引起颠簸。这时风向不变，但风速变化很大，是由水平风切变引起的颠簸。

7）积状云区

积状云是由空气对流而形成的。空气作对流运动时，一部分空气受热上升，就会引起四周空气下降补充。在空气上升和下降的过程中就会引起湍流的发生。上升气流的速度不同，引起的湍流强度也不同。

积状云影响的范围很大，在其云中和云外飞行都会产生颠簸。在云行进方向的前面飞行会产生中度甚至强颠簸，而在云后部飞行一般为轻度的颠簸。

2. 急流

顺急流飞行，可增大地速，节省燃料，缩短航行时间且增大航程，逆急流则相反。所以逆急流飞行要注意地速和燃料消耗的情况，必要时应避开急流。横穿急流会产生很大的偏流，应注意进行修正。

1）急流与颠簸

急流区经常发生颠簸的区域，主要是位于靠低压一侧（即北侧）急流轴下方 1～3km 处。

如图 6.29 所示，图中 C 点为西风急流轴，在对流层顶倾斜最大或断裂的地区，往往颠簸最强。

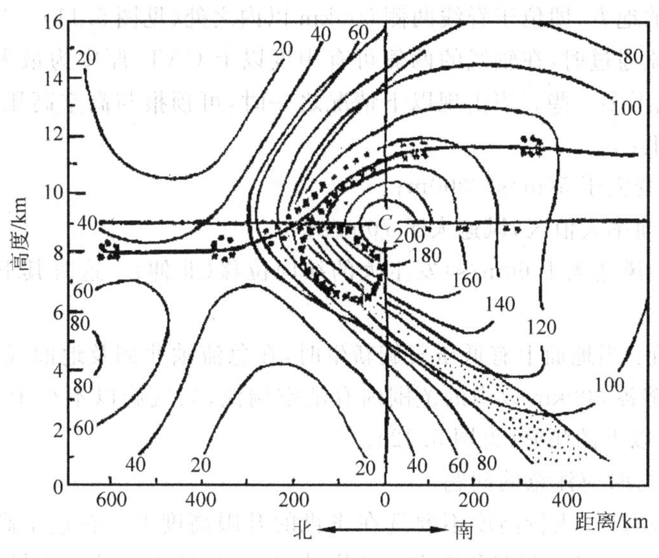

图 6.29 急流与飞机颠簸区

（细实线：等风速线，km/h；粗实线：对流层顶；点区：锋区；"×"区：颠簸区）

急流区颠簸，孤立分散，最强颠簸区的长度、宽度、厚度是随时间、地点变化的。通常急流强颠簸区长度一般约为 80～170km，宽度约 40～50km，厚度很少超过 200～300m。强颠簸区，常为无云的晴空颠簸。

在急流中颠簸区，据飞机报告：当垂直切变超过 3(m/s)/100m、水平切变超过 6(m/s)/100km 时，可以产生颠簸。当风的垂直切变大于 10(m/s)/300m 或水平风速超过 60m/s，急流轴发生较大的纬度位移时都会产生强的颠簸。

2）与急流相关出现湍流颠簸的区域

(1) 急流轴附近

急流轴附近高空槽中的冷平流可以在 300hPa、250hPa、200hPa 等压面图上利用风场、温度场确定（见图 5.7）。当 250hPa 或 200hPa 等压面图上有强温度梯度（冷平流）不小于 5℃/100km 时，是产生晴空颠簸（CAT）的重要指标（见图 5.9），当出现下述一种或几种情况时可报晴空湍流增强：

① 槽的移速不小于 15m/s(54km/h 或 650km/12h)；

② 在等温线密集区附近，水平风切变不小于 20(m/s)/200km；

③ 垂直于等温线密集区的风速分量不小于 30m/s；

④ 在等温线密集区，未来风向变化不小于 75°。

着眼点定在高空锋区、未来冷平流加强地方的颠簸。其垂直范围大部都在对流层以下 2 000m 至其上 600m 之间。

(2) 两支急流区：当两支急流彼此靠近到 500km 以内时，在汇合区产生晴空湍流的频率很大（见图 5.10）。由于南支急流轴位置高于北支急流，后者常在前者下方穿过，于是加大了汇合区气层的垂直切变和静力稳定度，晴空湍流区的垂直厚度为两支急流之间。在汇合区当垂直切变不小于 3(m/s)/100km 时，可有中度以上的颠簸。

(3) 高空高压脊：颠簸区多出现在高空气旋式切变区域，但最强的颠簸区则出现在反气旋性弯曲最大的地方，即位于脊线两侧500km以内之处(见图5.11)。当高压脊发展增强(向北伸展)且急流通过时，在轴线的两侧可有中度以上CAT，厚度为最大风速高度的上下各伸展1 000m或再多一些。当出现以下情况之一时，可预报与高空高压脊相伴随的CAT的强度在中度以上：

① 垂直风切变大于5(m/s)/300m；

② 在反气旋曲率大值区，风速大于70m/s；

③ 强急流轴(风速大于60m/s)发生大的纬向位移(北伸)。这时其下游的槽中往往会有气旋新生。

(4) 地面气旋：当地面上有低压气旋新生时，在急流轴北侧及地面气旋新生区以东，从高空脊线往上下游各500km以内的范围内有晴空湍流，当气旋以不小于1hPa/h的速率加深时，可预报中度以上的颠簸(见图5.12)。

3) 急流中飞行时应注意的问题

(1) 顺急流飞行时，飞行高度不要选在飞机的升限高度上。在这个高度上飞机的操纵性、空气动力性能都不好。顺着急流进入急流轴飞行，最好不要从急流轴正下方进入，而应从急流轴的一侧保持平飞状态进入，同时进入角应小于30°，以免偏流过大。

(2) 在急流中飞行时，如果遇到的颠簸越来越强或强颠簸，应采用改变高度、航线的方法脱离，通常改变高度300～400m，偏离航线50～70km即可。在改变高度、航向时要考虑飞行高度、地形标高，飞机性能和任务等因素，同时要动作柔和，正确操纵飞机脱离强烈颠簸区。

(3) 在急流中飞行时，如果发现云的外形不断迅速变化，而且水平云带非常散乱，则表示云内乱流较强，往往能引起强颠簸，此时应尽量避免在这种云中飞行。

3. 地区性颠簸

根据飞行员多年经验反映，从汉口到长沙、秦岭以南，从邳县到日本海发生颠簸较多，这和南北两支急流进退、合并变化有关。冬半年(特别是2、3、4月份)北京—乌鲁木齐航线在10 000～12 000m高空有霾层或浮尘，飞机在霾层或浮尘中飞行常有颠簸。当有冷空气进入青藏高原时，在成都到拉萨航线上常有颠簸。

6.2.4 颠簸对飞行的影响和在颠簸区飞行应采取的措施

1. 颠簸对飞行的影响

(1) 颠簸强烈时，一分钟上下抛掷十几次，高度变化数十米，空速变化20km/h以上。为了保持飞行状态，飞行员需要花费很大气力操纵飞机，颠簸特别强烈时甚至暂时会使飞机失去操纵，或者使飞机的结构遭到破坏，造成机毁人亡的事故。

(2) 颠簸使机身颤振，并使进入发动机进气道的空气量显著减少，严重时会导致自动停车。

(3) 强的颠簸会造成机组人员和旅客疲劳，头昏眼花，恶心呕吐等生理不适的现象。特别是突然的强烈颠簸，可能会因碰撞而造成乘客伤亡。

2. 颠簸区飞行应采取的措施

1) 不要做大的机动动作

飞机在湍流中飞行时所承受到总载荷因数，由平飞载荷因数，操纵飞机作机动时产生的以及因阵风而产生的载荷因数变化量3个部分组成。如果机动动作急剧，产生机动载荷因数变化量较大，并同阵风载荷因数叠加，可能会造成飞机承受载荷因素过大，使飞机结构损坏。所以在湍流区飞行时，应尽可能减小动作量，限制大过载急转弯。

2) 不必严格保持俯仰角

飞机在颠簸区飞行，所遇到阵风的方向大小、时间都是随机的，事先无法知道，飞机仰角变化主要依靠飞机本身的安定性来恢复迎角，飞行员不必过多地干预俯仰姿态的改变，否则反而可能会导致飞机要承受更大的载荷因数。

3) 飞行的速度不能过大或过小

飞机在湍流区飞行，若速度过大遇到垂直阵风时，载荷因数变化量大，可能会导致飞机的结构被破坏；若速度小时迎角过大遇到最大垂直阵风时，迎角再增大就可能超过失速迎角，造成失速。所以按最大垂直阵风下飞机结构可能承受的最大强度来确定飞行速度的最高限度，按最大垂直阵风不失速来确定飞行速度的最低限度，在颠簸区飞行保持在两者之间就可以安全航行了。如三叉戟飞机规定颠簸飞行表速是275kt和Ma数为0.8。高度低时按表速控制，高度高时按Ma数控制。飞机出现抖动时，改变一下飞行高度，就可以改变垂直阵风冲击飞机的周期，抖动就会减弱。

4) 飞行高度适当低一些

由于抖动升力系数(指飞机开始发生抖动时的迎角所对应的升力系数)是随Ma数增大而减小的，所以飞行高度高，飞行Ma数增加，实际飞行的升力系数就接近抖动升力系数，即升力系数裕量小。这样遇到垂直阵风时，飞机就可能出现抖动。为了保持足够的升力系数裕量，就要限制高度的增加。所以颠簸飞行时的最大高度应比平稳气流飞行的最大高度低一些。实际飞行发生轻度颠簸时，一般不必下降飞行高度，强颠簸时应及时降到规定该型飞机颠簸飞行的最大高度以下。

5) 飞行速度和高度选定之后不必严格保持

仪表的指示摆动，往往是颠簸的结果，不一定表示飞行速度和高度的真实变化，过多地干涉这些变化，只会引起载荷发生更大的变化，只有速度变化很大时，才需要改变油门的位置。

6) 适当改变高度和航线，脱离颠簸区

颠簸层的厚度一般不超过1 000m，强颠簸层的厚度只有几百米，颠簸水平的尺度多数在100km以下，所以飞行中出现颠簸可改变高度几百米，或暂时偏离航线几十千米，就可以脱离颠簸区。在低空发生强颠簸时，应向上脱离；在高空发生颠簸时，应根据飞机性能以及飞机与急流轴的相对位置确定脱离方向。误入积雨云、浓积云中发生颠簸时，应迅速脱离云体到云外飞行。

7) 飞机一旦进入山地波区域应采取的措施

(1) 避开帽状云、滚轴云、荚状云，因为这些云中有强的湍流和升降气流。

(2) 飞机至少应保持3/2山高的飞行高度。这样虽然不能完全避免颠簸，但遇到下降气流时可以安全脱离。

(3) 以 45°角接近山脉，以便遇到强烈下沉气流时，能迅速回转。

(4) 警惕气压式高度表发生误差。

(5) 按规定的飞行速度穿越湍流区。

6.3 飞机积冰

飞机积冰是指飞机机身表面某些部位聚积冰层的现象。其主要是由云中过冷水滴或降水中的过冷雨滴碰到机体后冻结形成的，也可由水汽直接在机体表面凝华而成。冬季，露天停放的飞机机身表面有时也会形成积冰。

飞机积冰常发生在飞机表面突出的迎风部位，主要包括：机翼及尾翼的前缘、发动机进气口、螺旋桨、天线、雷达罩、空速管和风挡等。飞机积冰会破坏飞机飞行中的空气动力性能，影响飞机的稳定性和操纵性。使升力减少，阻力增大，并可能破坏飞机的安定性，致使飞机进入不稳定状态，严重的积冰将使飞机操纵变得困难。

随着航空技术的发展、飞机的飞行速度和高度的提高以及飞机防/除冰设备的日趋完善，飞机积冰对飞机的危害在一定程度上是减小了，但由于各种任务的需要，中、低速的飞机仍在使用，近年来直升机也在广泛使用。另外，高速飞机在低速的起飞阶段，或穿越浓密云层飞行时同样可能产生严重的积冰。因此飞机积冰仍然是危及飞行安全的严重问题，其有时会造成飞行事故。

目前许多飞行手册规定：飞机在云中飞行时要打开防冰装置，飞机在起飞前，必须除尽机翼、机身的积冰和霜。

6.3.1 飞机积冰的形成、种类及强度

1. 飞机积冰的原理和过程

1) 飞机积冰形成的原理

大气中存在温度低于 0℃而仍未冻结的过冷水滴（云滴或雨滴），这种过冷水滴多出现在－20～0℃的云和降水中。实践表明，相对湿度大于 100％时，过冷水滴就形成了。在温度低于－40℃时，过冷水滴就会立即冻结，但是在温度高于－40℃时，水滴就会在较长时间内保持液态存在，存在的具体时间取决于水滴的大小和纯度。小的过冷水滴比大的过冷水滴存在的时间更长，出现的温度也更低。过冷水滴的一个重要的特征就是不稳定，稍受震动，即冻结成冰。

2) 飞机积冰形成的过程

当飞机在含有过冷水滴的云中飞行时，如果机体表面温度低于 0℃，过冷水滴即会在机体表面某些部位冻结并聚积成冰层，形成飞机积冰。比如，当过冷水滴碰到飞机机翼时，过冷水滴受到震动开始冻结，形成冰针网，即中心冻结，周为液态，冻结释放出的潜热使未冻结的过冷水滴温度升高并沿翼面流动，流动过程中通过蒸发和传导释放热量，进而冻结形成积冰。这个过程进行的速度在很大程度上取决于过冷水滴原来的温度，如果过冷水滴的温度较高（接近 0℃），先冻结的部分释放出的潜热可使未冻结的部分升温到 0℃或以上，冻结速度就会比较慢，冻结而成的积冰较牢固；如果过冷水滴较小，温度很低（接近－20℃），冻结

速度很快，往往会在飞机表面直接冻结，此时冻结释放的潜热不足以使过冷水滴在冻结之前变暖，因此形成的积冰较为松散。云层中过冷水滴越多，机体表面温度越低，冻结越快，冰层也越厚。

2. 积冰的种类

由于云中的含水量和过冷却程度不同，冻结过程中释放的潜热排走的快慢不同，所以形成的冰层，在结构、强度和外观上也各有不同，有的光滑透明，有的粗糙不平，有的坚硬牢固，有的松脆易碎。根据积冰的结构、形状和对飞行的影响程度，大致可分为明冰、毛冰、雾凇和霜 4 种。

1）明冰

明冰是光滑透明、结构坚实的积冰。明冰通常是在冻雨中或由过冷大水滴组成的温度在－10～0℃的云中飞行时形成的。在这样的云雨中，由于水滴较大，温度相对较高，过冷水滴碰上机体表面后并不完全在相撞处冻结，而是部分冻结，部分顺气流向后流动，在流动中逐渐冻结。由于冻结时夹杂的空气很少，故形成的明冰没有气泡，密度大、光滑透明、质地坚硬。

在有降水的云中飞行，明冰的聚集速度很快，冰层较厚，且冻结牢固，用除冰设备也不易使其脱落。明冰主要出现在机翼水平安定面的前缘、飞机机头整流罩和发动机的进气口处，对飞行的危害较大，它能改变飞机的空气动力特性。如果积冰较厚，还可能会使飞机的重心位置改变，产生俯仰力矩，使飞机的稳定性变坏。冰层破坏后的冰块有时还会打坏飞机的其他部件。而在没有降水的云中飞行时，这种冰的成长期要慢得多，危害性要小得多。

2）毛冰

毛冰是明冰和雾凇的混合体，表面粗糙不平，冻结比较牢固，不透明，呈白瓷色，因此又叫瓷冰。

毛冰多形成在温度－20～－5℃的过冷云或混合云中，云中大小过冷水滴同时存在，有时还夹有冰晶一起冻结。所以，它是比较坚固，内部结构不均匀的积冰。毛冰对飞机空气动力特性的改变比明冰大，所以对飞行的影响不亚于明冰。

3）雾凇

雾凇是由粒状冰晶组成的表面粗糙不透明的积冰。它是当飞机在温度为－20℃左右的混合云中飞行时形成的。由于在低温条件下，过冷水滴较小（直径小于 10μm），碰到机体表面冻结很快，几乎保持原来的颗粒状，在聚积过程中各冰粒之间留有空间，因此冰层不透明。

雾凇结构松脆，附着在飞机表面不牢固，易于除去，常会因气流冲刷而脱落。雾凇一般形成于机翼前缘和机体其他突出部位的前缘，而防冰除冰装置也在这个位置，其对飞行的危害小些。但如果其聚积较厚时，也会改变飞机的空气动力特性。如果风挡有雾凇时，还会影响目视。

4）霜

霜是晴空中飞行时出现的一种积冰，它是由于水汽在寒冷的机体表面直接凝华而成的白色小冰晶层。其形状与地面物体上形成的霜相似。霜的维持时间不长，一旦机体增温后即消失，其受到振动时也容易从飞机表面脱落，除在风挡上出现会短时影响目视外，对飞行没有影响。

霜可形成于机身的任何部位。通常飞机从较高的高度下降到中、低空飞行时，飞机表面及飞机座舱玻璃上即有或厚或薄的霜形成。此外，当飞机穿越锋面，由冷气团进入暖气团飞行时，也会有霜形成。冬季停放在地面上的飞机，如发生结霜，一般要求清除机体上的霜层后才可起飞。

3. 积冰强度

在相同的积冰天气环境下，积冰的强度取决于飞机的类型、飞机的设计、飞行的高度和飞行的速度等因素。大型民航客机不容易积冰，因为其飞行高度高、速度大，防冰设备强大。

积冰强度是指单位时间内机体表面所形成冰层的厚度，单位是 mm/min。积冰强度的定义目前分为微量、轻度、中度、严重 4 个等级。这种划分积冰强度的方法只有用专门的积冰探测装置才能确定，实际飞行中难以观测，因此，平时常用整个飞行过程中所积冰层的总厚度来划分强度，而不考虑积冰时间的长短（见表 6.7）。

表 6.7　飞机积冰强度等级

等级	单位时间在机体上形成的冰层厚度/(mm/min)	整个飞行过程中，机体单位面积上积冰总厚度/cm
弱	＜0.6	＜0.5
中	0.6～1.0	5.0～15.0
强	1.1～2.0	15.1～30.0
极强	＞2.0	＞30.0

另外，在日常飞行中，一般是根据积冰对飞行的影响程度，将积冰强度分为微量、轻度、中度和严重 4 个等级。

微量积冰是指冰层的生成速度略大于其升华速度，这种积冰没有明显危害，无须启动防/除冰设备，也无须改变飞行高度或航径，除非这种积冰达到 1h 以上。

发生轻度积冰时，如果持续 1h 以上，则对飞行将构成威胁，因此间断使用防/除冰设备成为必要，如果需要在这种环境中长时间飞行，则必须改变高度或改变航径。

发生中度积冰时，冰层聚积速度较快，即使短时间飞行也会对飞行造成威胁，因此必须启用防/除冰设备，并且如果预计其持续的时间略长，则要求改变高度或航径。

在严重积冰环境下，防/除冰设备已经无法将冰层除去或防止积冰增加，需要立即改变高度或航径。

飞机积冰后，飞行状态必然会有所反应，根据这种反应也可间接判断飞机积冰强度的等级（见表 6.8）。这种方法比较实用，在飞机形成积冰的过程中就可以判断出来。

表 6.8　根据飞行状态的变化判断飞机积冰强度的等级

积冰强度等级	飞行状态的变化
弱	航迹和高度无变化，未引起空速损失
中	航向和(或)高度有较显著的变化。冰层在不断聚积，除长时间在积冰区中飞行外，对飞行尚无显著影响，空速有所损失
强和极强	航向和高度有显著变化。冰层聚积很快、很厚，严重影响飞机的飞行性能和操纵性，空速损失明显

4. 影响飞机积冰强度的因素

飞机的积冰强度与气象条件和飞机空气动力特性有关。影响飞机积冰的主要的气象因素包括大气的温度、云中过冷水含量、过冷水滴的大小；其他因素主要有飞行速度以及飞机积冰部位的曲率半径等。

1）云中温度

通常积冰形成于温度低于0℃的云中，绝大多数积冰发生在－20～0℃之间。积冰不会发生在气温低于－40℃时(此时不存在过冷水滴)，只有4%的积冰发生在温度低于－20℃的情况下，50%的积冰发生在温度－12～－8℃之间。

当飞机从温度低于0℃的云中进入温度高于0℃的云中时，由于机体表面保持较低温度，因此碰到温度高于0℃的水滴时也有可能发生积冰(霜)。

另外，在云中温度略高于0℃，在云中相对湿度小于100%，飞行速度不大的情况下，水滴碰到机体上后，强大的气流使水滴强烈蒸发而降温，若降温作用超过了动力增温作用，则机体表面稳定降至0℃以下，于是形成积冰。此外，在发动机进气口和螺旋桨发动机汽化器等部位，由于流经该处的空气发生膨胀冷却，可降低几度，也会产生积冰。

2）云中过冷却水含量

云或降水是形成飞机积冰的必要条件，其中，云中的过冷水滴含量是关键因素。云中过冷水含量越大，积冰强度也越大。过冷水含量超过1g/m^{3}时，积冰最为严重。云中过冷水含量主要是由气温决定的，温度越低，过冷水含量越少，所以强积冰多发生在温度－10～0℃范围内(见图6.30)。另外，云中过冷水含量还与云状、云中上升气流的大小有关。

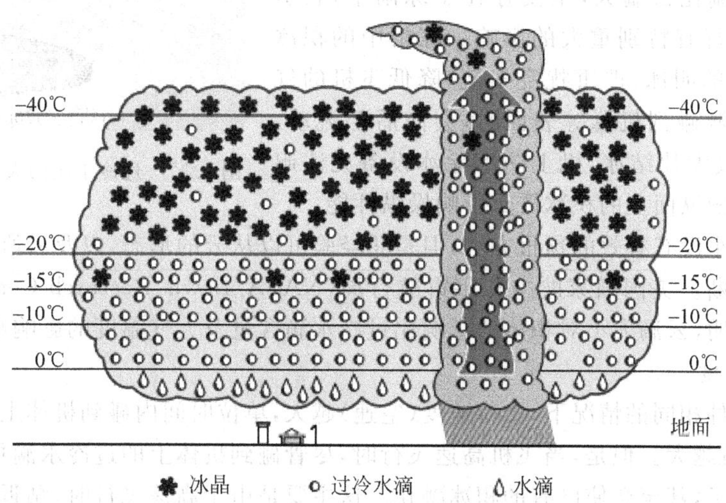

图6.30 云中过冷水含量与云中温度

过冷水滴的形成有两种途径：一是暖空气层机制，冰晶或雪花在下降过程中遇到暖空气层部分融化合并，然后在低层的冷空气中达到过冷却形成(见图6.31(a))；二是碰并过程，在云中大小不同的水滴运动的速度是不同的，互相碰撞的结果是小水滴附着在大水滴上形成更大的水滴，碰并的过程非常迅速(见图6.31(b))。当云中水滴达到20μm以上时这个过程开始，最终可以形成200～500μm的毛毛雨滴和500μm以上的雨滴。

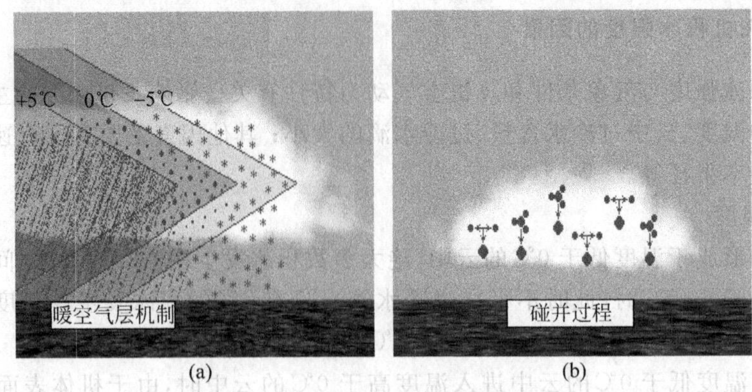

图 6.31　云中过冷却水滴形成有两种途径

3）过冷水滴的大小

云滴的大小影响积冰的类型和强度，但其影响的程度相比过冷水滴含量和大气温度而言较小。小水滴容易随气流绕过飞机，只在机翼及机身前缘积累积冰。

由于大的过冷水滴有较大的惯性，容易和飞机碰撞，所以单位时间内形成的冰层较厚，积冰强度较大。大水滴形成的积冰不仅发生在飞机前缘，也可能发生在机翼的中后部，而飞机的防冰除冰系统多安装在飞机表面前缘，因此大水滴的积冰危害更大（见图 6.32）。

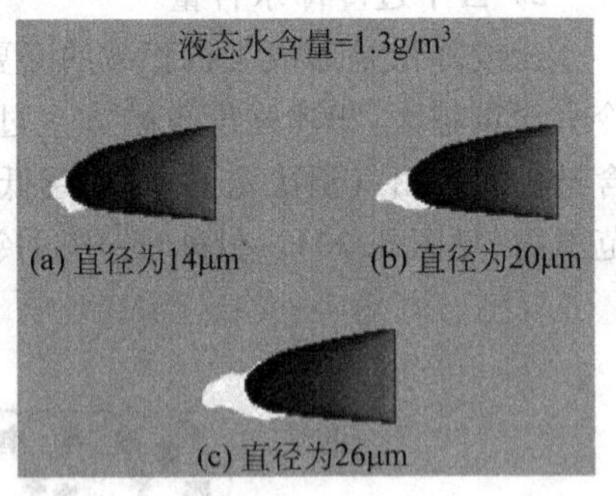

图 6.32　过冷水滴的大小与飞机积冰

过冷大水滴比云滴大，主要存在于冻雨中，它引起的明冰对飞行有特别重大的影响。冻雨中的积冰可以产生大块的明冰，严重扰乱气流，降低飞机的气动性能。冻雨滴碰到机翼等表面时，会向后部流动，逐渐凝结，形成大片结冰，机上防冰除冰设备无法起作用。在飞机操纵面上的积冰严重影响操纵性能。

云滴的大小没有有效的预报方法，但是凭经验可以从云的形态，以及云所在的地理位置等做出一些判断。美国国家航空和宇宙航行局（NASA/Lewis Research Center）的积冰模式试验结果表明，云滴大小对积冰的影响比过冷水滴含量及大气温度的影响小。

4）飞行速度

在其他条件相同的情况下，飞行速度（空速）越大，单位时间内碰到机体上的过冷水滴越多，积冰强度就越大。但是，当飞机高速飞行时，尽管碰到机体上的过冷水滴更多了，但却可能根本冻结不了，甚至会使已有的积冰融化。这主要是由于高速飞行时，贴近飞机正面的空气压缩增热，以及机体表面和空气之间的摩擦增热，使机体表面的温度高于环境温度，甚至升高到 0℃以上，这就是所谓的动力增温或气动增热。

动力增温是空气在稳定的绝热运动中动能转化为热能的结果，以机体前缘驻点处增温最大。驻点处的增温值可以用下式来计算。

$$\Delta T = T_0 - T \approx V^2/2\,000 \tag{6.7}$$

式中，T_0 为驻点处空气的温度；T 为环境温度；V 为飞行速度，m/s；$T_0 - T$ 为驻点处空气

的动力增温，用ΔT表示。

由式(6.7)可见，动力增温值与飞行速度的平方成正比。不同飞行速度对应的驻点动力增温值如表6.9所示。

表6.9 不同飞行速度情况下的动力增温值

飞行速度		驻点动力增温/℃		非驻点动力增温/℃
km/h	m/s	云外飞行	云中飞行	云雨中飞行
100	26.8	0.4	0.2	0.2
200	55.6	1.5	0.9	0.7
300	83.3	3.5	2.1	1.7
400	111.1	6.2	3.7	3.0
500	138.9	9.6	5.8	4.6
600	166.7	13.9	8.3	6.7
700	194.4	18.9	11.3	9.1
800	222.2	24.7	14.8	11.8
900	250.0	31.3	18.8	15.0
1000	276.8	38.6	23.2	18.5
1100	305.6	46.7	28.0	22.4
1200	333.3	55.5	33.3	26.7

事实上，机体边界层与外界有热量交换，需损耗热量，在云雨中飞行时，由于雨滴蒸发也要损耗热量，所以驻点实际增温值只相当于云外增温的60%左右。而驻点以外机体表面的增温值约为驻点增温值的80%。

如果动力增温不能使得机体表面的温度上升到0℃以上，飞机将继续积冰，而且积冰强度随飞行速度的增大而增强；如果动力增温使机体表面温度上升到0℃以上，飞机不仅不会积冰，而且飞机上已有的冰层会融化。

积冰与不积冰的临界飞行速度，可根据云中温度和动力增温求得。图6.33为积冰与云中温度、飞行速度的关系图。

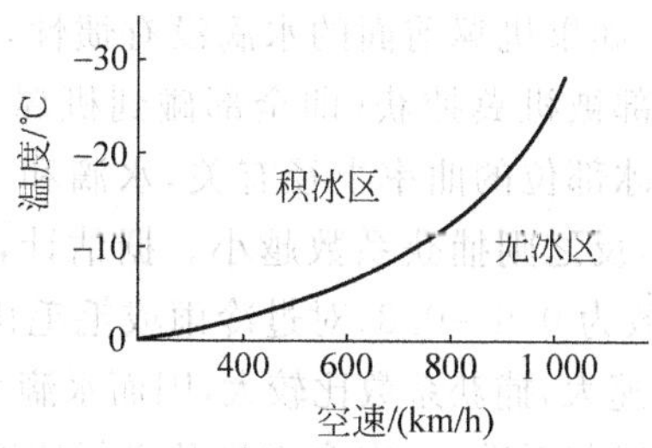

图6.33 飞机积冰与云中温度、飞行速度的关系

图6.33中的曲线表示在不同云中温度下飞行时，积冰与不积冰的临界飞行速度。如在-11.8℃的云中飞行，800km/h就是临界值，大于这个速度一般不会发生积冰，小于这个速度就会发生积冰。

对于大速度飞行来说，如Ma数接近1的近音速飞行时，在温度不低于-20℃的云中飞行，可以不考虑积冰问题。故高速飞机多半是在起飞、爬升、下降和进近着陆，飞行速度减为亚音速时才会发生积冰。此外，由于驻点增温的结果，高速飞机的积冰往往不是出现在机翼前缘，而是出现在增温较小的负温翼面部位。

5）机体积冰部位的曲率半径

积冰强度除了主要取决于云中过冷水含量、水滴大小和飞行速度外，还与机体积冰部位的曲率半径有关。以机翼积冰为例，在其他条件相同的情况下，若机翼前缘曲率半径较大，在机翼前缘较远的地方，气流就开始分离了，这样水滴就容易随气流一起绕过机翼，而碰上机翼的较少(见图 6.34(a))；反之，机翼前缘曲率半径较小时，在机翼前缘较近的地方气流才开始分离，这样，虽有一些水滴随气流一起绕过机翼，但碰上机翼的较多(见图 6.34(b))，故积冰也较强。所以，曲率半径小的机翼积冰强度比曲率半径大的机翼大一些。由此可以说明空速管、天线等部位出现积冰最快，翼尖积冰较快，翼根部积冰较慢等现象。

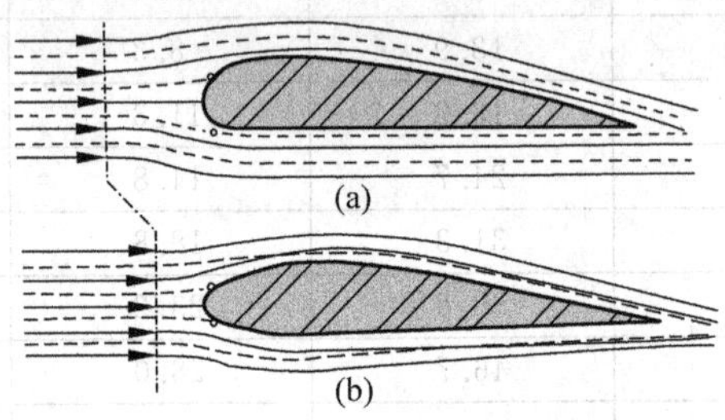

图 6.34　不同机翼附近水滴的运动路径

此外，积冰强度还与飞机表面的情况有关。粗糙的表面比光滑的表面积冰快；飞机上铆钉、接合处最容易先积冰；进入积冰区前如飞机上已有少量积冰或霜时，会加快积冰。

5. 积冰强度公式

飞机积冰强度是一个较为复杂的问题，它与云中含水量、水滴大小、飞行速度、积冰部位的曲率半径等有关，积冰强度公式可表示为

$$I = 6EWV \times 10^{-5} \tag{6.8}$$

式中，I 为积冰强度，g/(cm^2 · min)；V 为飞行速度，cm/s；W 为云中的含水量，g/m^3；E 为捕获系数，数值在 0～1 之间。如果机翼前面的水滴没有惯性，且全部被气流带走时，$E=0$；如果水滴仅受惯性力支配，全部被机翼捕获(即全部碰到机翼上)时，$E=1$。捕获系数的大小与水滴半径、飞行速度及积冰部位的曲率半径有关，水滴和飞行速度越大，积冰部位的曲率半径越小，则捕获系数越大，反之则捕获系数越小。据估计，飞机对最小的云滴的捕获系数接近于 0，对大水滴捕获系数为 0.6～0.8，对过冷雨或毛毛雨捕获系数接近于 1。对螺旋桨来说，由于其曲率半径小，转速大，捕获系数比较大，因而水滴大小不是一个很重要的因素。

由上式可知，积冰强度与捕获系数、云中含水量及飞行速度成正比。当飞机在高速飞行时，由于动力增温显著，故此公式就不适用了。

6.3.2　产生飞机积冰的气象条件

由于过冷水滴存在于温度低于 0℃的云中，故凡有利于形成大范围云层的天气系统，如锋、空中槽和切变线等，只要温度条件具备，都是有利于产生积冰的天气形势。一般来说，积

冰与锋、槽线、低涡等天气系统的存在有着密切关系，因为在这些天气系统附近一般都有厚密、宽广的云层，云中含水量十分充沛，过冷水滴的尺度较大，辐合较强，且常常在积冰层高度上有轻到中度的扰动，对积冰的形成十分有利。事实证明，由于天气形势的不同，相应过冷云区的伸展范围、云中含水量、云滴的大小及其分布不同，所造成飞机积冰的强弱亦不同，故对天气形势分类是非常必要的。

1. 产生积冰的天气系统

1）冷锋

冷锋引起的暖空气上升，集中在地面锋线附近约 10km 的范围内，该范围内的云比较集中，是积冰多发区域(见图 6.35)。

图 6.35 冷锋附近的积冰区

2）暖锋

暖锋在锋前形成大范围的云区，可达 1 000km 以上，并且可能形成冻降水，在云中飞行，容易积冰。最好的方法是在云层上方飞越，或在云层底下穿过(见图 6.36)

3）锢囚锋

锢囚锋容易积冰的区域位于暖锋前或地面低压中心后部，冷锋前也有小范围的积冰区(见图 6.37)。

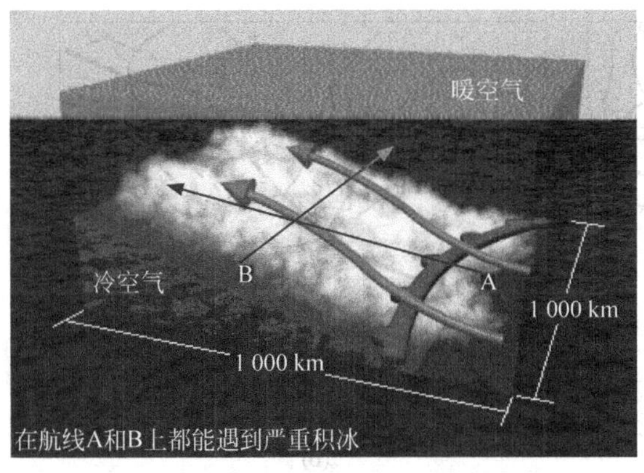

图 6.36 暖锋附近的积冰区

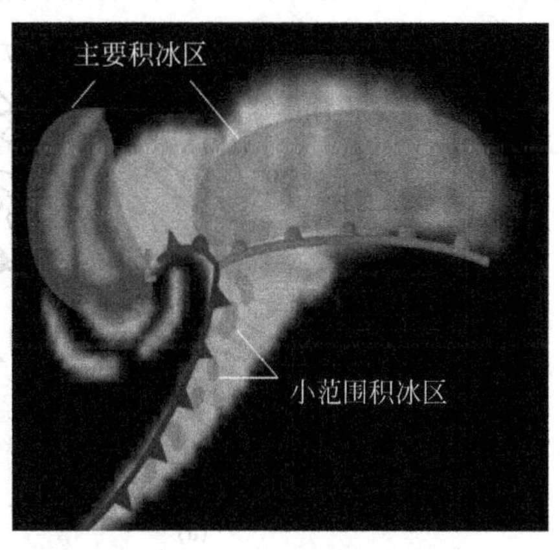

图 6.37 锢囚锋附近的积冰区

2. 我国积冰的几种主要天气形势

1）锋区型

由于锋面的存在，一般在锋区伴有大范围的云区，积冰的概率比较大，中度积冰比均匀气团中多一倍，而强度积冰则要多 8 倍。强积冰一般出现在地面锋线附近宽度为 150～200km 的区域。

在中南地区冬半年（10 月至次年 5 月），这种天气形势最常见，也是主要的积冰天气形势。武汉地区的经验是：地面冷锋在长江以南至桂林一带，武汉地区处于 850hPa 槽线后部，而 700～500hPa 处于槽前西南气流中，地面至低层均为锋后冷高脊前部天气形势。冷空气从河套以东或华北地区南下，势力一般较强，地面至低层均处于锋后 NNE-ENE 气流中，中低空都有较强或强的锋区存在。此种形势（亦称东路型，见图 6.38），从 850hPa 槽线（或切变线）到 700hPa 槽线两侧附近，在温度适宜时都有积冰产生。其强度可达中度至强度积冰。

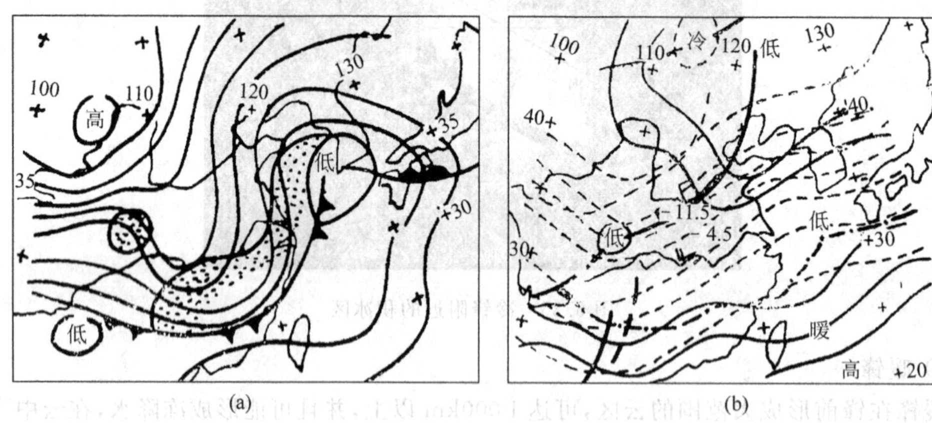

图 6.38　东路型天气形势

如果冷空气从河套以西侵入，武汉地面处于 850hPa 槽后脊前，地面至低空为锋后冷区的 N-NW 气流中（亦称西路型，见图 6.39），500hPa 多为平直气流，700hPa 槽较弱，无大片降水区，此时一般为轻积冰，如西南倒槽发展，积冰强度可明显加强。

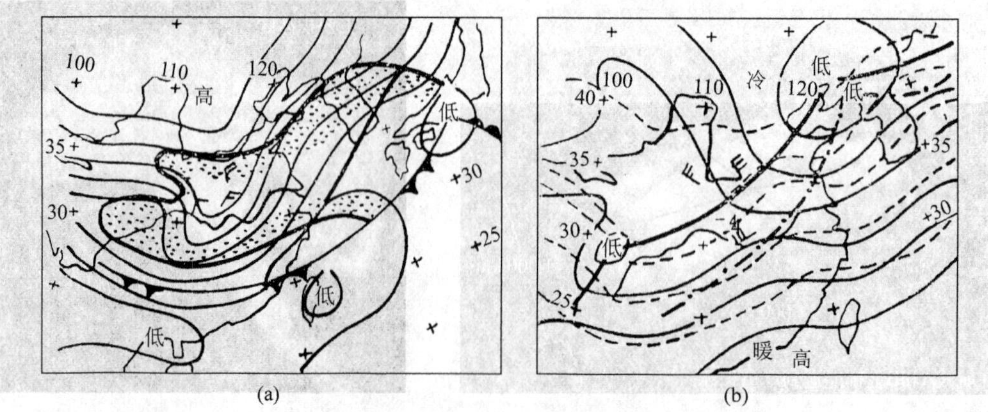

图 6.39　中南地区西路型天气形势

此外，锋区在西北地区也有出现，如图6.40所示，但这种条件下积冰强度较弱。

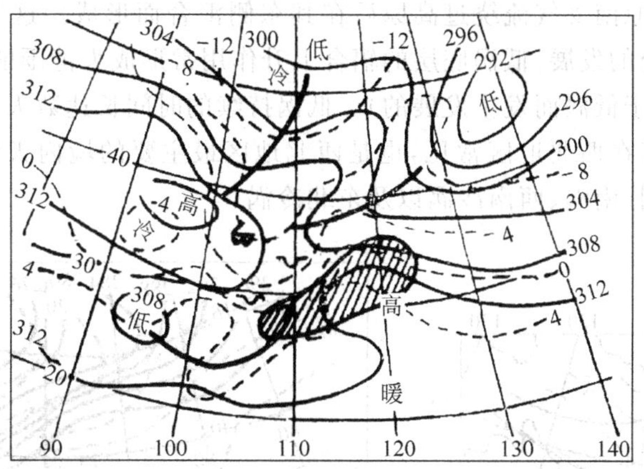

图6.40 西北地区锋区型积冰的天气形势

2）槽前型

空中槽线和切变线附近，一般辐合较强，水汽也充沛，由于云层中存在大量的过冷水滴，且尺度较大，故有利于积冰的形成。特别是700hPa冷暖平流较强时，积冰的概率更高些。此种天气形势在西北地区冬半年是常见的积冰形势，其积冰范围较广，强度也强。图6.41为西北地区槽前型天气形势。由于积冰主要发生在中空，故西北地区着重700hPa天气图的分析。

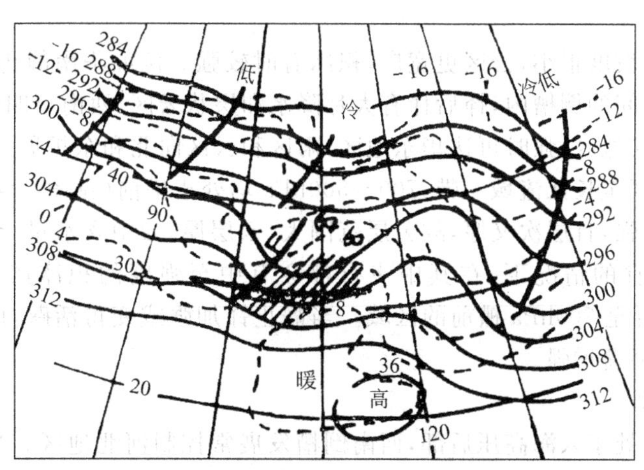

图6.41 西北地区700hPa槽前型积冰的天气形势

此外，槽前型也是关中地区冬半年积冰的主要天气形势（见图6.42）。槽线多数位于兰州附近，有冷空气从河西走廊东南下，温度槽落后于气压槽，呈发展趋势。关中地区处槽前的西南气流中，湿中心多数在秦岭以南，自南向北水汽输送明显。关中陇南地区有低云或成片的降水出现。关中地区积冰次数最多在2月份，此时冷暖空气活动频繁，降水增多，有利于积冰的形成。

3）低涡型

由于低涡中气流辐合较强，常能形成较大范围的云层。低涡越强，云系中的云滴半径及含水量越大，故积冰较强，有些低涡形势可维持多日。如西北地区的天气常受700hPa上低涡影响，它主要是高原南支气流绕过高原后在其东侧汇合而形成。这种准静止的地形性低压区有利于天气系统的发展，低涡底层的辐合上升作用常形成大范围的云系(卫星云图分析表明，云系往往是先于低涡而发生发展的)。低涡持续的时间长达数天或一周以上。这种低涡型天气形势冬半年在西北地区常见，也是西北地区最主要的境内天气之一(见图6.43)。低涡型包括西北涡、甘南涡、西南冷涡以及东北冷涡。

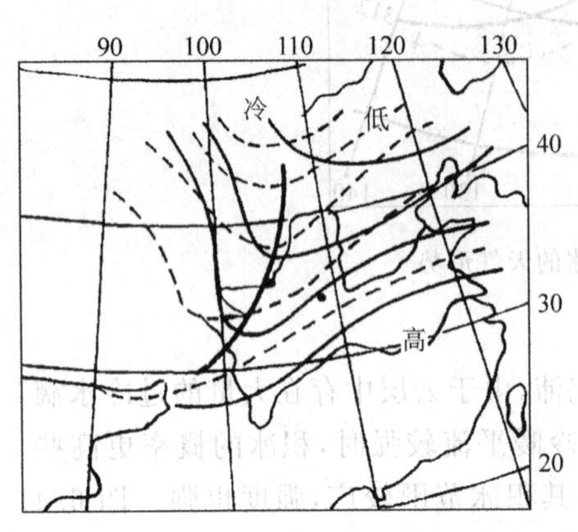

图6.42 关中地区槽前型积冰的天气形势

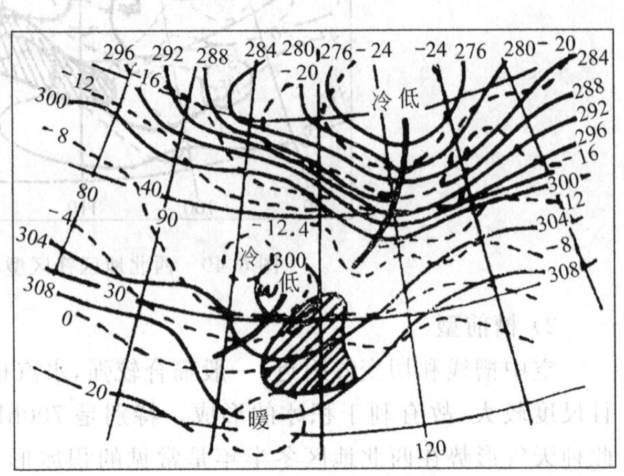

图6.43 西北地区低涡型积冰的天气形势

4) 静止锋型

静止锋的锋面坡度很小，云区更宽广，积冰有时较强。例如华南静止锋，其地面静止锋位于长沙至桂林之间的倒槽内，锋后伴有大片降水和层状云区，西南至四川盆地有较强的倒槽发展，东伸至武汉地区，强时可达华东地区，雨区和云区向北和东扩展。850hPa有一较强的切变线，江淮地区至长江流域一带，700～500hPa均处于槽前(见图6.44)。该天气形势，空中西南暖湿气流强，且层次又厚，故云层范围大，云层厚，云中含水量十分充沛，过冷水滴含量多，在稳定适宜的情况下，在其中飞行都会有中至强度的积冰产生，积冰常发生在850hPa切变线附近至700hPa槽前的区域。当静止锋加强或变得活跃，西南倒槽发展强烈时，积冰强度还会显著增强。

5) 西南倒槽型

地面华东地区处于入海高压后部，西南倒槽发展常控制河北地区。当北部也有倒槽或低槽东移时，西南倒槽发展。河套至兰州地区常有冷空气活动，有时从华北弱冷脊前有小股浅薄冷空气渗透南下，扩散于倒槽中，850hPa沿长江流域有一条东西向的切变线，700～500hPa均处于较强且发展的槽线前部(见图6.45)。该型与静止锋型有类似的特点，即空中西南气流既强又厚，在大片雨区发展的前缘或雨区中飞行，均有中度以上的积冰。如低空为冷式切变，地面有明显的小股冷空气渗透南下，在其中飞行时积冰将会增强。

此外，还有切变线型、高压底部型、变性弱高压脊型等天气形势。因这些天气形势形成的云系范围较窄，云中含水量较少且云滴较小，故在其中飞行时积冰强度都较弱。

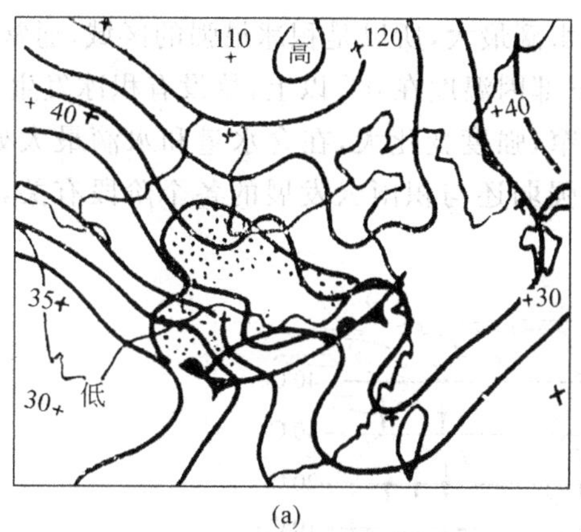

(a)

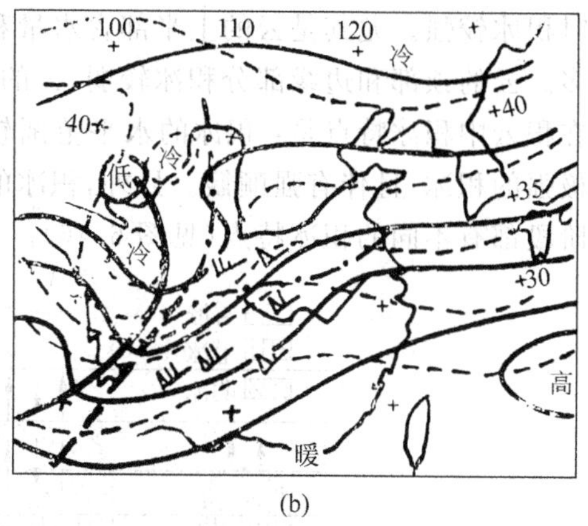

(b)

图 6.44　静止锋型的天气形势

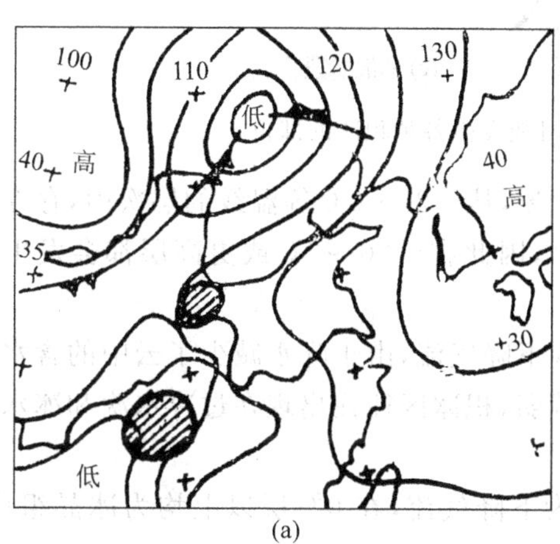

(a)

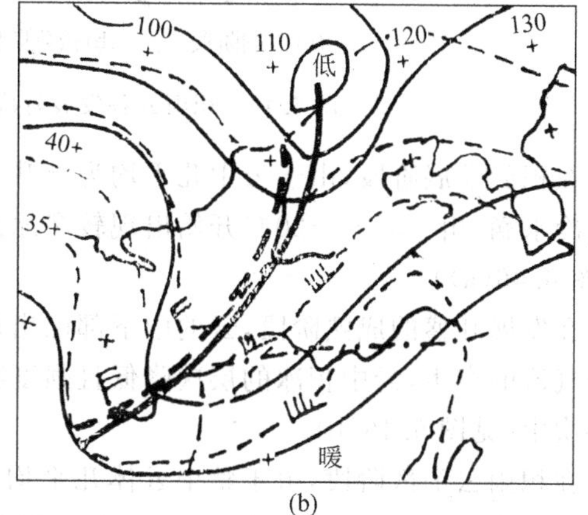

(b)

图 6.45　西南倒槽型天气形势

3. 各类云中的积冰

飞机积冰与云的关系极为密切，在温度低于－2℃的云中飞行，都有可能会产生积冰。由于不同云中的含水量和水滴大小不同，故积冰也有不同的特点。表 6.10 是各类云的云滴平均半径和平均含水量。

表 6.10　各类云的云滴平均半径和平均含水量

云类	层云	层积云	雨层云	高层云	高积云	淡积云	浓积云	积雨云
云滴平均半径/μm	6	8	10	5	7	9	24	20
平均含水量/(g/m^3)	0.25		0.14				0.4	

由此可见，云滴半径以浓积云和积雨云最大，高层云最小；云中平均含水量，以积雨云、浓积云和淡积云最大，高层云、高积云最小。云中云滴的物态为：当云中温度为－15～0℃时，多为过冷水滴；－30～－15℃时，为过冷水滴与冰晶共存；－30℃以下时为冰晶。

1）积云和积雨云

积云（主要是浓积云）、积雨云中上升气流强，云中含水量和水滴都很大，故在这些云中飞行时积冰较强。尤其是云的上半部含水量和水滴最大，所以是积冰最强的区域，通常以明冰居多。云的顶部和边缘部分积冰较弱，云的下部因温度在0℃以上，故没有积冰发生。

在积云中积冰特点是：积冰的水平范围较窄，强度变化大，在含水量和水滴最大处，可产生极强的积冰，且伴有强颠簸。另外，积冰的强弱还与积雨云发展的各个阶段有关，在不同的阶段都有不同的积冰特点(见图6.46)。

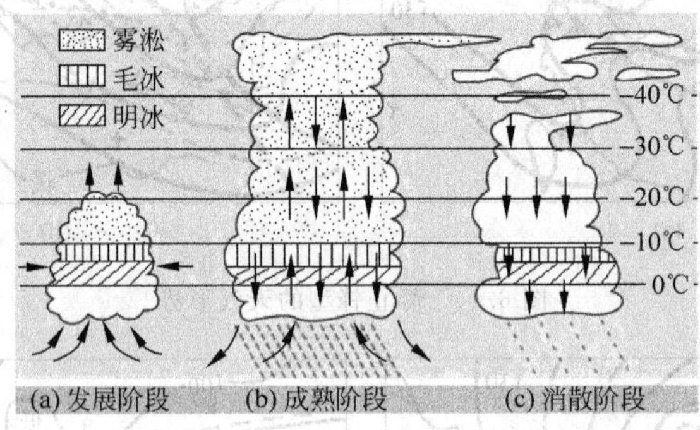

图6.46　积雨云各发展阶段可能发生各种积冰的部位

在积云发展阶段，由于云中几乎均为上升气流，从－20～0℃等温线的层次内，存在很多的过冷水滴，由－30～－20℃开始出现较多冰晶，因此在－20～0℃或更高层都会发生积冰(见图6.46(a))。

在发展旺盛的成熟阶段，云的中下部已出现下降气流，由于降水减少了云中的含水量和下降气流的产生，云中积冰的层次降低且强度减弱，积冰区往往出现在过冷水滴和冰水共存的层次中(见图6.46(b))。

在积雨云消散阶段，由于整个云体几乎均为下降气流，在0℃层以上均为冰晶组成，只有在0℃层附近冰水共存的薄层中，才会出现积冰的可能(见图6.46(c))。

通常锋面上积云中的含水量和水滴，要比气团中的积云大一些，故积冰强度也要大一些。另外，锋面积云的范围较大，其发生积冰对飞行的影响要更大。

我国夏季0℃层高度较高，在东北和西北地区，7月份0℃层平均为4 000～4 500m，其他地区为5 000～6 000m，在0℃层以上的积云中飞行，应特别注意积冰的发生。

2) 层云和层积云

层云和层积云是由空气波状运动和湍流混合而形成的。多出现在逆温层下面，云中含水量为中等，含水量的分布由云底向上增大。因此云中积冰一般是轻到中等强度，云的上部比下部要强些。由于层云和层积云出现的范围较大，如在云中长时间飞行，应注意积冰。

冬季，由于云中多为过冷水滴，积冰较多；如果云中有过冷毛毛雨或小雨，飞行时可能会发生较强的积冰。但由于这些云的云高较低，云层也不太厚，故可以爬升到云上飞行，避开积冰区。夏季时，层云和层积云中的温度均在0℃以上，云中飞行不会积冰。

3) 高积云

高积云中的含水量和水滴分布与层积云相似，但含水量和水滴要更小些，故云中的积冰强度相对较弱，通常为弱积冰。当云层很厚时，也可能有中度积冰，危及飞行。

4) 雨层云和高层云

雨层云和高层云中的含水量和水滴都比积状云小，而且分布随高度减小，故云中的积冰较弱，强度也随高度减小。只有在锋线附近的雨层云下部飞行，或者在冻雨和冻毛毛雨中飞行时，才会出现较强的积冰。

雨层云和高层云多为锋面云系，范围广，云层厚度较大，因而积冰区的范围也较大。沿锋线方向，积冰区有时绵延1 000km之多，宽度也可达200～400km。虽积冰强度较弱，但如在这些云中长时间飞行，也会形成较厚的积冰，对没有防除冰装置的飞机会造成严重影响。

我国全年都可能出现雨层云和高层云。夏半年，积冰出现在云的上部，冬半年，云中均可能发生积冰现象。

5）卷云、卷积云和卷层云

这些云由冰晶组成，过冷水滴极少，故很少出现积冰。只是在伪卷云中飞行偶有弱积冰。

此外，地形对积冰也有影响。由于地形的抬升作用，在山的迎风面上空，有利于云层生成、增厚，其中过冷水的含量和水滴比平原或山的背风面上空的云中都要多些、大些，因此出现飞机积冰就较为严重。据国外关于积冰的研究表明，大多数的严重积冰是出现在飞机越山或是穿越锋面时，或两者相结合的情况下。

有时无云的晴空也可能会有积冰的出现。例如，当飞机从冷空气区域进入暖而湿的气层时，水汽接触到冷的机体，会直接凝华成霜，不过这种积冰松脆，容易脱落，对飞行影响不大。

6.3.3 积冰对飞行的影响和处置措施

1. 积冰对飞行的影响

在飞行中一旦发生积冰，飞机的空气动力性能就会变差，流线型也会受到破坏，使正面阻力增大，升力和推力减小，影响飞机的稳定性，致使操纵困难。飞行中比较容易积冰的部位主要有机翼、尾翼、风挡、发动机、桨叶、空速管、天线等，无论什么部位积冰都会影响飞机性能，其影响主要有以下3个方面。

1）破坏飞机的空气动力性能

飞行中机翼和尾翼前缘的积冰最多。积冰使翼状变形，破坏空气绕过一面的平滑流动，使升力减小，阻力增大，爬升速度、升限和最大飞行速度降低，失速空速增大，燃料消耗增加，机动性能和着陆性能变差，严重危及飞行安全。

此外，如果积冰较厚时，还可能会改变飞机重心的位置，影响稳定性。如机翼积冰较厚时，会使飞机的重心前移，产生下俯力矩。如果左、右机翼上表面的冰、雪、霜积存的程度、污染的区域不一致，必然会造成左右升力的大小不一样，升力差对飞机纵轴形成明显的滚转力矩。如果水平尾翼积冰，除了影响航向保持外，在着陆时还会产生下俯力矩，导致机头下俯。

2）降低动力装置效率，甚至产生故障

进气道及发动机积冰会改变空气的动力特性，使进气速度场分布不均匀，还会使气流发生局部分离，引起气压机叶片的振动，影响发动机的正常工作。如果冰屑脱离，进入压气机，将造成压气机的机械损伤，严重时，会造成发动机的损坏或熄火。进气口结冰时，进气量受影响，最大推力减小。油箱通气口积冰将造成发动机供油困难，若排气活门积冰，将影响空调和增压系统的正常工作。

飞行中，由于进气口处的动力增温比机翼等部位小很多，故在其他部位还没有积冰时，在进气口有时已有积冰。在一定条件下(如起降过程中),飞机的飞行速度不大,但发动机转速很高,飞机进气道处于抽吸空气的状态,此时气流加速,压力、温度下降,如云中的温度较低时,进气道入口处的温度可降至0℃,形成积冰。进气道中空气流速与飞行速度之差越大,则温度降低越多。飞行实践表明:在一般情况下,当环境温度稳定在不大于+5℃时,发动机进气道入口部分也可能积冰。据美国有关资料报道,在某些情况下,进气道入口积冰的上限温度可达+10℃。

另外,对螺旋桨飞机来说,其汽化器积冰是具有潜在危险的积冰。由于它发生在发动机内部,因而往往会在没有征兆的情况下造成发动机失效。虽然汽化器配有热力防冰装置,但需要及时接通,以便给进入的空气加温。如果不及时接通,汽化器就会积冰。不仅温度在0℃以下,而且在0℃以上一定范围内汽化器也会积冰。这是因燃料蒸发冷却和空气流经汽化器时绝热膨胀冷却而引起的。因此在云中飞行时,即使温度在0℃以上某一范围内,也要及时打开防冰装置。

此外,对于长途飞行的喷气式飞机来说,燃油积冰是一个重要问题。长途高空飞行,机翼油箱里的燃油温度可能降至与外界大气温度一致,约为−30℃。油箱里的水在燃油系统里传输的过程中很可能变成冰粒,会阻碍滤油器、油泵和油路控制部件,引起发动机内燃油系统故障。

3) 影响仪表和通信,甚至使之失灵

飞机天线积冰能扭曲天线的形状,引起颤动,改变天线的电容和电阻,影响通信,严重积冰时能使天线同机体之间发生短路,甚至使天线折断,造成无线电通信中断,无线电航行设备失灵。另外,天线积冰还可能使无线电罗盘失效。这对于在夜间复杂气象条件下飞行是极其危险的。

空速管动、静压孔积冰时,会使速度表、高度表、迎角指示器、马赫数表、升降速度表等一些重要驾驶仪表出现偏差甚至失效,使飞行员失去判断飞行状态的依据。

积冰对飞机除了以上影响外,在空中当风挡玻璃有积冰时,会大大降低其透明度,严重影响飞行员目视飞行,使目视条件恶化,给起飞、着陆造成困难。另外,根据有关飞行试验,在机翼上只有0.1in(2~3mm)一层霜,会使失速速度增加约35%,起飞滑跑距离增加一倍。机翼上表面一小团积冰或结霜都会产生机翼局部不均匀的气流分离,往往会造成飞机离地时不稳定性滚转,很难准确地进行横侧操纵控制。而起落架装置上的结冰,会在收轮时损坏起落架装置或设备,积聚在起落架上的冰雪在起飞时脱落,还可能会损坏飞机。

2. 积冰的预防和处置措施

飞机积冰对飞行有很大的影响,它不仅妨碍飞行任务的完成,有时甚至威胁到飞行安全。因此预防和正确处置积冰是及其重要的。

1) 飞行前的准备工作

在积冰天气条件下,飞行前的除冰、防冰工作是相当重要的。为保证一次安全飞行,在放行飞机前,机组与地面工作人员,如机务维修人员、签派人员、气象人员等都需要对积冰情况进行分析和评估。

(1) 机组

机组在飞行前认真研究航线天气可能积冰的情况,做好防积冰准备是安全飞行的重要

措施。积冰主要发生在有过冷水滴的云中，飞行前要仔细了解飞行区域的云、降水和气温的分布，以及-20℃和0℃等温线的高度。较强的积冰多发生在云中温度为-10℃～-2℃的区域内，因此要特别注意-10℃和-2℃等温线的高度。结合飞机性能、结构和计划的航线高度、飞行速度等因素，判断飞行区域积冰的可能性和积冰强度，确定避开积冰区的办法。

在起飞前，机长应亲自或指派飞行机组成员在飞行直接准备阶段对飞机外部进行检查，确保飞机操纵面、机翼以及尾翼上不存在冰、雪、霜。应根据当时的气象现象和结冰条件，作出除冰/防冰的决定。必要时，向公司总飞行签派室和当地空中交通管制部门报告。在结冰或可能存在结冰的气象条件下，机长在任何时候都有权提出实施或再次实施飞机除冰/防冰。若在起飞前飞机已经进行除冰，在除冰/防冰液保持时间内，飞行机组应完成一次起飞前飞机机翼/尾翼和其他典型表面的检查，并根据当地气象条件做出评价；一旦除冰/防冰液超过保持时间，飞行机组在起飞前5min应再次进行起飞前检查，确保机翼/尾翼和其他典型表面未附着冰、雪、霜；必要时，应再次要求机务维修人员完成除冰/防冰工作。

(2) 机务维修人员

机务维修人员在飞机运行前如发现机翼、发动机进气道、水平安定面和机身结冰、积雪、积霜和清洁透明的冰层(以下简称“明冰”)时，或机长要求时，应进行除冰/防冰，并向飞行机组报告。

机务放行人员负责航行前检查和完成除冰/防冰后的检查，完成要求的记录，并向飞行机组报告，以协调飞行机组实施除冰/防冰后的检查和飞行前的污染物检查。

(3) 气象和飞行签派人员

气象人员应了解公司运行机场的天气实况和趋势，在出现或可能出现结冰气象条件时，通知飞行签派放行人员，提供放行决策参考。在出现或可能出现结冰气象条件时，飞行签派放行人员负责将信息通报当班飞行机组，使其掌握当地除冰/防冰完成情况。

2) 飞行中的措施

飞行中应密切注意积冰的出现和强度。除观察积冰信号和可视的部位外，出现发动机抖动、转速减小、操纵困难等现象，也是出现积冰的征兆。

必须记住的是，如果冻结温度很低，汽化器很少出现积冰，当大气温度在10～15℃并伴有降水时，汽化器最容易出现积冰。在这种条件下，无论发动机处于何种工作状态，汽化器都会出现严重积冰。对汽化器积冰问题，可以通过发动机进气口对汽化器进行加热来解决。长途飞行时为防止油料积冰，可以使用燃油加热器来加热，或使用空气对油料的热量转换。这样，对从油箱流往发动机的燃油进行加热，使冰粒融化，可避免发动机和燃油系统因积冰导致故障。

如果积冰强度不大，预计在积冰区飞行很短时间，对飞行影响不大，可继续飞行。如果积冰严重，防冰装置不能除掉，应迅速采取措施脱离积冰区。当判断积冰水平范围较大时，可采取改变高度的方法；水平范围较小时(如孤立的积状云中)，则可改变航向。由于强烈积冰的厚度一般不超过1 000m，所以改变高度几百米就可以脱离强积冰区。

为脱离积冰区，选择高度层时，必须考虑地形和季节性天气的特点。夏季，尽量避免在积雨云和浓积云中飞行时，可采取绕飞的方法。如果在层云和层积云中遇到积冰，由于这些云出现的高度较低，云层也不太厚，飞机可以爬升到云上飞行以避免积冰。雨层云和高层云

中的积冰强度随高度增高而逐渐减弱，所以一般采取爬升高度的方法。暖锋和锢囚锋在其最下部 1～1.5km 高度以下积冰的危害性最大，因此在暖锋区遇到严重积冰时，飞机最好采用爬高的方法来摆脱积冰；冷锋云系中的积冰区能伸展到很高的高度，同时积冰强度也随高度而增大，所以在冷锋区中有严重积冰的情况下，采用降低飞行高度较合适。

3）起飞爬升

冬季在积雪跑道起飞前建议将辅助动力装置（APU）打开，并将 APU 的左右汇流条供电开关接通以作为备份电源，并使用灵活推力起飞，以减少滑油温度的流失。滑跑时方向应严格控制在中心线，对模糊不清的跑道边界线（灯）和中心线（灯）要保持高度的警觉，必要时可提高离地速度。

4）进近着陆

冬季在结冰条件下进近着陆，经常会遇到低云、低能见度，这给飞行机组操纵飞机带来难度和进近着陆的复杂性。所以，机长在下降前，应做好机组的分工配合，拟定复飞后的备降程序和航线备降机场，检查油量准备情况，了解备降机场天气情况。

6.4 强对流天气

在大气不稳定和有冲击力的条件下，大气中就会出现对流运动，在水汽比较充分的地区，就会出现对流云；这些云垂直向上发展，顶部凸起，我们称之为积状云，积状云是大气中对流运动的标志。当对流运动强烈发展的时候，就会出现积雨云，具有水平尺度小和生命期短的特点，但它带来的天气却十分恶劣，由于它常伴有雷电现象，所以积雨云又称为雷暴云。雷暴中有强烈的湍流、积冰、闪电、阵雨和大风，有时还有冰雹、龙卷风、下击暴流等危险天气现象，是一种严重威胁飞行安全的天气。

6.4.1 雷暴的形成条件及其结构和天气

按照雷暴发展强度的不同，可将雷暴分为普通雷暴和强雷暴两种。按照雷暴云的组成情况，可分为单体雷暴、多单体雷暴、超级单体雷暴和飑线风暴（飑线）。按照形成雷暴的冲击力不同，可将雷暴分为：热雷暴、地形雷暴、天气系统雷暴和冬季雷暴。

1. 普通雷暴的气流结构和天气

1）普通雷暴的形成条件

雷暴是由强烈发展的积雨云产生的，形成强烈的积雨云需要有如下 3 个条件：大量的不稳定能量、充沛的水汽、足够的冲击力。

（1）大量的不稳定能量

对流性天气形成的首要条件是大气层结不稳定。深厚而明显的不稳定气层具有大量的不稳定能量，为强对流的发展提供了充足的能源。不稳定能量储存越多，层次越厚，垂直运动越强烈，云伸展的高度越高。如果此时空气中的水汽充沛，就会形成高大的积雨云。发展旺盛的积雨云厚度常达 10km 以上，云中的垂直气流速度可达 10～30m/s，最大甚至可达 60～100m/s，由此可知，雷暴所具有的动能是相当巨大的。所以，大气中存在大量不稳定能量是雷暴形成的必要条件。

（2）充沛的水汽

充沛的水汽也是雷暴形成的必要条件之一。首先，充沛的水汽是形成积雨云体的主要成分。如果没有充沛的水汽，即使发生了对流，也不可能产生高大的积雨云。另外，水汽凝结时释放出的潜热也是能量的重要来源。雷鸣、闪电及强风所带的能量都是从云中水汽凝结时释放的潜热中得到的，所以在某种意义上，雷暴是自我发展的：产生的降水越多，被释放到雷暴中的能量也越多。不仅如此，在对流云的发展过程中，云外环境空气中水汽的多寡，对积雨云的形成也有重要的影响。因为积雨云的发展过程，像一个抽水机，不断地从四周吸入空气，如果吸入的空气很干燥，与云中的空气混合后，会降低云中空气的湿度，于是会有一些云滴蒸发而消耗热量，从而降低上升空气的温度，会抑制对流的进一步发展。

（3）足够的冲击力

大气中不稳定能量和水汽的存在，只具备了发生雷暴的可能性，要使可能变为现实还需要有促使空气上升，并到达自由对流高度以上的冲击力，这样不稳定能量才能释放出来，上升气流才能猛烈地发展，形成雷暴云。

大气中的冲击力主要来自地表受热不均、地形抬升以及锋面抬升、气旋、槽线、低涡等天气系统引起的辐合上升运动等。

产生雷暴的3个条件在不同情况下有不同侧重。在潮湿的不稳定气团中，能否形成雷暴主要看有没有足够的冲击力；在山区，抬升作用经常存在，是否有雷暴产生就要看有没有暖湿不稳定气层。

在夏季，发生雷暴之前常常使人感到十分闷热，这就说明大气低层气温高、层结不稳定，水汽含量大，这时，如果有冲击力的作用就会产生雷暴。

2）普通雷暴单体不同发展阶段的结构和天气

雷暴一般是由一个或几个雷暴单体所组成。雷暴单体是一个对流单元，其生命史可分为3个阶段：发展阶段、成熟阶段和消散阶段。

（1）发展阶段

雷暴的发展阶段又称积云阶段，即从形成淡积云阶段到发展成浓积云阶段（见图6.47(a)）。在这个阶段云内都是上升气流，最大上升气流在云的中、上部。在淡积云中，上升速度一般不超过5m/s，在发展旺盛的浓积云中，可达10m/s或以上。

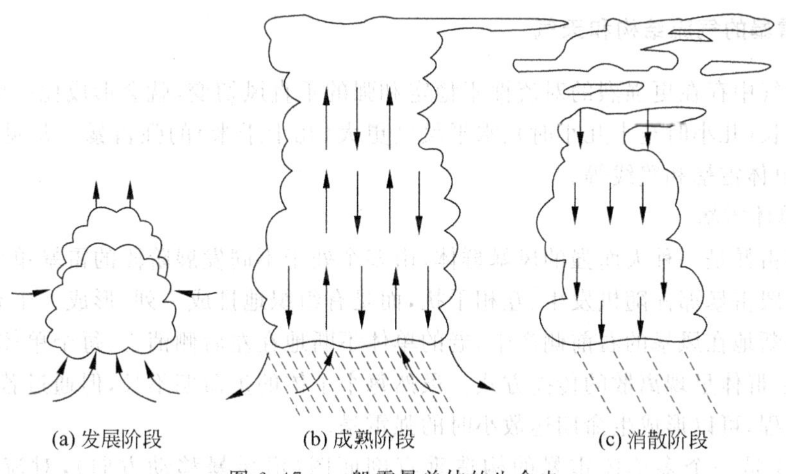

图6.47　一般雷暴单体的生命史

云的下部四周有空气辐合上升进入云中，为云的发展提供所需的能量和水汽。由于云中的水滴和冰晶受上升气流携带向上或悬浮在云中，所以一般没有降水。由于大量水汽在云中凝结并释放潜热，所以云中的温度高于同高度上四周空气的温度，这样就更有利于上升气流的发展。云中虽有电荷产生和聚集，但电位梯度不够大，所以一般没有闪电。

(2) 成熟阶段

从浓积云发展成雷暴云阶段(见图 6.47(b))。云顶发展很高，有的可达对流层顶，在高空强风影响下，云顶呈砧状。这一阶段的前期，上升气流更大，常可达 20m/s。当云滴上升到气流不能托住时，就落下成为降水。降水物下落时对周围空气的拖曳作用，形成下降气流，其速度可达 10m/s。

由于云中气层不稳定，且从云上部落下来的冰晶、雪花不断融化吸热以及雨滴蒸发耗热，所以下降气流中的温度比周围空气的温度低。这种相对的冷空气随降水一起到达地面后，即向四周扩散，形成外流，在外流前缘为阵风锋。阵风锋过境，当地的地面气温骤降，气压急升，风向突变，常有阵性大风和降雨出现。随着云的发展，云中的电荷不断聚积，电位梯度不断增大，就会出现闪电和雷鸣。

成熟阶段是雷暴单体发展最强盛的阶段，其主要特征是：云中除上升气流外，局部出现有下降气流，降水产生并发展。强烈的湍流、积冰、闪电、阵雨和大风等危险天气现象也出现在这一阶段。

(3) 消散阶段

在成熟阶段出现的低空外流，从底部切断了上升空气和暖湿空气的来源，上升气流就减弱消失，下降气流遍布云中，雷暴单体进入消散阶段(见图 6.47(c))。云体瓦解、消散，只剩下高空残留的云砧或转变为其他性质的云体，如密卷云、高积云、层积云。

一般雷暴强度弱，维持时间短，出现次数多。一般雷暴单体的水平尺度为 5～10km，高度可达 12km。生命期大约 1h 左右。单体雷暴的移动方向与垂直方向的平均环境风矢量相同。

一般雷暴有时只有一个雷暴单体，有时则由几个雷暴单体簇集而成。从雷暴单体中产生的冷性下降气流在地面散开后，形成一股强劲的外流，在其临近区造成相当强的辐合，并触发新的雷暴单体形成和发展；同时还会使附近处于消散阶段的雷暴单体重获新生。

2. 强雷暴的气流结构和天气

如果大气中存在更强烈的对流性不稳定和强的垂直风切变，就会形成比一般雷暴更强、持续时间更长(几小时至十几小时)、水平尺度更大(几十千米)的强雷暴。常见的有多单体雷暴、超级单体雷暴和飑线等。

1) 多单体雷暴

多单体雷暴是一种大而强的风暴群体，由多个处于不同发展阶段的雷暴单体组成，这些单体不像一般雷暴那样随机发生、互相干扰，而是有组织地排成一列，形成一个有机的整体。新的单体不断地在风暴的右前侧产生，老的单体不断地在左后侧消亡，每个单体有自己的移动方向，整个群体呈现离散的传播方式。虽然每个个体的生命期不长，但通过若干单体的连续性更替过程，可以形成生命期达数小时的强雷暴。

图 6.48 是一个多单体雷暴的构造垂直剖面图(沿风暴移动方向)，对流胞以 $n-2$、

$n-1$、n、$n+1$ 的顺序发生；单体 $n+1$ 为初生阶段，n 为发展阶段，$n-1$ 是成熟阶段，$n-2$ 为衰亡阶段。每个单体的生命期大约为 45min。

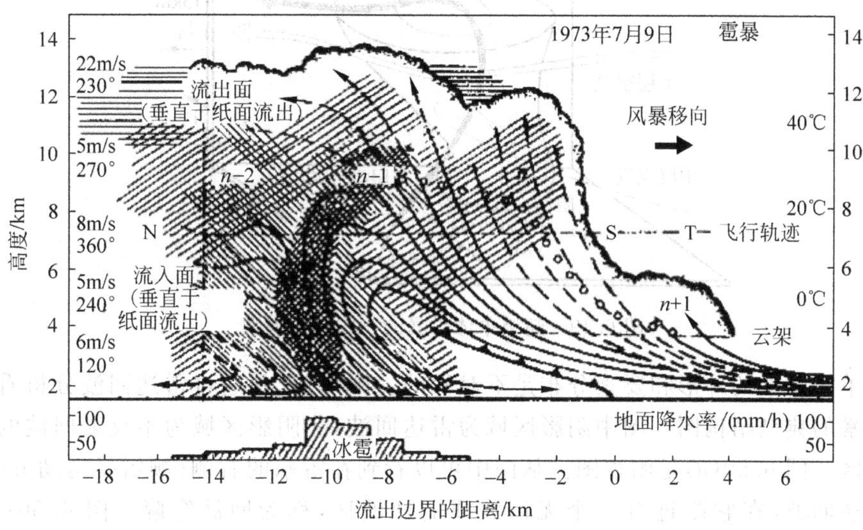

图 6.48　多单体雷暴的垂直剖面图

多单体雷暴的流场特征是上升气流和下降气流能够同时并存较长时间。图 6.48 中，实线为空气相对风暴移动的气流，有垂直进入和流出纸面的气流，圆圈曲线为粒子自云底右前方成长逐渐发展成冰雹降下的轨迹，不同浓度的灰色表示雷达回波的强度。高温高湿空气由雷暴前方流入，上升到上层由后方向外流出，中层的干空气由低层侧方流入，云上部落下的降水粒子于降落途中蒸发冷却，形成大范围的下降气流，到达地面附近时向水平方向扩散，与风暴前方流入的高温高湿空气辐合抬升，发展出新的 $n+1$ 对流胞。一般而言，风场的下对流层吹高温湿的偏南风，因此风暴的南边是发展新对流胞的最好位置。

2）超级单体雷暴

超级单体雷暴是只有一个巨大单体发展成的猛烈的强风暴。其内部的气象要素和物理量场都比其他类型的雷暴的强很多倍。它的水平尺度达到数十千米，生命期可达数小时，其中成熟期就有 1h 以上，是一种强烈的中尺度系统。超级单体雷暴是连续的方式传播的，它的移动方向与垂直方向的平均环境风矢量相同。

超级单体雷暴的云体内有一支由低空扭转上升的气流（见图 6.49）。它从风暴前进方向的右前方流入，受强的垂直风切变的影响，在上升过程中按逆时针方向旋转 270°后在高空向前方流出，同时形成云砧。这支气流可上升到平流层附近。另外一个上升气流是从云体的中后方，一股干冷空气由云体中部，倾泻吹向云顶。

下降气流是由 3 种作用综合造成的，一种是降水物的拖曳；一种是在中层云的外围绕流的干冷气流被卷入后，在云体前部逐渐下沉；还有一种是在中空风暴后方进入云内中层，然后从左后方低空流出。这是一支非常干冷的下降气流，当它进入云体后，云滴和降水物通过这种干空气时强烈蒸发冷却，形成下沉气流。这样就产生一支来自右后方中层的很强的下沉气流。下降气流越大，风暴的低空外流越强，在其前方造成的强迫抬升也越强，对风暴的维持越有利。上升气流与下降气流并存，相互作用，形成强烈的空气对流，对流使得云体中的能量通过各种天气现象不断进行转化，使雷暴能够在垂直风切变环境中长时间生存。

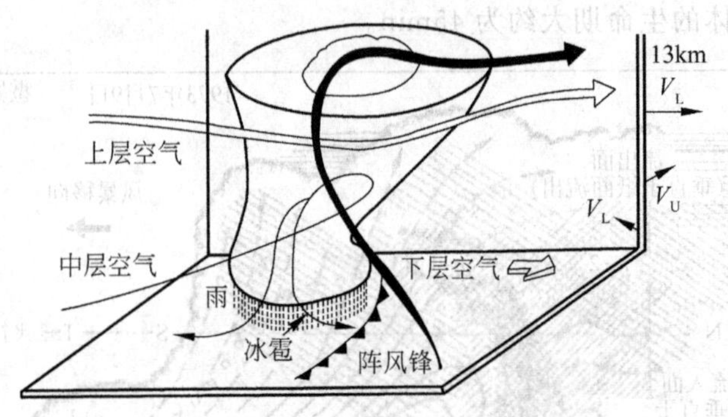

图 6.49　超级单体雷暴的三维环流模型

超级单体雷暴的外形和要素分布是不对称的。图 6.50 是通过雷达回波分析看到的超级单体雷暴的典型结构图。图中阴影区域为雷达回波，非阴影区域为不反射回波的小云滴组成的云区。图 6.50(a)是俯视图。从图中可以看到在雷暴的右侧(顺雷暴运动方向)有一个钩状雷达回波，在它附近有一个无回波或弱回波区，称为回波穹隆。图 6.50(b)是顺图 6.50(a)中 *A-B* 方向的剖面图。顺风暴移动方向看，在云体前部有一个悬垂回波区，其后是无回波穹隆区，紧贴穹隆的是回波墙。

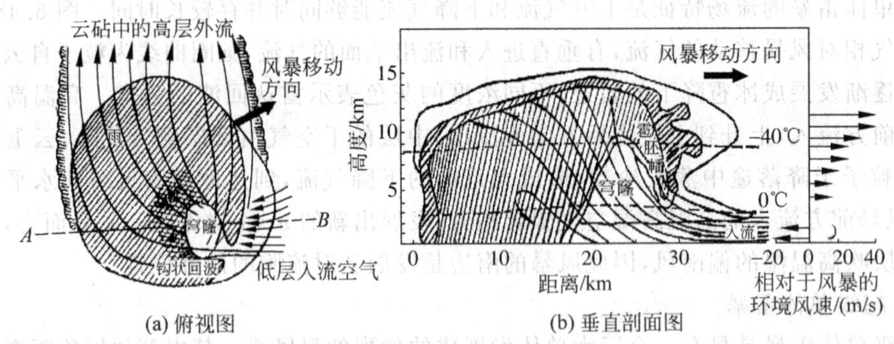

图 6.50　超级单体雷暴的结构

穹隆区是强上升气流所在的区域，其速度可达几十米每秒。这种上升气流把稍大些的云滴带向高空，而不断形成一些很小的云滴，因不能反射雷达回波，所以形成回波穹隆区。悬垂回波区能起到冰雹胚源的作用，故称之为雹胚幡。降水就出现在穹隆后部的强回波区，冰雹常常在回波墙附近落下。

冰雹在云中经历了循环增长过程，降水粒子被上升气流带到某一高度后成长为雹粒，这些大小不同的雹粒降落速度也不同，小的降落慢，大的降落快。由于水平风的作用，降落慢的小雹粒被风吹得远，降落快的大雹粒落在近处，因而起到了尺度分选的作用。图 6.51 表示冰雹在冰雹云中的成长轨迹。标号③的点线表示小雹粒的轨迹，标号②和①的点线表示比较大的雹粒轨迹。由图中可以看出，小雹粒吹落到离上升气流很远的地方，大雹粒只朝前移动了较短的距离。这些雹粒降落时还可能落入上升气流中，以致再上升，再落下，反复多次，使冰雹不断得以增长，直到上升气流托不住时才下落到地面。大冰雹急速下落，水平风对它作用小，于是落到穹隆区后部回波墙的下方，而小冰雹则落在稍远的地方。由于这种多

次循环，冰雹有充足的时间合并云中的过冷水滴，而且在云中几上几下经历了不同的环境条件，出现多次干、湿增长过程，形成了冰雹的分层结构。

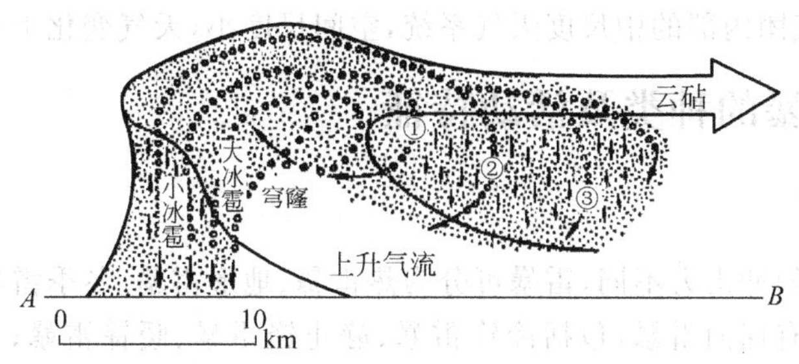

图 6.51 冰雹在雹云中的增长轨迹

从多单体雷暴和超级单体雷暴的发展中可以看到，由于大气中存在强的垂直风切变，所以上升气流是倾斜的，以致大的降水粒子下落后很快脱离上升气流，进入下降气流区，使下降气流得到加强，而不会像一般雷暴那样因降水粒子下落的拖曳作用而削弱上升气流。强垂直风切变还可增强中空干冷空气的吸入，在加强下降气流和低层冷空气外流的同时，又促使上升气流增强。所以，较强的垂直风切变是有利于形成强雷暴的一个条件。

3）飑线

飑线是排列成带状的多个雷暴单体或雷暴群组成的狭窄的强对流天气系带。一般其宽度小于 1km，长度从几十千米到几百千米，持续时间从几十分钟到十几小时。飑线是由于 5 000m 或以上较为强大的冷空气突然下坠到达地面，引起强烈的冲击，使得地面及浅层暖湿空气猛烈上升所致。沿着飑线会出现雷电、暴雨、大风、冰雹和龙卷风等恶劣天气，是一种线状的中尺度对流天气系统。

图 6.52 是飑线的立体示意图，图中沿飑线有许多排列成带状的雷暴云。这些雷暴云，有的是一般雷暴，有的是多单体雷暴。飑线的活动常常由几个大而强的雷暴所支配。

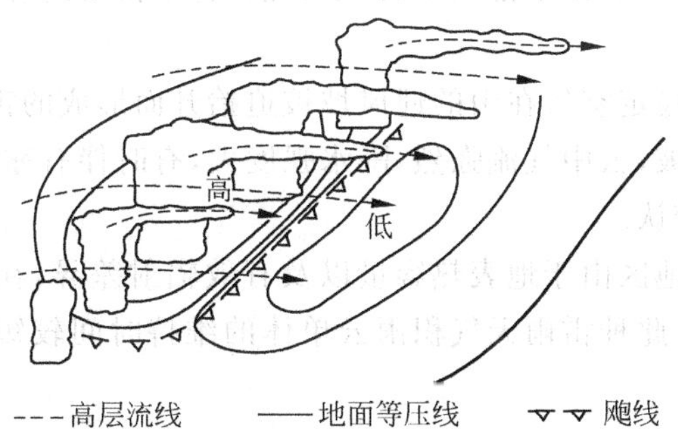

图 6.52 飑线示意图

中纬度地区的飑线常发生在春夏之交的过渡季节，有的出现在冷锋前或气旋暖区里，有的出现在冷、暖锋上或切变线附近。在地面图上，飑线常有以下特征。

（1）飑线后面有中尺度雷暴高压和冷区，前面有中尺度低压和暖区，飑线两侧温差很大，有时超过 10℃。

（2）飑线前部多为偏南风，风速小，后面多偏北风，风速常大于 10m/s。

（3）飑线前天气较好，沿飑线到后部雷暴高压区内天气恶劣，一些强对流天气都出现在这里。

飑线与冷锋有许多相似之处，而且又经常出现在冷锋附近，而两者容易相混。其实飑线与冷锋不同，它是气团内部的中尺度天气系统，空间尺度小，天气变化十分剧烈。

6.4.2 雷暴的种类及活动特征

1. 雷暴的种类

按照形成雷暴的冲击力不同，雷暴可分为热雷暴、地形雷暴、冬季雷暴和天气系统雷暴。其中天气系统雷暴有锋面雷暴，包括冷锋雷暴、静止锋雷暴、暖锋雷暴；低涡雷暴；高空槽和切变线雷暴；副热带高压西部雷暴；热带天气系统雷暴，包括台风、赤道辐合带、东风波等形成的雷暴。

1）热雷暴

热雷暴往往发生在大尺度天气系统较弱的情况下或在单一气团内部，其是由于地表性质不同，使空气受热不均，产生热力冲击力所形成的雷暴。热雷暴也叫气团雷暴。

夏季午后近地面层空气受地面强烈辐射作用而迅速增温，但高层空气却因离地较远而增温较少，因此整个气层就趋向于越来越不稳定。同时由于地表性质分布不均，在地面气层中的相邻空气间还存在温度差异，这时气层中会有热力对流产生。如果这时空气中有充沛的水汽，积状云就会迅速发展起来，成为热雷暴。

热雷暴的发展、消亡时间比较有规律。热雷暴有明显的日变化，陆地上多出现在午后至傍晚，因为这时候气层最不稳定；入夜后对流减弱消失。海洋或湖泊由于地表热容量的差异，气温日变化小，而高层空气在夜间却因辐射散热而冷却较快，夜间往往会产生较为强烈的雷暴天气。

一般而言，我国热雷暴以淮河流域以南为主，华北、西北及东北地区由于浅层水汽分布较少，较少有热雷暴产生。热雷暴范围小、孤立分散、各个雷暴间有明显的间隙。

2）地形雷暴

地形雷暴是暖湿不稳定空气在山的迎风坡被迫抬升而形成的雷暴。地形雷暴往往沿山脉走向成行出现在迎风坡，云中气流强烈，降水强度大，有时伴有冰雹。其云底高度较低，常常只能遮住山头，较易辨认。

我国江河湖泊密布地区由于地表热容量以及有效辐射差异，在无明显冷空气过境情况下，往往会产生夜雷雨。此种雷雨天气积雨云单体的维持时间较短，但此起彼伏，云间间隙较大。

3）冬季雷暴

我国北方入秋以后，偶尔会有冬季雷暴产生，这是由于高空环境空气温度递减率大大超过气块或气层的高度递减率，从而导致气团或气层在中高空以上层面强烈发展所致。此类雷暴隐蔽性强，需特别加以注意。

4）天气系统雷暴

(1) 锋面雷暴

① 冷锋雷暴

我国冷空气活动频繁，冷锋活动几乎遍及全国，它是形成雷暴的重要天气系统。冷锋雷

暴是冷空气强烈冲击暖湿不稳定空气而形成的。冷锋上能否形成雷暴，与冷锋强度、移动速度、锋前暖空气的稳定度和暖湿程度有关。冷锋强、锋面坡度大、移动快，暖空气不稳定、暖湿程度大时，有利于冷锋雷暴形成。

冷锋雷暴出现的时间主要取决于锋面的移速。冷锋雷暴一般生成于冷锋过境前后2～4h之内。当高空为前倾槽时，雷暴从700hPa槽线过境时开始，地面锋线过境时结束。当高空为后倾槽时，雷暴通常从冷锋过境时开始，700hPa槽线过境时结束。因此，冷锋雷暴出现时间的预报，主要考虑锋面的移速以及地面锋与高空槽的配置情形。

冷锋雷暴持续的时间取决于冷锋的移速、强度及700hPa槽线配置和槽的移速。当冷锋移速较快或强度较强时，冷锋雷暴持续时间一般较短；反之则较长。在后倾槽的情况下，700hPa槽线过境时，一般雷暴已经结束。

冷锋雷暴的特点是强度大，许多个雷暴云沿锋线排列成行，组成一条宽几千米至几十千米、长几百千米的狭长雷暴带。在雷暴带上，各雷暴云有时互相连接，有时有空隙，但通常在整条冷锋上，不会处处都出现雷暴。

在冷锋前暖湿空气活跃(如有正变温、增湿、南风较大、暖空气不稳定等)，当冷锋过境时一般有雷暴形成。另外，冷锋雷暴的发生与锋面上空的形势有关。如果锋面附近，高层为冷平流，低层为暖平流，且平流较强，则锋面过境时绝大多数会产生雷暴。此外，高空锋区的强弱，与冷锋雷暴的产生及其强度有很大关系。比较强的对流层锋区相对应的锋段上出现雷暴的机会较多，强度较强。较强的高空锋区一般都有高空急流相配合。因此，与高空急流相对应的锋段上出现雷暴的机会较多，强度较强。还有在850hPa等压面图上锋面所在区域内绘出等露点线或等比湿线，如果湿舌的轴线沿地面锋线伸展，则有利于雷暴生成。

② 静止锋雷暴

静止锋雷暴产生的区域一般以江淮地区的江苏中北部、安徽中南部、浙江北部、上海地区和华南地区的南岭以北，江西南部、湖南南部、福建西部、浙江南部较为常见。

静止锋雷暴是由暖湿不稳定空气沿锋面上升，或是由低层气流辐合上升而形成的。它多出现在地面锋线的两侧，呈分散的块状分布(见图6.53)。

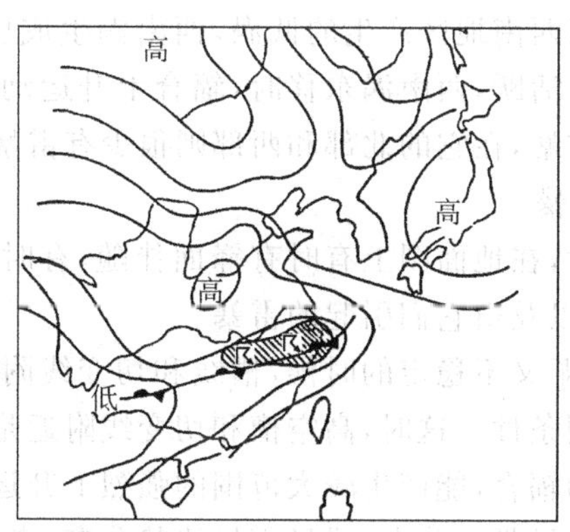

图6.53 静止锋雷暴(1991年4月10日02时地面天气图)

静止锋雷暴虽然没有冷锋雷暴那样强烈，但可以连续出现好几天。它常常在后半夜产生，白天逐渐消失。这是因为静止锋上有广阔的层状云，白天低层里的空气增温少，气层比较稳定，而夜间云顶辐射冷却强，气层反而不稳定的缘故。由于雷暴云常常隐蔽在层状云中，目视不易发现，所以在云中飞行时，要防止误入雷暴云。

静止锋雷暴多产生在入春以后，冷暖空气势均力敌的形势下。这时，雷暴常产生在地面静止锋线与850hPa等压面上切变线之间的地区。

③ 暖锋雷暴

暖锋雷暴在我国较为少见。它是由暖湿不稳定空气沿暖锋上升而形成的。与静止锋雷暴相似，暖锋雷暴云的主体常常被浓密的层状云遮蔽，底部与雨层云混在一起，因而在云中或云下飞行时不易发现它。但在层状云上面飞行时，由于雷暴云顶常能穿越层状云而屹立于云海之上，所以从较远处就能看到它。

在850hPa或700hPa等压面上有切变线配合时，暖锋上才比较容易出现雷暴。锋面气旋中的暖锋，由于有气旋的配合，也比较容易产生雷暴。暖锋雷暴在一天中的任何时刻都能出现，但夜间出现更多些。

(2)冷涡雷暴

冷涡雷暴多出现在冷涡中心附近及南部。在强大的冷涡中，后部的偏北气流常引出一股股冷空气南下，相应的不断由小槽活动，雷暴就产生在小槽前部。每出现一个小槽都能引起一次雷暴活动。如果冷涡位置和强度变化不大，冷涡雷暴可连续出现3～4天。

① 东北冷涡

东北冷涡产生时一般位于贝加尔湖、蒙古一带。但它移到东北或华北一带时，由于这些地区夏半年为暖湿空气控制，冷涡一到，上空降温，空气层结变得不稳定，就会产生雷暴。其形成的主要原因是由于高空冷空气作用在某一区域上空形成大量的不稳定能量，从而造成强烈的上升运动。

冷涡雷暴出现在我国东北和华北地区以及华东中北部地区，其有明显的日变化，一般多出现在午后或傍晚。冷涡雷暴是由动量下传造成地面及浅层暖湿气流相互作用，出现气流的上升运动而形成的。出现时，天气变化很突然，短时间内可从晴朗无云到雷声隆隆。此种类别的雷暴持续时间往往较长。

② 西南涡

西南涡主要指的是我国西南地区产生的低涡，西南涡生成后，有的在原地消失，有的东移发展。由于南方暖湿空气活跃，西南涡东移时，辐合上升运动加强，于是在西南涡的东部和东南部偏南气流中产生雷暴，在它的北部和西部则很少有雷暴产生。

(3) 高空槽和切变线雷暴

高空槽和切变线出现时，在地面图上有时有锋面伴随，有时则没有，这里讨论的是无锋面伴随的高空槽和切变线，以及由它们引起的雷暴。

夏半年，当空气比较暖湿又不稳定的时候，槽线和切变线附近气流的辐合上升运动，往往给雷暴的产生提供了有利条件。这时，高空槽和切变线附近是否有雷暴产生，与辐合气流的强弱有密切关系。强烈的辐合，能产生较大范围的强烈上升运动，有利于雷暴的形成。

高空槽雷暴常常沿槽线呈带状分布，或呈零星块状分布，离槽线越近，越容易产生雷暴。一般在槽前、地面等压线气旋性曲率大的区域，特别是高空槽和地面低压上下重叠的区域最有利于雷暴的产生。

切变线在江淮地区比较多见。它的南部是西太平洋高压，北部为西风带变性高压，有较强的辐合上升运动位于这两个高压之间的切变线附近，如空气为暖湿不稳定时，就会在切变

线附近产生雷暴。在华南、西南等地，夏半年出现切变线时，也常有雷暴发生。

(4) 热带气旋(含台风、热带风暴、热带低压)槽雷暴

热带气旋槽雷暴是指自热带气旋中心向外伸出的低压槽中产生的雷暴。热带气旋区内的空气高温高湿，具有较大的不稳定能量。在热带气旋槽中，热力对流旺盛，又有一定强度的辐合上升运动，所以常有雷暴产生。热带气旋槽雷暴有明显的日变化。

在我国东南沿海一带，热带气旋槽雷暴有下列两种形势。

① 热带气旋倒槽雷暴：自东向西移动的热带气旋，到达海南岛附近时，有时自热带气旋中心向东北方向伸出一个低压槽(即倒槽)，它的顶端可伸至长江口，槽线东侧多偏南风，西侧多偏东北风，槽内有气流辐合上升运动，在午后热力对流增强时，常在槽内产生较大范围的雷暴。

② 热带气旋V形槽雷暴：热带气旋在我国台湾、福建沿海一带转向北上时，其后部有时会出现一个向西南方向伸展的V形槽，槽两侧的气流有明显的辐合，槽线北侧多偏北风，南侧多偏西南风，在午后热力对流发展时，常有雷暴产生。有时，槽线北侧的偏北气流引导小股冷空气南下，在槽中形成冷锋，并产生较强的雷暴。

2. 雷暴的活动特征

1) 雷暴过境时的天气特征

雷暴经过一地时，地面气象要素会有剧烈的变化。

(1) 气温

雷暴过境前，气温高，湿度大，使人感到闷热。雷暴来临，一阵下降的强冷空气吹过，阵雨开始，气温骤然降低，有时可降低10℃以上。到达地面的冷空气向四周散开形成一个冷空气堆。冷空气与周围暖空气之间有明显的气温不连续现象，形成一条阵风锋。雷暴过境或消失之后，当地的气温逐渐恢复正常。

(2) 气压

雷暴在发展阶段时，地面气压一直是下降的。到了成熟阶段，由于下降的冷空气影响，在雷暴云的下方形成一个浅薄的冷空气堆，它的密度大，气压高，称雷暴高压。雷暴高压水平范围只有几千米，厚度为几百米。在雷暴高压的后部有一个伴生的雷暴低压。它们随雷暴云一起移动，所到之地，地面气压突然上升，有时1min可上升3hPa，然后再下降。雷暴过后，气压随即恢复正常。雷暴云消散，雷暴高压随之消失。

(3) 风

雷暴过境前，通常地面风很弱，风向指向雷暴云。当雷暴来临时，风速骤增，阵风风速可达10～30m/s，风向急转为相反方向，自雷暴云向外吹，这就是雷暴大风。大风虽然持续时间不长(几分钟至十几分钟)，但严重威胁飞机的起飞和着陆。

通常在雷暴移动方向的前方，下降冷空气扩散得最远。在向四周扩散的冷空气上面，有向云中辐合的暖空气，它们之间有很强的低空风切变，对飞机的起飞和降落影响很大。

(4) 降水

雷暴大风到达后不过几分钟，倾盆大雨也随之而来，然后慢慢减小。雷暴过去，降水也随之结束。降水量大小和降水时间的长短，取决于雷暴的强度和其中的含水量、移速以及测站与雷暴的相对位置。雷暴降水以阵雨为最多，有时下冰雹，偶有降雪。

上面介绍的是由强雷暴引起的地面气象要素变化的典型情况。观测表明，不同的雷暴，或同一个雷暴的不同发展阶段和不同部位，引起地面气象要素的变化是不同的。一般来说，一般雷暴的强度相对较弱，由它引起的气象要素的变化要小些，只闻雷声不见下雨，或者只见雷雨不见大风等情况并不少见。

2）雷暴的移动与传播

雷暴从产生到消失的整个过程中都是不断移动着的。它的移动主要受两个因素的作用：一是随风飘移，二是传播。一般雷暴的移动主要受前者的影响；强雷暴的移动主要受后者的影响。

所谓雷暴的传播，是指在原来雷暴的周围产生出新雷暴的现象。上文中说到雷暴（尤其是强雷暴）中的低空外流与入流气流之间有相当强的辐合，可触发产生新的雷暴。新雷暴发展，老雷暴消亡，这就是一种雷暴的传播过程。下面简要介绍在有较强垂直风切变的情况下雷暴的传播。

在对流层中，强的垂直风切变经常表现为高层风速大，低层风速小。当雷暴高大的云体耸立在这种风场中时（见图6.54），云中由于强烈的上升、下降运动，上下层动量不同的空气充分交换的结果，使云中上下层风趋于一致。这样，在风暴前部，低层云内的风速大于云外的风速，于是低层出现辐合，高层出现辐散，产生上升气流；在风暴后部则相反，出现下沉气流。在环境大气不稳定的情况下，于是出现前面新雷暴产生，后面老雷暴消失的过程。类似上述讨论还可得出，当垂直风切变表现为风向随高度顺（逆）转时，在雷暴前进方向的右（左）侧，有利于新的雷暴生成。

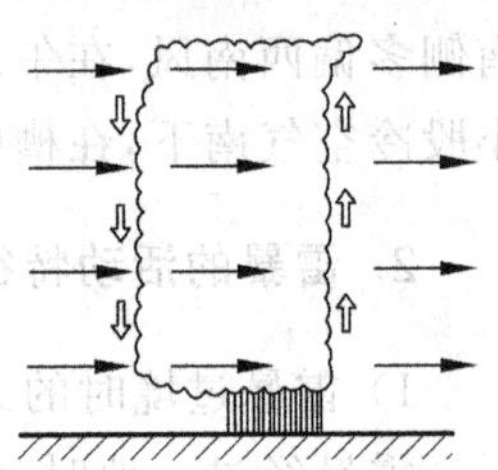
图6.54 雷暴的传播

通常，一般雷暴的移动方向大致与对流层中平均风的风向相一致，也就是与500hPa等压面图上雷暴所在位置的风向相一致，但其移速往往小于风速。由于我国广大地区处于西风带，所以雷暴也多从西北、西或西南方向移来。在华南地区夏季，因受东风带气流的影响，有时出现雷暴由东向西移动的情况。当然，一般雷暴的移动也受传播作用的影响，所以其移向与500 hPa高度上的风向不一定完全一致。强雷暴一般产生在有较强垂直风切变的环境风场中，所以其移动主要受传播的影响。实际工作中，有时发现其移动方向与对流层平均风向很不一致，就是这个原因。

江河、大湖泊以及山脉对雷暴移动的影响很大。白天，在江河湖泊的水面上，由于近水面处空气较陆地为冷，常有下沉气流存在，雷暴移到那里就会减弱，甚至消失。观测表明，一般雷暴往往沿大江大河移动，不易越过水面，故有“雷暴不过江”之说。强雷暴能越过水面，但强度也会削弱。夜间情况则相反，因近水面处空气较暖，气层较不稳定，雷暴经过时会有所加强。

山脉对雷暴的移动也会产生影响。当雷暴移近山脉时，一方面受地形强迫抬升使其强度有所增强，另一方面受地形阻挡被迫绕着山脉移动，有时就在山区里打转，一旦移到有山口的地方才迅速移出。这种移动现象与山区流场的特点密切有关。如九江地区的雷暴活动，就是受江湖、山脉影响的一个典型例子。九江位于长江以南、庐山西北。当长江北岸或大别山区出现雷暴时，九江常能隔江眺望雷暴，并闻雷声隆隆，但因有长江的阻挡，很少遭雷暴的侵袭；当庐山东面出现雷暴时，九江一般也不会受到它的影响；只有庐山西面出现的

雷暴，才会沿山进入九江。

3）雷暴的季节变化和日变化

一年中雷暴出现最多的季节是夏季（特别是在6、7、8月份），春、秋季次之，冬季除华南少数地区外，全国极少有雷暴出现。雷暴受大气层结日变化的影响，往往也有明显的日变化。通常大陆午后至傍晚雷暴出现最多，上半夜次之，清晨最少。

3. 雷暴对飞行的影响

雷暴云会产生各种危及飞行安全的天气现象，如强烈的湍流、积冰、闪电（雷击）、雷雨、大风，有时还有冰雹、龙卷风、下冲气流和低空风切变。这种滚滚乌云蕴藏着巨大的能量，极具破坏力。当飞机误入雷暴区后，轻则人机损伤，重者造成机毁人亡。因此雷暴是目前航空界、气象界公认的严重威胁飞行安全的灾害性天气之一。

1）雷暴区湍流对飞行的影响

雷暴云中强烈湍流引起的飞行颠簸，是危及飞行安全的一个主要危险天气。在雷暴云的整个发展过程中，始终存在着强烈的垂直气流，特别是在其成熟阶段，既有强烈的上升气流，又有很强的下降气流。这种升降气流往往带有很强的阵性，忽大忽小，分布也不均匀，有很强的风切变，因此，湍流特别强烈。在雷暴云中飞行都会遇到飞机颠簸，轻则造成飞机操纵困难，仪表示度失真，在几秒钟内飞行高度常可变化几十米或几百米，重则造成飞机解体。

雷暴云的不同部位，湍流强度是不同的。通常，湍流自云底向上增强，到云的中部和中上部达到最强，到云顶才迅速减弱。在雷暴云的周围一段距离内，有时也有较强的湍流。通常，普通雷暴中的湍流强度比强雷暴要弱一些。

2）雷暴云中积冰对飞行的影响

在雷暴云发展阶段的浓积云中，由于云体已伸至0℃层高度之上，云中的水滴呈过冷却状态，含水量和水滴尺度又较大，所以在其上部飞行时常常会发生较强的积冰。在雷暴云的成熟阶段，云中含水量和过冷水滴达到最大，强烈的上升气流把过冷水滴带至高空，甚至在砧状云顶中也有少量的过冷水滴存在。所以，在云中0℃等温线以上的区域飞行都会发生积冰，在云的中部常常会遇到强积冰，在云顶飞行时有弱积冰。在其消散阶段，由于经过强烈的降水，云中含水量和过冷水滴都大为减少，积冰强度就不大了。如果飞机穿越一个雷暴单体，因为时间很短，即使发生积冰，也不是个很大的问题。但是，如果在积冰的气象条件下穿越一个雷暴群，则飞机将会产生严重的积冰。

3）雷雨对飞行的影响

雷暴云中蕴藏着极其丰富的水资源，如以每立方米雷暴云平均含水量26g计算，一块半径为5km的雷暴云中含水量高达130万m^3，相当于一座小型水库的蓄水量。如下暴雨时每分钟从云中倾下的水量可达8万t。

雷雨一般都是强度较大的阵性降水。雷雨前一般先有一阵大风，然后落一些大雨滴，片刻之后便转为滂沱大雨。一个雷暴单体降水持续时间从几分钟到1h左右不等，这由单体的强度和其中的含水量而定。就某一气象站而言，降水强度和持续时间取决于通过该站的雷暴单体的数目、水平范围的大小、移动速度、所处的部位及发展的阶段等因素。

飞机在空中遭雷雨的危害程度及时间长短与飞机通过该雷暴区的大小、雷暴区部位及雷暴区的强度有关。由于雷雨强度大、变化快，对飞行安全具有极大的危害性。例如1982年

7月9日美国泛美国际航空公司的一架波音727-235飞机在新奥尔良国际机场起飞时遇大雷雨及风切变爬高到46m就坠毁了，造成机上145人、地面8人死亡。另外，雷雨能使空中能见度变坏（由几千米突然降至几十米）、低空气流下沉，破坏飞机空气动力性能，还能使飞机发动机熄火、跑道积水影响飞机起降等。

4）冰雹对飞行的影响

在广大平原地区，年雷暴日数虽然有30～50天，但年降雹日数只有1天或不足1天。所以，飞机受雹击的可能性是比较小的。但在山区，由于降雹多，飞机遭雹击的可能性也明显增大。例如，在青藏高原和天山、祁连山等地区，年降雹日数达10天以上。在这些地区的雷暴活动区中飞行时，要警惕遭受雹击。通常，在成熟阶段的雷暴云中，飞行高度为3 000～9 000m时，遭遇冰雹的可能性最大，10 000m以上飞行时遭遇大冰雹的次数很少，在云中心的上风方向一侧，遭雹击的可能性也是比较小的。另外，在雷暴云中观测到降雹的次数比在地面上观测到的多。这是因为那些不大的冰雹在下落的过程中有的又被上升气流带向高空，有的在落到地面以前已经融化了的缘故。所以应当注意，在地面没有降雹的情况下，空中飞机仍有遭受雹击的可能。由于冰雹是具有相当质量的固体，其降落速度比较大，一个直径2cm的冰雹，降落速度可达19m/s。如果飞机（不论在空中或地面）被它击中，都是十分危险的。特别是飞行时遇到冰雹，由于相对速度很大，飞机常被击伤甚至造成事故。所以，在飞行中要通过各种方法及早判明冰雹云，并远远地避开它。如果误入了雹云，不要在0℃等温线所在高度的下降气流中飞行，这里是遭雹击可能性最大的区域。有时，由于冰雹被强烈的上升气流带到高空，甩到云的外面。因而在积雨云砧下面飞行时，也有可能被冰雹击伤。所以，飞机最好在距雹云10km以外飞行。

此外，冰雹还可能砸坏停放在地面上的飞机，造成损失。所以，当预报将有冰雹出现时，要做好防护工作。

5）下击暴流与微下击暴流对飞机的危害

在雷暴云中存在着强烈的下降气流，当它冲泻到低空时，在近地面会形成强劲的外流，即雷暴大风。能引起地面出现大于18m/s大风的那股突发性强烈下降气流，称为下击暴流。下击暴流在地面的风是从雷暴云下呈直线向外流动，水平尺度为4～40km。其中，水平尺度为400～4 000m的称为微下击暴流，其地面风速在可达22m/s以上。

下击暴流持续时间一般在10～15min，微下击暴流则只有几分钟，但它们都会对飞行产生极大的危害，特别是对飞机的起飞和着陆。它能在几秒钟时间内，大幅度改变飞机的空速而引起飞机失速。飞越微下击暴流的飞机可能首先会因逆风增强而浮力增加，随即遇到上空的下沉气流，继而因顺风增强而沉降（见图6.8）。飞行员必须及时采取修正措施，确保飞机安全，避免受到微下击暴流的影响。

4. 龙卷风

龙卷风简称龙卷，是范围小，生消迅速，有时伴有大雨、雷电或冰雹的强烈的涡旋，也是一种破坏力最强的小尺度风暴。它是从积雨云中伸展出来的漏斗状的猛烈旋转的云柱（见图6.55）。龙卷风出现时，从积雨云云底伸展出一个如同“象鼻子”一样的云柱，到达地面后会形成破坏力极强的灾害性大风。由于漏斗云内气压很低，具有很强的吮吸作用，当漏斗云伸到陆地表面时，可把大量沙尘等吸到空中，形成尘柱，称为陆龙卷；当它伸到水面时，能吸

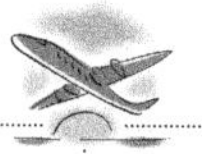

起高大水柱,称为水龙卷。龙卷风的破坏性极强,其经过的地方,常会发生拔起大树、掀翻车辆、摧毁建筑物等现象,甚至把人吸走。2011 年 5 月初,美国南部地区遭遇龙卷风袭击,大量市镇被毁,数百人丧生。

图 6.55 龙卷风

1) 龙卷风的一般特征

龙卷风的水平尺度很小,根据龙卷风的破坏范围推测,在地面其直径一般只有 25～100m,最大可达 1km 左右。在空中,根据雷达资料判断,在高度 2～3km 处,多数龙卷风的直径约 1km,再往上,其直径可达 3～4km,最大可达 10km。龙卷风的垂直伸展范围差别很大,有的超过 10km,可达 15km;有的仅有 3～5km;有的只存在于积雨云中部,从云顶和云下都看不见它。

龙卷风的内部是下降气流,并向外流出;外部是上升气流,并向内流入。下降气流和上升气流都很强。上升气流最大值可达 60m/s,大致出现在离地面 50m 的高度上。由于中心附近空气外流,上空又有强烈的辐散,因此龙卷风中心的气压非常低,其中心的气压可以比周围气压低 10%,一般可低至 400hPa,最低可达 200hPa。再加上龙卷风的水平尺度非常小,所以其内部水平气压梯度非常大。据推算,在距中心 40～50m 的区域里,水平气压梯度最大,可达 2hPa/m 以上,而在一般的天气系统中,水平气压梯度只有(1～2hPa)/100km 因此龙卷风中的风速极大,一般可达每秒几十米,其中心附近风速可达 100～200m/s,最大达 300m/s,往往在地面造成摧毁性的破坏。龙卷风之所以形成巨大破坏力主要有 3 个方面的原因:①风压极大,可将沿途的建筑物摧毁;②建筑物与龙卷风之间的巨大气压梯度力,足以使建筑物由内向外爆炸;③上升气流极强,能将上万吨的整节大车箱卷入空中,将上千吨的轮船由海面抛到岸上。1995 年在美国俄克拉何马州阿得莫尔市发生的一场陆龙卷风,诸如屋顶之类的重物被吹出几十英里之远。大多数碎片落在陆龙卷风通道的左侧,按重量不等常常有很明确的降落地带。较轻的碎片可能会飞到 300km 外才落地。

龙卷风从发生到消失只有几分钟到几十分钟,最多几个小时。龙卷风的移动路径多为直线,一般移速约为 15m/s,最快可达 70m/s。路径长度一般为 5～10km,短的只有几百米,个别长的可达几十千米以上。

根据雷达探测资料分析，龙卷风内部的云、雨、风等的分布情况与热带气旋很相近，并且具有类似台风眼的结构。龙卷风中的水平气流有很强烈的旋转性，其旋转的方向一般是气旋式的，也有反气旋式的。龙卷风成对出现时，往往一个是气旋式的，另一个是反气旋式的。

机场如遭到龙卷风的袭击，必将造成摧毁性的破坏，但由于它范围很小，对某一地点来说，受龙卷风袭击的概率是很小的。在空中飞行如发现龙卷风，一定要远离；避开积雨云中隐藏的龙卷风，肉眼是看不见的，用雷达探测有时能发现它。

2）龙卷风的形成

龙卷风总是在积雨云中出现，但多数积雨云中没有龙卷风产生。只有那些发展特别强烈的雷暴云，才有可能形成龙卷风。龙卷风形成的条件与雷暴类似，但所要求的层结不稳定程度要更强。形成龙卷风时，大气低层(700hPa 以下)要具有很大的对流性不稳定；从湿度条件看，龙卷风总是出现在很强的干、湿气流交汇区。

龙卷风主要发生在中纬度(20°～50°)地区，美国是龙卷风出现最多的国家，澳大利亚、日本次之。在我国每年春季和初夏常发生在华南、华东一带，南海和台湾海峡有时也出现水龙卷，出现时间大多在下午 2—8 时。

3）龙卷风的分级

龙卷风的分级是由藤田级数划分的，见表 6.11，其由芝加哥大学的美籍日裔气象学家藤田哲也于 1971 年提出。

表 6.11　龙卷风的分级

等级	风速		出现几率/%	受害状况	表　现
	mile/h	m/s			
F0	<73	<32	29	程度轻微	烟囱，树枝折断，根系浅的树木倾斜，路标损坏等
F1	73～112	33～49	40	程度中等	房顶被掀走，可移动式车房被掀翻，行驶中的汽车刮出路面等
F2	113～157	50～69	24	程度较大	木板房的房顶墙壁被吹跑，可移动式车房被破坏，货车脱轨或掀翻，大树拦腰折断或整棵吹倒。轻的物体刮起来后像导弹一般，汽车翻滚
F3	158～206	70～92	6	程度严重	较结实的房屋的房顶墙壁刮跑，列车脱轨或掀翻，森林中大半的树木连根拔起。重型汽车刮离地面或刮跑
F4	207～260	93～116	2	破坏性灾害	结实的房屋如果地基不十分坚固将刮出一定距离，汽车像导弹一般刮飞
F5	261～318	117～141	<1	毁灭性灾难	坚固的建筑物也能刮起，大型汽车如导弹喷射般被掀出超过百米。树木刮飞。是让人难以想象的大灾难

6.4.3　闪电与雷击

大气电离是大气产生带电粒子的最主要因素，引起大气电离的主要因素有 3 种：一是地壳中的放射物质发出的放射线，二是大气中的放射物质发出的放射线，三是宇宙射线，特别是在平流层的太阳紫外辐射。另外，大气中的闪电、火山喷发、森林火灾以及强的尘暴、雪

暴等也可能使大气发生轻微的电离现象。

在一定的天气条件下，大气电场力、重力、大气对流等原因会使带电的云雾粒子分离、分层，从而在云层的不同高度形成不同的电荷聚集区。

云系是大气中电荷的重要载体，但并不是所有的云系都能形成自然闪电。云系的带电特点与云系的种类、降水的种类密切相关。总的来说，云内起电可分为云雾粒子起电和雷雨云起电。

对于云雾粒子起电，由于云内上升气流很弱，主要是云雾内的离子扩散和云滴选择性吸附大气离子引起的。

1. 云系的电场

按照大气的稳定性分类，云系可分为层云、对流云两大类。当云开始形成时，云中带电粒子的分布是无序的，但正、负电量基本相等，云系整体上呈现为中性。随着云系发展到不同的阶段，云系中的带电粒子就可能由空间的无序状态变为有序状态，从而在云系中形成正、负电荷的聚集区，如果能够形成强的正、负电荷中心，产生了强电场，就会产生雷暴、闪电等天气现象。

1）层状云电场

层云、层积云的电场较弱；卷层云的电场稍强；高层云的电场较强，最大值为 64.5V/cm；伴随降水的雨层云的电场最强，最大值为 180V/cm（见表 6.12）。

各类层状云中的电场强度低纬大于高纬，夏季略大于冬季。同时层状云中的电场强度与云的厚度密切相关，云层越厚电场越强。总的来说，在各类层状云中，层云、层积云和卷层云的电场较弱，高层云、雨层云中的电场强度随高度的增加而递增的变化趋势比较明显。

观测资料表明，负电荷存在于相对较厚的层积云下部；高层云的云底为明显的负电荷，云中部有一定的正电荷；在雨层云中电场强度从 0℃等温线以上的弱的正电场会迅速变为强的负电场。

表 6.12　层状云中的电场强度表

云状	观测次数	平均云底高度/m	平均云厚度/m	云中电场强度/(V/cm)		
				平均值的绝对值	最大值	最小值
层云	116	350	500	1.6	5.5	−15.0
层积云	357	1 000	500	1.8	14.0	−16.0
高层云	218	3400	950	3.2	64.5	−14.5
卷层云	48	5500	1100	2.8	20.0	−9.0
雨层云	155	900	2100	5.6	180.0	−120.0

2）积状云电场

观测资料表明，淡积云、浓积云中存在大量尺度为几十米到几百米的正负电荷区，这些正负电荷区往往交替出现，还没有形成非常明显的正负电荷中心。大多数积云体的上部表现为正电荷，下部为负电荷；部分积云体的电荷分布截然相反，有些淡积云表现为单极性的电荷分布。

多数积状云的电场为正值，电场强度大于 10V/cm 的概率为 50%，大于 50V/cm 的概率为 5%，大于 100V/cm 的概率为 2%，大于 200V/cm 的概率为 0.1%。

图 6.56 为无降水时的积云(淡积云)的电荷分布，在积云的初始阶段，积云底的高度取决于抬升凝结高度。在积云的最下部，也就是抬升凝结高度附近分布着一层很薄的负电荷，在 0℃等温线高度附近到云的中上部为正电荷聚集区。

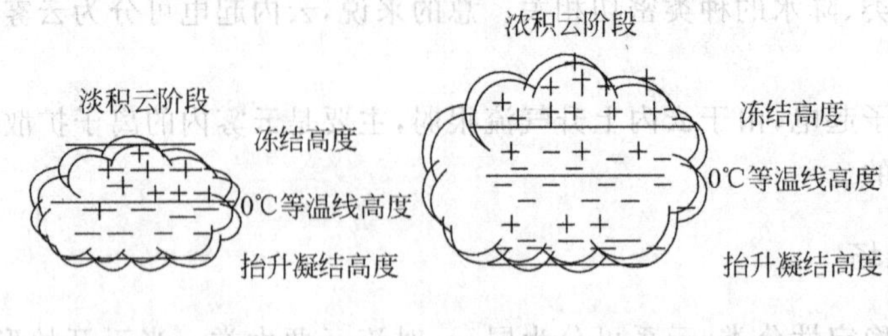

图 6.56　淡积云、浓积云的电荷分布

在积云的发展阶段(浓积云)，在积云的最下部分布一定量的负电荷，之上有着一层很薄的正电荷，在 0℃等温线高度附近到冻结高度线以下之间为正电荷、负电荷共存区，冻结高度附近到云的中上部为正电荷聚集区。

图 6.57 为积雨云的电荷分布，积雨云的电场较为强烈。积雨云的上部，也就是冻结高度以上为正电荷聚集区，在积雨云的中下部为负电荷的聚集区，有时在积雨云的下部，0℃等温线高度以下有一个或几个次正电荷聚集区，这些弱的正电荷聚集区往往与降雨的下降气流相关联。

积雨云中的电荷分布与大气电场的关系表明，相应于云底正电荷区域，地面是正电场；相应于云底负电荷区域，地面为负电场。

在大块的积雨云，特别是超级单体雷暴云中，正负电荷的分离大多发生在－40～－5℃的等温线高度之间，半径大约在 2 000m 以上。一般来说，负电荷集中于－20～－10℃的等温线高度之间，正电荷集中在负电荷之上数千米处。而在中尺度天气系统中负的电荷中心会低一些，接近 0℃等温线的高度。

2. 积雨云起电的原因

积雨云内有很强的上升气流，常常伴有强烈的降水，云体内除了雨滴之外，还有冰雹等各种冰相粒子，其云顶温度很低、云很厚，为云内起电提供了充足的条件。

积雨云内由云中粒子间相互作用起电称为微观起电；而由云内大规模上升气流，使云内在不同高度上产生不同的极性电荷聚集中心就是积雨云的宏观起电。近年来的各种实验表明，积雨云起电主要有感应起电、温差起电、大云滴破碎起电、对流起电等多种理论。

要达到产生强闪电的条件，云的厚度就要在 3km 以上。强对流活动和降水是闪电的必要条件，但不是充分条件。云中不存在冰相粒子时也能产生强起电，但是只有云中温度在低至只有冰相粒子存在的高度时会发生强闪电。

云中的电场通常都比周围空间的电场强得多，在云的边界附近电场强度增大，所有自然闪电都起源于云内。当对流和降水实际上已经停止的积雨云消亡阶段，强负的电场在云下方的地面上经常维持 10min 以上，同时伴有向下输送的正电荷。

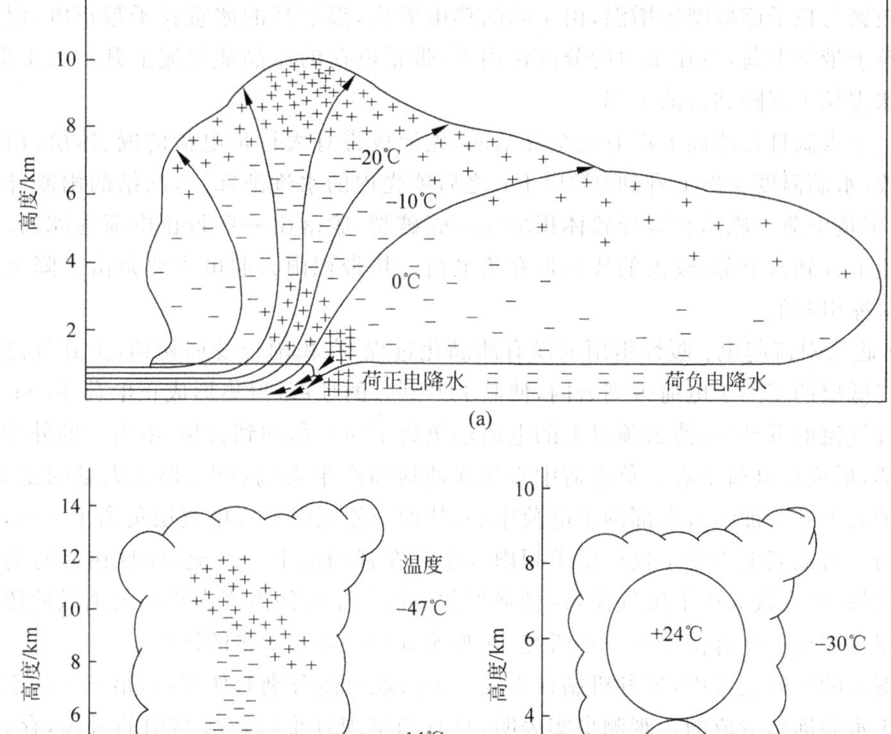

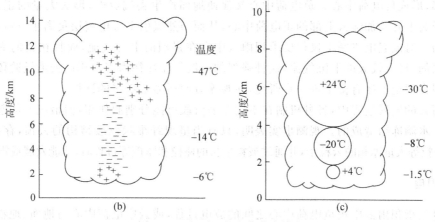

图 6.57 积雨云的电荷分布模式

云的起电机制主要有 4 种，即湍流碰并、大雨滴破碎起电、温差起电、暖云对流起电。

(1) 湍流碰并：在大气电场的作用下，云雾水滴形成上半部带负电荷、下半部带正电荷的极化粒子。水滴在上升、下降过程中，不断捕获正、负电荷，从而中和了水滴上半部的负电荷、下半部的正电荷，结果使得降水粒子变成带有完全的正电荷、负电荷。这种湍流的电碰并起电机制可用来解释小云滴的荷电量是如何通过湍流碰并使云滴的半径增大，而且使大云滴荷电的。

云中存在有冰相粒子，降水粒子(大粒子)在重力分离的作用下下降，云粒子(小粒子)上升；当大粒子、小粒子碰撞并交换电荷，粒子分离，形成降水粒子带正电、云粒子带负电的现象，称为碰撞起电。这说明云内的电荷分布与云内的温度有重要关系。

(2) 大雨滴破碎起电机制：积雨云的底部存在相当多的大雨滴，当半径超过 1mm 的大雨滴在强的上升气流作用下而破碎，下半部破碎成带正电的大雨滴，上半部破碎成带负电荷的小水滴，这样带正电的较大水滴留在云的底部，形成正电荷的聚集，带负电的较小水滴上升到云的中上部。

(3) 温差起电：包括云中冰晶与冰雹粒子碰撞引起的摩擦温差起电，还有较大的过冷云滴与冰雹粒子碰并，并释放出潜热产生冰屑碰并温差起电。

夏季积雨云的顶部卷云处经常有电晕现象。在积雨云中冰雹粒子降落过程中，云中冰晶粒子频繁与粒子碰撞摩擦增温，由于冰的热电效应，温度高的冰雹粒子带正电，温度较低的冰晶粒子带负电荷，再在重力的分离作用下，带正电荷的冰晶随气流上升到云上部，带负电荷的冰雹粒子沉降到云的下部。

当过冷水滴打在冰面上没有完全冻结前，先形成带有大量负电荷的淞、冰层，由于凝结潜热释放，水滴温度突然上升到0℃以上；之后冰壳内的水逐渐冻结，冻结的雨滴外壳带正电，内部带负电荷。冻结直接导致体积增大冰壳破裂，脱落出一些带正电荷的冰屑，其随着上升气流上升到云上部，较大的残块带有负电荷。热带积雨云起电主要是由于降水粒子间的相互碰撞引起的。

(4) 暖云对流起电：暖性雷雨云没有冰晶化过程，在积雨云发展初期，上升气流把云底以下大气低层的正离子电荷带到云内，使其上升到云的顶部，聚集形成正电荷中心；在云外围的下沉气流的带动下，使云顶以上的电离层负离子向下移动到云顶，沿着云的外围下降到云的底部，形成负电荷中心。负电荷中心又促使地面产生尖端放电，形成大量的正离子，这些正离子又上升并加强云上部的正电荷中心，从而强烈吸引上方电离层负离子下沉，形成强烈的电场。对流起电机制不仅仅要求积雨云中存在强烈的上升气流，而且在云的周围还要存在较强的、尺度较大的下沉气流，这种强烈的下沉气流往往出现在积雨云消散阶段。这种起电机制在理论上还有待于进一步研究，在观测方面还需要更多的证据。

雷雨云的发展过程中，各种机制在不同发展阶段可能分别起作用，但最主要的起电机制还是由于水滴冻结造成的。观测事实表明，只有当呈现纤维状丝缕结构的云顶，存在有冰、雪晶和霰粒等大量冰相的云粒子，并通过霰粒生长的碰撞和摩擦等过程时，才能发展成雷雨云。

3. 闪电

闪电是指积雨云中正负电荷中心之间的放电过程，或云中电荷中心与地面、地物之间的放电过程，又或云中电荷中心与云外大气不同电荷符号的电荷中心之间的放电过程。

根据闪电发生的部位可以分为地闪、云闪两大类。地闪是指云内电荷中心与地面、地物之间发生接触的放电过程。云闪是指不与地面或地物发生接触的闪电，包括云内闪电、云际闪电和云空闪电。云内闪电是云内不同符号电荷中心之间的放电过程；云际闪电是两块云中不同符号电荷中心之间的放电过程；云空闪电是云内电荷中心与云外大气不同符号电荷中心之间的放电过程。

根据闪电形状可以分为线状闪电、带状闪电、连珠状闪电和球状闪电。

线状闪电最为常见，包括线状云闪、线状地闪两种；线状闪电形状较为蜿蜒曲折、附带有多条分叉、分支，也称为枝状闪电。线状闪电具有若干次放电，每一次放电称为一次闪击。图6.58为一次线状闪电，从图中可见线状闪电具有细而明亮的流光外貌特征。

带状闪电是宽度达到几米到十几米的闪电，看上去像一条极为明亮的飘带。图6.59为一条带状闪电，从图中可以看到带状闪电具有宽而炽亮的外貌特征。

联珠状闪电像挂在空中的一长串珍珠般的发光亮斑，因而称联珠闪电或称链状闪电。图6.60是一次联珠状闪电闪击高塔的图片，是用每秒13 000帧的相机获取的8张闪电照片中的3张。联珠状闪电多出现在强雷暴期间，常紧接着一次线状闪电之后出现在原通道上，有时则为许多长达几十米的发光段，这些亮斑较暗淡。联珠状闪电持续时间较线状闪电长得多，熄灭过程也较缓慢。

图 6.58 线状闪电

图 6.59 带状闪电

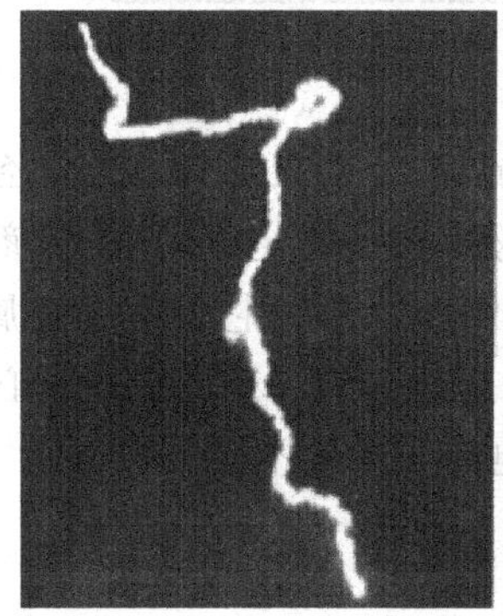

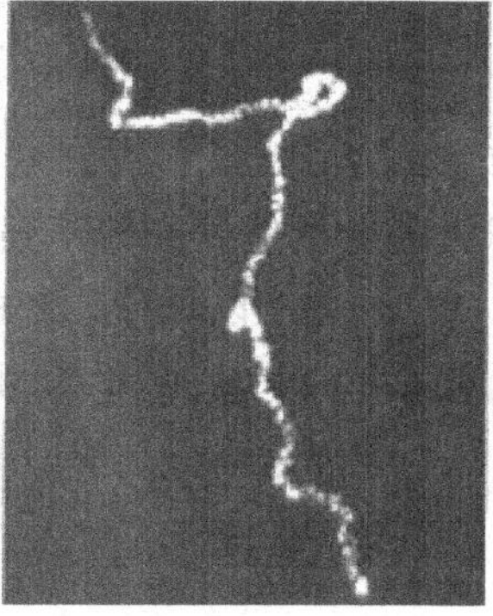

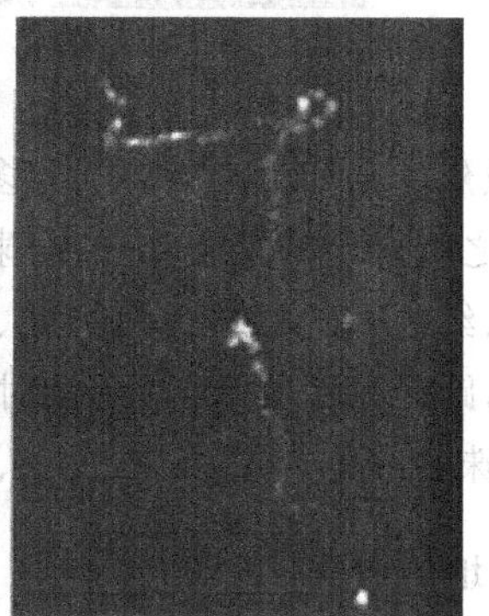

图 6.60 联珠状闪电

在同一块积雨云中,可以同时发生云闪、地闪。如图 6.61 所示,图中可见两支明亮的流光,一支到达地面,另一支则于空中近乎水平方向伸展很长的距离后消失,并有许多分支。

图 6.61 积雨云产生的闪电

图 6.62 为山脉上环状的向上负电闪,闪电流光从一个塔顶伸出,打了个圈,然后沿着水平方向伸展很长的距离。

球状闪电看上去像一个火球,是闪电中一种极为特殊的闪电现象,常出现在强雷暴期

图 6.62　环状闪电

间，与强烈的地闪同时出现，大多表现为球状，也有环状或放射出火花球状，直径在 10～100cm 之间，多在 25cm 左右。球状闪电虽然发光并不强烈，但还是清晰可见，其颜色大多为橙色、红色，极少数出现黄、蓝、绿色。一般以每秒几米的速度运动，它可沿着金属物体表面移动，路径十分复杂，其延续时间在 1～5s 之间，最长可达几分钟。球状闪电是闪电中一种很特殊的闪电现象，它的发生、发展和演变也与一般闪电有很大的不同。

4. 地闪过程

地闪放电过程主要包括梯式先导、回击、箭式先导、再回击等子放电过程，如图 6.63 所示。

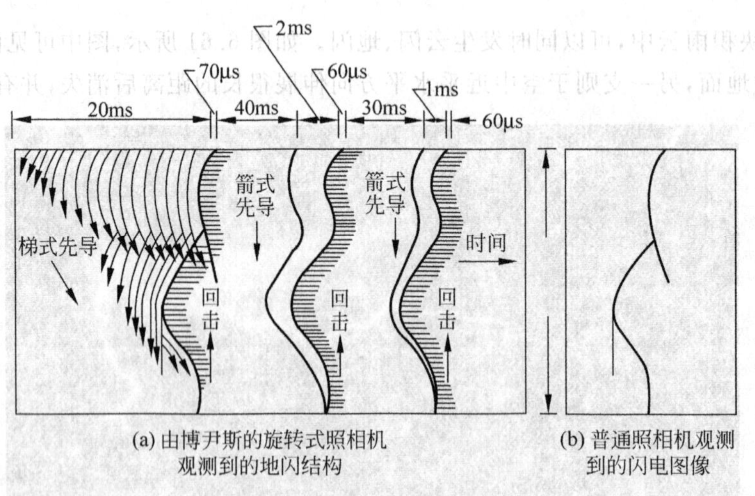

图 6.63　地闪结构模式

1）梯式先导

梯式先导是发生大电流回击过程之前必不可少的弱电离过程，它为回击过程开辟通道。梯式先导像阶梯一样从云底开始向地面伸出暗淡的光柱，其直径变化范围为 1～10m 左右，每级约 50m，并以约 50μs 的间隔传播。新的阶梯可以分叉，分支也可延伸一些梯级而终止。

梯式先导是一种以梯级形式推进的负流光。

(1) 闪电的初始击穿：当在积雨云的下部有一个负电荷中心与其底部的正电荷中心附近局部地区的大气电场达到足够强(10^4V/cm 左右)时，大气会出现初始击穿，负电荷中和掉正电荷，这时从云下部到云底部全部为负电荷区。

(2) 梯式先导过程：随大气电场进一步加强，进入起始击穿的后期，电子与空气分子发生碰撞，产生轻度的电离，形成负电荷向下发展的流光，如图 6.64(a)所示，表现为一条暗淡的光柱像阶梯一样逐级伸向地面，这称为梯式先导。在每一阶梯的顶端发出较亮的光。梯式先导在电荷随机分布的大气中蜿蜒曲折地进行，并产生许多向下发展的分支。梯式先导由若干个单级先导组成；单个梯级的传播速度则快得多，一般为 5×10^7cm/s 左右，单个梯级的长度平均为 50m 左右，变化范围为 30～120m 左右。梯式先导通道的直径较大，变化范围为 1～10m 左右。

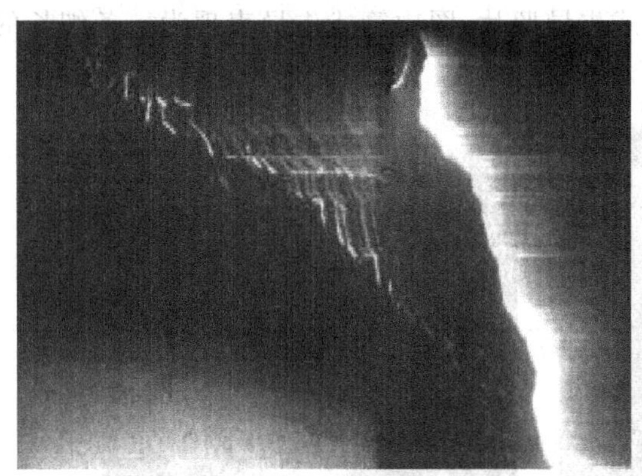
(a) 由高速旋转相机摄取的梯式闪电

(b) 慢速相机摄取的闪电

图 6.64 向下负电闪(Berger 和 Volgelsanger，1986)

(3) 电离通道：梯式先导向下发展的过程是一个电离过程，在这个电离过程中生成成对的正、负离子，其正离子被由云中向下输送的负电荷不断中和，从而形成一个充满负电荷为主(对负地闪)的通道，称为电离通道或闪电通道，简称为通道。如图 6.64(b)所示，闪电通道由主通道、失光和分叉通道组成。

(4) 连接先导：当具有负电位的梯式先导到达地面附近，离地约 5～50m 时，可形成很强的地面大气电场，使地面的正电荷向上运动，并产生从地面向上发展的正流光，这就是连接先导，连接先导大多发生于地面凸起物处。

2) 回击

当梯式先导与连接先导会合，形成一股明亮的光柱，沿着梯式先导所形成的电离通道由地面高速冲向云中，这称为回击。回击比先导亮得多，回击的传播速度也比梯式先导的速度快得多，平均为 5×10^7cm/s，变化范围为 2.0×10^7～2.0×10^8cm/s 左右。

回击通道的直径平均为几厘米，其变化范围为 0.1～23cm。回击具有较强的放电电流，峰值电流强度可达 10 000kA 量级，因而发出耀眼的光亮。由梯式先导到回击这一完整的放电过程称为第一闪击。

从地面向上发展起来的反向放电，不仅具有电晕放电，还具有强的正流光，它与向下先导会合，其会合点称为连接点，有时称之为“连接先导”的向上流光。

3）箭式先导

紧接着第一闪击之后，约经过几十毫秒的时间间隔，形成第二闪击。这时又有一条平均长为50m的暗淡光柱，沿着第一闪击的路径由云中直达地面，这种流光称为箭式先导。

箭式先导是沿着预先电离的路径通过的。它没有梯式先导的梯级结构。箭式先导的传播速度大于梯式先导的平均传播速度，其平均值为2×10^4m/s，变化范围为1.0×10^4～2.1×10^5m/s左右。箭式通道直径的变化范围亦为1～10m左右。

4）再回击

当箭式先导到达地面附近时，又产生向上发展的流光由地面与其会合，随即产生向上回击，以一股明亮的光柱沿着箭式先导的路径由地面高速驰向云中。由箭式先导到回击这一完整的放电过程称为第二闪击，第二闪击的基本特征与第一闪击是相同的，而以后各次闪击的情况与第二闪击的情况基本相同。

图6.65为高速旋转相机摄取的箭式先导照片，图中箭式先导表现为一条细长的亮线，而成片的亮区是回击。

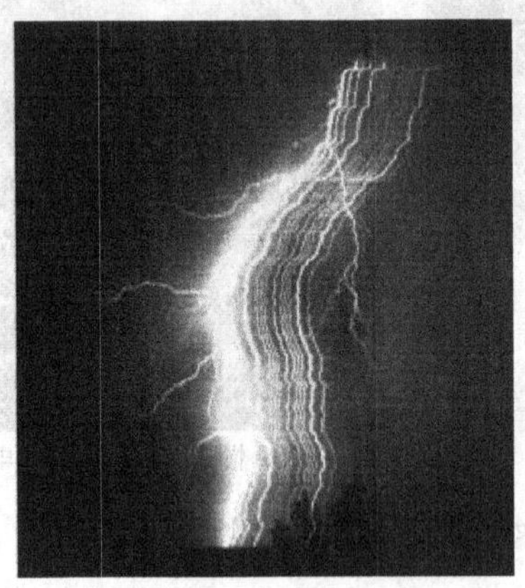
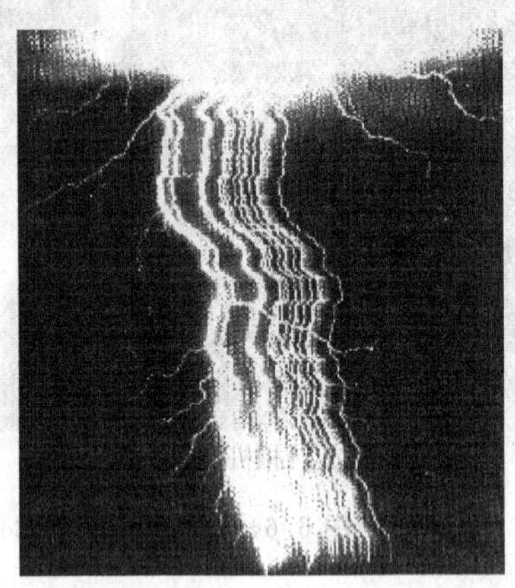

图6.65　多次闪击照片

5. 云闪

在自然界中大多数闪电属于云闪，云闪的危害远小于地闪，但云闪对飞机的飞行存在巨大的威胁。此外，多数云闪表现为云内闪电，观测较地闪困难很多，因而对它的研究远少于地闪。

1）云闪结构

有一种观点认为，云闪放电的过程主要包括一个缓慢下降的正流光（从正极向负极发展的流光），随后跟随一个快速上升的负流光（迅速向正极发展的电子流）。

（1）初始正流光：云闪包括云内闪电、云际闪电和云空闪电。通常在积雨云的上部为一正电荷中心，下部为负电荷中心。当正电荷中心附近局部地区的大气电场达到10^4V/cm左右时，云雾大气便会击穿而形成连续发光的正流光，持续地向下方负电荷中心发展，这就是初始正流光，这一过程称为初始流光过程。初始流光的持续时间约为200ms，其传播速度为10^6cm /s，其持续电流强度为100A左右。

（2）负流光：当初始正流光到达下方负电荷中心时，将形成不发光的负流光，沿着初始

流光所形成的通道，向相反方向发展，使负电荷中心与上方正电荷中心相连接。其持续时间约为 100ms，持续电流强度一般不超过 100A。

(3) 反冲流光：在负流光与正流光相接期间，出现时间间隔约为 10ms，持续时间约 1ms，并伴有明亮发光的强放电过程，称为反冲流光过程。反冲流光过程是中和初始流光所输送并储存在通道中电荷的主要过程，其传播速度比初始流光高 2 个数量级，为 10^8cm/s 左右，其峰值电流可达 1 000A。

2) 云闪数与地闪数之比

闪电以云闪为主，云闪数要大于地闪数。云闪数与地闪数的比值与地理纬度有关，纬度越低，云地闪数之比越大；反之，当纬度高时，比值就小。观测资料表明，热带地区(北纬 2°～19°)云地闪之比达 5.7，亚热带(北纬 27°～37°)为 3.6；温带地区(北纬 43°～50°)为 2.9。其原因可能是与积雨云中 0℃层的高度有关。在纬度较低时，积雨云中的 0℃层较高，这时云中负电荷中心的高度较高，不易形成地闪，而形成云闪；当纬度较高时，积雨云中的 0℃层较低，云中的负电荷中心也低，较易形成地闪。

3) 中尺度对流系统(MCS)与雷暴云的关系

中尺度对流系统是夏季重要的降水天气系统，因此在气象上对它的动力和热力特性进行了很多研究。同时它也是雷电发生最多、雷电灾害最严重的系统之一。近年来随着探测技术的发展，特别是无线电云中电场探空仪的出现和卫星、雷达探测技术的发展，对 MCS 的电场、荷电结构和闪电的关系的研究有了新进展。

(1) MCS 上升气流区的垂直电结构

MCS 内的电场分布对于了解云内电荷的垂直分布和结构十分重要。

在上升气流区外侧，最下部高度约 3.5km 处有电场强度为 60～100kV/m 的正的峰值电场，其迅速增加的高度相应于相对湿度迅速增加的高度(电场探空气球进入云底)；在其之上为大而负的峰值；负峰值电场之上又转回大的正电场，这是第 2 个小于 1km 的正峰值电场；在这一正峰值电场之上再次出现负的电场(5km 和 5.7km)；最后在最上部出现第 3 个正峰值电场(11km)。

非上升气流区内的荷电结构，在接近云底的最下部为正电荷层，正电荷层之上是一负电荷层，负电荷层之上约 4～6km 之间是稠密的正电荷层，然后是一电量相等的负电荷层。

(2) MCS 对流区的结构和电荷分布

从图 6.66 中可以看到，在高度约 6km 和水平距离 10km 的地方是一反射率中心，表示有一新的单体发展，该新单体伴随较深和逐渐成熟的对流，具有大于 50dBZ 的峰值反射率和高度为 2km 的成熟单体，整个系统向东或东北方向移动，个别单体较其所处的飑线的移动速度慢，而且常有一个向上运动的分量，整条连续飑线的移动与缓慢移动单体间的差别是通过在完全发展的单体的前头形成新单体，在飑线位置上不连续跳跃。对流上升区一般位于 MCS 对流云区中强的和发展的反射核心区的前方，多普勒雷达观测表明，在 6km 高度这些上升区具有最大上升速度。图中还显示，成熟的 MCS 核心和流线随高度向后倾斜，消散的对流单体位于对流区的尾部边界处。下沉气流出现在降水核心区的中下部，在高层是成熟和接近消散的单体。在图中叠加于反射率和气流的 MCS 对流区的荷电结构。在上升气流区有极性交替出现的 4 个电荷区，最低的是正电荷区；最上的是负电荷区，上升气流的顶部为强的向后的外流气流。在成熟和消散单体的降水核心区、上升气流的外侧有 6 个电荷区。

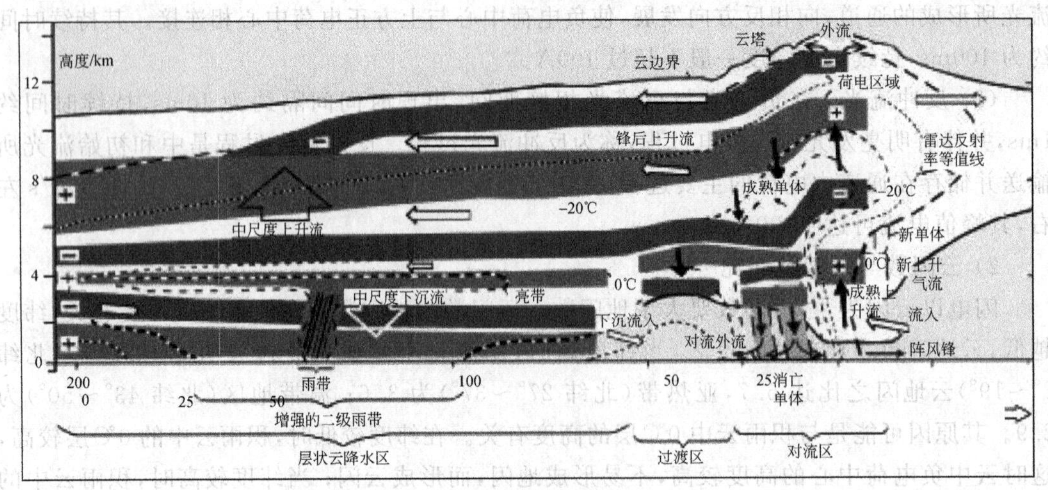

图 6.66　MCS 对流区结构和电荷分布

4）闪电与雷暴云的关系

（1）闪电与降水区

云中的降水和起电有密切关系，但因果关系尚不清楚。有强降水不一定有闪电，但有强闪电，总有强降水。观测表明，当第一次闪电后，雷达回波顶高会突然增大 20dBZ 或更大；当闪电数分钟后，突发性强降雨或冰雹到达地面，降水强度在 30～60s 内常常超过 75mm/h。在首次闪电后 5～6min 内，降水强度大致以指数形式逐渐减小到 2～5mm/h。如果邻近发生其他闪电，则这种变化会反复出现。

Schonland(1950)对产生这一现象的解释是，云中的强电场使带电雨滴悬浮在空中，当闪电发生时，电场减小，于是雨滴从空中落下。另一种观点则认为，雷的声波引起空气运动使云滴间的碰撞次数突增，从而加大云滴碰并的速率，使降水显著加大。

Krehbiel 等(1983)的观测发现，闪电放电形成于风暴的整个降水区，他们注意到闪电主要集中于降水最强的区域。然而，Williams(1985)总结了大量闪电源区与降水位置的观测资料，指出大多数情况下强降水区并不是空间电荷密度最大的区域。

（2）闪电与云内温度

近年来的观测表明，云—地闪击负电荷区的主要源地位于－25～－10℃之间的区域，这也与降水区相吻合。Taylor 也发现主要闪电活动中心与过冷云层相联系，但位于稍暖的温度区，介于－20～－5℃之间。Krehbiel 等(1983)发现，在佛罗里达的海洋性底部暖性积云、新墨西哥的大陆性底部冷性积云及日本岛上浅薄的底部冷性积云，与闪电活动相联系的负电荷主中心都位于－20～－10℃之间(见图 6.67)，这一结果明显地表明了云中的带电与云中的冰相过程相关联。而负空间电荷中心处的温度是上升气流速度或降水的函数。

对于超级单体、MCS 对流云区和新墨西哥雷暴 3 种不同类型的雷暴，其负电荷中心的高度和温度不同。新墨西哥雷暴负电荷中心的高度为 6.05km，MCS 对流云上升区负电荷中心的高度为 6.93km，超级单体为 9.12km，相应的平均温度分别为－7℃、－16℃和－22℃。

（3）风切变与云闪、地闪的关系

Brook(1982)在日本岛冬季雷暴观测中发现，水平风垂直切变与携带的正电荷的云—

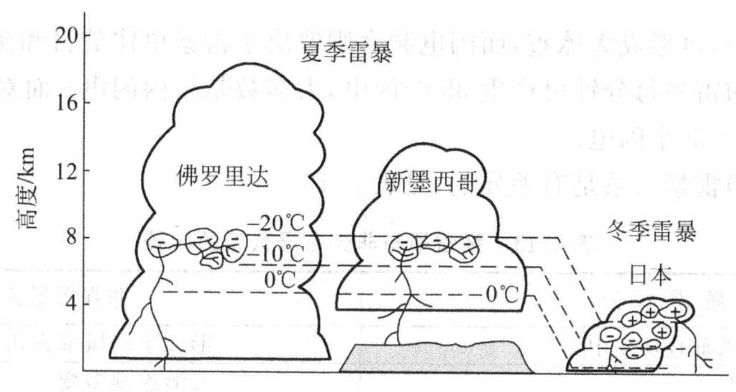

图 6.67　云中闪电负电荷分布与温度的关系示意图

地闪击有很强的相关性，他指出风的垂直切变会使云上部的正电荷区从云下部负电荷区平移出去，这使得云顶与地球表面之间形成较强的电位梯度。因此估计在不存在风切变的情况下，正电荷放电主要以云闪为主。

Rust 等(1981)研究了强风暴中的正、负地闪，如图 6.68 所示，负地闪在强降水核心区观测到，在卷云砧处出现正电闪，图中的螺旋线表示强上升区且是旋转的。

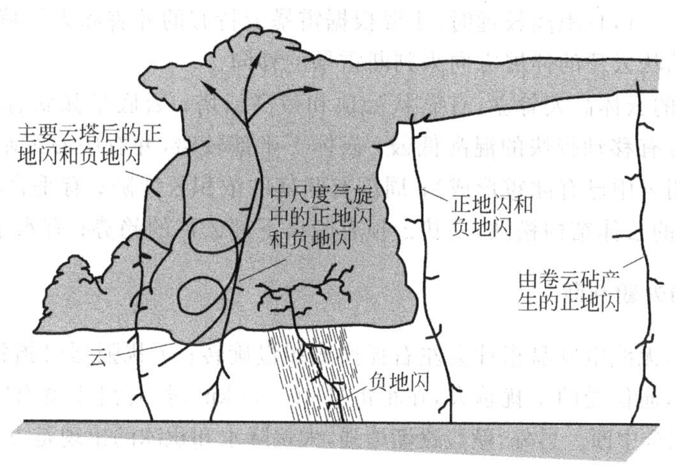

图 6.68　正负地闪与雷暴云的结构

RAY 等(1987)发现，在超单体风暴中的闪电倾向于发生在风暴主上升气流和雷达反射率核心的顺风切变部位，而在多单体风暴中则集中在上升气流和反射核心区中，因为超级单体风暴在更强的切变环境中盛行。在强切变环境中正电荷被平流输送至上升气流的下风方向，从而改变了闪电发生的区域。

(4) 雷暴结构对闪电的作用

Pakiam 和 Maybank(1975)研究了加拿大阿尔伯塔产生冰雹的多单体雷暴和超单体雷暴活动，得出闪电与风暴间的关系如下。

① 如果风暴的厚度是有限的普通多单体型雷暴(云顶 7.5～12km)，则降水和闪电发生的频率是较低的；

② 如果热力学不稳定度较大，风暴成组织良好的多单体风暴，云顶较高，则降水、冰雹和闪电频率明显增加；

③ 在不稳定度更大、风切变较强的情况下，盛行有组织的多单体风暴，云顶深入平流

层。在这类风暴中,可形成大冰雹,而闪电频率则取决于雷暴单体数目和接近程度。如一个由5个单体组成的雷暴每分钟可产生35个闪电,大多数是云内闪电;而对于一个孤立的单体每分钟只产生1～3个闪电。

强雷暴与非强雷暴云系是有差异的,见表6.13。

表6.13 强雷暴与非强雷暴云系的比较

强雷暴云	非强雷暴云
形成于强风垂直切变中	形成于弱风垂直切变中
准稳定状态	云形连续多变
持续时间≥4h	持续时间≤1h
在成熟和消散阶段会出现正地闪	在消散阶段会出现正地闪

6.4.4 飞行中判断雷暴及安全飞过雷暴区的方法

1. 根据云的外貌判断

飞机在云外飞行,且距离较远时,主要根据雷暴云特有的外貌和天气特征来判明雷暴云的强弱,并根据砧状云顶的伸展方向来判断雷暴的移向。

较强雷暴云的云体高大耸立,有砧状云顶和最高云塔;云底呈弧状、滚轴状、悬球状或漏斗状,云体前方有移动较快的混乱低云;云体下半部较暗,并有中心黑暗区;云体上部的边缘呈黄色(说明云中已有冰雹形成);周围有旺盛的浓积云伴随;有垂直闪电。

较弱雷暴云的云体结构松散,砧状云顶有脱离下部云体的趋势;有水平闪电。

2. 根据云的外貌判断

接近雷暴时,无线电罗盘指针会左右摇摆或缓慢旋转;干扰强烈时指针会指向雷暴区。一般离雷暴越近,通信受的干扰越大,在距雷暴40～50km时,耳机中就有"咔、咔……"的响声,有时通信会完全中断。另外,颠簸逐渐增强,大量降水和积冰的出现是飞进雷暴云的标志。

3. 利用机载气象雷达探测雷暴

在飞行过程中,利用机载气象雷达探测雷暴是最为有效的方法。当机载雷达显示回波的绿色和黄色部分迅速融合变成红色时(见图6.69),也就是回波色调显示出陡变的梯度,说明将出现强对流天气及强烈的颠簸。

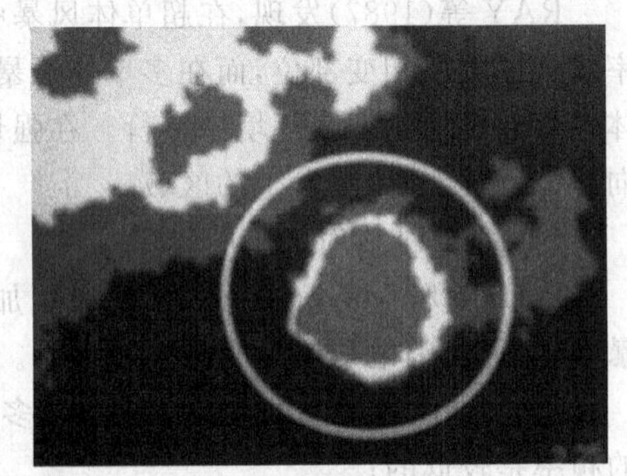

图6.69 强对流回波区

还要注意雷达回波衰减的区域,可能存在很强雷暴的可能性。在显示屏上若出现诸如"U形"、"手指形"、"扇贝边形"、"钩形"外缘凹凸不平等特殊形状的云体,即使位于强降水区外沿的绿色区域,由于这些回波往往是强雷暴,绕飞这种云体时要格外重视,最好从上风边绕飞,以免遭冰雹袭击和强颠簸。图6.70是6种强雷暴天气的典型回波。

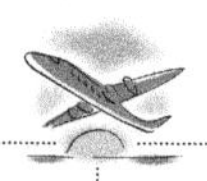

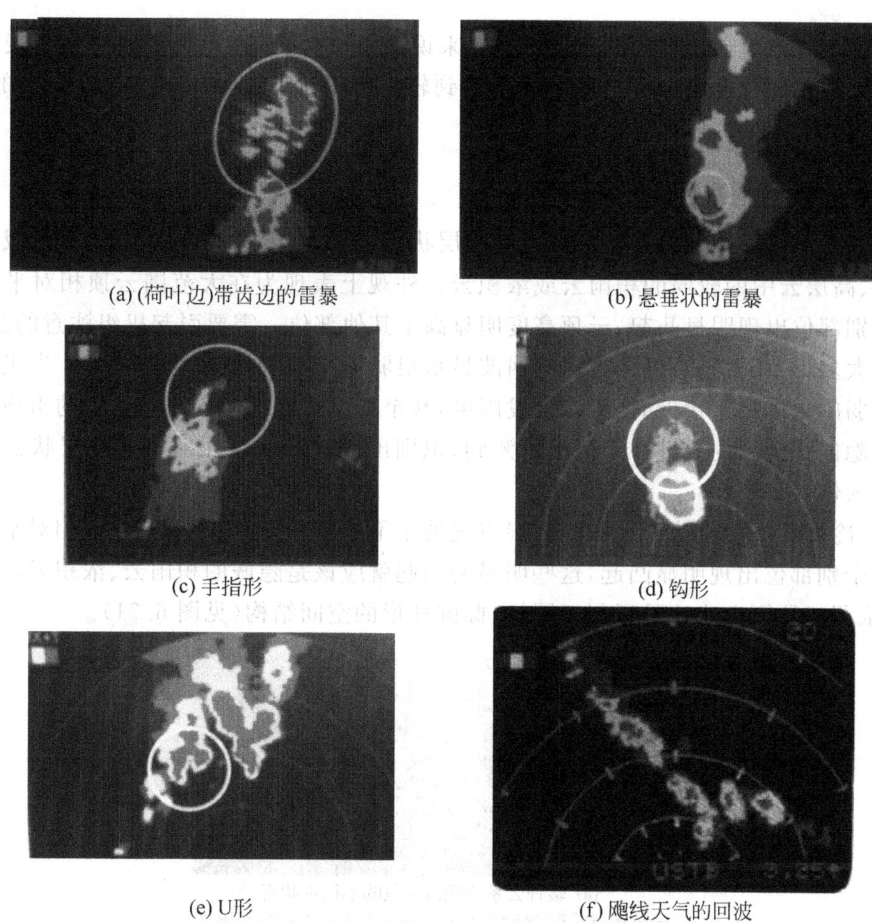

(a)(荷叶边)带齿边的雷暴　(b)悬垂状的雷暴

(c)手指形　(d)钩形

(e)U形　(f)飑线天气的回波

图 6.70 强雷暴天气的典型回波

1977 年,美国南方航空 242 航班从亨茨维尔前往亚特兰大途中遇上特大暴雨及冰雹侵袭。当飞机起飞 10min 后,机组发现飞机将遭遇风暴。根据飞机上的雷达显示,风暴结构内有个空白的区域,机组便决定飞入那个区域。不料,当时被遮蔽的雷暴高达 55 000ft,伴有龙卷风和 3in 的冰雹。当飞机穿越雷暴时,冰雹将飞机风挡玻璃都打碎了,同时造成两台发动机停车,并且发动机启动失败,飞机坠毁,只有一名幸存者。

4. 冬春季节层状云巡航诱发强烈的弧光放电

春季锋面云系存在暖湿空气相对稳定的大范围层状云系,由于地表温度较低,一般来说在 3 000m 高度就进入 0℃等温层,3 000～4 000m 高度上方中水滴基本上是以过冷水滴形式存在,4 000m 高度以上大致是以冰晶为主的冰云。当高速飞行的飞机较长时间在冰云中飞行,由于冰晶、雪晶粒子与飞机表面产生强烈的摩擦,可以使飞机表面迅速产生并积聚大量电荷,从而诱发冰云与飞机表面产生较强的弧光放电现象;也可以听到伴随放电的较大声响,目视也可以看到耀眼的电光。

这种弧光放电比自然闪电要弱得多,但也可以带来飞机表面不同程度的灼伤现象,轻微的情况可以产生铆钉灼烧变色,严重的时候可以使蒙皮顺着飞行方向形成一连串的灼伤点,甚至烧穿蒙皮。因此,在冬春季短航线巡航穿越暖锋、冷锋或静止锋面的深厚层状云系时,要特别注意机体电荷迅速积聚的现象。一般来说，这种电荷迅速积聚现象首先会表现出机内无线电通信的噪声逐渐加强；如果通信受到较强的干扰就要采取改变巡航高度的办法，来减少弧光放电产生的危害。

5. 层状云中隐嵌积雨云的探测

隐嵌的积雨云是指在锋面云系的大范围层状云系中，由于暖湿空气不稳定，形成的夹杂在雨层云、高层云中的较弱的积雨云或浓积云。外观上表现为在大范围云顶相对平缓的层状云顶个别部位出现明显凸起，云顶高度明显高于其他部位。需要引起机组注意的是，这些凸起部位大多由冰云组成，机载雷达的回波显示很弱，有时甚至仅仅为 30dBZ。当飞机与这些回波很弱的云体过于接近时，可以诱发闪电，甚至可以听到类似于自然闪电的雷声。

分辨隐嵌积雨云的关键在于提早探测到、识别出大范围云顶相对平缓的层状云顶的明显凸起的云体。

暖锋、冷锋和准静止锋云系中的暖湿空气处于不稳定状态时，大范围云顶相对平缓的层状云顶的个别部位出现明显凸起，这些明显的凸起就应该是隐嵌的积雨云、浓积云。隐嵌的积雨云、浓积云原则上应该是近似于圆柱、椭圆柱形的空间结构(见图 6.71)。

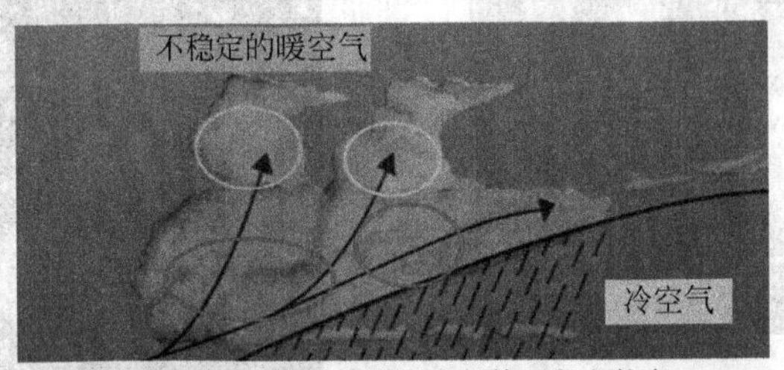

(a) 暖锋云系中暖湿空气的不稳定状态

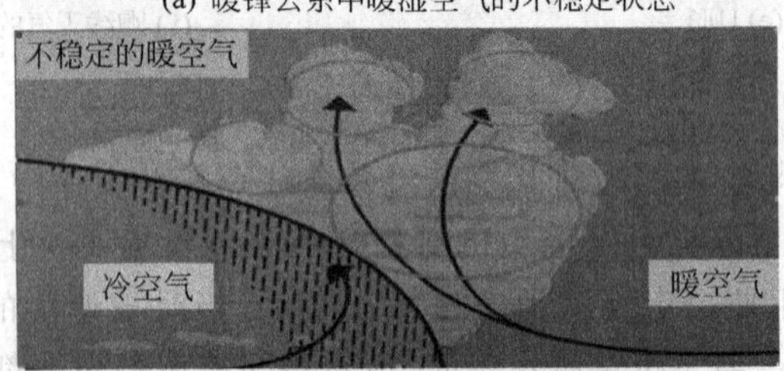

(b) 缓行冷锋云系中暖湿空气的不稳定状态

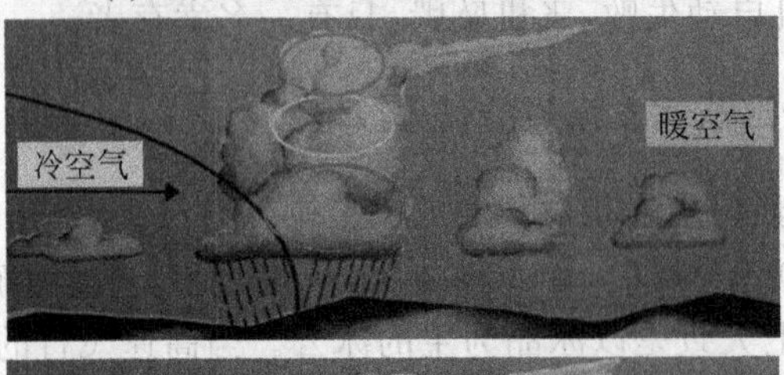

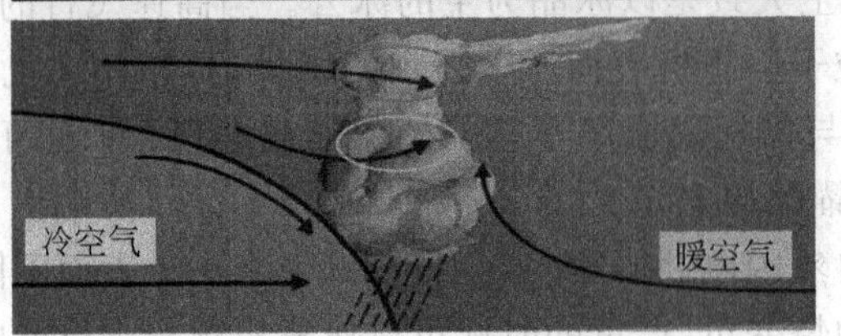

(c) 急行冷锋云系中暖湿空气的不稳定状态

图 6.71　层状云系中隐嵌的积雨云

为了“看到”大范围云顶相对平缓的层状云顶的个别部位出现的明显凸起，应该适度地调高机载雷达的天线角度。如图6.72所示，冬春季节8 000～10 000m、夏季10 000～12 000m高度开始，适当地上调天线角度，使机载雷达的波束下限能够保持水平状态，如果发现有圆形、椭圆形、块状、片状或点状的回波，即使回波强度很弱，表现为淡绿色，也要把这一片回波用圆或椭圆圈起来，然后把圆或椭圆形成的空间圆柱体、椭圆体当作积雨云、浓积云的实际存在位置。

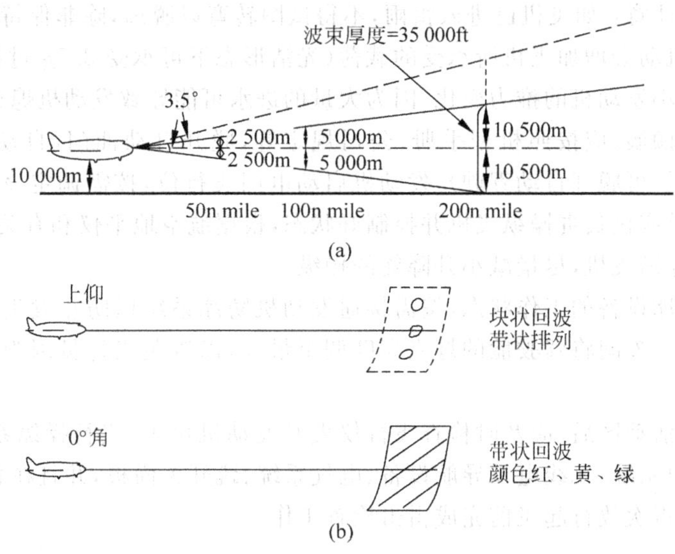

图6.72　利用机载气象雷达判断层状云系中隐嵌的积雨云

推荐下降阶段机载雷达扫描方式如下：第一步，根据需要探测的距离(或机载雷达最远的探测能力距离)，上调天线角度，看看能否发现回波，如果参照上面的方法，可初步决定雷暴的空间位置。第二步，然后适当地逐渐下调天线角度，会发现回波强度逐渐加强，回波面积也表现为逐渐加大，这样就可以确定雷暴相对准确的空间位置。如果没有有效的回波，逐渐下调天线角度，看看稍低的高度是否能够发现回波；如果有回波出现，计算回波出现的高度。继续下降后，采用第一步的方法初步决定雷暴的空间位置。然后继续下降，重复第二步来确定雷暴相对准确的空间位置。

6. 安全飞过雷暴区的办法，绕飞注意事项

通常要在距危险天气80n mile以外做出判断，40n mile以外做出绕飞决策并应经空管许可。如无法与空管取得联系，为保证飞机和旅客的安全，机长可行使应急权力，绕飞存在的危险天气。

云外绕飞时，距离积雨云(浓积云)，昼间不得少于5km，夜间不得少于10km；两个雷暴单体之间不少于20km，在确定判明没有危险时可从中间通过。

昼间云下目视绕飞雷雨时，飞机与云底的垂直距离不少于400m；在最低安全高度以上绕飞，平原、丘陵地区真实高度不得低于300m，在山区不得低于600m。

要求从上风方向绕飞雷雨，在6 000m的高度上不少于8km，在7 500m的高度上不少于

16km，在 9 000m 的高度上不少于 32km。当必须与一系列雷暴云体平行飞行时，应尽量在云体的上风方向飞行。

坚决避免在砧状云的下方飞行，以免遭遇冰雹。在不能确定雷雨主体的高度和足够的飞越间隔以及受地形限制的安全高度前，不得试图从雷雨主体的上方或下方通过。

当发生执行空管的指令可能导致飞机进入不安全状态时，机长应立即要求改变航向，必要时可行使应急处置权以避开极其恶劣的天气。

改出时需要注意：如飞机已进入雷雨，不得试图转弯以脱离，除非保持航向会穿越雷雨中心，因为转弯机动会增加飞机所承受的载荷(光洁形态下可承受 $2.5g$ 过载)。

应尽可能减小发动机的推力变化，因为大量的进水可能导致发动机熄火或损坏。

如遭遇强烈颠簸，应按照机型手册、公司规定等，脱开自动油门，自动驾驶 CWS 模式(若出现持续配平，可脱开自动驾驶)，发动机启动电门飞行位，按需调定该飞行阶段所需的推力，操纵飞行员应仅负责操纵飞机并控制好状态，根据航空地平仪和有关仪表注意保持平飞姿态，柔和地操纵飞机，尽量减小升降舵的操纵。

检查所有防冰设备的工作状态，按需接通发动机防冰系统以防止发生迅速结冰情况而引起发动机失效。夜间将驾驶舱的灯光亮度调至最大，以避免飞行员因为闪电而引起暂时失明。

在穿越雷雨活动区后，应及时检查飞行仪表及发动机仪表、飞行操纵系统、发动机推力状况、空速管加温系统、无线电及导航设备、电气系统、跳开关面板，并且在着陆后，通报机务维修人员在飞机再次放行起飞前完成雷击检查工作。

6.4.5 雷雨天气条件下的集中运行控制

航空公司的运行控制中心是组织飞行的核心机构，采用集中签派、放行和运行监控是飞行组织的发展趋势。雷雨天气不仅仅是飞行危险天气，大范围雷雨、强雷雨天气也成为大面积航班延误和旅客滞留的一个主要原因；雷雨天气的影响主要体现为短时间的强阵风、强降水、长时间的走廊口、终端区的积雨云覆盖、雷击、雹击、强颠簸、风切变等。对雷雨天气进行精细的气象信息服务，可以使运行控制决策更加具有科学性，提前合理安排、调整航班，使大量旅客得以顺利出行，从而显著地提高经济效益和航空公司形象。

1. 雷雨天气对运行控制的影响现状

雷雨天气是夏季航班运行控制的难点，雷雨天气下的航班运行，不但给航空安全带来隐患，而且极大地影响着航空公司的航班正点率与经济效益。在机场终端区域，由于受到空域、地形、低高度、飞机性能等因素的限制，飞机容易遭受雷暴天气的影响，往往引起飞机复飞、备降、返航。运行控制人员在遇到雷雨天气条件下放行航班时，往往主要是注意机场终端区的雷雨天气。

局地雷雨虽然生成的范围不大，持续时间较短，一般只影响机场的一部分，但是它生成的时间和地点不能准确预测。因此，对于运行控制人员来讲，在这种雷雨条件下的航班放行是比较棘手的。由于航路上飞机可以通过绕飞等技术手段以避开雷暴的影响，因而运行控制人员和机组在航班放行时对航路雷雨天气的关注和研究较少，目前来说也缺乏可靠、及时的信息源和信息途径。

目前航空气象的现状是，在对雷雨的精确预报方面进步缓慢，特别是对生消发展很快的热雷暴，航空公司还停留在采取临场应对、返航、备降、延误等待等被动处置手段的水平上，虽然保障了航班安全，但影响了航班的正点率。

近年来，飞机因受到雷暴袭击而导致事故症候等事件一直都没有有效减少，机组、运行控制人员由于对雷暴的认识不清，没有对雷雨天气有空间三维、四维概念和全方位的印象，没有建立这种雷雨的情景意识，对其发展趋势不清楚，没有事先做好严格的绕飞计划，没有携带足够的绕飞油量等因素而导致返航备降的实例举不胜举。

由于受大范围天气系统的影响，航路上出现大面积雷雨区时，会对干线航线形成严重的航班延误、取消状况，大量旅客滞留在机场候机楼；没有确切的航班时刻，严重时会造成旅客情绪失控，对机场的旅客服务、航空公司地面服务都会带来极大的压力；对雷雨天气进行精细服务，可以显著地提高航空公司的服务品质，提高旅客对航空运输服务的满意度，增加经济效益，因此可以说航路大范围强雷雨天气下的运行控制是气象精细服务的突破点。

2. 集中运行控制对大范围雷雨天气精细服务的需求

基地航空公司的运营有显著的特点，停场过夜飞机数量多、始发航班量比较多，进出港时段集中，过站的航班量也比较大。集中运行控制负责对正常航班进行运行管理，对不正常的航班进行处置与调整，在应急救援情况下的组织与指挥，需要高度的协同作业、顺畅的流程作业、集中统一的指挥调度、及时的航班运行信息的采集和发布，当然也需要雷雨天气精细信息以及对雷雨天气的精细服务。

随着飞机性能不断提高，飞行技术不断进步，航空公司集中运行控制的雷雨天气运行决策，正在从雷雨气象条件决定能否飞行，转变为在雷雨气象条件下如何组织飞行的问题。提供雷雨天气精细服务，运行控制部门可以据此制定科学、经济的航班调整等预案。科学、经济的航班调整决策离不开对雷雨天气的精细气象信息服务，对于复杂、多变的雷雨天气，在确保飞行安全的前提下，通过提供雷雨天气的精细信息以及主动、周密的精细服务，来提高运行控制人员、飞行人员应对雷雨天气的技术准备水平和信心，最终达到减少返航和备降损失、减轻大量旅客滞留机场带来的一系列隐患、保障旅客顺利成行的目的。

3. 雷雨天气精细服务的内容

航空公司运控部门要在雷雨条件下做出更准确的放行决策意见，就要认真分析天气形势，认清影响的天气系统，明确相应类型雷雨的发展趋势、季节特征、日变化规律等相关雷雨天气的背景；还要重视各航站每3小时更新一次的9小时机场天气预报(TAF)。当预报报文有雷雨、渐变(BECMG)雷雨、短时(TEMPO)雷雨时要特别关注；要从TAF报中充分挖掘信息，积极主动与相关机场气象部门咨询、会商天气，再结合云图、雷达图像，综合各方面的气象信息之后，再对航班做出是否放行的决策建议。

第一，要对雷雨进行精细的预报分析。根据雷雨云中液态水的含量，雷雨分为两大类：暖云型的雷雨天气云中含有大量的液态水，水汽条件起决定性作用；冷云型的雷雨天气主要由于高空有较强冷空气入侵，高空、低层的垂直温差大造成低层水汽强烈上升产生了大量冰晶形成的雷雨云，高空降温起决定作用。

预报短时雷雨不能作为放行依据，一般签派员对短时预报是不大注意的。但是通过对短时预报中信息的充分挖掘却能使我们更准确、更科学地做出是否放行的决策。短时雷雨预报主要有3种情况：第一种是通过对天气系统分析，认为会产生系统性对流天气，可能会达到出现雷雨的状况；第二种是大气层结的稳定度较差，在大气的湿度条件配合下，存在触发局地热雷雨的可能；另外一种则是从雷达上看到机场周边已经有积雨云生成，或机场上游区域已经出现了雷雨天气。

对于第一种情况，因为它预报的天气可能只是一般的阵雨，雷雨的出现只是一种可能性，而且这种雷雨具有产生时间和地点不确定的特点；对于第二种情况，这种雷雨一般持续时间不长，存在等待后着陆的可能。这两种情况下，签派不会犹豫是否放行，签派为航班选择距离合适、天气稳定的备降场，会提醒机组注意，并建议适当多带燃油，预防绕飞航路雷雨多耗油的情况。夏季华东管区、中南管区、西南管区东部的机场经常会出现这种情况。

对于局地型热雷雨，预计持续时间在1～2h，机场已出现闪电和雷声，还没有发生飞机备降的情况。如果飞机的落地时间刚好在预计的雷雨持续时段，那么机组这个时候就面临立即实施选择机场备降或继续飞往目的地机场两个选择。如果没有对雷雨进行精细的预报分析，机组大多会选择立即选择机场备降。从运行控制的角度来看，虽然机场区域已经出现了雷暴(闪电、雷声)，但从机场的运行状况来说，并没有飞机备降，这说明目前机场雷雨还没有对运行造成重大影响，机场的天气条件仍然适合飞机起降。在这样的条件下，如果机组事先对局地热雷雨的天气形势有清晰的认识，就会对在机场有局地热雷雨的情况下的进近、降落，进行比较充分的技术准备，就能在保障飞行安全的前提条件下，尽可能地避免航班的返航、备降。

例如，2010年8月18日，虹桥机场北部生成局地积雨云，积雨云原地扩大少动，气象人员经过仔细研究，认为不会影响本场以及浦东机场，但是对从北向南降落的五边有较大影响。考虑积雨云不会向南发展，建议可以降落，从12时开始1h之内，3个航班采用了缩短五边的方法安全地降落；3个航班从南向北降落，2个航班正常起飞，避免了盲目备降，有效地提高了正点率。

对于第3种情况，需要气象信息岗位必须对雷雨云进行全方位的信息汇总。通过对天气系统的发展趋势进行精细会商，结合区域雷达联网图、机场雷达图、卫星云图等各种手段，掌握雷雨的变化情况；询问相关区域控制空中飞行活动、飞机的绕飞雷雨路线、返航、备降、流控等情况，详细了解积雨云的位置、强度、发展趋势(增强或减弱)以及移动方向(是否向本场移动)、移动速度、云顶高度、在层状云中的隐嵌程度、预计到达机场的时间和预计影响机场的时间，再根据航班情况做出是否放行的决定。例如在一次虹桥至北京航班的放行过程中，当时北京短时预报有雷雨，经过与机场气象会商，了解到受一条冷锋天气系统的影响，机场的西北边有一块积雨云区正在向机场移动，预计1h后移到机场，可能影响1h，但是在逐渐减弱；区域管制通报了区域内无流量控制，航班从虹桥到北京需要1h 45min左右；结合气象云图，整个天气系统移动速度较快，首都机场处于天气系统影响的后期，综合以上信息，决定正常放行航班，之后飞机在首都机场正常着陆。

第二，要在飞行计划中体现雷雨天气的精细气象信息服务。飞行计划是提供给机组执行飞行过程的最重要参考。如何在飞行计划中体现该次航班飞行过程中可能遇到的航路雷雨天气情况，是首先应该考虑的问题。由于精细的气象信息汇总能得到较为详细、相对更加准确的天气资料，并对雷雨天气有比较明确的预报趋势，这样就可以进行精细的雷雨天气服

务。协同签派、航行情报人员预先制定绕飞的路线、确定绕飞的距离，考虑航路空域限制等航行通告的影响，给机组提供较为精确的油量参考。

第三，要在天气讲解中体现精细气象信息服务。航前的雷雨天气讲解是加深机组、签派员了解雷雨天气最重要的手段和方式。气象信息岗位在此时的雷雨天气讲解对放行签派、机组有先入为主的影响。讲解需做到尽量全面和周到，全面、详细的雷雨云综合信息应该包括雷雨云的位置、强度、增强或减弱的趋势以及移动方向、移动速度、云顶高度以及在云中的隐嵌程度等等；最好把与雷雨天气配合的天气系统及其空间结构、雷雨特点、雷雨云的结构等告知机组、签派员，使他们对雷雨天气有空间立体和全方位的印象，建立这种雷雨的情景意识；对航路雷雨天气现状和发展趋势、绕飞距离、绕飞路线、备降机场，包括航路备降机场选择的情况进行详细说明，为在飞行过程中可能出现的绕飞、航行通告的限制等情况下，制作计划油量提供科学的依据。用时，要使机组明确预先制定的绕飞路线，做到心中有数，有计划地飞行。确保飞机在起飞之前，有足够的准备，保证飞机能安全越过雷雨区。

当航路出现大面积雷雨天气时，选择一个或几个合适的航路备降机场尤为重要，航路备降机场的选择应尽量避免处在雷雨天气系统的影响下，应当位于在雷雨天气系统的上游区域，这样可以在飞机不能绕飞雷雨区时返回该机场着陆。

第四，要在飞行任务实施过程中的天气监控方面体现精细气象信息服务。飞行任务实施中，要协同签派员来监控飞行状况，可以通过空管部门了解该区域飞机的飞行情况，密切关注、监控航路雷雨区天气的演变趋势，将获取的最新天气资料告知签派员和机组，与机组保持持续的信息反馈。返航、备降的最终目的是保障安全。机组建立及时的、正确的备降意识、实施及时的备降决策是保障安全和提高经济效益的重要手段，而精细的雷雨气象信息支持是机组、签派员及时实施备降决策的基础。一次飞行过程是由飞行员和签派员共同协助完成的，因此全面精细的雷雨气象信息支持能帮助机组、签派员建立正确的备降意识，以便及时选择时机实施备降决策。

在航路雷雨天气条件下，对机组、签派员的气象信息支持包括前方航路的天气情况、雷雨对前方区域内运行的影响情况、对预先制定的绕飞路线的影响等，这些综合信息可以帮助机组、签派员随时更新飞行计划，评估安全的余度，提高机组的情景意识，建立正确的备降意识、及时实施备降决策。分析终端区雷雨的范围、高度、强度、发展趋势、移动方向和速度，配合签派员利用区域图、进离场图等各类航图，为机组制定几套详细的进场、复飞、离场路径的预案，选择合适、稳定的备降机场，制作详细的油量计划，这样安全的前提是可以得到保障的。有了安全的保障，机组就能够有信心、有理由选择继续飞往目的地机场，反之机组通常都会选择立即飞往就近机场备降。

第五，精细气象信息服务要体现协作精神和相互信任。通常在区域出现雷雨时，区域管制就会很快地采取措施，来限制进入空域的航班数量，按照空域的飞行程序进行调控，以增加飞机间隔，增加安全的余度，但不会为机组提供一个详细、安全的飞行计划，而签派员就担当了这个责任。气象协同签派员与机组的沟通就显得非常有必要，如果在对雷雨天气进行精细信息服务的基础上，做到为机组提供了安全的进场程序选择、绕飞路径、备降计划等，就可以显著地提高机组应对雷雨天气的信心和技术准备水平；而机组也能够把机载雷达观测的实时雷雨情况，特别是区域内走廊、进近路径中雷雨的分布反馈回来，无疑可以大大方便其后航班的运行保障。

雷雨天气运行下，气象信息岗位要做到与各类运行岗位以及机组的相互密切协作，取得相互信任，就可以达到既保障安全，又能够减少航班的返航、备降事件。信任的基础是气象信息岗位协同签派、航行情报等岗位对机组提供的各类技术支持，技术考虑越全面，飞行计划制订得越周密，机组就对签派、气象信息服务越信任。

信任的表现在于机组对制订的飞行计划的认可，这个认可是运行控制人员与机组之间进行了详尽的沟通达成的。信任是相互的，签派员也一定要信任机组能够根据实际情况，采纳并实施修正后的飞行计划，能够在关键的环节采取有效的手段保障安全，而不会在雷雨天气刚出现时，还没有评估雷雨天气对飞行的影响时，就盲目返航或者备降。在飞行计划的实施过程中，当雷雨天气情况比预期变得恶劣时，气象信息岗位、签派员与机组都必须果断决策，并向对方通报自己的意图，按照预先选择的机场，及时备降，确保航班运行安全万无一失。

第六，航路大范围雷雨天气条件下要体现精细服务。对航路飞行阶段大范围雷暴天气的精细描述方面，及航路积雨云的变化、强度、发展趋势、移动方向等方面，现有的高空重要天气预告图远远不能满足实际飞行的需求。特别是在申请临时航路来避开雷雨恶劣天气时，给签派员提供需要绕飞的航段、绕飞路线、绕飞的距离、需要增加备份油的建议等方面，气象信息精细服务可以做大量细致的工作。

2007 年 8 月 2 日 10 时左右，济南空域开始生成雷雨云，其后雷雨云逐渐扩大，11 时 30 分左右雷雨范围东至青岛、西至郑州，形成一个东西向的雷雨云带。华东管制区北部、中南管制区北部因受到大片雷雨覆盖的影响，上海至北京、天津以及东北方向来回航班受到了严重的流量控制，造成航班大量延误。在对当时的天气系统进行认真的分析，由于日本海域有一个台风系统，使得青岛以西的雷雨东移缓慢；认为可以向东从海上绕过雷雨云区域，确定了从海上绕过雷雨区域飞往北京的临时航路，上航虹桥至北京、东北方向的来回近 20 个航班执行了临时航路飞行，大大减少了航班延误时间，提高了运行控制的品质以及公司的形象。

2007 年 7 月 18 日，由于济南区域有大范围强雷雨，波及上航多个航班运行问题及因此产生的后续航班机组执勤时间超时问题和旅客滞留候机楼问题，其中尤以北京航班情况严重，21 时启动上航大面积不正常航班预案。经过对天气系统、云图等资料仔细分析，认为郑州空域上空积雨云相对较弱，虽然机场雷雨，但是从区域管制了解到郑州空域还有飞机在绕飞，认为使用上海—郑州—太原—北京临时航路是可行的，及时申请了临时航路；在其他公司都取消了京沪往返航班的情况下，上航没有取消 1 班，从 19 日凌晨开始十几个往返北京的航班陆续离港和正常回港，显著提高了公司的形象、知名度。

能否及时申请到切实可行而又经济的临时航路，是在航路大范围雷雨条件下的运行控制能否正常运行的关键，而对雷雨天气进行精细服务是找出切实可行而又经济的临时航路的技术基础。

常规的经验预报方法在提供雷雨天气精细化的气象信息服务方面，有较大的难度。近年来，随着数值预报、中尺度数值预报模式的不断进步，对雷雨天气进行数值模拟有了较大的进步。由于中尺度数值预报模式具有较高的时间和空间分辨率，可根据雷雨天气条件下的运行要求，通过加密输出模式结果来提供较短时间间隔和更精细化、多样化的雷雨天气精细服务产品；同时利用中尺度预报数值模式对雷雨云进行空间立体、三维甚至四维的模拟输出，这样的输出产品是非常直观的，可以使机组、运行控制人员对雷雨的空间结构加深印

象，更容易形成雷雨天气情景意识，可以有效地提高应对雷雨天气运行的技术准备水平，显著地提高航班正点率。

集中运行控制对气象信息服务的要求也变得越来越精细。其目的就是要确保安全性、提高经济效益和争取较高的正点率，提高航空运输业的服务品质、服务水平。由于雷雨天气的复杂、多变，科学的雷雨天气运行决策客观上要求实行精细的气象信息服务。

危险天气信息的精细服务要求主动、周密的精细服务意识、精细服务的技术手段和精细的服务产品。精细危险天气服务的技术手段、精细危险天气的产品只有在增加型气象信息系统的框架内，才能得到全面、具体的实现。

6.5 火山灰云

6.5.1 火山灰云的形成

现在，全世界每年约有50座火山爆发。这些火山喷发的尘埃、石块、气体等物质多达上百万吨。其中尘埃等固体物质对大气的影响是有限的、短暂的，在雨雪的冲刷下，一般在数月内都能落回地面。气体则不同，有些火山喷出的气体中含有大量的二氧化硫。如果火山的爆发力足以将气体喷至10km以上的天空，会将含硫气体送入平流层。在平流层，含硫气体得不到在对流层所遇到的雨雪的冲刷，便逐渐聚集成粒，形成火山灰云(又称硫酸云)。火山灰云在黑夜出现时，虽然云的轮廓看不十分清楚，但闪电却如银蛇飞舞，蔚为壮观。

6.5.2 火山灰云的移动特点

火山灰随风飘移扩散，其中颗粒大的沉降快，颗粒小的沉降慢，在空中停留的时间长，可影响到10 000km以外的地区，更小的灰粒可绕地球飘流数圈，在空中停留两周以上。从静止卫星云图上可以看出火山灰的发展，它像一团发展很快的雷暴云，其云顶可以伸展到对流层顶附近，有的可达平流层。因此，在国际航班飞行中，遭遇火山灰云的几率是比较高的。

火山灰云随气流移动，由于高空和低空风向风速的不同，在不同高度上火山灰云的移动状况也是不同的。风速越大，它的移速和扩散越快。低空的火山灰云范围不大，且由于火山灰粒较大易于识别，一般不会误入。但高空的火山灰云则难以发现，因而预防困难。

6.5.3 火山灰云对飞行的影响

运输机在高空长途飞行，有时会遇到火山灰云。在火山灰云中会造成静压系统工作的各种仪器失真，发动机受火山灰杂质腐蚀和堵塞而受损伤，严重时会使发动机熄火，危及飞行安全。

火山灰能够对航空器发动机、操纵面、风挡玻璃和着陆灯造成严重的损伤，火山灰能够阻塞静压空速管系统(它确定空速和高度)，还能把给自动系统传送电子数据的传感器损坏，甚至使飞行中的喷气式发动机失去马力。1989年12月15日，一架B747飞机在美国阿拉斯加州上空飞入火山灰云中，造成4台发动机全部停车。

火山喷发是一种突然的现象，它是大陆板块缓慢移动的结果。目前人们对火山喷发的原因及机制认识还不够深刻，探测手段也不够完善，因而对火山喷发的地点、时间、强度等，缺少预报的方法，就是在喷发后有些国家因没有正式的观测网和良好的通信系统，也无法及时报告。另外，对火山灰在空中的运动规律和探测手段也正在摸索阶段，现有机载雷达亦不能发现即将进入的火山灰云，因此，在多火山地区上空飞行应提高警惕。

6.5.4 应对火山灰云的措施

目前人们对火山爆发的原因及机制认识还不够深刻，探测手段也不够完善，现有机载雷达也不能发现即将进入的火山灰云，因此，飞行人员对火山灰云采取的措施如下。

(1) 起飞前，应向航行部门了解航线有无火山灰喷发和火山灰云报告。如有，要向气象台了解火山灰的重要天气报告，仔细研究卫星云图(尤其是红外分层显示云图)，分析火山灰云的高度和范围，再根据预报的高空风，计算出飞行期间火山灰云的移动，做好绕飞计划。

(2) 在已有火山灰报告或火山灰多发地区上空飞行时，要保持警惕。在白天，目视观测可以判明火山灰云，有时它的云顶也成砧状。飞机如发生高频通信中断、静电干扰、舱内有烟尘、机身放电发光、发动机发生喘振以及排气温度升高等现象，则说明飞机可能已进入火山灰云。

(3) 进入火山灰云后，为防止发动机损坏，应松开自动油门，如果高度允许，应减少推力到慢车状态，以降低排气温度，防止火山灰的融解和堆积；加强放气以增加喘振边界，如让防冰系统工作等；如果为了避免排气温度过高而需要关闭发动机，那么，只有尽快地完全脱离火山灰云，然后才可重新起动发动机。

本章小结

危险天气对飞行的影响不可小觑。本章主要从低空风切变、飞机颠簸、飞机积冰、强对流天气、火山灰云5个方面阐述了影响飞行的危险天气。通过学习，以掌握各种危险天气的成因、对飞行的影响及简单处置方法等。

复习与思考

1. 什么是低空风切变？低空风切变有几种形式？它们分别对飞行有什么影响？
2. 产生低空风切变的条件有哪些？
3. 低空风切变的判定方法有哪些？
4. 飞行时遇到低空风切变可采取哪些措施？
5. 什么是飞机颠簸？它是怎样形成的？它对飞行有什么影响？
6. 大气湍流是怎样产生的？可分为几类？
7. 影响颠簸强度的因子有哪些？
8. 产生颠簸的天气系统有哪些？
9. 什么是山地波？其形成条件有哪些？
10. 飞行中遇到颠簸时应采取哪些措施？
11. 什么是飞机积冰？它是怎样形成的？它对飞行有什么影响？
12. 根据积冰的结构、形状和对飞行的影响程度，飞机积冰可划分为几种？

13. 影响飞机积冰强度的因素有哪些？
14. 产生飞机积冰的天气系统有哪些？
15. 飞行中遇到积冰时应采取哪些措施？
16. 什么是雷暴？其形成条件是什么？它对飞行有什么影响？
17. 雷暴单体的发展经历哪几个阶段？各阶段的主要特征是什么？
18. 强雷暴可分为几种？各有什么特点？
19. 什么是飑线？对飞行有什么影响？
20. 雷暴可分为几种？各有何特点？
21. 雷暴过境时天气是如何变化的？
22. 积雨云起电的原因是什么？
23. 什么是闪电？它对飞行有什么影响？
24. 地闪和云闪各包括哪几个过程？
25. 飞行中判断雷暴的方法有哪些？
26. 什么是火山灰云？它对飞行有什么影响？

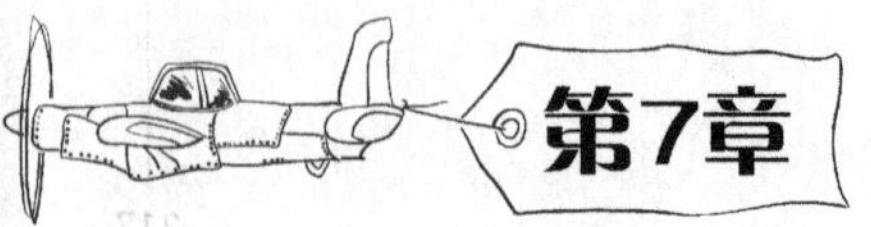

第7章

航空气候概况与常用天气分析

本章关键词

航空气候(aviation climate)　　天气预报(weather forecast)

天气分析(weather analysis)　　地面天气图(surface weather chart)

高空天气图(upper level weather chart)

航空气候是指与航空活动有关的气候。在制作航空天气预报,特别是中长期天气预报以及建设新机场、开辟新航线时,必须了解本地区的航空气候。另外,大气中各种物理状态和现象的发展、变化除具有一般规律外,在不同的区域里,还有一些特殊的规律,对飞行有着不同的影响。运输机飞行航线长,常跨越几个不同气候特点的区域,因此,飞行员、签派员等民航人员必须了解各地的气候特点和飞行气象特点,以便趋利避害,保障飞行任务安全完成。

7.1　我国航空气候要素的分布

7.1.1　云量和云状的分布

1. 云量

1) 总云量

总云量分布情况基本上南方多于北方,最多在川、黔一带,最少在内蒙古北部。

2) 低云量

(1) 从图7.1中可以看出低云量时空分布也是南多北少,但低云量出现最少地区在南疆,年平均为0.2成~0.7成,尤其在10月份南疆部分地区基本上不出现低云。

(2) 低云量出现最多的季节:黄河以北地区多在夏季,长江以南多在冬末春初,而川黔一带冬季最多,青藏高原以及云南地区低云量以夏季最多。另外秦岭山脉及其北侧以初秋为最多季节;黄土高原比其东侧华北平原又推迟了一个月(8月份),台湾由于季风作用,一般西南部以夏季的8月份为低云量最多月,而东北部是冬季的2月份为低云量最多月。

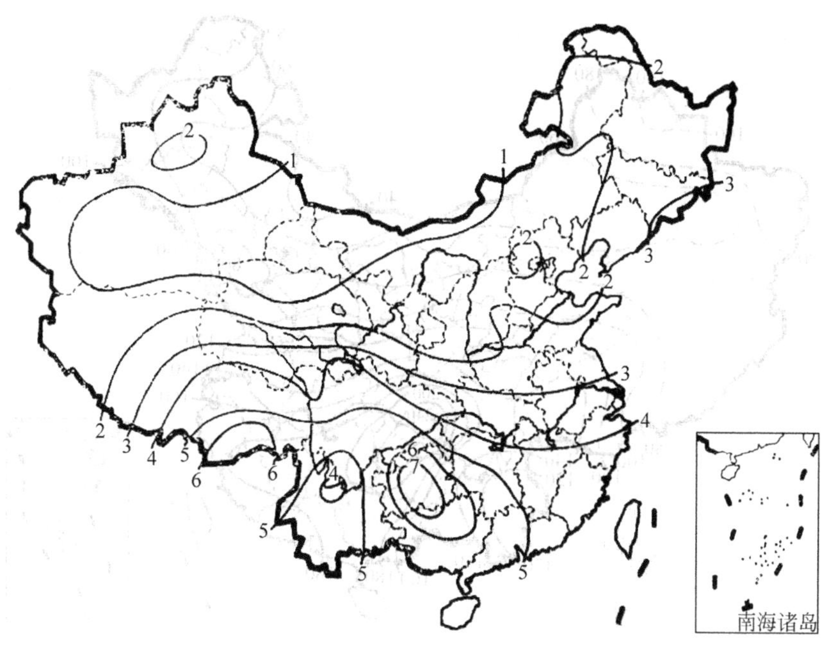

图 7.1　年平均低云量分布图

3）晴阴日数分布

(1) 全年晴天日数(一天(24 次观测)平均云量 0～3 为一晴日)以华北和南疆为最多(见图 7.2)，并向南、向北递减，川黔一带最少(少于 20 天)。阴天日数(一天(24 次观测)平均云量 8～10 为一阴日)的分布特征与晴天日数相反(见图 7.3)，最多在川黔一带，如四川夹江，平均年阴天日数达 254.9 天，最少在内蒙古地区，如二连浩特一带平均年阴天日数不到 40 天。

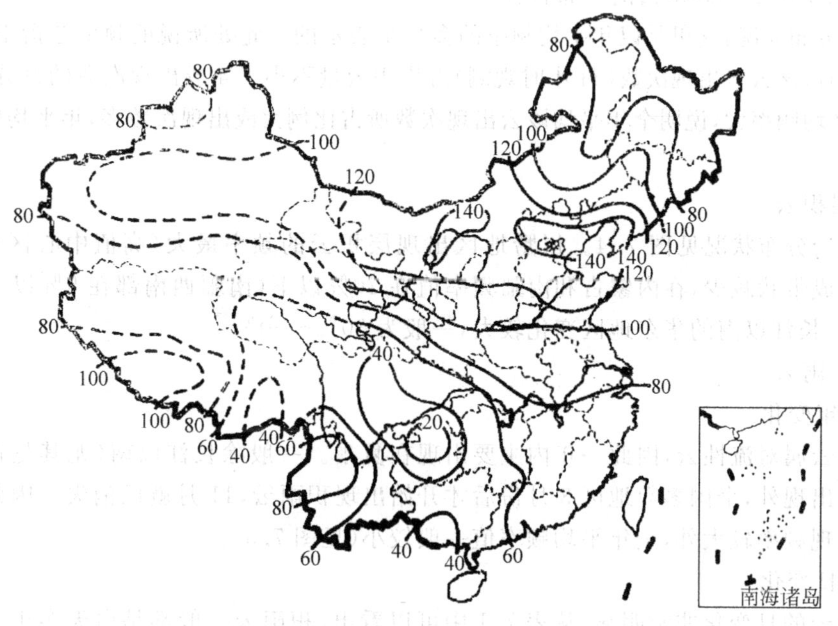

图 7.2　年晴天日数分布图

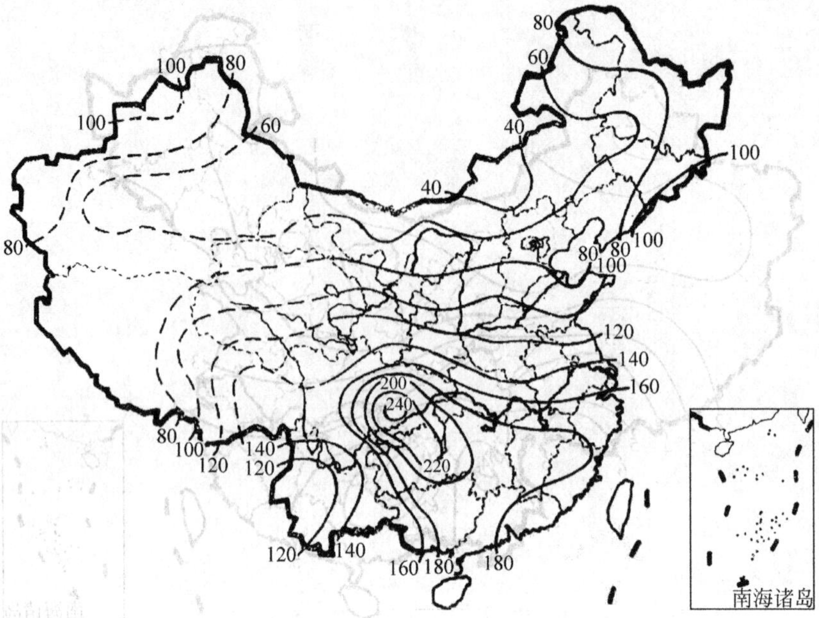

图 7.3　年阴天日数分布图

（2）季节特点：阴日最多的地区，除夏季在云南地区外，春秋冬季皆在川黔和江南一带。晴日最多的地区，冬春季节位于华北及东北南部，夏季在南疆，秋季以南疆和西藏为全国之冠。

2. 云状

我国出现的云状，以卷云、高积云和层积云为最多。由于低云与飞行关系密切，这里介绍层积云、积雨云和碎雨云的分布特征。

云状分布状况，这里是以年平均频率的多少来表示的。此处所说的频率是指累积云量不小于4成时，该云状出现次数(24小时观测)占累积云量不小于4成出现次数的百分比。一般来说，年平均频率大，说明全年平均该云出现次数所占比例大或出现次数多，年平均频率值小，则相反。

1）层积云

层积云分布状况见图7.4。川黔地区出现层积云的频率最大(高值中心区达60%以上)，向北成带状减少，在内蒙古和南疆频率值在10%以下(南疆西南部在5%以下，为频率最小区)。长江以南的华东地区变化较大，一般为30%～60%。

2）积雨云

（1）年变化

积雨云属对流性云，因此一年内主要出现在夏季。一般除长江以南(尤其是青藏高原)全年都可出现外，全国多数地区3月份后才开始出现积雨云，11月就已消失。因此，积雨云除夏季出现频率较大外，全年平均频率值一般较小(见图7.5)。

（2）日变化

积雨云的日变化非常明显，从表7.1中可以看出，积雨云一般都是白天多于夜间，尤其

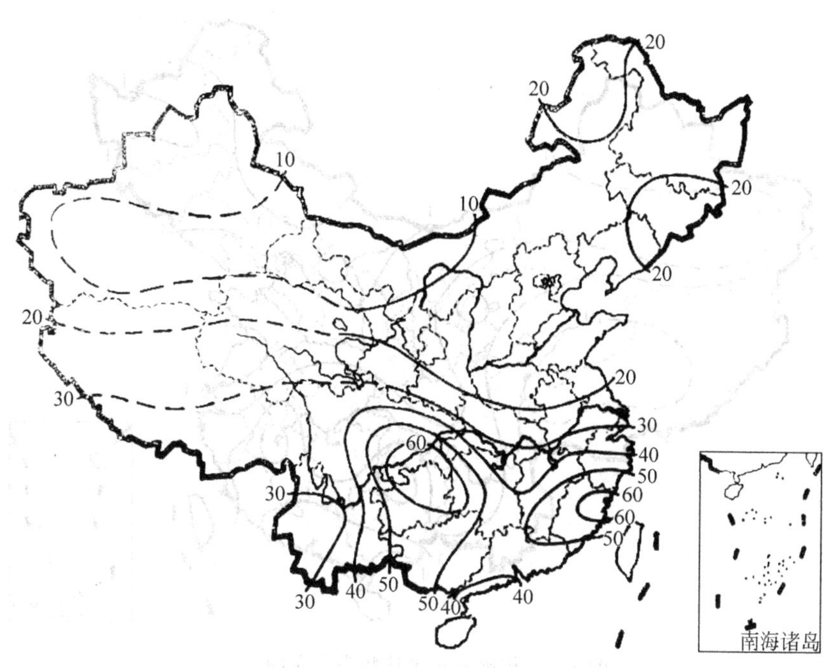

图 7.4　层积云年平均频率分布图(%)

在下午和傍晚出现的次数最多，而在早晨和上午出现的次数最少。

表 7.1　7 月份积雨云日变化(次数/小时)

站名＼时间	1	4	7	10	13	16	19	22
鞍山	0.7	0.4	0.7	0.5	0.4	1.5	1.3	0.6
沙河	1.5	0.7	0.7	0.2	0.2	1.6	1.6	1.8
广汉	1.1	1.7	0.9	0.9	1.4	1.2	0.7	0.6
徐州	1.3	1.0	0.8	0.9	1.5	3.3	4.1	1.7
遂溪	1.0	1.5	1.0	1.5	3.3	5.2	2.8	1.3

(3) 地域分布

积雨云的地域分布见图 7.5，全年皆可出现积雨云的天数青藏高原为最高，如当雄年平均达 17.4%，夏季各月平均可达 28%，年日数在 200 天以上。新疆南部是积雨云出现日数最少而且频率也是最小的地区，那里积雨云出现的年平均频率不到 0.5%，夏季各月平均也仅 1%左右，而日数一年不到 10 天。我国东部地区积雨云出现的频率，则自黄河流域向南、向北增加，南部最高达 4%(年日数达 100 天)，北部最高达 2%(夏季月频率可达 8%～9%)，年日数在 40 天左右。

3) 碎雨云

(1) 碎雨云的地域分布见图 7.6，在川黔地区和南岭以北、湖南地区频率最大(15%以上)，其中贵阳 20%，大托铺 21%。东经 100°以西地区出现甚少，年频率几乎为零。

(2) 碎雨云的季节分布，冬春季节四川盆地、南岭山地西北部为频率高值区，夏季这些地区频率相对减小，而华北等地有所增加，秋季又恢复与冬春相似的分布情况。

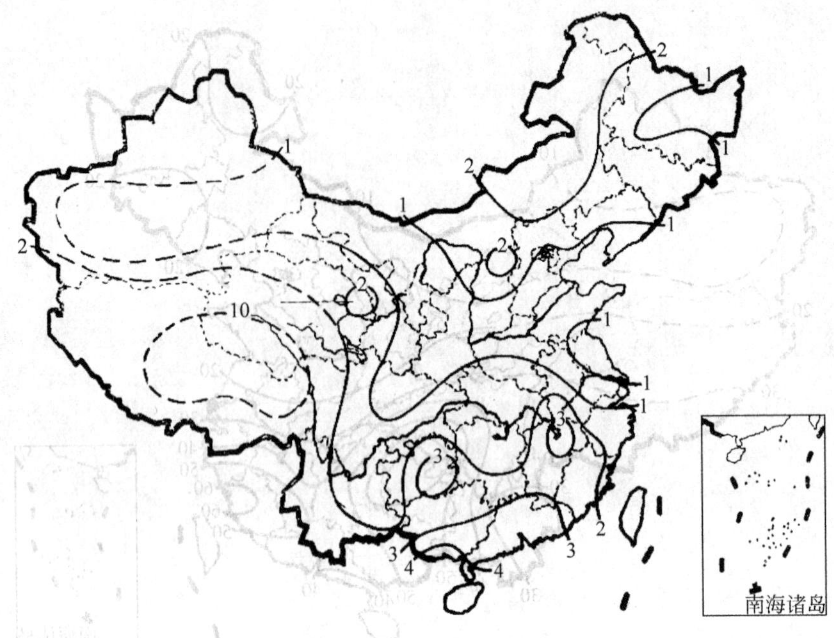

图 7.5　积雨云年平均频率分布图(%)

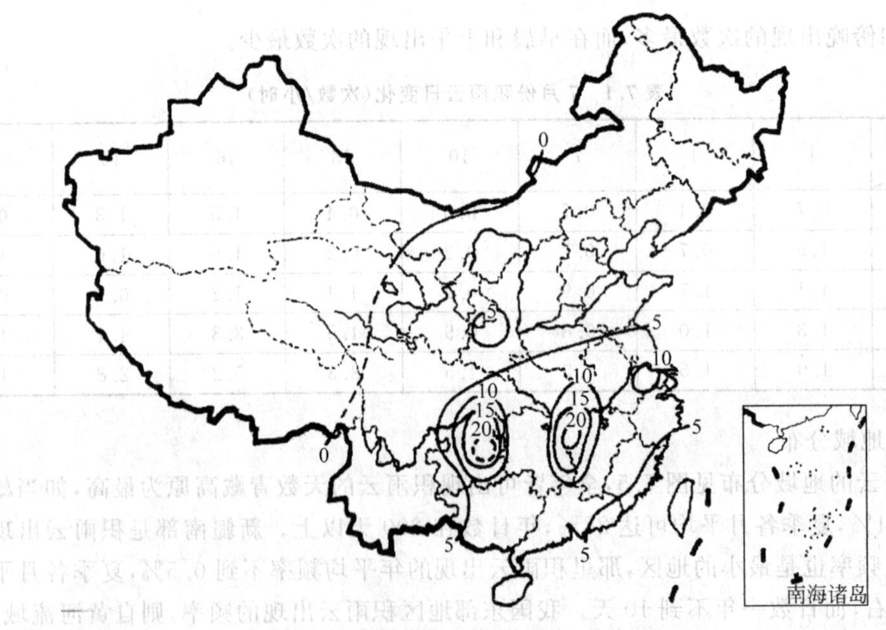

图 7.6　碎雨云年平均频率分布图(%)

7.1.2　风向的季节变化和风速的分布

1. 风向

我国地形复杂，而地面风受地形影响较大，使地面风向变化有很大差异。但从宏观上看，由于我国为典型的季风气候，故盛行风向仍有明显的随季风变化的规律。

1）冬季

冬季我国大陆常受冷高压控制，所以各地盛行偏北风。其中华北地区多北风、西北风，长江流域及以南地区则多东北风。我国东北和西部地区由于处于高压不同部位，加上地形影响，故盛行风向有一定差异。西北的北疆西部盛行西北风，而东部盛行东风，南疆东部盛行东北风，而西部盛行西南风。内蒙古西部和东北大部盛行西北风，而内蒙古东部和松嫩平原盛行西南风或西风。云南地区由于受西南气流的作用，其西部盛行西南风，东部盛行东南风。

2）夏季

由于气压场的配置与冬季相反，故各地以偏南风为主。其中东南沿海以东南风最多；云南地区由于受西南季风控制，盛行西南风。另外在有些地方由于受局地地形影响，常年最多风向几乎保持不变。

2. 风速

(1) 我国大多数地区年平均风速在1～4m/s之间。其中东北、华北、西北和青藏高原风速较大，年平均风速为2～4m/s；西南、华南和长江流域风速较小，年平均风速为1～3m/s。

(2) 年平均风速最大地区有3个：地形平坦的中蒙边境地区，年平均风速达4～5m/s；地势最高的青藏高原，年平均风速为4m/s左右；台湾海峡附近的东南沿海地区，年平均风速可达5～6m/s以上。

(3) 静风(风速小于0.3m/s)出现的频率在四川盆地和云南西南部等地区为最大。如四川盆地中部静风频率达30%，在盆地边缘可达60%以上，云南西南部达50%。

3. 大风

大风一般指最大风速不小于17m/s的风，它是灾害性天气现象之一。

(1) 大风由寒潮、热带风暴、气旋、雷雨等原因造成的。

(2) 从图7.7可知，我国大风日数的分布非常复杂，由于地形影响，在小范围可能有很大差异。一般来说，大风日数是北方多于南方，沿海多于内陆，高山、隘口多于河谷盆地。

(3) 季节特点：冬季寒潮爆发时，冷锋后多产生偏北大风，但由于高压稳定，故一般全国各地大风日数较春季少，仅在台湾海峡地区，冬季大风日数较多。春季在长江以北，特别在华北、东北平原一带，天气系统多变，偏北大风比冬季多，并且还有偏南大风，并且它们往往连续交替进行。夏季大风日数分布比较分散，受雷雨活动影响较大。雷雨大风、飑线、龙卷风来势猛，风速大，破坏力强，在我国北方、南方均可出现。另外，在我国东南沿海，由于夏秋季节热带风暴的侵袭而多大风，个别年份华北沿海也有出现。极大风速可达40m/s以上。

(4) 我国大风分区的特点

下面给出我国大风分区的特点，但主要大风标准为平均风速不小于15m/s，与上述有所区别，但基本趋势分布不变。根据大风平均日数及时间变化，可把全国分成如下7个区(见图7.8)。

Ⅰ区：主要位于内蒙古地区。该区年大风日数多，年平均为15～20天。年变化呈双峰型，3—7月大风日数最多，占全年总数的70%以上，主峰集中在3—5月，占全年总日数的50%，次峰为10—12月，占全年总日数的20%左右。8—9月几乎无大风。

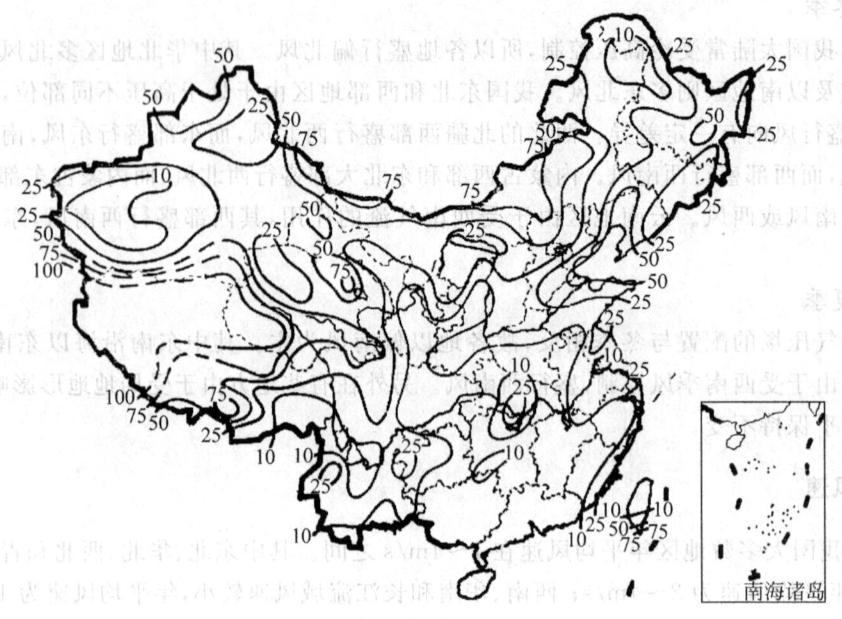

图 7.7　全国大风日数分布图

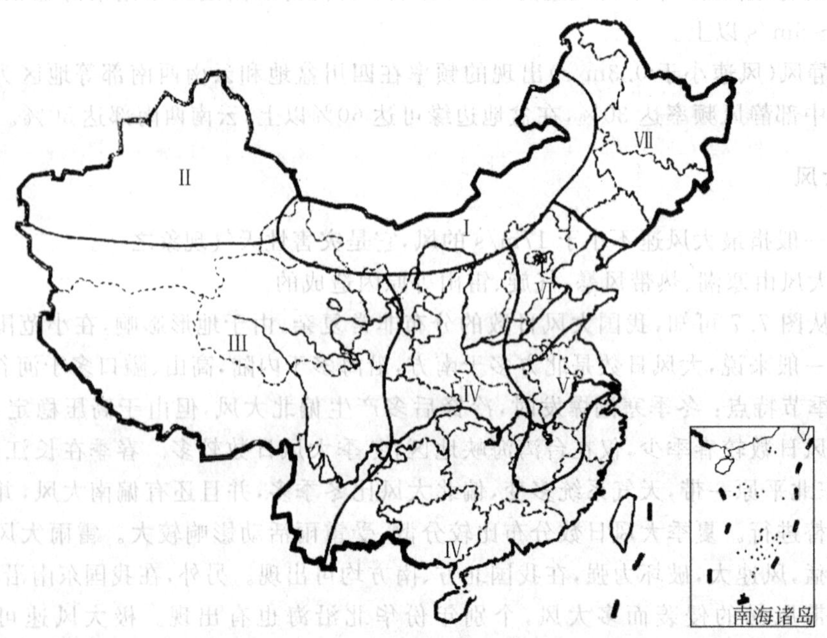

图 7.8　大风平均日数分区图

Ⅱ 区：位于新疆。该区全年大风日数为 10 天左右，主要集中在 4—7 月，占全年的 80%以上，9 月至次年 2 月几乎无大风。

Ⅲ 区：位于青藏高原和云南西部地区。全年大风日数为 15—20 天左右，并以上半年大风日数最多。以拉萨、当雄为例，1—6 月大风日数占全年的 81%以上，其中又以 1—3 月份为最多。

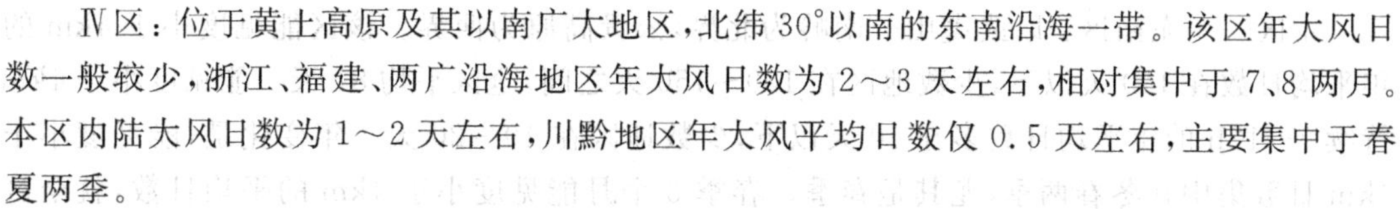

Ⅳ区：位于黄土高原及其以南广大地区，北纬30°以南的东南沿海一带。该区年大风日数一般较少，浙江、福建、两广沿海地区年大风日数为2～3天左右，相对集中于7、8两月。本区内陆大风日数为1～2天左右，川黔地区年大风平均日数仅0.5天左右，主要集中于春夏两季。

Ⅴ区：位于苏、皖、赣和鄂湘部分地区。年平均大风日数为5～10天左右，江南大于江北。大风年变化为"多波型"，相对有两个峰，一个最多出现在3、4月，另一个最多在7、8月，长江沿岸后一峰稍提前半个月出现。

Ⅵ区：包括山东、河北、河南3省。该区年大风日数为10～20天，多集中在秋冬春3季，夏季最少。

Ⅶ区：主要包括东北3省。该区平原地区年大风日数较多，年平均达20～25天。年变化为"双峰型"，主峰在春季，占全年的60%以上，次峰为10—12月，占全年的17%左右。山区年大风日数为5～10天左右，集中于春季3—5月，占全年的75%。

7.1.3 能见度的分布

能见度日变化规律一般是早晨能见度最差，午后最好。但这个特点随季节有所改变，一般能见度最差的时间，冬季比夏季要晚2～3h，春秋季相差不多。这是因为大多数影响能见度小于4km多为辐射原因产生的轻雾和雾以及烟，而这些天气现象多出现在早晨、上午，午后则减弱。如果是风沙、浮尘、平流雾，则这个规律就不明显了。另外，在我国西北地区，尤其在新疆南部，能见度日变化除冬季和一般规律相似外，在其他季节多是午后和傍晚最差，而后半夜和清晨最好。这一点在春季最为突出。

1. 我国能见度小于4km的时空分布特征

根据能见度小于4km逐月平均日数变化特征及多年平均日数多少，可以将全国分为如下10个能见度(<4km)的区域(见图7.9)。

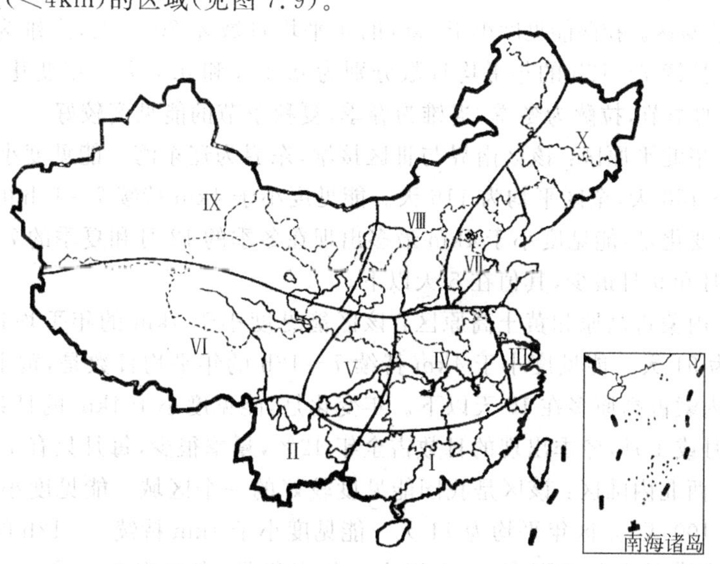

图7.9　全国能见度小于4km的气候区图

Ⅰ区——东南区：以武夷山—南岭为北界，云贵高原为西界。该区能见度小于4km的年平均日数在100天以下，少数地区在100～150天之间，全区平均81天。能见度小于4km持续7～12h的年平均日数多在10天以下，少数地区在10～20天。年变化是，能见度小于4km日数集中在冬春两季，尤其是春季。春季3个月能见度小于4km的平均日数，就全区而言占全年的36%，而夏秋两季小于4km的日数却极少。该区4月份为能见度小于4km日数最多月份，其值一般在10天以上，而8—9月最少，一般在5天以下。

Ⅱ区——云贵高原区。全区大部分地区能见度小于4km的年平均日数在50天以下，只有东北部部分地区在50～100天。能见度小于4km持续7～12h的年平均日数都在5天以下。年变化是，能见度小于4km集中出现在冬季，占全年44%，而12月就占了全年的21.2%。所以，该区除了秋末和冬季能见度小于4km出现的机会较多外，其他月份能见度均较好。

Ⅲ区——长江三角洲平原区：该区北到淮河，南到武夷山北麓，西到南京、徐州一线。能见度小于4km的年平均日数多达150天以上，长江口在200天以上，全区平均在192天。年变化不明显，集中于一两个季节，最多一个季节也只占全年的29%。能见度小于4km持续时间7～12h的年平均日数在20天以上，沿海在30天以上。

Ⅳ区——中部平原丘陵区：该区东、南分别与Ⅲ区和Ⅰ区为邻，北界为巫山—武陵山。能见度小于4km的年平均日数为100～150天，全区平均为130天。能见度小于4km持续7～12h的年平均日数在20～30天。年变化是，能见度小于4km的平均日数，集中在12月或1月，其值可达20天，最小一般在6—7月，其值在10天以下。

Ⅴ区——四川盆地区：该区能见度小于4km的年平均日数在150天以上。盆地中央地区在250天以上，全区平均为214天。能见度小于4km持续7～12h的年平均日数全区也多在30天以上，只有少数地区在25～30天，盆地东部达到50天以上，也是全国的高值中心。年变化是，能见度小于4km的平均日数最多出现在冬季1月，最少在夏季。如夹江站最多为28天，最少仅9天。

Ⅵ区——青藏区。拉萨能见度小于4km的年平均日数才20.5天，当雄为11.6天，而能见度小于4km持续7～12h的年平均日数分别为0.2天和0.7天。年变化是，能见度小于4km出现最多的季节，拉萨为冬季，当雄为春季，夏秋季节的能见度较好。

Ⅶ区——华北平原区：该区南界与Ⅲ区接壤，东界为辽东湾。能见度小于4km的年平均日数为100～150天，全区平均为116天。能见度小于4km持续7～12h的年平均日数为10～20天。年变化是，能见度小于4km最多出现在冬季的12月和夏季的7月，其值分别有10～15天；6月和9月最少，其值在5天以下。

Ⅷ区——内蒙古高原和黄土高原区：该区能见度小于4km的年平均日数为50～100天，全区平均为91天。能见度小于4km持续7～12h的年平均日数是，黄土高原地区多为10～20天，而内蒙古高原多在10天以下。年变化是，能见度小于4km的日数主要集中在冬季，特别是12月或1月，冬季出现的日数占全年42%，夏季很少，每月只有1～2天。

Ⅸ区——西北内陆区：该区是我国能见度较好的一个区域。能见度小于4km的年平均日数为50～100天，全区年平均为71天。能见度小于4km持续7～12h的年平均日数在10天以下，但在塔里木盆地则在20天以上。年变化是，多出现在春季3—4月，占全年的41%，但也不超过10天，夏秋两季月平均日数较少，多在5天以下。

Ⅹ区——东北平原区：该区能见度小于4km的年平均日数为50～150天，全区平均为118天。长白山—小兴安岭地区年平均在100天以上。能见度小于4km持续7～12小时的年平均日数，平原地区多小于10天，而山区为10～20天。年变化是，能见度<4km主要集中在12月—次年1月，其次是8月，其他月份较少。

2. 雨、雾、烟、风沙和浮尘对我国能见度小于4km地区的影响

表7.2反映了雨、雾、烟、风沙和浮尘对我国能见度小于4km地区的影响。

(1) 我国南方各区(Ⅰ-Ⅴ区)雨对能见度小于4km地区的年平均日数影响在20%以上，其中以Ⅰ区为最多，近50%，而北方各区(Ⅶ-Ⅹ区)则在20%以下，其中除Ⅶ区以外，其他3区在10%左右，因此，雨的影响在南方各区均高于北方。

(2) 除西北内陆外，雾对各区的年平均日数影响均在30%以上，南方各区及Ⅶ区在50%以上。其中以长江中下游平原为主的Ⅲ区和四川盆地为主的Ⅴ区则达60%以上，因此雾的影响以长江流域地区为最大，长江以南地区大于长江以北地区。

(3) 在我国南方各区中，以雨、雾的影响占绝对优势，除Ⅰ区外，雾的影响最大，其次是雨。但北方各区则不同，西北内陆地区以风沙和浮尘为主，占50%。东北平原区以烟为主，占46%。华北平原区则以雾为主，雨和烟次之。而位于东北平原区和西部内陆之间的内蒙古高原—黄土高原区，没有明显的主要因子，以雾、烟作用稍大，风沙、浮尘及雨稍次。

表7.2　雨、雾、烟、风沙和浮尘对我国各能见度小于4km类型区年平均日数的影响

分区	年平均日数/天	雨/%	雾/%	烟/%	风沙、浮尘/%
Ⅰ	81	49	51	0	0
Ⅱ	24	18	60	0	0
Ⅲ	192	21	67	12	0
Ⅳ	130	33	63	2	3
Ⅴ	214	26	66	5	3
Ⅶ	116	20	59	19	0
Ⅷ	91	11	31	29	19
Ⅸ	71	12	10	7	51
Ⅹ	118	11	29	46	0

7.1.4 雷暴日数的分布

1. 年雷暴日数的分布

(1) 我国年雷暴日数的分布形势为南方多于北方，山地多于平原，陆地多于水面。由图7.10可见，年雷暴日数最多的是云南南部与海南、两广地区，达90～100天以上。其中云南最南部和海南中部山区可达120天以上。青藏高原东部和横断山区中北段是全国雷暴次多中心，达80～90天。

(2) 年雷暴日数从南向北明显减少。东部地区大约在长江以北、青藏高原东部(大约北纬35°以北)年雷暴日数降到50天以下(天山、祁连山除外)。雷暴最少的地区在西北塔里木、柴达木、吐鲁番盆地和藏北高原，这些地方年雷暴日数仅5～10天，甚至不足5天。

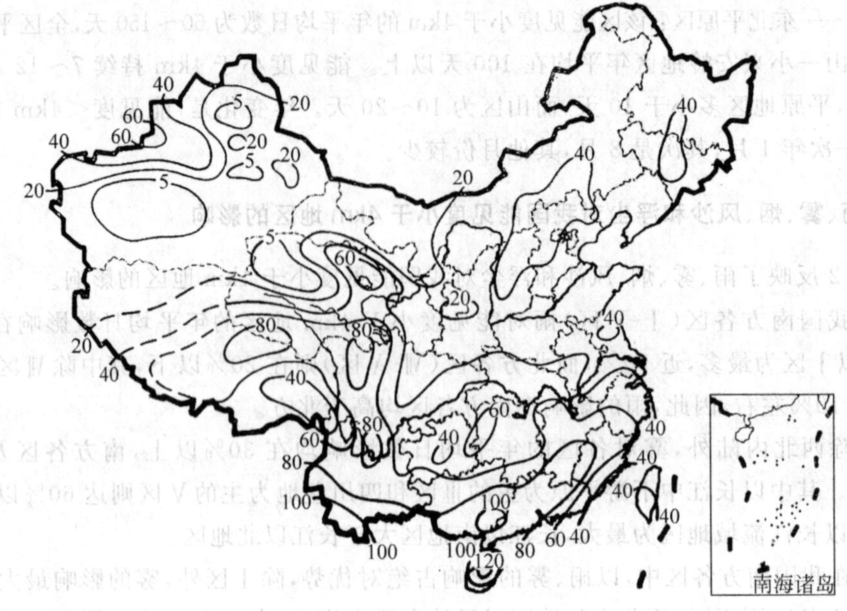

图 7.10 我国年雷暴日数分布图

2. 雷暴平均初终期分布

(1) 平均初雷日期

从图 7.11 中可以看出，我国雷暴平均初雷日期从南向北逐渐推迟。长江以南初雷日期一般在 3 月上旬以前，长江至淮河流域一般在 3 月中旬至下旬，黄河流域、华北平原在 4 月下旬至 5 月上旬，内蒙古和东北地区推迟至 5 月上旬以后，西北盆地内部的初雷日期最晚，一般在 6 月上旬。

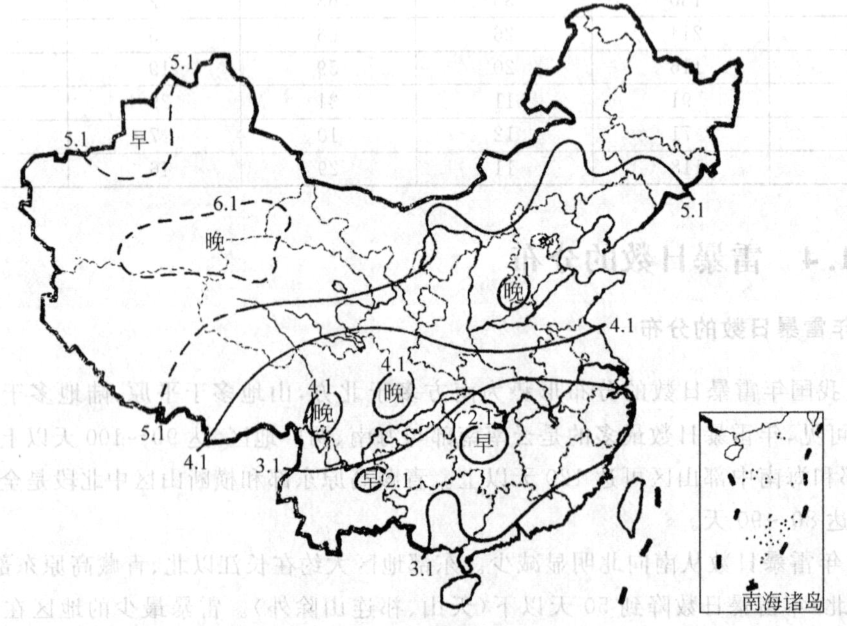

图 7.11 我国雷暴平均初日分布图

我国初雷日期最早的不是在南方海岛上，而是在湘西山地，那里的初雷日期平均在1月下旬。青藏高原上的初雷日期一般比同纬度的东部平原地区晚1个月左右。

(2) 平均终雷日期

我国的平均终雷日期分布如图7.12所示。长江流域以南和青藏高原地区在10月上旬以后，长江以北广大地区在9月下旬，但这些地区山地终雷日期要推迟到10月上旬。西北内陆盆地，终雷日期最早，约在8月下旬，以后就不再听到雷声了。云贵高原上的终雷日期最晚，要推迟至11月中下旬。

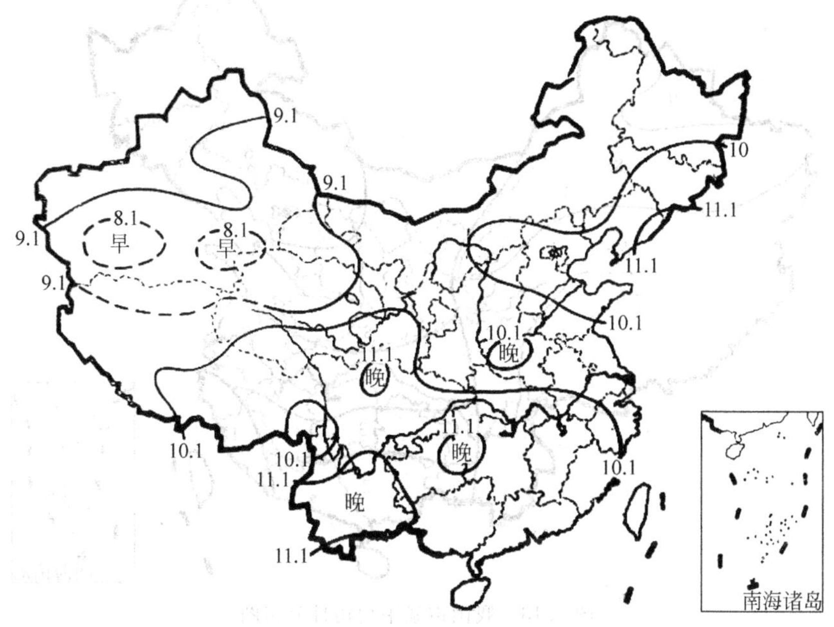

图7.12　我国雷暴平均终日分布图

3. 雷暴的年变化

从雷暴初终期可知，我国的雷暴主要发生在夏半年，但雷暴期的长度、集中程度和集中月份各地有所不同。

我国雷暴出现最多的月份，东北和西北部分地区在6月份，华南地区在8月份，其余广大地区则在7月份。关于雷暴的集中程度，北方比较突出，南方则较差。如长春6月份雷暴日数为10.6天，7月份为7.9天，6、7月份共占全年雷暴日数的56.1%，而5月份仅为2.9天。华南的宁明雷暴集中程度较差，从5—9月各月皆在10天以上。其中5—8月各月皆在13.9～17.3天之间，而6、7月份的雷暴日数仅占全年的34.7%。

另外，在秦岭、淮河以南地区，具有双峰型的雷暴年变化特点，最高峰在7、8月份，而次高峰则出现在4—6月。

4. 雷暴的日变化

雷暴的日变化比较明显，一般在下午或傍晚出现的次数最多，而清晨或上午出现的次数最少。但由于地形以及地理位置的关系，四川盆地以下半夜最多，下午15—18时为次多，最少在上午。

5. 我国雷暴分区的气候特点

我国地域广大，距海远近和纬度差异很大，同时加上地形的不同，因此雷暴日数的分布、出现时间有很大的差异。在上述分析基础上，可将雷暴气候区划分成 9 个区(见图 7.13)，并列表说明(见表 7.3)。

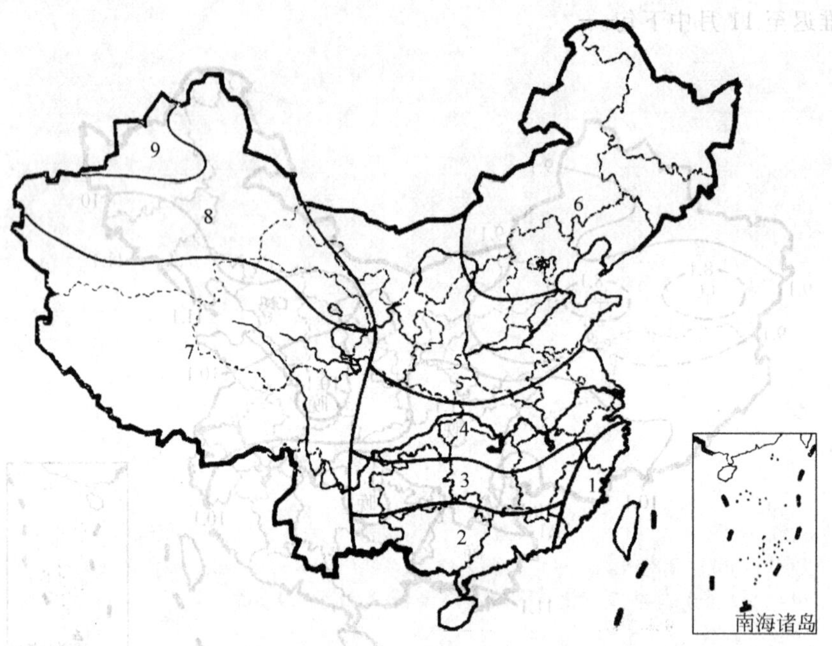

图 7.13　我国雷暴平均初日分布图

表 7.3　各区雷暴气候的特征

区号＼项目	范围	年均雷暴日数	平均初雷日期	平均终雷日期	雷暴活动期长度	雷暴日数最多月日数占全年日数百分比	一日中雷暴次数最多时段	平均最长连续日数
1	武夷山及以东沿海地区	40～50	2月下旬	10月上旬或中旬	22～23个旬	8月份 20.0%	16—17时	11.4
2	南岭以南及珠江流域	大于70	2月下旬	10月中旬或下旬	23～24个旬	8月份 20.0%	16时	13.0
3	南岭以北、江南丘陵大部地区	60～70	1月下旬或2月上旬	10月中旬	25～26个旬	7月份 22.0%	14—16时	11.5
4	长江中下游平原及四川盆地	30～40	2月下旬或3月中旬	10月中旬	21～23个旬	7月份 28.0%	14—22时	7.8
5	淮河以北及黄河流域	小于30	4月上旬或中旬	9月下旬或10月上旬	18～19个旬	7月份 32.0%	18—22时	6.3

续表

区号＼项目	范围	年均雷暴日数	平均初雷日期	平均终雷日期	雷暴活动期长度	雷暴日数最多月日数占全年日数百分比	一日中雷暴次数最多时段	平均最长连续日数
6	华北平原北部及东北平原、内蒙古	35	4月下旬或5月上旬	9月下旬或10月上旬	15～16个旬	7月份30.0%	15—17时	8.0
7	西藏高原及云贵高原西部	70	西藏高原4月中、下旬 云贵西部2月下旬	西藏高原10月中旬 云贵西部10月上旬	16～18个旬 25～26个旬	缺资料	缺资料	缺资料
8	西北三大盆地	小于10	5月下旬或6月上旬	7月下旬或8月上旬	7～8个旬	缺资料	缺资料	缺资料
9	天山山地	20	4月下旬	9月中旬	19个旬	缺资料	缺资料	缺资料

7.2 我国航空气候的分区及特征

我国面积广大，地形复杂，各地距海远近不同，因此，不同地区具有不同的航空气候特征。利用与航空活动关系最密切的低云、能见度和雷暴3个要素，对全国各个机场分布状况进行统计分析，归纳分类，得到9个航空气候区(见7.14)，即东北区、华北区、江淮区、江南区、四川盆地区、云南区、内蒙区、新疆区和高原区。

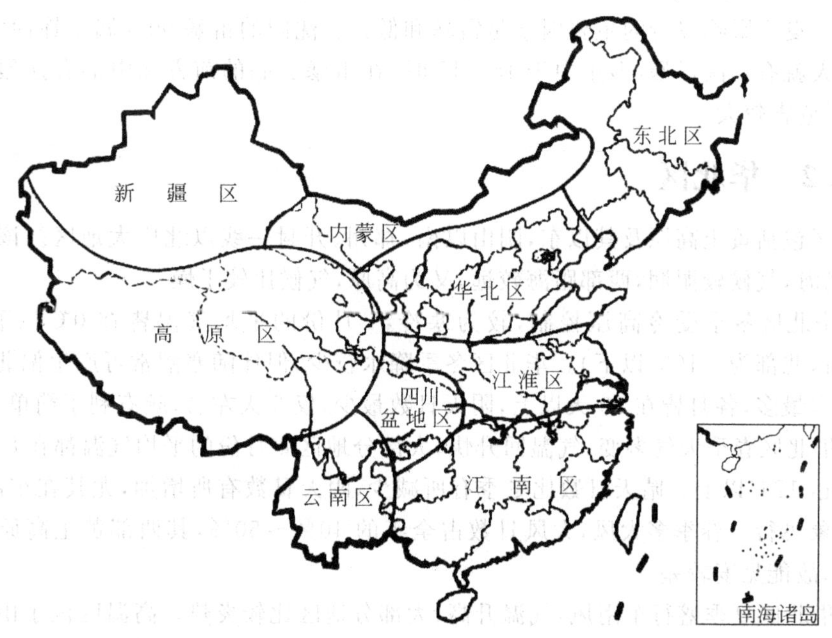

图7.14 我国航空气候的分区

7.2.1 东北区

东北区包括辽宁、吉林、黑龙江3省和内蒙古北部和东部部分地区。该区地理纬度较高，其气候特点是冬季寒冷，山区雪深，平原风大，气温年较差显著，雨量集中于夏季。具体如下。

（1）东北区冬季寒冷而漫长，北部1月份的平均气温在－30℃左右（极端气温皆在－40℃以下），南部也在－6℃以下。由于此时受冷高压影响，天气一般以晴天为主，降水（主要是降雪）较少。1月份的晴天日数在10～15天左右，月降水量大都在10mm以下，这对飞行是有利的。但冬季地面常有积雪，年积雪日数在100天以上，积雪深度可达50cm，山区更多。另外，冬季城市附近的机场由于受烟的影响，能见度较差，对飞行有一定的影响。

（2）东北区春季气温回升，4月份大部分地区的平均气温已上升到0℃以上，由于还未受到夏季风的影响，气候干燥，降水较少，对飞行有利。另外，该区春季多大风，尤以平原地区为甚，6级以上大风日数一般为8～15天。大风引起风沙，常使能见度转坏，对飞行有不利的影响。

（3）东北区夏季气温高，7月的平均气温皆在20℃以上，极端最高气温除山区外，可达35℃以上。由于夏季海洋湿空气不断向北输送，致使云量增多，降水增加（夏季降水量占全年的60%～70%），因此，7、8月份低云、暴雨对飞行的影响较大。

（4）东北区入秋后冬季风开始盛行，气温明显下降，天高云淡，降水骤减，能见度较好，是较适宜简单气象飞行的季节。

（5）沈阳机场是本区中部的重要机场，全年气候特点是冬烟雪、春风沙、夏有雷暴和低云、秋高气爽宜飞行。

沈阳机场每年11月至次年3月多碧空或高云天气，对飞行影响最大的因素是烟幕，其次是雪，两者使能见度小于5km的频数达90%。其春季少雨，少低云，大风引起的风沙多，天气干旱。夏季影响飞行的主要因素是雷暴和低云。沈阳的雷暴90%属于锋面雷暴，夏季平均每4天就有一次雷暴，多集中于15—17时，在雷暴云底的前方和中部有强烈的升降气流，对飞行危害较大。

7.2.2 华北区

华北区包括黄土高原及其以东，阴山以南，郑州、开封一线以北广大地区。该区东部濒临黄海、渤海，气候较湿润，西部距海较远，又为高原，气候比较干燥。

（1）华北区冬季受冷高压控制，较为寒冷，1月份的平均气温皆在0℃以下（南部为－1℃左右，北部为－10℃以下）。华北区冬季降水较少，但伴随寒潮常可产生偏北大风。冬季晴天日数最多，各月皆在10天以上，阴天日数最少，仅5天左右，颇有利于简单气象飞行。

（2）华北区春季天气多变，气温回升快，大部分地区4月份的平均气温都在8℃以上，平原地区可达12℃以上。晴天日数比冬季有所减少，阴天日数有所增加，尤其在东部，比较适合复杂气象飞行。春季多大风，大风日数占全年的40%～50%，其西部黄土高原地区还多风沙天气，故能见度较差。

（3）华北区夏季盛行东南风，气温升高，大部分地区比较炎热。高温区位于山西省的部分盆地和华北平原。那里最高气温大于30℃，极端最高气温可达40℃以上。夏季为雨季，

降水自西北向东南增加，季降水量200～500mm，占全年的60%～75%。同时暴雨和雷暴增多，西部在夏初还易产生冰雹。

(4) 华北区秋季天气一般晴好、凉爽，冷空气在季末已控制本区。晴天日数增多，阴天日数减少，适合简单气象条件飞行。本区东部秋季的气温月平均在0℃以上，而西部在0℃以下。

本区东部山东半岛沿海地区冬季易产生扰动低云，云量变化较大，并以中午最盛，夏季易产生平流低云，云量多在8～10成，其高度低，移动快，并以凌晨登陆最多，10时左右消散或抬升为积状云，因此，组织飞行要十分注意。

(5) 北京首都机场是本区的重要机场。其冬半年多晴天，有时有低云且多出现在清晨、上午或傍晚，低云最低高度仅50～100m。大风季节出现在11月—次年4月，全年的平均大风日数为9～11天，最大平均风速可达28m/s，风向多为西北风。

北京首都机场雷暴的出现时间在4—10月，全年平均雷暴日数在40～41天左右。以夏季为最多，每月平均9～11天左右，出现时间多在下午到傍晚，尤以17—21时为最多，持续时间大部分在1h左右，但最长一次曾达18h。雷暴多从西北方移来，消失在东南方，或从西南方移来消失在东北方，以冷锋雷暴占多数。

该机场的能见度一般大于10km，但在12月—次年3月的冬半年能见度常受烟的影响而小于4km。雾日全年平均为13～14天左右，9—12月份最多，且多为辐射雾，一般出现在清晨6—8时。

7.2.3　江淮区

江淮区位于北纬35°以南，大巴山至长江及其以北地区。

(1) 江淮区冬季气温较低，虽然淮河以南1月份的平均气温在0℃以上，但月平均最低气温皆在0℃以下，尤其在秦岭以北可达－8℃以下。江淮区冬季降水较少，仅占全年的5%～10%，南部稍多。云量同样是南部多于北部，尤其淮河以北天气晴好。

(2) 江淮区春季由于气旋活动频繁，天气多变。淮河以北以晴天为主，干燥多大风，黄河沿岸多风沙，淮河以南天气稍坏，雨日稍多，有利于复杂气象条件飞行，但要注意雷暴对飞机的影响。

(3) 江淮区夏季气温较高，天气炎热，7月平均气温在26～28℃之间。仅东部沿海和西部山区气温稍低，其他地区极端最高气温皆可达40℃以上，其中渭河谷地、河南大部和武汉地区，最高气温不小于35℃的日数可达20天以上。由于夏季是雨季，云雨多，常有暴雨和雷暴。7月中旬以前，雨区位于淮河以南的长江流域，此时正为该地区的梅雨季。7月中旬以后进入盛夏，雨区北移，淮河以北雨量增多，而淮河以南则多晴天。

(4) 江淮区秋季由于冷空气已影响本区，多秋高气爽的晴朗天气。此时雨量减少，晴天增多，是简单气象飞行日数较多的季节，但在秦岭及其以北渭河谷地则多秋雨。另外，本区南部有些年份在秋季也可能发生连阴雨天气。

(5) 上海虹桥机场是本区的重要机场，位于本区东部，受雾、海陆风及市区烟粒的影响较多。该机场辐射雾最多出现在9—12月，平流雾最多出现在3—5月，锋面雾最多出现在12月—次年3月。6—9月，出现的雾比较少，9—10月，雾一般在半夜到早晨出现，9时左右消散。11月—次年4月在傍晚、早晨、上午均有可能产生，特别是3—5月，平流雾到中午才能消散。

上海虹桥机场冬、春两季多出现锋面低云，云高在100m左右。春季平流低云的云高小于100m，对飞行的影响较大，10—16时云高一般在100m左右，可利用日变化安排飞行。另外，当台风侵袭，地面低压在长江口、东海发展或有雷暴来临时，在地面均会出现大风，极大风速可达35m/s以上，对飞行造成很大威胁。

上海虹桥机场雷暴始于2月，终于10月，但初雷和终雷时节雷暴出现的次数极少，其强度也很微弱。雷暴主要出现在6—9月，每年平均约20～45天，特别集中在盛夏时期，最多时几乎每天都有。其次是春季雷暴，每年平均约5～15天，春季雷暴多属锋面雷暴，大多数都隐藏在其他云层之中，多数雷暴出现在半夜到上午。夏季雷暴多孤立分散，但其强度比春季雷雨强，有时伴有大风，绝大多数出现在中午到傍晚。

7.2.4 江南区

江南区包括长江以南的广大地区。

(1) 江南区的总云量年平均大于6成，低云量大于4成。低云阴天年日数在70天以上，最多在贵州，可达160天以上，最少在本区东北部，约为60～80天。

(2) 江南区的降水量大都在1 200mm以上(台湾可达2 000mm以上)，一般在春末夏初降水最多，但秋季由于受热带气旋的影响，南部又有一段秋雨期，形成降水量年变化的双峰型特点，而北部则为秋高气爽的少雨天气。

(3) 江南区冬季在南岭以南气温较高，月平均气温在10℃以上，日最低气温也很少达到0℃以下，故可以说这里没有冬季。在南岭以北，冬季湿冷，虽然月平均最低气温大都在0℃以上，但极端最低气温都在0℃以下，北部甚至可达－10℃以下，因此冬季较冷。

(4) 江南区夏季除贵州地区外都比较炎热，尤其是中部和北部地区，在盛夏(7、8月)季节炎热而晴朗，平原、盆地地区极端最高气温可达40℃以上。

(5) 江南区雷暴日数多，是各区中雷暴平均日数最多的一个区。一般年雷暴日数该区的北部为50天左右，南部在70～100天之间，最南部的海南岛可达120天以上，并且全年皆可发生。因此，雷暴是本区影响飞行的主要天气现象之一。

(6) 广州白云机场是本区的重要机场，属海洋性气候，常年雨量充沛，温度偏高。年平均温度在20～23℃之间。1月份最低，极端最低达－1.6℃，相对湿度平均在70%以上。冬半年多偏北风，夏半年多偏南风，平均风速2～3级。当有台风或雷雨大风时，最大风速可达34m/s以上。

白云机场大雾不多，维持时间不长，9—10时便可消散。春季多受华南沿海静止锋影响，常出现低云和恶劣的低能见度天气，此种天气云高经常在100m左右，能见度在1～2km，维持时间较长，要等到冷空气增厚，静止锋南移或者暖湿气流加强，静止锋北移到南岭山区，低云抬高消散，能见度才会好转。

白云机场初雷一般在2月，终雷一般在10月，以6、7、8三个月最多。也有雷雨终年不停，连续到第2年。夏季4—6月多静止锋与低槽雷雨，出现时间多在后半夜到清晨，7、8月为副高控制下的气团雷雨，一般出现在午后对流发展最盛的情况下，经常带有阵风。对该机场危害最大的是台风前沿东北方向来的雷雨，一般多出现在16时以后，21时以前，此种雷暴的特点是强度大、发展快，并伴有大风，平均风速17m/s，最大达34m/s。其降水强烈，有

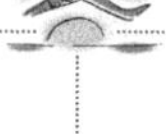

时还伴有冰雹，能见度短时很坏，对起降和停场飞机危害很大，但此雷雨维持时间不长，一般1h左右。

另外该机场位于南海沿岸、珠江三角洲，经常受到太平洋移来的台风和南海台风的影响和侵袭。根据资料统计，每年5—11月为台风季节，以8月份为最多，年平均为7～8次，登陆的台风平均为4次，对华南沿海地区有很大的影响。

白云机场10月到次年1月是飞行最好的季节，晴空万里的天气常可持续几天。

7.2.5　四川盆地区

四川盆地区位于四川省东部，盆地四周为海拔1 000～3 000m的山脉环绕，东部为200～1 000多m的丘陵和山地，西部为“成都平原”，海拔一般在500m左右。

(1) 四川盆地区冬季较温和，最冷月平均气温为4～8℃，比东部同纬度邻区高2～4℃，月平均最低气温很少低于0℃。天气少变，降水少而云雾多。总云量、低云量以及阴天日数皆为全国之冠，全年均可出现雾(年雾日达50天以上)，而以冬季为最多，占全年的50%左右。由于雾和轻雾的影响，使冬季能见度比较恶劣。

(2) 四川盆地区春季气温回升快，由于冷空气活动频繁，天气多变。盆地东部云雨较多，西部则天气较好，降水甚少。

(3) 四川盆地区夏季本区晴天相对多些，气温高，多雷暴，能见度良好。初夏除盆地西部云量较少外，其他地区多云雨，月降水量皆在150mm以上，而且春末夏初多夜雨。盛夏盆地东部常出现连晴高温天气，极端最高气温可达40℃以上，而西部此时多云和暴雨。由于整个夏季相对其他季节来说晴天日数较多，因此适合简单气象条件飞行，但飞行时应注意雷暴等不稳定天气。

(4) 四川盆地区秋季气温降低，多连绵阴雨。自9月开始气温下降，而且西部早于东部，到11月各地月平均气温皆在14℃以下。本季自9月中旬—10月下旬常阴雨绵绵，雨量不大，但低碎云常布满全天，对飞行影响较大。

(5) 成都双流机场是本区的重要机场，一年四季多阴天，风力小，湿度大。夏半年降水大于冬半年；夏末秋初夜间多雷暴；秋季多阴雨多低云；冬半年多辐射雾。

双流机场的低云一般出现在夏秋与冬春之交季节，往往在阴雨绵绵时出现比较低的云，有时地面上伴有1～4m/s的东北风。此种天气的出现，会给飞机起降带来一些困难。双流地区雷暴始于3月，终于10月，夏季最多，春季次之。雷暴绝大多数出现在夜间，占总次数的85.5%，出现在上午的最少，因此一般上午适于飞行。双流地区的雾，一般多出现在冬半年，以辐射雾为主，一般在晴天少云或云比较高(3 000m左右)的情况下，当地面上水汽含量充沛时，往往有雾产生。雾生成的时间随天气状况而定，有早有晚，但都在上午10—11时消散，个别在12时以后消散，当有雾时能见度维持在1～2km以下。

7.2.6　云南区

云南区位于云贵高原西部，由于纬度低而海拔高度高，冬季不易受冷空气侵袭，故冬暖夏凉，气温年较差小，被誉为“四季如春”。本区四季不分明，但干湿季明显，11月—次年4月为干季，5—10月为湿季。

(1) 云南区干季天气晴朗，干燥少雨，风大云少。月晴天可达10天，北部可达10～20天。

降水量各月皆在50mm以下。大风日数占全年的90%,月大风日数最多的地区可达5～14天。

(2) 云南区湿季多阴雨潮湿天气。阴天日数各月少则20天,多则可达28天。月降水量较多,一般在100mm以上,6—8月期间在本区南部由于多大雨和暴雨,月降水量可达300～600mm。此外,降水持续时间较长,一般在10天以上,南部最长可达50天之久。该区雷暴频繁,占年雷暴日数的70%～80%,多雷暴地区的月雷暴日数可达15～20天。本区西部和南部边境山区,还常出现连绵阴雨兼有大雾天气。

(3) 昆明(巫家坝)机场是本区的重要机场,干季晴天日数居多,月平均低云量不超过3.6成,10月—1月是低云出现日,云高约100～200m。该机场雾日小于3天,雷暴日平均7.6天,偶尔有雪。1—4月多大风,或称风季,多为西南风,风速平均为8～12m/s,多在午后出现。雨季多雷暴,平均为36.4天,且多数属热雷暴,持续时间不超过1h,雷雨时伴有短时低能见度和碎云。该机场雨季能见度良好。云高除8月份外均大于250m,全年绝对最高气温为31.9℃(5月),绝对最低气温－5.4℃(1月),7 000m以下盛行西南风,夏半年7 000m以上风向由西南转东,急流风速最大可达61～70m/s,都出现在7 000m高度左右。

7.2.7 内蒙区

内蒙区主要包括祁连山以北的内蒙古高原地区。

(1) 内蒙区冬季受冷高压控制,天气晴朗寒冷,仅在冷锋活动时有大风和少量降雪。最冷月平均气温在－25～－10℃,极端最低气温可达－40℃以下。

(2) 内蒙区春季由于天气系统活动频繁,常有大风天气,尤其北部最多;8级以上大风日数全年在75天以上,而且主要发生在春季。由于春季地面干燥,刮大风时易产生风沙,致使能见度恶劣而影响飞行。

(3) 内蒙区夏季气温较高,高温区主要在西部,这里极端最高气温可达40℃以上,如甘肃的安西为45.1℃。另外,本区气温日变化也较大。夏季虽为雨季,但在本区表现不很明显,年降水量在400mm以下,东部多而西部少。

(4) 内蒙区秋季天气晴朗而温和,是一年中天气最好的季节,但风和日丽的天气一般维持时间不长,当冷高压增强开始活动时,气温便很快降低。

(5) 内蒙区阴天少而晴天多,一年中阴天仅占10%～20%,晴天则占25%～35%。除春季午后多风沙天气外,能见度通常较好,各地80%以上时间的能见度在10km以上,有利于飞行活动。本区雷暴日数大部分地区仅有25～35天。

(6) 锡林浩特机场是本区的重要机场。当蒙古气旋东移,气旋中心经过锡林浩特时可出现20h以上的西南大风,最大风速可达20～25m/s。大风起时飞沙走石,天昏地暗,严重威胁飞行安全。另外,当冷锋、切变线、雷暴影响本场时,也会出现地面大风。

锡林浩特机场的雷暴出现在4—9月,以6—7月为最多。一般多出现在午后,其次为前半夜,出现雷暴的主要形式是热雷暴、高空槽雷暴和冷锋雷暴。热雷暴出现时,地面为弱高压,风微气闷,早晨有积云性高积云,午后有雷雨。高空槽上有冷平流时,可以一连几天出现雷暴,一直到槽线破坏消亡为止,雷暴才能结束。冷锋雷暴一般出现在锋前,时间较短。

风沙、雾、烟都影响该机场的能见度。当西南风转西风时即起风沙,可使能见度短时少于1km,雾很少,日出后消散。东北风小于3m/s时有烟。

7.2.8 新疆区

新疆区位于大陆腹地，季节变化明显，寒暑悬殊，气候干燥，属典型的温带大陆性气候。

(1) 新疆区冬季气温低，多寒潮降温，平均风速小，大部分地区晴天多。气温分布一般是高山比盆地冷，北疆比南疆冷，盆地比山麓冷。1月的平均气温北疆盆地低于－20℃，极端最低在－40～－35℃以下。南疆盆地和吐鲁番盆地较暖和，1月的平均气温为－10～－8℃左右。冬季寒潮次数较多，约占全年的65%～70%，寒潮多从西部和北部侵入，最大降温可达15℃以上。冬季是风速最小或较小的季节，而且南疆小于北疆，静风频率约占30%以上。冬季除西部和山区阴天和降水稍多外，大部分地区多晴天，各月晴天日数皆在10天以上。

(2) 新疆区春季升温快，4月份平均气温已达8～18℃，但初春时高山地区气温仍然较低。春季山地和西部边境地区多阴雨，季降水量在30mm以上，季阴天日数为30～40天。另外，由于春季天气系统活动频繁，多大风和风沙。8级以上大风日数，全季约有10～20天。随大风而产生的风沙天气在南疆非常突出，是我国风沙出现最多的地区之一。南疆春季风沙日数多为5～10天，最多年份可达20～30天。风沙和浮尘出现时，能见度十分恶劣。

(3) 新疆区夏季南疆比较炎热，北疆和天山山地气温则不高。吐鲁番盆地是全国最炎热的地区，素有"火洲"之称，夏季各月平均最高气温高于37℃，极端最高气温达49.6℃，为我国气温最高值。北疆及山区夏季各月的平均气温仅20余度，酷热期甚短。另外，夏季山地降水较多，盆地降水少。一般山地降水量在100～300mm，而且常有雷暴和冰雹。在北、南疆的盆地区域，季降水量不足40mm，尤其南疆盆地更少，是我国降水最少的地区，其中吐鲁番盆地的托克逊季降水量仅2～6mm，有的年份整个夏季滴水不落。

(4) 新疆区秋季降温快，多晴天，能见度良好。由于冷空气活动，10月份南疆月平均气温已降至10～13℃，北疆低于10℃，而山地则低于5℃。随着冷空气逐渐控制本区，降水骤减，晴天增多。秋季在南疆盆地地区几乎没有低云出现，季晴天日数在40天以上，是简单气象条件飞行的理想季节。此时北疆山区地区开始多大风天气。

(5) 乌鲁木齐机场是本区的重要机场，全年以9、10月天气最好，晴天较多。冬季天山北坡常有静止锋，造成本场低云、降雪。降雪时云很低，只有100～200m。雪后雾日增多，故有"有雪防雾"之说法。雪和雾集中出现在11月—次年3月，其全年日数各为40余天。

乌鲁木齐机场地面冬半年一般没有大风，以山风(偏南)谷风(偏北)环流为主，夏半年则多西北风。年大风日平均为22天，大风风向以偏西最多，东南次之。偏西大风多出现在春末和夏季，出现时间多在下午，其次是夜间。东南大风出现于春季的4、5月和秋季的10、11月；出现时间多在夜间，一般是下午开始刮到深夜，或深夜开始刮到上午，其间风速之大，持续时间之久均较西北大风为甚，最大风速曾达40m/s。

该机场的雷暴很少，平均全年仅9天，出现在夏半年，7月最多。夏季常有系统性积雨云从西南方向移至本场，一般2～3h就可以消散。夏半年多风沙，一般多为西北或东南大风所引起，沙暴日数全年5天，对飞行影响较大。

7.2.9 高原区

高原区主要包括我国的青藏高原。该区大部分位于北纬27°～40°之间，海拔高度除少数地区外，大都在3 000m以上。由于海拔高，地形复杂，而且又处于副热带纬度，故形成特殊的高原季风性气候。

(1) 高原区气温低,日较差大。该区冬季受中纬度西风环流控制,比较寒冷;夏季受南方暖湿气流影响,比较凉爽。1月份的平均气温大都在-20~-10℃之间。最低气温在本区西部可达-30℃以下,日最低气温在零下的日数可达200天以上。7月份本区平均气温大都在4~14℃之间,仅在南部少数地区可达20℃左右。虽然气温较低,但气温年较差并不很大,而气温日较差却较大,一般皆在14~16℃之间(同纬度的我国东部平原一般在8℃左右),在藏北地区,最大可达30℃,确实"一年四季不分,一日四季可见"。

(2) 高原区干湿分明,多夜雨。该区大部分地区受季风影响,干湿季明显。一般5—10月为湿季,11月至次年4月为干季。湿季由于夏季的偏南季风进入本区,致使多降水。本区降水量地区差异大,总的分布趋势是东多西少,南多北少,迎风坡多于背风坡。大部分地区年降水量少于600mm,超过1 000mm的仅在东南部少数多雨的迎风坡地区(最多的地方可达4 000mm以上),而在本区西北部则不足50mm。湿季降水量一般占全年降水量的80%~90%,而且多"夜雨"。湿季云量较多,并从东南向西北减少,而且多对流性云。本区不但夏季多对流性云,而且大部分地区全年皆可产生积雨云。积雨云全年日数达150天以上,夏季几乎天天有积雨云发生,因此,在该区飞行时要十分注意。积雨云一般中午开始生成,下午至傍晚发展旺盛,后半夜开始消散,这也是产生夜雨多的原因。积雨云云高多在1 500~2 500m之间,云厚5 000m左右。该区低云除多积状云外,其次为层积云。层积云云高都在1 000m以上,南部可达2 500m以上,北部则多在2 500m以下。对于整个高原来说,由于海拔高,形成低云云高较高,高云云高较低(高原上高云平均高度3 000~6 000m),二者高度差较小的特点。

(3) 高原区冬春干燥多大风。该区冬春季节为干季,天气以晴为主,降水少而多大风。大部分地区降水量占全年降水量的8%~20%,南部可达40%。一般以降雪为主(全年皆可降雪),多集中在次年2月,还可能产生暴雨雪和雪后强降温的雪灾天气。另外,冬春多大风,集中在1—5月,尤以2—4月大风日数最多,约占全年的30%~40%。一般来说,高原东部全年的大风日数在50天以下,最少不足5天,柴达木盆地大风日数也较少,约为10~25天,但高原西北方内陆地区可达200天以上。春季东部地区有时水汽较多而使能见度小于4km,其他地区则常因大风引起的风沙而使能见度转坏。故一般3—5月能见度较差,而11月至次年1月和6、7月能见度最好。

(4) 贡嘎机场是本区的重要机场,位于雅鲁藏布江南岸,海拔为3 540m。由于高原天气的特殊性,气候没有明显的四季之分。其气候特点大体可分为:夏季(5月中旬—9月上旬)、反过渡季(9月中旬—10月中旬)、冬季(10月下旬—次年3月中旬)、过渡季(3月下旬—5月上旬)。

贡嘎机场夏季(又称雨季)温度回升,云系增多,雨量增大。在此季节对飞行威胁最大的就是低云。以7月份为例,几乎每天都有低云,但整个夏季全天云低于标准的日数也不多。通常是上午较差,下午好一些。当天气受西南气流控制时,日变化明显,往往在10时前低云满天,下小雨,10—11时后雨停云抬高,或较少云。如果受低压或切变线影响并有冷平流时,低云维持时间较长,有时甚至全天不适航。其次,夏季的雷暴多为热雷暴,主要出现在傍晚和夜间,很少出现在上午,因此对飞行影响不大。整个夏季能见度都很好(>10km),对飞行无影响。

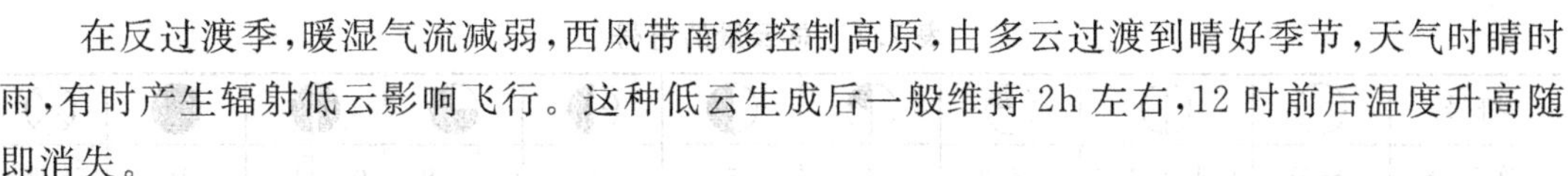

在反过渡季，暖湿气流减弱，西风带南移控制高原，由多云过渡到晴好季节，天气时晴时雨，有时产生辐射低云影响飞行。这种低云生成后一般维持 2h 左右，12 时前后温度升高随即消失。

冬季（又称干季）天气晴朗，由大风造成的风沙和浮尘天气会影响飞行安全。高原上一般能见度都大于 10km，有风沙时平均为 2～4km，最小时的能见度为 50m 左右。风沙和浮尘是大风引起的，因此冬季能见度的好坏取决于风的大小。当风速超过 8m/s 就有风沙出现，一般上午吹东风午后转西风，并且风速加大，最大西风可达 36m/s。大风和风沙多出现在下午，浮尘多出现在 8—12 时或 13 时，因此对飞行影响很大。浮尘出现在暖气团内，第 1 天晚上东风超过 6m/s，第 2 天 8 时前停止，把东部沙滩上的沙尘带入上空形成浮尘，开始形成时间多数在天明前后，消失在 13 时以后，有时全天都有。

在冬夏之交的过渡季节，冷暖气团交汇，天气变化突然，云的变化无常，很不稳定。例如 1967 年 4 月 15 日 7 时前，天气系统和实况都很好，9 时在西部雪山上有块积雨云发展，并沿江移来，9 时 10 分布满全天，9 时 20 分就开始移走，由于当时对天气判断不准，使飞机在途中返航成都 10min，待积雨云移出后又重新返回，并安全落地。这次主要是受小尺度天气系统的影响，引起局地天气变化，在天气图上看不出来。大风在这个季节仍盛行，因而风沙和浮尘经常出现。

7.3　航空天气预报的一般方法

7.3.1　天气图简介

天气图是目前气象部门分析和预报天气的一种重要工具，是填有各地同一时刻气象要素观测记录的特制地图。天气图一般分为地面天气图、高空天气图和辅助图 3 类。若按其性质分类，可分为实况分析图、预报图和历史天气图。以下介绍地面天气图和高空天气图。

1. 地面天气图

地面天气图是用于分析某大范围地区某一时刻的地面天气系统和大气状况的天气图。在图上某气象站的相应位置上，用数值或符号填写该站某一时刻的气象要素观测记录，地面天气图是填写气象观测项目最多的一种天气图。

1）单站填图格式及内容

地面天气图单站填图内容和格式如图 7.15 所示。图中间的圆圈表示观测站点，其位置就是气象台站的地理位置，所填的各气象要素与圆圈的相对位置都是固定的。各项目的含义和表示方法说明如下。

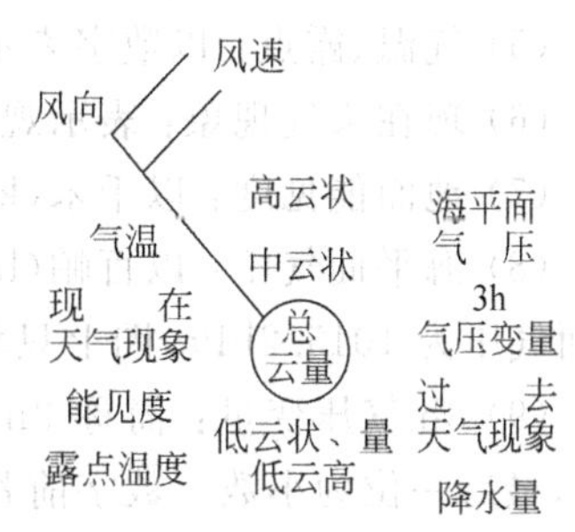

图 7.15　地面天气图单站填图格式

（1）总云量：十分制云量，用表 7.4 中的符号表示。

表 7.4 总云量的符号

符号	○	⦶	◔	◔	◐	◑	◕	◕	●	⊗
总云量	无云	1或小于1	2～3	4	5	6	7～8	9～10	10	不明

(2) 高云状、中云状、低云状：以表 7.5 中的符号表示。

表 7.5 云状填图符号

符号	低云状	符号	低云状	符号	低云状
不填	没有低云	不填	没有中云	不填	没有高云
	淡积云		透光高层云		毛卷云
	浓积云		蔽光高层云或雨层云		密卷云
	秃积雨云		透光高积云		伪卷云
	积云性层积云或向晚层积云		荚状高积云		钩卷云，有系统侵盖天空
	层积云（非积云性层积云或向晚层积云）		成带或成层的透光高积云，有系统侵入天空		卷层云（或伴有卷云）系统侵盖天空，高度角不到 45°
—	层云或碎层云		积云性高积云		卷层云（或伴有卷云）系统侵盖天空，高度角不到 45°
---	碎雨云		复高积云或蔽光高积云，或高层云高积云同时存在		布满天空的卷层云
	不同高度的积云和层积云		堡状或絮状高积云		未布满天空的卷层云
	砧状积雨云		混乱天空的高积云		卷积云

(3) 低云量：以十分制的实际云量数表示。

(4) 低云高：以数字表示，单位为百米。

(5) 气温、露点：以数字表示，单位为℃。

(6) 现在天气现象：表示观测时或前 1h 内出现的天气现象，以表 7.6 中的符号表示。

(7) 地面能见度：以千米(km)数表示。

(8) 海平面气压：以百帕(hPa)数表示，但只填十位、个位和十分位，不加小数点。如海平面气压为 1015.2hPa，图上只填 152；若海平面气压为 998.4hPa，图上只填 984。

(9) 3h 气压变量：简称 3h 变压，为观测时的气压值与 3h 前的气压值之差，单位为 hPa，最后一位为小数。数字前若标有"＋"号，表示 3h 内气压是上升的；数字前若标有"－"号，表示 3h 内气压是下降的。

(10) 过去天气现象：表示观测前 6h 内出现过的天气现象，以表 7.7 中所列的符号表示。

表 7.6 现在天气现象的符号

符号	含义	符号	含义	符号	含义
不填	云的发展情况不明		云在消散，变薄		天空状况大致无变化
	云在发展，增厚		烟幕	∞	霾
S	浮尘	$	测站附近有扬沙		观测时或观测前 1h 内视区有尘卷风
=	轻雾		片状或带状的浅雾		层状的浅雾
	闪电		视区内有降水，但未到地面		视区内有降水，但距测站较远（5km 以外）
(•)	视区内有降水，在测站较远（5km 以内）		闻雷，但测站无降水		观测时或观测前 1h 内有飑
	观测时或观测前 1h 内有龙卷		观测前一小时内有毛毛雨		观测前 1h 内有雨
	观测前 1h 内有雪		观测前一小时内有雨夹雪		观测前 1h 内有毛毛雨或雨，并有雨凇
	观测前 1h 内有阵雨		观测前一小时内有阵雪，或阵性雨夹雪		观测前 1h 内有冰雹或冰粒，或霰（或伴有雨）
	观测前 1h 内有雾		观测前一小时内有雷暴（或伴有降水）		轻或中度的沙（尘）暴，过去 1h 内减弱
	轻或中度的沙（尘）暴，过去 1h 内无变化		轻或中度的沙（尘）暴，过去 1h 内增强		强的沙（尘）暴，过去 1h 内减弱
	强的沙（尘）暴，过去 1h 内无变化		强的沙（尘）暴，过去 1h 内增强		轻或中度的低吹雪
	强的低吹雪		轻或中度的高吹雪		强的高吹雪
	近处有雾，但过去 1h 内测站没有雾		散片的雾（呈带状）		雾，过去 1h 内变薄，天空可辨
	雾，过去 1h 内变薄，天空不可辨		雾，过去 1h 内无变化，天空可辨	≡	雾，过去 1h 内无变化，天空不可辨
	雾，过去 1h 内变浓，天空可辨		雾，过去 1h 内变浓，天空不可辨		雾，有雾凇，天空可辨
	雾，有雾凇，天空不可辨	,	间歇性轻毛毛雨	,,	连续性轻毛毛雨
	间歇性中常毛毛雨		连续性中常毛毛雨		间歇性浓毛毛雨
	连续性浓毛毛雨		轻毛毛雨并有雨凇		中常或浓毛毛雨并有雨凇
	轻毛毛雨夹雨		中常或浓毛毛雨夹雨	•	间歇性小雨
••	连续性小雨		间歇性中雨		连续性中雨
	间歇性大雨		连续性大雨		小雨并有雨凇

续表

符号	含义	符号	含义	符号	含义
	中或大雨并有雨凇		小雨夹雪或轻毛毛雨夹雪		中常或大雨夹雪，或中常或浓毛毛雨夹雪
*	间歇性小雪	**	连续性小雪		间歇性中雪
	连续性中雪		间歇性大雪		连续性大雪
	冰针（或伴有雾）		米雪（或伴有雾）		孤立的星状雪晶（或伴有雾）
	冰粒		小阵雨		中常或大的阵雨
	强的阵雨		小的阵雨夹雪		中常或大的阵雨夹雪
	小阵雪		中常或大的阵雪		少量的阵性霰或小冰雹，或有雨，或有雨夹雪
	中常量或大量的阵性霰或小冰雹，或有雨，或有雨夹雪		少量的冰雹，或有雨，或有雨夹雪		中常量或大量的冰雹，或有雨，或有雨夹雪
	观测前1h内有雷暴，观测时有小雨		观测前1h内有雷暴，观测时有中或大雨		观测前1h内有雷暴，观测时有小雪，或雨夹雪，或霰，或冰雹
	观测前1h内有雷暴，观测时有中或大雪，或雨夹雪，或霰，或冰雹		小或中常的雷暴，并有雨或雨夹雪或雪		小或中常的雷暴，并有冰雹、或霰、或小冰雹
	大雷暴，并有雨、或雪、或雨夹雪		大雷暴，并有冰雹、或霰、或小冰雹		雷暴伴有沙(尘)暴

表7.7 过去天气现象的符号

符号	不填									
过去天气现象	云量不超过5	云量变化不定	阴天或多云	沙暴或吹雪	雾或霾	毛毛雨	雨	雪，或雨夹雪	阵性的降水	雷暴

(11) 降水量：表示观测前6h内的降水量，以毫米(mm)数表示，小于0.1mm用“T”表示。

(12) 风向风速：风向以矢杆表示，矢杆的方向指向站圈，表示风的来向。风速以长短矢羽表示，见表7.8。

表7.8 地面天气图上风的表示

符号					
风速/(m/s)	0	1	2	3～4	19～20

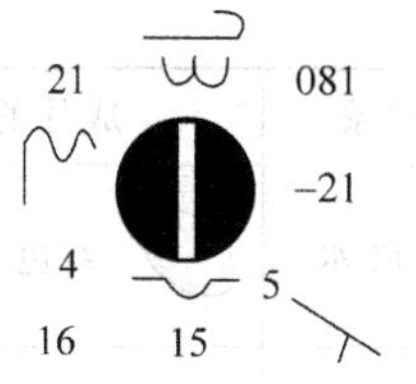

图 7.16 地面天气图上的单站填图

图 7.16 为某一地面天气图上的单站填图，其具体内容为：该站的总云量为 9～10，即云量大于 9，但小于 10；高云状是毛卷云，中云状是高积云，低云是层积云，低云量为 5，云高 1500m；有东南风，风速 2m/s；现在天气现象有烟幕，能见度 4km；气温 21℃，露点 16℃；海平面气压 1008.1hPa，3 小时气压变量为－2.1hPa。

2）地面天气图的分析

(1) 等压线和气压系统

等压线是地面天气图上气压相等的点的连线，用黑色实线表示。等压线一般每隔 2.5hPa 或 5hPa 画一条，在更小范围区域图上或气压场较弱时，可每隔 2hPa 或 1hPa 绘制一条。

等压线可以清楚地反映气压在海平面上的分布情况。由闭合等压线构成的高压中心标有蓝色的"H"字，其下部注有最高中心气压值；低压中心标有醒目的红色"L"字，其下部注有最低中心气压值；台风中，写有红色的"6"符号(见图 7.17)。

(2) 等变压线和 3h 变压中心

等变压线是天气图上变压值相等点的连线，用黑色细间断线绘制，一般分析 3h 变压，高原及其附近地区可分析 24h 变压。等变压线应分析零变压线，一般间隔为 1hPa，变压梯压较大时可取 2hPa、3hPa、4hPa 或 5hPa 的间隔。在闭合等变压线的正北方和非闭合等变压线的两端标注等变压线的数值，只标注整数，并在数值前标注正号(＋)或负号(－)，零变压线无需标注正、负号。

将 3h 正变压或负变压较大的地区用等变压线圈出，称为 3h 变压中心。正变压中心标出蓝色的"＋"号和中心值；负变压中心标出红色的"＋"号和中心值。中心标出该范围内的最大变压值的数值，包括第 1 位小数在内，如图 7.18 所示。3h 内的气压变化 ΔP_3，反映了气压场的最近变化状况，以便分析天气系统的变化趋势。

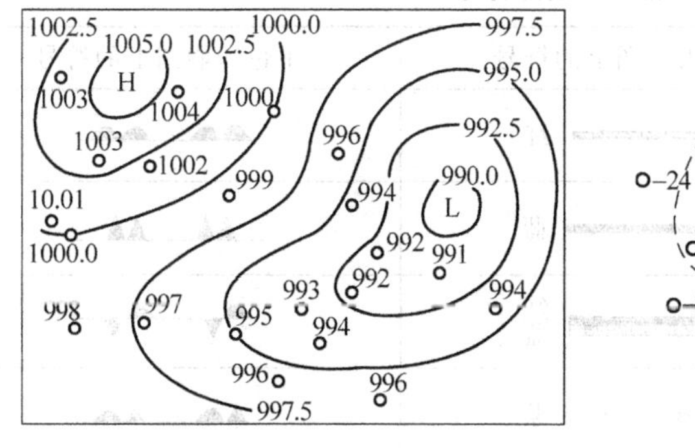

图 7.17 天气图上的等压线图(单位：hPa)

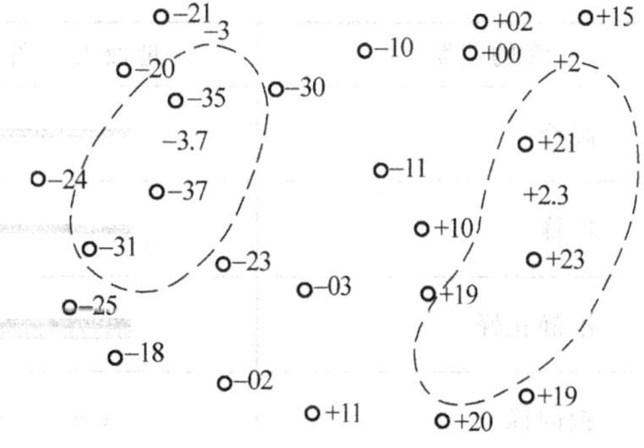

图 7.18 3h 变压中心

(3) 天气区

为了使某些主要天气现象分布状况更加醒目，可用不同的色彩和符号将其标出。表 7.9 为几种主要天气区的标注方法。

表 7.9 主要天气区的表示

天气现象	成片的	零星的	说 明
连续性降水	绿色	绿色 **	除雨以外，其他性质的降水均应标注符号
间歇性降水	绿色	绿色 *	除雨以外，其他性质的降水均应标注符号
阵性降水	绿色	绿色	过去天气和现在天气中的阵性降水均应标注
雷暴	红色	红色	过去天气和现在天气中的雷暴均应标注
雾	黄色	≡ 黄色	
沙(尘)暴	棕色	棕色	
吹雪	绿色	绿色	
大风	棕色	棕色	凡地面图上填写的风速在 12m/s(即 6 级)以上，即应标注，其方向与实际风向相同

(4) 锋线

锋线常用彩色实线表示，单色图上用黑粗线加符号表示，表 7.10 是几种常见锋线的符号。

表 7.10 常见锋线的符号

锋的种类	地面天气图上的符号	单色印刷图上的符号
暖锋	红	
冷锋	蓝	
准静止锋	红 蓝	
锢囚锋	紫	

图 7.19 是地面天气图的 1 个实例。图中南京附近有一条冷锋，有一片连续性小雪天气区；银川地区有沙(尘)暴；桂林附近有一个雷暴区；箭头 M 所指是一个正变压中心。

2. 高空天气图

天气现象是发生在三度空间里的，仅用地面天气图来分析天气显然是不够全面的。因

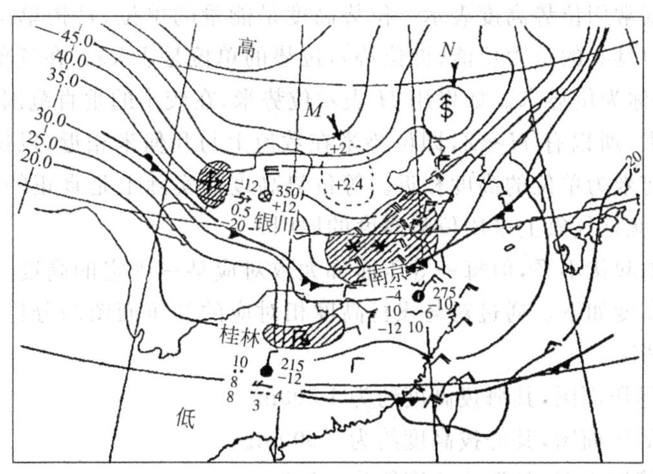

图 7.19　地面天气图的实例

此，还要配合使用高空天气图(也称空中等压面图)来进行天气分析。所谓高空天气图，即填有某一等压面上气象记录的空中天气图。

1）等压面图的概念

等压面是由空间气压相等的点组成的面。由于同一高度上各地的气压不可能都相同，所以等压面不是一个水平面，而是一个像地形一样起伏不平的面。等压面的起伏形势可采用绘制等高线的方法来表示。

具体而言，将各站上空某一等压面所在的高度值填在图上，然后连接高度相等的各点，这样连成的线称为等高线。从等高线的分布即可看出等压面的起伏形势。如图 7.20 所示，P 为等压面，H_1，H_2，…，H_5为厚度间隔相等的若干水平面，它们分别和等压面相截(截线以一半实线一半虚线表示)。因每条截线都在等压面 P 上，故所有截线上各点的气压均等于 P，将这些截线投影到水平面上，便得出 P 等压面上距海平面分别为 H_1，H_2，…，H_5的许多等高线，其分布情况如图的下半部分所示。从图中可以看出，和等压面凸起部位相应的是一组闭合等高线构成的高值区，高度值由中心向外递减；和等压面下凹部位相应的是一组闭合等高线构成的低值区，高度值由中心向外递增。

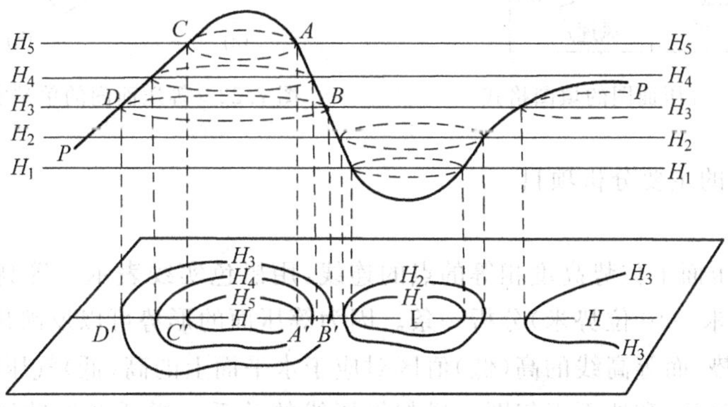

图 7.20　等压面和等高线的关系

等压面的高度常用位势高度表示。位势高度是能量的单位，是指单位质量空气块在某高度上(离海平面)具有的重力位能(即位势)，位势的单位是 J/kg。在气象上取 9.8J/kg 作为位势的新单位，称为位势米。如果用 H 表示位势米，在较小的垂直范围内，考虑重力加速度随高度变化不大，所以有 $H \approx Z$，即位势米在数值上与几何米相近，以位势米为单位的位势高度也与以几何米为单位的高度相近。等位势高度面实际上是真正的水平面，而等几何高度面则不是，这就是气象上采用位势高度的原因。

等压面在空中起伏不平，但每一等压面都大致对应某一固定的高度。日常分析的等压面图及其对应的高度如下。通过对与飞行高度相对应的等压面图的分析，便可以了解到航线上的气压分布情况。

(1) 850hPa 等压面图，其海拔高度约为 1 500m。

(2) 700hPa 等压面图，其海拔高度约为 3 000m。

(3) 500hPa 等压面图，其海拔高度约为 5 500m。

(4) 300hPa 等压面图，其海拔高度约为 9 000m。

(5) 200hPa 等压面图，其海拔高度约为 12 000m。

2) 等压面图的填图格式及内容

等压面图上各测站填有气温、气温露点差、风向、风速以及等压面的高度(见图 7.21)。其中气温、风向、风速的填法与地面图相同。气温露点差≥6℃时，填整数，其余则要填整数和小数点后一位数。等压面高度以位势米(或 10 位势米)为单位。

图 7.22 是等压面图单站实例，其中图 7.21(a)是 700hPa 图，气温为 4℃，气温露点差为 5.2℃，等压面高度是 3040 位势米，风向约为 300°，风速为 5～6m/s。图 7.21(b)为 500hPa 天气图，气温为－18℃，气温露点差为 3.5℃，等压面高度为 5800 位势米，风向为 210°，风速为 25～26m/s。

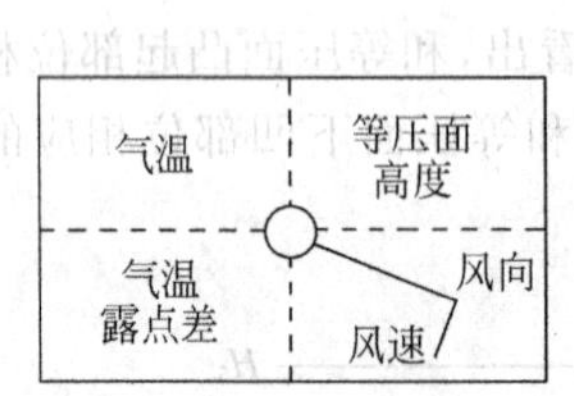

图 7.21　等压面图的填图格式

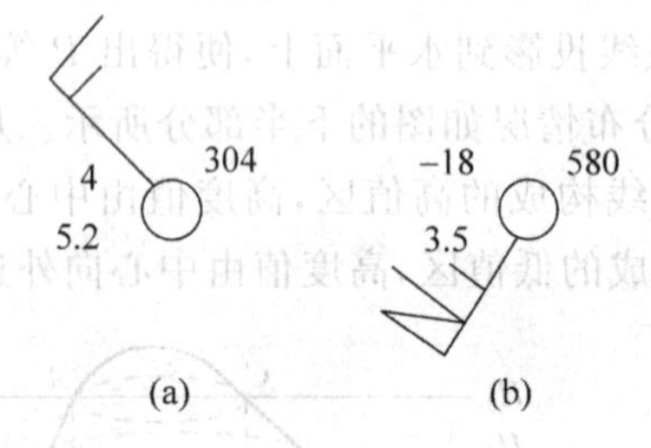

图 7.22　等压面图的单站实例

3) 等压面图的主要分析项目

(1) 等高线

等高线是等压面上位势高度相等的点的连线，用黑色实线表示。等高线一般间隔 4 位势什米(1 位势什米＝10 位势米)分析一条。因为等压面的形势可以反映出等压面附近水平面上气压场的形势，而等高线的高(低)值区对应于水平面上的高(低)气压区。因此，等压面上风与等高线的关系，和地面天气图上风与等压线的关系一样适合地转风关系。由于高空空气受地面摩擦的影响很小，因此等高线基本和高空气流的流线一致。

等高线和地面天气图上的等压线相似，它可以分析出高压、低压、槽、脊等气压系统的分

布情况。高压、低压中心的标注方法与地面天气图相同,但不标注中心数值。

(2) 等温线

等温线是等压面图上气温相等的各点的连线,用红色实线表示,每隔 4℃分析一条,例如－4℃、0℃、4℃等温线等。所有等温线两端须标明温度数值。气温比四周低的区域称为冷中心,标有蓝色的"C"字;气温比四周高的区域称为暖中心,标有红色的"W"字。

(3) 槽线和切变线

槽线和切变线在空中等压面图上都用棕色实线表示。但切变线一般出现在 850hPa 和 700hPa 天气图上。

图 7.23 是高空天气图的实例。图中细实线是等高线,虚线是等温线,AB 是槽线,EF 是切变线;我国华北有一个暖高压,日本北部有一个冷低压。

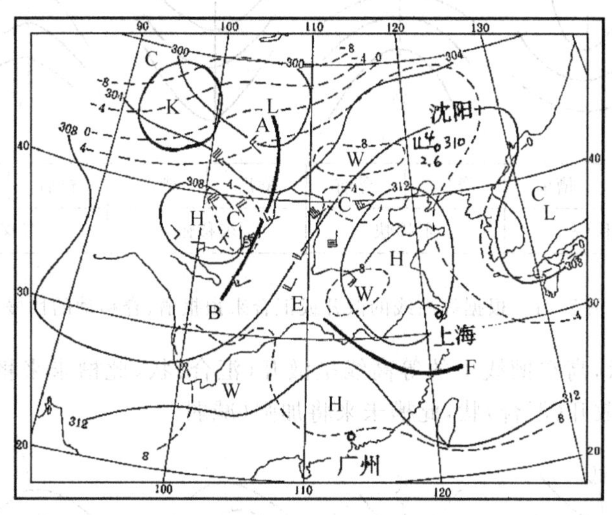

图 7.23 高空天气图实例

7.3.2 航空天气预报方法

1. 天气形势预报

天气形势预报方法可分为两大类:一类是天气图预报方法,另一类是数值天气预报方法。

1) 天气图预报方法

因天气图预报方法的理论基础是天气学,所以又称天气学方法。在短期天气预报中,天气图方法目前仍是我国各机场气象台和世界各国多数气象台的基本主要预报方法。

常用的天气图预报方法有经验外推法、物理分析法、相似形势法等。

(1) 经验外推法:就是根据最近一段时间天气系统的移动和强度变化情况,顺时外延,预报天气系统未来移动和强度的方法。例如,某日北京西北部蒙古有一冷锋向东南移动,02—08 时速度为 60km/h,08—14 时速度为 50km/h,14 时冷锋距北京还有 250km,根据冷锋移动减速,未来 6h 移动速度约为 40km/h,则预报冷锋将于 19—20 时过北京。

外推法在天气系统移动无突然变化时或无天气系统新生、消亡时,效果较好,反之效果较差。因此,应用外推法要充分考虑天气系统本身发展变化的物理因素,各个天气系统之间的相互关系和地理条件等,不能无条件使用。

(2) 物理分析法：就是从物理原因角度来预报天气系统发展变化的方法。它是利用物理分析法理论,得出若干条预报规则应用于形势预报的。

如图 7.24 所示,在西风带中,高空槽和脊多是自西向东移动的。若槽(脊)前的等高线呈散开状,而槽(脊)后的等高线呈汇合状时,则该槽(脊)向东移动快；反之若槽(脊)前的等高线呈汇合状,而槽(脊)后的等高线呈散开状时,则其向东移动慢。

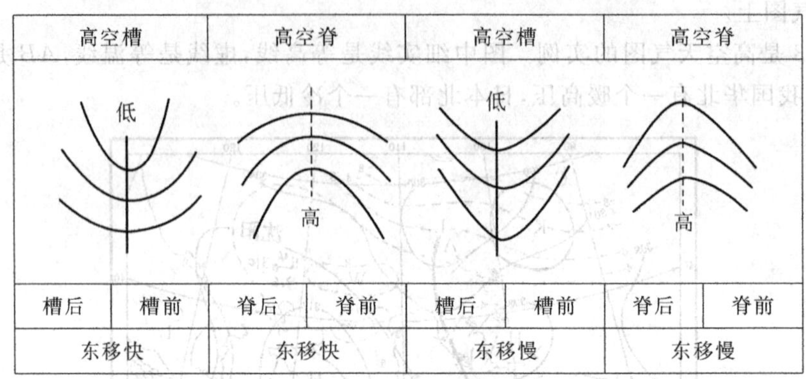

图 7.24　根据等高线的散开或汇合来预报槽、脊移动的快慢

如图 7.25 所示,高空槽线上的等高线呈散开(汇合)状,此槽未来将发展(减弱)；高空脊线上的等高线呈散开(汇合)状,此槽未来将加强(减弱)。

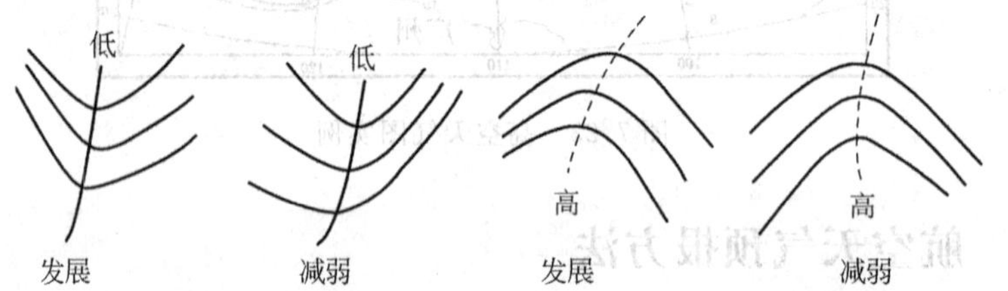

图 7.25　槽脊线上等高线的散开或汇合与未来槽脊强度变化的关系

某等压面上的槽和脊,可通过位于它上面和下面气层的温度平流来判断它未来的变化。当槽上面气层为暖(冷)平流,下面的气层为冷(暖)平流时,此槽将发展加深(减弱)。

当地面气旋处于发展的高空槽前时,该气旋将发展加深。当地面气旋处于高空槽后时,该气旋将减弱。

温度槽落后于高空槽时,高空槽将发展加强,有利于地面气旋发展加深。

高空图上等温线密集的地区一旦有槽出现,地面常有气旋生成发展。

地面气旋中心受高空(500～700hPa)气流引导而移动。据统计,气旋中心移动速度为其上空 500hPa 高度上风速的 50%～70%,为 700hPa 高度上风速的 85%～100%；移动方向与“引导”气流方向大体一致,偏角一般小于 20°。

(3) 相似形势法：又称模式法。不同时间的天气图上的天气形势和天气过程没有完全相同的。但是,如果抓住其主要方面,忽略其次要方面,在大量的历史天气图资料中可总结

归纳出若干具有代表性天气形势和过程作为模式。预报时，如果当时天气形势和过程与某一模式的前期情况相似，就可以参考该模式的后期情况进行预报。应用此方法作预报时，要根据当时的天气形势和过程与模式之间的差异作必要的修正。

2）数值天气预报方法

数值天气预报方法是指对描述大气运动规律的流体力学、热力学原理组成的闭合方程组，用数学方法通过计算机对方程组求解，得出未来大范围天气形势的一种天气预报方法。

该方程组非常复杂，为了求解必须对其进行简化。由于简化所设的条件不同，就有不同的数值预报模式。计算时，以起始时刻的气象要素空间分布为初值，在给定边界的条件下，即可通过计算机求出未来某个时刻的天气预报，如未来某时刻的地面气压场、等压面高度场、风场、温度场及降水量分布等的定量预报。

目前数值天气预报是普遍使用的预报手段，以传真天气图的形式播发。有地面和高空的分析图、预报图、各种物理量场的诊断图和预报图（如垂直速度图、水汽通量图等）。时间间隔多为24h、36h、48h、72h、96h、120h等。在北京地区可以收到国家气象中心、东京气象中心的数值预报传真图。

数值预报方法不仅可作形势预报，还可以用动力学与统计学相结合的方法，通过计算机做出气象要素预报，如降水预报。

数值预报方法具有客观、定量化的优点，目前在许多方面已超过了天气图方法的预报水平，因此，数值预报方法在天气预报中具有指导地位，但在计算时需要对预报方程组进行简化，而且目前探测资料精度还不够，测站密度也不足，使得数值预报还存在一定误差，需要对预报进行人工修正。

2. 气象要素预报

在形势预报的基础上可以做要素预报。一般来说，天气形势预报报得准，气象要素才能报得准，因为在不同天气系统控制下天气表现是不同的。但是天气本身在不断变化，加上移动过程中地形、下垫面等条件，因此要素的变化异常复杂。气象要素预报通常有以下几种。

1）天气图方法

在天气形势预报的基础上，根据未来天气系统的位置和强度，综合分析影响气象要素的因子，对预报区域的天气做出预测。例如，做某地的地面风预报，首先要在地面气压场形势预报的基础上，根据气压场与风的关系，以及某地与气压系统相对位置随时间的变化，报出风向风速随时间的变化，再综合分析地表摩擦、热力环流、地形、动量传递等因素对风的影响，做出风的预报。这种方法的准确性在很大程度上取决于预报员的经验，该方法的预报效果不够稳定。

2）统计预报方法

统计预报方法又称概率统计预报方法。它是运用数学、物理学和统计学方法进行天气预报的。其基本做法是：根据大量历史资料，从复杂关系中找出与预报对象（如雾、雷暴等）关系密切、物理意义明确的预报因子（如湿度、稳定度等），然后用统计的方法，在预报对象和预报因子之间建立客观的联系——预报方程。预报时将当时的诸预报因子代入方程，即可求得未来预报对象是否出现以及出现的强度。

统计预报方法与天气图方法相比具有客观的优点，不同的预报员使用可以得到相同的结论。其预报准确率主要取决于预报因子的选择是否正确。但是，从历史上大量出现的情况概括出来的统计规律，并不能完全地反映天气变化的内在必然性，对于天气异常或小概率天气的预报能力往往很差，有时可能根本就报不出来，所以统计预报应与其他方法结合使用，才能取得好的效果。统计预报也可作形势预报。

3）模式输出统计方法

模式输出统计方法（model output statistics，MOS）是数值天气预报和统计天气预报相结合的方法，目前被认为是一种较有发展前途的方法。

MOS方法是直接把数值天气预报模式输出的资料（如预报的某时刻的气压场、温度场、风场、垂直速度场、湿度场等）作为预报因子，与同时间的天气实况建立统计关系。预报时，只要把收到的数值预报模式输出资料代入已建立的统计关系式，即可得出所要预报的天气。

在预报因子的选择上，除了从模式输出的资料中选取外，还可以根据天气学原理和预报员的经验，从非模式输出的资料中选取某些因子引入到统计关系式中，以使MOS方法更好地反映出地方性天气特点，提高天气预报的准确率。

4）气象预报专家系统

专家系统是一种具有专门知识的计算机程序系统。它可以模拟专家“做决定”的过程来解决各种各样的复杂问题，因而在各学科中都有广泛的实用性。

气象预报专家系统是一个能像气象专家那样解决天气预报问题的计算机程序系统，其主要功能有以下5点。

(1) 可以综合气象专家的理论和气象预报员的实际经验，并储存在系统中，为人们知识的积累、继承和发展提供了新的方式。

(2) 可以综合应用各种天气预报方法，而不排斥任何一种方法；可以将那些复杂方法和预报员的时间难以允许而可应用的方法用于日常天气预报工作中。

(3) 由于人的大脑的局限性（如处理信息的速度、记忆、可靠性及活动空间上的局限性），并受环境、生理、心理、精神状态的影响，使得预报员在允许的时间内很难全面、客观地考虑问题，该系统可以部分克服上述问题。

(4) 可以自动综合、推理、分析、决策；可以进行人机对话，提供咨询服务。

(5) 可以通过学习机制使专家系统不断增长知识，提高预报的准确率。

气象预报专家系统可以作天气形势预报，也可作气象要素预报，同时还可以报出它们的发生概率，为提高天气预报的时效性和准确率，逐步实现自动化、工程化和客观化开辟了新的途径。

5）短时、超短时天气预报

航空气象保障需要各种时效的天气预报，其中使用最多、最经常的是短时、超短时天气预报。如航线天气预报、飞行训练开飞和飞行过程中天气预报、作战飞行天气预报以及危险天气警报，通常都是短时或超短时天气预报。这些预报的特点是时效短，但其对准确性、及时性要求很高，上面提到的预报方法都可适用但又有其本身的一些特点。目前气象台作短时预报，通常在短期天气预报的基础上着重抓了以下几个方面。

(1) 建立区域气象情报网

一地天气的短时变化与周围地区的天气变化密切相关。为了做到短时、超短时的天气预报就必须迅速掌握机场周围地区（200～300km以内）天气变化的详细情况。而且目前地

面天气图测站间隔一般为100～200km，两次地面天气图的时间间隔为3h，不能满足预报上的需要，所以机场气象台必须组织一个由周围测站组成的气象情报网。网内测站定时(1h或0.5h)或不定时地将天气实况或危险天气通报，通过气象通信网迅速传输到气象台。此外，在天气复杂或不稳定时还需要进行飞机侦察，因而及时掌握本场和周围天气实况是做好短时、超短时天气预报的前提条件。

(2) 应用天气实况图

气象台收到天气实况，应填绘成小区域天气图或天气实况演变图，然后进行仔细地分析研究，找出天气变化的规律。通常要分析周围各地不同天气的成因、强度、移动及其变化，进而判断短时间内其对本场天气可能产生的影响。对于远离本场的地方性天气，如局地烟雾，一般不会影响本站。如大同、张家口的冬季烟雾，是不会影响北京的。对于位于上游的移动天气，如果在移动中不会消失就可以选择指标站，预计移动到本场所需的时间。如张家口出现雷暴向北京移来，一般为5～6h，怀来则为2～3h。

(3) 做中小尺度系统天气分析

由于暴雨、冰雹、龙卷风等强对流天气对人类活动影响较大，特别是严重危及飞行安全。过去常规的分析方法对这些灾害性天气预报困难比较大，近一二十年来世界各国投入大量人力物力开展对这方面问题的研究，因而对中小尺度天气系统的研究取得较快的进展，并进一步提高了预报的准确率。

气象上一般把水平范围在几百米到几千米，生命期只有几十分钟至二三小时的天气系统，称为小尺度天气系统，如积雨云、龙卷风等。而把水平范围为几十至二三百千米，生命期约为一小时到十几小时的天气系统，称为中尺度天气系统，如飑线、雷暴高压、中尺度低压等。

中小尺度天气系统除水平范围尺度小、生命期短以外，最主要的特点是气象要素的水平变化很大，因此，其所产生的天气现象远比锋面、气旋等天气尺度系统剧烈。在进行中小尺度天气系统的分析时，要求有时空分布更为稠密和更加准确的观测资料、卫星、雷达资料、物理量分析资料等。

然而，中小尺度天气系统不是孤立的，它是在较大尺度天气系统的背景上活动的，它的发生发展同一定的环流背景和天气尺度系统的天气条件有关，同时它又对天气尺度系统也有反馈作用。

(4) 应用雷达探测资料

气象雷达探测资料是制作短时天气预报的重要依据。通过对雷达回波特征的分析，可以判明周围地区云、降水和强对流天气的性质、强度、高度、范围的分布；通过对回波演变情况的分析，可以判明其移动变化的情况，加以外推顺延，再结合当时当地的具体情况，预报未来几小时它对本地天气的影响。有条件的地区，几个雷达通过计算机处理，雷达回波图可以合并和数字化，得到更大范围更准确的雷达回波图。它在短时天气预报中可发挥更大的作用。

(5) 应用卫星探测资料

气象卫星探测资料(特别是卫星云图)在短时、超短时天气预报中已得到了广泛的应用。同步气象卫星可以对固定地区连续探测，日本同步卫星每一小时发送一次云图，德国和美国每半小时一次。在这种云图上可以直观地反映云的种类、特征、分布及其变化，中小尺度云系和强对流天气的发生发展。目前,卫星探测资料和雷达实况资料已为广泛使用。特别应该指出的是,由于其比较直观,卫星云图是航线飞行天气预报的重要工具。

(6) 应用本站气象资料

对本站天气进行连续细微的观测,并据此预报未来的天气变化,这就是所谓的"看天报天"。因为天气变化在某些气象要素上总会有所反映,是有征兆可循的。通常观测的气象要素有:云的形态、气温、湿度、气压、风及其变化、大气中的光、声、电现象等。

7.4 典型的盛行天气

7.4.1 强对流性天气

雷暴、冰雹、飑线、龙卷等由大气中旺盛对流所产生的严重灾害性天气统称为强对流性天气。天气系统造成的系统性上升运动是常见的强对流性天气触发机制之一。锋面的抬升及槽线、切变线、低压、低涡等天气系统造成的辐合上升运动都是较强的系统性上升运动。绝大多数雷暴等对流性天气都产生在这些天气系统中。形成雷雨的天气系统主要有冷锋、暖锋、静止锋、高空槽、切变线副高边缘、冷涡等。

夏季雷暴与春季雷暴的区别在于,夏季雷暴主要出现在6—9月,其强度强,持续时间长,时间相对集中在06—11时(世界时),有时伴有大风、暴雨,偶有冰雹、龙卷等,45dBZ(雷达回波强度)以上打雷,云顶高度可达12~15km;春季雷暴主要出现在3—5月,强度较弱,强对流云常常隐嵌在其他云层之中,出现时间以夜间、凌晨居多,30~35dBZ就可以打雷,云顶高度可达8km。

产生强对流性天气的常见天气系统包括江淮气旋、东北低压或冷涡、西南涡等。

江淮气旋是指发生在江淮流域和湘赣地区的锋面气旋,以春季和初夏出现频率最高,是造成南方地区大范围降水、雷暴和低能见度,以及大风天气的主要系统。其特点是春季和初夏水汽充沛,造成范围较大的降水、雷暴天气和沿海大风。其在冷锋前和暖锋后形成很低的碎雨云和锋面雾,在其东部有利的流场下常引导海上平流雾和平流低云上来,使能见度变得恶劣。其路径一条是向东北东,经东海北部到日本海南部附近;另一条是向北北东,经黄海到日本海。

东北低压是指活动于我国东北地区的气旋。是我国锋面气旋中发展最强大的一种。一年四季均可出现,春季、秋季最多,特别是4、5月东北低压活动最频繁,其强度也最大。其属于深厚系统。发展完好时,其水平范围可达1 000~2 000km。其中心数值一般在990hPa左右,个别可低至965hPa,垂直方向可发展到500hPa等高面以上。其能引起大范围的大风、风沙、雷暴、强烈降水等灾害天气。当其东移时可引导低压后部的冷空气南下,有可能造成寒潮天气。

低涡又称冷涡,是出现在中纬度中层大气中的一种强度较弱、范围较小的冷性低压。它在700hPa图上比较明显,有时在500hPa图上也有反映,常常只能给出一条,甚至给不出闭合等高线,只有风场上的气旋式环流。低涡范围较小,一般只有几百千米。它存在和发展时,在地面图上可诱导出低压或使锋面气旋发展加强。低涡中有较强的辐合上升气流,可产生云雨天气,尤其东部和东南部上升气流最强,云雨天气更为严重。

东北冷涡在北纬35°～60°、东经115°～145°范围内，是从地面到6 000m上空的一个冷性气柱，在500hPa天气图上至少能分析出一条闭合等高线，并有冷中心或者明显的冷槽配合，这个冷性气柱呈逆时针方向且不断旋转。

东北冷涡一年四季均可出现，以5、6月活动最频繁。6月份，东北冷涡活动带到达最南端，大约在北纬43°附近，经向分布，冷涡达到其活动的最强盛期，平均达20.6天。东北冷涡是造成东北地区低温冷害、持续阴雨洪涝、冰雹和雷雨大风等突发性强对流天气的重要天气系统，其对东北管制区的天气气候有重大影响。

西南涡是指出现在我国西南地区西藏高原东部的小低压，常反映在700hPa或850hPa等压面图上，其直径在300～500km左右，是我国西南特殊地形影响下的产物。西南涡在四川盆地一年四季都可出现，以5、6月最多。西南涡在原地时，由于低涡区内气流的辐合上升作用，可产生一些阴雨或雷阵雨天气。当西南涡东移发展时，雨区不断扩大，降水强度亦常增强，在夏半年还常伴有雷暴发生。因而它也是产生长江流域甚至华北地区影响飞行活动的主要天气系统之一。

7.4.2　辐射雾天气

辐射雾形成于地面弱高压中心、高压脊附近区域；该区域气压梯度小，风速小，天气晴朗、少云。其在秋冬季比较容易出现(秋冬季夜间长，晴天多，辐射冷却量大)。辐射雾也常形成于鞍形场或均压场区域中，尤其是在气压梯度小，风向不定，水汽条件好时，极易出现。

辐射雾天气有明显的季节性和日变化。秋冬季居多；多发生在下半夜到清晨，日出前后最浓，白天辐射升温逐渐消散；辐射雾的垂直、水平尺度：厚度几十米到几百米，平均150m左右，水平范围不大，分布不均。

在预报辐射雾天气时应注意以下4点。

(1) 地面天气图形势：弱高压中心、高压脊、鞍形场或均压场，本场周边的气压梯度小、适宜的风向风速及其他天气状况。

(2) 850hPa高空图环流形势：本场上空有逆温层；当空气被雨和潮湿的地面增湿以后，水汽条件对形成雾特别有利。

(3) 本场地面观测辐射雾的垂直、水平尺度，分布情况；风速过大(>3m/s)及温度层结不很稳定时，垂直混合又太强，不利于形成辐射雾；

(4) 结合季节和温度的日变化，秋冬季的下半夜到清晨的气温变化，其在日出前后最浓，温度越高，空气中水汽含量越大，白天辐射升温越快，大雾消散也越快。

7.4.3　平流雾天气

平流雾的环流形势主要有以下3种。

(1) 入海变性冷高压西部的平流雾：冷高压入海后，在其西部可能形成平流雾。其形成与否主要取决于系统的厚度和系统在海上停留变性的时间。一般说来，如果系统越厚变性越大，就越有利于在系统的西部区域形成平流雾。这种平流雾多见于春季，一般出现在海陆交界地区。

(2) 太平洋高压西部的平流雾：入夏以后，太平洋高压脊向西北伸展，至我国沿海地区，则有利于沿海地区出现平流雾。由于太平洋高压脊是暖性深厚系统，维持时间较长，所以受影响的平流雾范围广,厚度大,而且持续时间长,短则 1～2 天,长则 5～6 天或超过 6 天。

(3) 气旋和低槽东部的平流雾：江淮气旋引起的平流雾主要出现在黄海沿岸(见图 7.26)；黄河气旋引起的平流雾主要出现在渤海沿岸；西南低压槽引起的平流雾主要出现在珠江口以东的华东和华南沿岸。

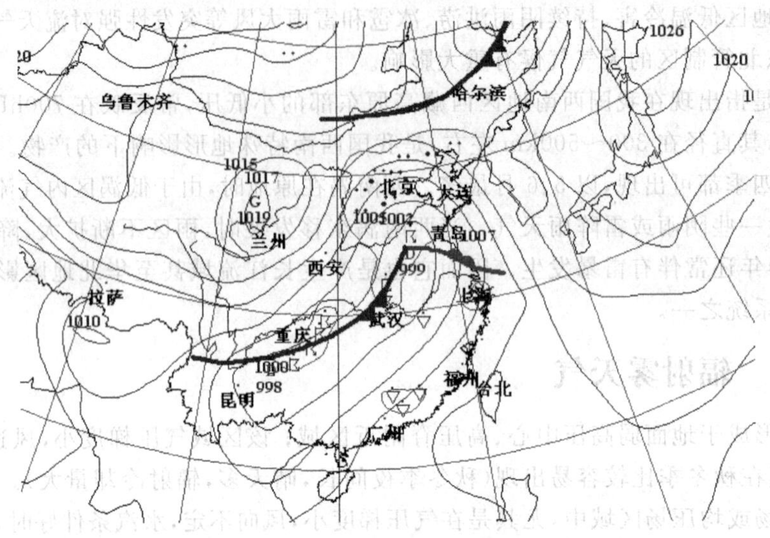

图 7.26　南方气旋型地面形势图(春末夏初)(单位：hPa)

上述 3 类平流雾出现时,沿海地区 850hPa 和 700hPa 高度上都有暖平流。如果暖平流的厚度很薄,出现平流雾的可能性就较小。静止锋、冷锋前面或低压槽中的偏南风流场有利于暖湿空气的输送,因此往往会有平流雾出现。

在预报平流雾天气时应注意以下 5 点。

(1) 地面天气图上入海变性冷高压西部、入夏太平洋高压脊向西北伸展、江淮气旋、黄河气旋引起的平流雾、西南低压槽、静止锋、冷锋前面或低压槽中的偏南风流场的天气形势。

(2) 700hPa、850hPa 高空图的环流是否有利于地面上上述形势的形成、加强或减弱；能否形成持续层结较稳定的逆温层；

(3) 本场周边的风向风速连续变化是否有利于平流雾输送(3～6m/s)；

(4) 平流雾出现的年变化较明显(春夏多、秋冬少),2—4 月主要出现在南海沿岸,4—6 月主要出现在东、黄、渤海沿岸；7 月份黄、渤海沿岸日变化不明显。

(5) 海上平流雾持续时间长,有时可持续几天。陆上往往是平流辐射雾,即先暖湿平流,后辐射冷却。

7.4.4　锋面雾天气

锋面雾是在两种气团之间的锋面上,由于气团混合而形成的雾。其经常发生在冷、暖空气交界的锋面附近,多出现于地面暖锋前后,随暖锋面一起移动。冷空气位于近地面低空,锋面上的云层降下雨滴遇冷凝结达到过饱和而形成雾。锋面雾分为锋前雾(锋面雾出现在紧靠地面暖锋的前方)和锋后雾(锋面雾出现在紧靠地面冷锋的后方)。

我国的锋面雾往往形成于江淮地区梅雨季节的暖锋前后、江淮准静止锋附近,或华南静止锋活动的地区(见图 7.27 和图 7.28)。锋面附近的雾,常跟随着锋面一起移动。

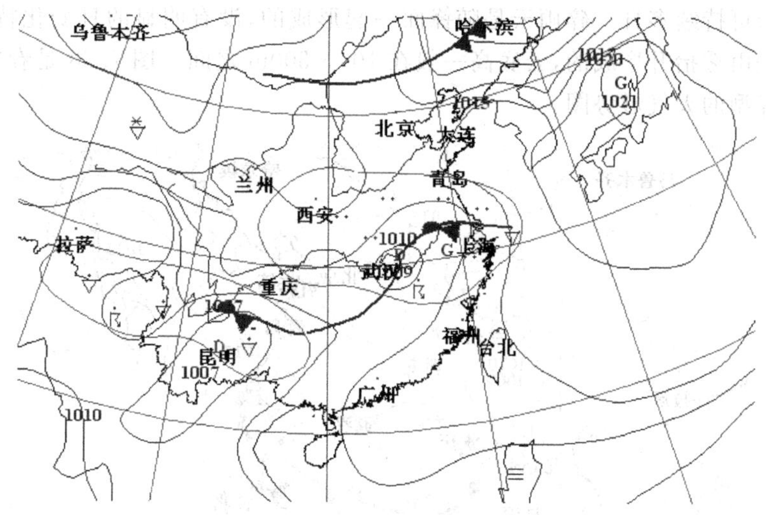

图 7.27 准静止锋型地面形势图(春季、初夏)(单位:hPa)

在预报锋面雾时可以考虑以下几点。

(1) 前期有过降水,或地面空气湿度较大,比如相对湿度在 90%左右或以上,上游地区空气低层潮湿,之前一段时间的温度露点差在 2℃以内,大气稳定度条件好,大气低层出现逆温层,若有冷空气吹来,风势较弱,风速在 5m/s 或以下,空气中的水汽就会容易遇冷凝结形成明显的锋面雾。

(2) 如果受西南暖湿气流和冷空气的共同影响,因地表温度低,水汽极易凝结,易于产生锋面雾。

(3) 锋面雾在锋面天气下形成和维持,并伴有降水;随着冷空气的加强和上下湍流的增强,锋面雾逐渐减弱至消散。

(4) 许多锋面雾多在弱冷锋附近产生,若冷锋较强,则可能出现大降雨及雷暴,难以形成大雾天气。

7.4.5 低云天气

低云是危及飞行安全的危险天气之一,它会影响飞机着陆。在低云遮蔽机场的情况下着陆,如果飞机出云后离地面高度很低,且又未对准跑道,往往来不及修正,容易造成复飞。有时,由于指挥或操作不当,还可能造成飞机与地面障碍物相撞、失速的事故。

对飞行有重要影响的低云通常指云底高度最低的层云、碎雨云、碎层云和碎积云。这些云的云高常常小于 300m(也有大于 300m 的,各地区各季节情况有所不同),而且云量多,形成极为迅速,有时只需要 10~20min 就可布满全天,云下能见度也很差,其对飞机的起飞着陆有很大影响。

按云的形成过程,可将低云划分为锋面低云、平流低云和雾层经过抬升后形成的低云。

在锋面云系中,云高最低、对飞机起飞着陆影响最大的是碎雨云、碎层云和碎积云。碎雨云是随着锋面的出现而形成的。锋下湿度很大,形成高度很低的碎雨云。随着降水的增大和持续时间的增长,云量增多,云高降低,能见度转坏。云高一般小于 300m。当地面锋线远离某地时，降水停止，碎雨云随即消失。机场若处在静止锋的冷空气一侧，云层往往很低，降水和碎雨云可持续多日。碎雨云是随锋面一起形成的，没有明显的日变化特征。层云和碎层云一般是由雾抬升形成的，云底高一般在 100～300m 之间。图 7.28 是春季、初夏季节南岭准静止锋型的天气形势图。

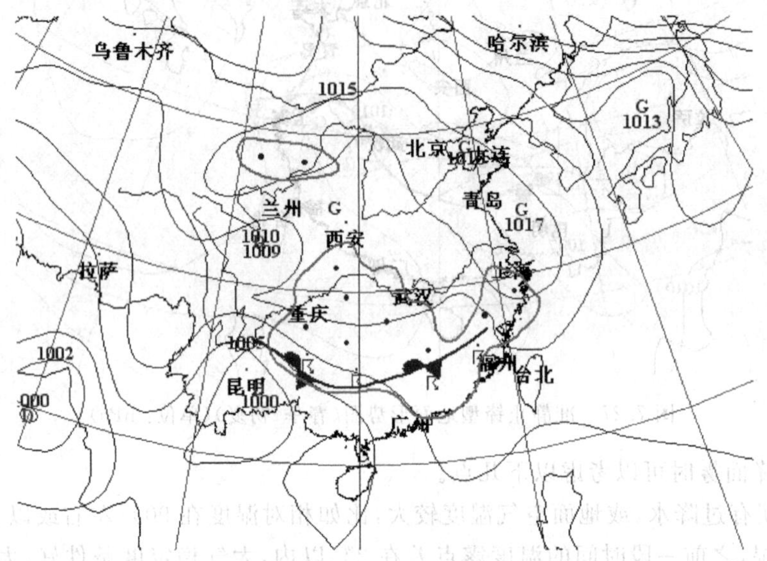

图 7.28　南岭准静止锋型的天气形势图(春季、初夏)(单位：hPa)

暖空气从海上流向陆地的过程中形成的低云称为平流低云。这种低云有的是在海上形成，然后随气流移到陆地上的；有的是在气流登陆后才形成的。平流低云与平流雾的形成过程相类似。形成平流低云很重要的条件是要有稳定的从海上吹向陆地的风，风向和海岸线近于垂直，以使海上的暖湿空气源源不断地流向大陆。这种情况一般出现在入海变性冷高压西部或西南部控制的沿海地区，或海上暖高压的西部或西南部。此外，在陆地上，暖湿空气流经冷的地表面或低云从源地向下风方向扩展，也会形成平流低云。

平流低云多为层积云、层云和碎层云。它们生成消失都很快，一般 20～30min 即可覆盖整个机场。这些云云层较薄，一般云厚只有几百米。层积云的云高多为 600～1 000m，层云、碎层云的云高常在 300m 以下，有时只有几十米。平流低云的日变化明显，绝大多数在夜间形成，中午前后消散，或演变为积云，但有时也可持续数日不散。由于平流低云生成很快，云高又低，对沿海机场的飞行影响很大，如不及时掌握，可能会使空中飞机不能着陆或造成超气象条件着陆。

近地面空气增温后，雾有时会抬升形成云高很低的层云和碎层云。如果雾层和逆温层较薄，雾顶上面的空气湿度小，空气增温后，相对湿度减小，雾滴蒸发，雾就消失了；如果雾层和逆温层厚，近地面的空气增温后，雾层的下部先消失而上部仍然保持，于是雾就变成了层云或碎层云。这种云的云高很低，开始时往往只有几十米，随着气温继续升高，云高升至 100m 至几百米，云的维持时间不长，逆温层完全破坏后，云随即消失。如果空气变得不稳定，水汽又充沛，层云或碎层云可能会转变成积云。

7.4.6 地面大风天气

气象学上把单站测风值达到平均 14m/s 或以上，或瞬间风速达到 18m/s 或以上的天气称为大风天气。我国的大风以春季最多，夏季最少；从大风天气的地区分布来看，北方管制区多于南方管制区。

引起冬季地面大风的天气系统有蒙古、贝加尔湖气旋，黄河气旋，西伯利亚冷高压，热带气旋。根据多年的资料统计，大风类型可划分为以下 3 种：冷锋后偏北大风、南高北低或东高西低型的偏西大风、低压发展型大风。

(1) 冷锋后偏北大风：出现在冷锋后高压前沿气压梯度最大的地方。春季最多，冬季和秋季次之，夏季最少。其出现原因主要是锋后有强冷空气的活动。

(2) 南高北低型西南偏西大风：多出现在春季，以我国东北、华北、华东等地区最为常见。

(3) 低压发展型大风：是指在低压发展加深时，一般在低压周围气压梯度最大地区出现的大风。在我国经常出现大风的低压系统有东北低压、江淮气旋、东海气旋等。

此外，热带气旋也能引起大风。一般的台风风速都在 17m/s 以上，甚至在 60m/s 以上。台风登陆后，降雨中心一天之内可降下 100～300mm 的大暴雨，甚至可达 500～800mm。有时还可能形成风暴潮，即当台风移向陆地时，由于台风强风和低气压的作用，使海水向海岸方向强力堆积，潮位猛涨，海浪似排山倒海般地压向海岸。强台风的风暴潮能使沿海水位上升 5～6m。

本章小结

本章主要介绍了我国航空气候要素(云、风、能见度、雷暴)的分布特点、我国 9 个航空气候分区及各区典型机场的气候特征，以及航空天气预报的一般方法；同时分析了强对流性天气、辐射雾、平流雾、锋面雾、低云、地面大风等典型盛行天气。

复习与思考

1. 我国云量的分布特点是什么？层积云、积雨云和碎雨云的分布特征是什么？
2. 我国盛行风向的季节变化特征是什么？大风的分布有何特点？
3. 我国能见度小于 4km 的时空分布特征是什么？各地区影响能见度变化的因素有哪些？
4. 我国年雷暴日数最多的区域在哪里？雷暴的年变化和日变化有何特征？雷暴分区各有何特点？
5. 我国东北区及主要机场的气候特征是什么？
6. 我国华北区及主要机场的气候特征是什么？
7. 我国江淮区及主要机场的气候特征是什么？
8. 我国江南区及主要机场的气候特征是什么？
9. 我国四川盆地区及主要机场的气候特征是什么？

10. 我国云南区及主要机场的气候特征是什么？
11. 我国内蒙区及主要机场的气候特征是什么？
12. 我国新疆区及主要机场的气候特征是什么？
13. 我国高原区及主要机场的气候特征是什么？
14. 翻译以下地面天气图中的单站填图，并指出哪些天气影响本场飞行。

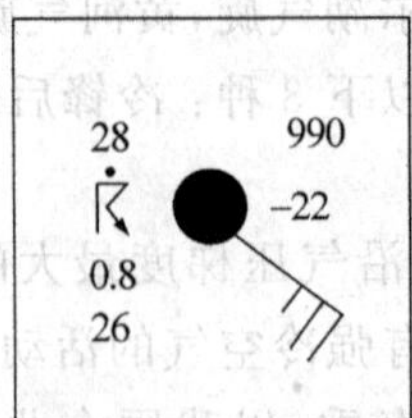

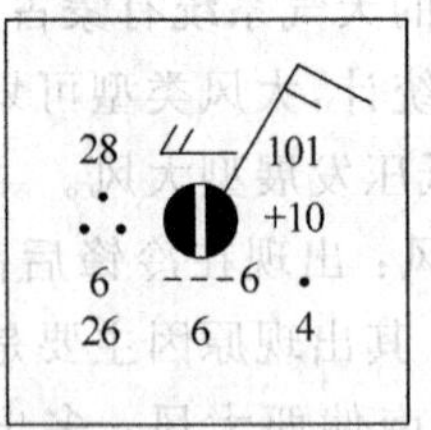

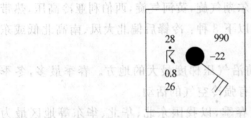

15. 常用的等压面图有哪些？它们对应的海拔高度是多少？
16. 翻译以下空中等压面图上的单站填图。

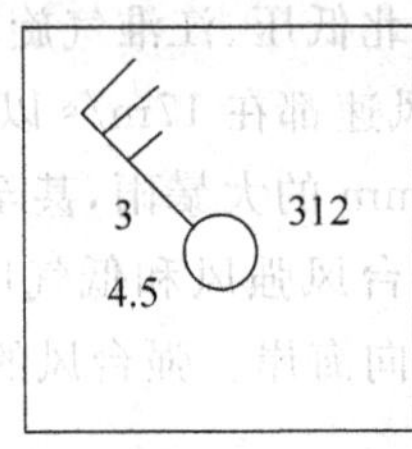

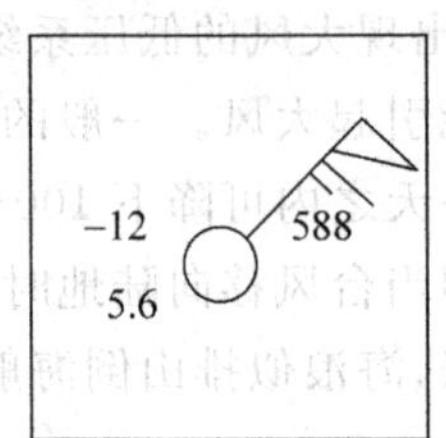

17. 天气预报的方法有哪些？
18. 造成强对流性天气的天气系统有哪些？
19. 预报辐射雾天气时，需要考虑哪些条件？
20. 预报平流雾天气时，需要考虑哪些条件？
21. 什么天气条件会引起锋面雾的发生？
22. 低云天气常在哪些天气形势下形成？
23. 常见的地面大风天气有哪些类型？

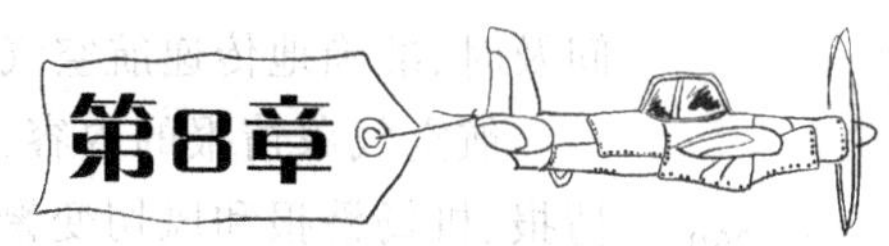

航空气象情报

本章关键词

重要天气预报(significant weather forecast)
航空/机场例行天气报告(METAR)
机场天气预报(TAF)
高空风、高空温度预告图(upper level wind and temperature forecast chart)
重要天气预告图(significant weather forecast chart)
低空飞行的区域预报(GAMET)
飞机报告(PIREP)
低空重要气象情报(AIRMET)
风切变警报(wind shear warning)
航空/机场特殊天气报告(SPECI)
航路天气预报(ROFOR)
火山活动报告(volcanic activity report)
重要气象情报(SIGMET)
机场警报(aerodrome warning)

航空气象情报是与航空活动有关的人员获取气象信息的重要来源,主要包括航空气象探测、航空气象预报、重要气象情报、低空气象情报、机场警报和风切变警报。通过对航空气象情报的释读,可以了解气象要素、天气现象的发生、发展,进一步分析这些信息,还可以据此判断影响飞行活动的天气条件,为飞行计划的制定和飞行活动的开展提供依据。

8.1 航空气象情报概述

8.1.1 航空气象情报系统

航空承运人根据相关要求,建立满足运行控制需求的航空气象情报系统,并持续改进气象情报系统的收集、处理、提供气象信息的能力,以满足不断发展的飞行运行要求。

航空气象情报系统包括收集、分析和使用气象情报所必要的设备,规定气象工作的程序与标准,制定人员的工作职责,并且能够及时、准确和完整地获得运行所必需的气象情报,并对获得的气象情报进行必要的分析,再以适当的形式提供给飞行人员、飞行签派员和其他运行控制人员使用。

航空气象情报系统应能够及时地发现、报告、告警或预报危险天气现象以及对飞行运行的潜在影响,并通告给飞行中的机组,并且保证在适当的地面设施之间、地面设施与飞机之间及时、准确地传递航空气象情报的可靠性。

航空气象情报的内容主要包括航空气象探测、航空气象预报、重要气象情报、低空气象情报、机场警报和风切变警报。其中航空气象探测的内容有：机场地面气象观测和报告、航空器观测和报告、空中气象探测、卫星气象资料，天气雷达资料；航空气象预报的内容有：机场预报、起飞预报、着陆预报、区域预报和航路预报。

8.1.2 增强型气象情报系统的功能和要求

航空承运人增强型气象情报系统建立在现有的航空气象情报系统之上，由政策和系统手册、工作设备和装置、质量保证程序、训练项目、具有资格的预报人员等组成。增强型气象情报系统及其危险天气报告和预报系统需经中国民航局批准。

增强型气象情报系统的基本功能由以下3个方面组成。

(1) 收集、分析和提供天气产品，包括基本的天气产品和补充的天气产品；

(2) 制作与提供适用于飞行运行和运行控制必需的预报产品，包括飞行动态天气预报、危险天气告警以及其他与运行有关的天气告警；

(3) 积累气象资料，有效地分析和评估航空气象情报以及天气变化对目前和未来运行的影响。

增强型气象情报系统包括满足飞行运行的必要的通信系统和数据处理设备，快速、及时、可靠地将决定性的气象信息传递至地面和空中的飞行机组以及其他运行控制人员；航空气象情报系统的工作设备需要有必要的冗余度，以保证该系统能够不间断地工作。

危险天气报告和预报系统是增强型气象情报系统的一部分，其包括收集、识别、预报和发布可能危及飞行运行安全有关天气现象信息的特定程序，该系统应满足以下条件。

(1) 具有可直接获取危险天气情报的来源，能有效监控多种气象源的天气报告，以迅速准确地发现危险天气，并预测对飞行和地面运行安全的影响。

(2) 在发现危险天气与此前预报的程度明显不同时，能够修订此前已发布的预报，并作为飞行签派放行的依据。

(3) 能够及时地向飞行人员、飞行签派员和其他运行控制人员通告危险天气及其潜在的危险。

(4) 能够以航路点或飞行中的飞机位置作为参照说明危险天气的位置及可能的影响。

(5) 在该系统中应当有合格的航空气象预报员或具有预报资格的飞行签派员连续值勤。

(6) 航空承运人的地空通信系统应当满足CCAR 121.97条a款的规定。

增强型气象情报系统应当具有质量保证能力，以及对发现的缺陷进行改进的程序。航空承运人可以单独建立，也可以与其他航空承运人或其他组织共同建立增强型气象情报系统。不论采取何种方式，航空承运人都必须负责编制增强型气象情报系统手册。

(1) 如果增强型气象情报系统由单一的航空承运人建立和使用时，航空承运人可以将增强型气象情报系统手册的内容作为一部分合并到运行手册中。

(2) 如果增强型气象情报系统由一个以上的航空承运人(之中必须有一个是CCAR 121部或CCAR 135部航空营运人)建立和使用时，应明确由哪一个航空承运人负责编制增强型气象情报系统的手册，所有的航空承运人必须在其运行手册中加入该增强型气象情报

系统的内容。

(3) 如果航空承运人通过协议的方式,从经中国民航局批准的增强型气象情报系统中获取航空气象情报时,航空承运人必须在其运行手册中加入所使用的增强型气象情报系统的内容。同时,该航空承运人的运行手册中还必须包含使用经批准的增强型气象情报系统以外来源的气象预报时的特殊限制。

8.1.3 增强型气象情报手册的内容

增强型气象情报系统手册包括对系统结构的描述和系统运行方式的说明。该手册必须包括以下内容。

(1) 设备:主要气象工作场所的位置,设备的使用和操作说明;

(2) 气象情报来源:天气报告来源表,气象预报来源表,使用规定以外的气象服务公司提供的气象情报时的条件和限制;

(3) 人员:有权制作飞行动态天气预报的气象预报员和飞行签派员的合格标准,有权制作飞行动态天气预报的气象预报员和飞行签派员的训练要求,增强型气象情报系统的其他人员要求;

(4) 工作程序:包括获得、分析和传递气象情报的程序,获得飞机报告的程序,危险天气影响运行区域时的评估及工作程序,增强型气象情报系统与运行控制部门的协助关系,正常、不正常和应急程序,制作飞行动态天气预报人员的职责;

(5) 质量保证程序:包括保证增强型气象情报系统的气象报告和预报准确性的程序,检验通信能力的程序,对系统内存在不足的改进程序。保证预报质量不低于中国民航局同类预报产品。

8.2 机场气象观测及报告

8.2.1 地面气象观测

民用航空气象地面观测分为例行观测、特殊观测和事故观测3种。

1. 例行观测

例行观测是指按指定的时间、次数和项目对有关气象要素进行的观测。通常1h观测一次,也可每半小时观测一次。

1) 例行观测的种别

(1) 24h观测:按照国际民航组织亚太地区的规定,参加对外国际交换气象情报的气象服务机构应当实施24h有人值守的观测。即每日00—12(UTC)时每小时一次或每半小时一次的观测。

(2) 不定时观测:本场每周起降少于20架次及没有配备自动观测设备的机场气象服务机构应当实施不定时观测;

(3) 13h观测:除24h和不定时观测外的机场气象服务机构,实施13h有人值守的观测。即每日00—12(UTC)时每小时一次或每半小时一次的观测。

另外，凡配备自动观测设备的机场气象服务机构，应当保证 24h 观测资料的齐全，当无人值守时，应当将自动采集部分的整点资料抄录例行观测簿，并将自动观测设备设置为自动报告(AUTO)状态。

2) 例行观测的项目

(1) 实施 24h、13h 观测的气象服务机构，其观测项目为：云、垂直能见度、主导能见度、跑道视程(RVR)、气象光学视程(MOR)、天气现象、地面风、气压、气温、湿度、最高气温、最低气温、降水量和积雪深度。

(2) 实施不定时观测的气象服务机构，其观测项目为：云、垂直能见度、主导能见度、RVR、MOR、天气现象、地面风、气压、气温和湿度。

2. 特殊观测

特殊观测是用于补充例行观测的观测。其是指在两次例行观测的时间之内，当云、垂直能见度、主导能见度、天气现象、RVR、地面风向和/或风速、气温和/或气压达到规定的标准时而进行的观测。

当某种气象要素达到气象部门与相应的空中交通服务部门、承运人及其他用户协定的发布条件时，应进行特殊观测。

实施特殊观测时，若为人工观测，则观测项目为云、垂直能见度、主导能见度、天气现象、地面风、气压、气温中的一项或多项；若为自动观测，则观测项目为云、垂直能见度、主导能见度、MOR、RVR、天气现象、地面风、气压、气温和湿度。

民用航空机场有关部门根据规定制定用于本机场的特殊天气报告标准和用于本机场外的特殊天气报告标准：当跑道两端运行最低标准不一致时，应当分别制定跑道两端的特殊天气报告标准；当机场运行最低标准或机场助航设施发生变化时，特殊天气报告标准应随之修订。

3. 事故观测

事故观测是指当本场或其附近区域发生飞行等级事故或意外事件后立即进行的观测。其观测项目为：云、垂直能见度、主导能见度、RVR、MOR、天气现象、地面风、气压、气温、湿度、最高气温、最低气温、降水量和积雪深度。

当有关部门提出要求时，事故观测资料应使用明语或电码格式报告。

进行上述气象要素的观测时，应采用表 8.1 中的单位及记录精度。

表 8.1 气象要素的单位和记录精度

气象要素	单位	记录精度
云量	八分单独量制	整数
云高	米(m)	整数
冰雹最大直径	毫米(mm)	整数
冰雹最大重量	克(g)	整数
本站气压	百帕(hPa)	一位小数
场面气压	百帕(hPa)	一位小数
修正海平面气压	百帕(hPa)	一位小数

续表

气象要素	单位	记录精度
气温	摄氏度(℃)	一位小数
露点温度	摄氏度(℃)	一位小数
相对湿度	百分数(%)	整数
风向	度(°)	10°
风速	米/秒(m/s)	整数
降水量	毫米(mm)	一位小数
积雪深度	厘米(cm)	整数
主导能见度	米(m)	整数
垂直能见度	米(m)	整数
RVR	米(m)	整数
MOR	米(m)	整数

8.2.2 空中气象探测

机场气象台根据业务需要,使用天气雷达、大气廓线仪、风切变探测系统和雷电探测仪等设备对空中气象要素和天气现象进行探测。

空中气象探测可分为定时探测、连续探测和不定时探测。机场气象台实施定时探测,其探测时间与地面天气图资料的观测时间相同,并且根据业务工作的需要及设备性能情况,实施连续探测,以及根据飞行任务、气象预报及其他需求,实施不定时探测。

8.2.3 电码格式的机场天气报告

机场天气报告主要由机场例行天气报告(METAR)和机场特殊天气报告(SPECI)组成,其电码格式如下。

$$\left\{\begin{array}{l}\text{METAR}\\ \\ \text{或 SPECI}\end{array}\right. \text{CCCC}\quad \text{YYGGggZ}\quad \text{(AUTO)}\quad dddffGf_mf_m\left\{\begin{array}{l}\text{KMH}\\ \text{或 KT}\\ \text{或 MPS}\end{array}\right. \quad d_nd_nd_nVd_xd_xd_x$$

$$\left\{\begin{array}{l}VVVVD_V\quad V_XV_XV_XV_XD_V\\ \\ \text{或 CAVOK}\end{array}\right. \left\{\begin{array}{l}RD_RD_R/V_RV_RV_RV_Ri\\ \\ \text{或 } RD_RD_R/V_RV_RV_RV_RVV_RV_RV_RV_Ri\end{array}\right. \quad w'w' \left\{\begin{array}{l}N_SN_SN_Sh_Sh_Sh_S\\ \text{或 } VVh_Sh_Sh_S\\ \text{或 SKC}\\ \text{或 NSC}\end{array}\right.$$

$$T'T'/T'_dT'_d\quad QP_HP_HP_HP_H\quad REw'w'\left\{\begin{array}{l}\text{WS RWY}D_RD_R\\ \text{或 WS ALL RWY}\end{array}\right. (WT_ST_S/SS)(R_RR_RE_RC_Re_Re_RB_RB_R)$$

$$\left\{\begin{array}{l}(\text{TTTTT TTGGgg } dddffGf_mf_m\left\{\begin{array}{l}\text{KMH}\\ \text{或 KT}\\ \text{或 MPS}\end{array}\right. \left\{\begin{array}{l}\text{VVVV}\\ \text{或 CAVOK}\end{array}\right. \left\{\begin{array}{l}w'w'\left\{\begin{array}{l}N_SN_SN_Sh_Sh_Sh_S\\ \text{或 } VVh_Sh_Sh_S\\ \text{或 SKC}\\ \text{或 NSC}\end{array}\right.\\ \text{或 NSW}\end{array}\right.\\ \text{或 NOSIG)}\end{array}\right.$$

$$(\text{RMK……})$$

METAR 是机场例行天气报告电码的名称。SPECI 是机场特殊航空天气报告电码的名称。METAR 和 SPECI 报告中可以附加趋势预报。

各电码组包含的字符数量不等，当某一要素或现象未发生时，则该报告中对应的组或其增添部分忽略不报。下面的各小节将给出每组电码的详细说明。带括号的电码组根据不同地区或国家的决定使用。按照各组的详细说明有些组可以重复。

电码型式包含一个趋势预报段，使用变化指示码（TTTTT＝BECMG 或 TEMPO，根据情况而定）或码字 NOSIG 识别。

1．METAR（或 SPECI）组

电码名称 METAR（或 SPECI）须作为单份机场例行天气报告（或机场特殊天气报告）的报头。在 1 份气象公报中，可以由 1 份或多份 METAR 报组成。当某一天气要素变坏伴随着另一天气要素好转（如云层降低而能见度好转）时，必须发布 1 份单独的 SPECI 报告。

机场例行天气报告的更正报报头应用 METAR COR 代替 METAR。机场特殊天气报告的更正报报头应用 SPECI COR 代替 SPECI。

2．CCCC 组

每份独立的报告中发报站必须用国际民航组织（ICAO）规定的地名代号表示。

3．YYGGggZ 组

在 1 份公报中，每份独立的 METAR 报告，必须包括观测的日期和时间（日期、小时和分钟使用 UTC 编报），其后不加空格紧跟着指示码 Z。

每份独立的 SPECI 报告应该包括本组。在报告中，本组表示正在发生变化的时间，该变化决定了 SPECI 报的编发。

4．电码（AUTO）组

在没有人工干预的情况下，由自动观测设备自动生成的天气报告中，应在风组前编报 AUTO 组。如果某要素未被观测到，应编报的组须用适当数量的斜线代替，斜线的数量依据不能报告的特定组的数字符，即根据情况，4 条斜线表示能见度组，2 条表示现在天气组，3 条或 6 条表示云组。

5．$dddffGf_mf_m \begin{cases} \text{KMH} \\ \text{或 KT} \\ \text{或 MPS} \end{cases} d_nd_nd_nVd_xd_xd_x$ 组

观测前 10min 内的平均风向（指风的来向，以度为单位，其个位数用四舍五入化为最接近 10°的整数）和平均风速必须用 dddff 编报，其后不加空格紧跟缩略语 KMH、KT 或 MPS 之一，以指定所报风速的单位。ICAO 标准缩略语 KMH、KT 和 MPS 分别表示 km/h、n mile/h 和 m/s。我国使用 MPS(m/s)。

风向值小于 100°时，其前须加“0”编报，正北风向须编报为“360”。风速值小于 10 个单位时，其前须加“0”编报。可是当该 10min 内包含有风的明显不连续特征时，必须只取不连续出现之后的数据来求得平均风速、最大阵风、平均风向和风向的变化。因此在这种情况下，间隔的时间须相应缩短。

1）明显不连续

明显不连续发生，即风向突然地持续变化30°或以上，风速在变化前或后为20km/h（10kt）；或者，风速变化为20km/h或以上且维持至少2min。

2）编报VRB

当过去10min内平均风向变化不小于60°，小于180°，且平均风速小于2m/s（3kt或6km/h），ddd须以VRB编报。

当风速大于2m/s，过去10min内平均风向变化不小于180°，或者不可能确定单一的风向时，才以VRB编报，例如雷暴经过机场上空。

3）风向变化

在观测前10min内，如果风向变化不小于60°，但小于180°，并且平均风速不小于2m/s（3kt或6km/h），则须将观测到的风向变化范围的两个边界值按顺时针方向编报$d_n d_n d_n V d_x d_x d_x$组。否则本组应忽略。

4）静风

"静风"须编报为00000，其后没有空格，紧跟缩略语KMH、KT或MPS之一，说明所报风速的单位，用于日常风的编报。

5）阵风

在观测前10min内，如果最大阵风风速超过平均风速10kt（5m/s或20km/h）或更多，则这个最大风速后应紧跟dddff后面以$Gf_m f_m$编报，其后不加空格，紧跟缩略语KMH、KT或MPS之一，说明所报风速的单位。否则$Gf_m f_m$应忽略。

6）风速为100个或以上单位时，须用实测风速值编报，代替二字代码ff或$f_m f_m$。当风速为100kt（50m/s或200km/h）或以上时，"ff"和"$f_m f_m$"组前加指示码P，且编报P99KT（P49MPS或P199KMH）。

6. VVVVD_V　$V_X V_X V_X V_X D_V$组

根据ICAO附件5中指定的单位，能见度电码在使用m和km为单位的基础上编报。但按照《地区代码和国家电码手册》第Ⅱ卷中"国家电码规程"指出，部分地区仍然使用里及其分数为单位。

当观测到的水平能见度没有明显方向上的变化时，能见度须编报为VVVV，D_V应忽略。当最小能见度值为5 000m或以上时，除非在各方向上的能见度变化至少是最小能见度的50%，否则不必考虑有明显变化并且不要求指出来。

当水平能见度在各个方向上不相同时，最小能见度须编报为VVVV，其后不加空格，紧跟着用一个或两个字母编报D_V，表示该最小能见度相对于航空气象站位置的大致方向，用八方位盘中的一个方位（如N、NE等）编报。若观测到的最小能见度出现在一个以上方向时，则D_V应代表最影响航空作业运行的方向。

当最小能见度小于1 500m而另一方向的能见度大于5 000m时，应用$V_X V_X V_X V_X D_V$组编报最大能见度的数值和方向。如果观测到一个以上方向的能见度，那么D_V应代表最影响航空运行的方向，否则本组应忽略。

能见度须按如下增量等级编报：①能见度小于800m时，以50m为一个增量编报；②800m≤能见度＜5 000m时，以100m为一个增量编报；③5000m≤能见度＜10km时，以 1 000m 为一个增量编报；④能见度不小于 10km 时，编报 9999(但适用 CAVOK 的条件时除外)。

7. $RD_RD_R/V_RV_RV_RV_Ri$ 或 $RD_RD_R/V_RV_RV_RV_RVV_RV_RV_RV_Ri$ 组

在主导能见度或者正在使用的一条或几条跑道的接地地带的跑道视程<1 500m 时，应编报本组。在跑道视程(RV_R)报告前，应使用指示码 R，其后不加空格，紧跟跑道标号 D_RD_R。当每条可着陆的跑道视程被确定，必须分别编报每条跑道(最多 4 条)的跑道视程值。

编报跑道视程时的每条跑道标号应以指示码 D_RD_R 说明，平行的跑道应该用 D_RD_R 后附加字码 L、C 或 R(分别表示左、中或右平行跑道)以示区分。

观测前 10min 内跑道视程的平均值及其变化趋势 $V_RV_RV_RV_Ri$ 按下列规则编报。

(1) 所编报的跑道视程值，应能代表正在使用的降落跑道(最多 4 条)接地地带的情况；

(2) 观测前 10min 内跑道视程的平均值须编报为 $V_RV_RV_RV_R$，但当该 10min 内跑道视程有明显不连续时(如平流雾突然出现、使天空昏暗的阵雪急速开始或终止)，必须只取不连续出现之后的数据来求得平均的跑道视程值及其变量。因此，这些情况下的时间间隔应相应缩短(跑道视程的明显不连续发生，即跑道视程突然持续变化且维持至少 2min)。

(3) 如果观测前 10min 内跑道视程呈明显上升或下降趋势，以致前 5min 的平均值与后 5min 的平均值相差 100m 或以上时，指示码 i 编报为 U，表示跑道视程值有上升的趋势，i 编报为 D 表示跑道视程值有下降的趋势。若没有观测到跑道视程有明显变化，则 i 编报为 N。当无法确定跑道视程值的变化趋势时，i 忽略不报。

当跑道的 RVR 变化显著，在例行观测时间之前 10min 内的某一分钟的平均极值与 10min 的平均值估计变化大于 50m 或大于平均值的 20%(两者取大)时，则应按照 $RD_RD_R/V_RV_RV_RV_RVV_RV_RV_RV_Ri$ 格式顺序，编报 1min 平均的极小值和极大值，代替 10min 的平均值。

当实际的跑道视程值超出了所用观测系统的测量范围时，按下列方法处理跑道视程的极值。

(1) 当跑道视程超出了所用观测系统能够确定的最大值时，$V_RV_RV_RV_R$ 组前须加指示码 P 编报($PV_RV_RV_RV_R$)，其中 $V_RV_RV_RV_R$ 为能够确定的最大值。

(2) 当跑道视程值小于所用观测系统能够确定的最小值时，$V_RV_RV_RV_R$ 组前须加指示码 M 编报($MV_RV_RV_RV_R$)，其中 $V_RV_RV_RV_R$ 为能够确定的最小值。

跑道视程按以下增量等级编报：①当跑道视程小于 50m 时，编报为 M0050；②当 50m≤跑道视程<400m 时，以 25m 为一个增量；③当 400m≤跑道视程≤800m 时，以 50m 为一个增量；④当 800m<跑道视程≤2 000m 时，以 100m 为一个增量；⑤当跑道视程大于 2 000m 时，编报为 P2000。凡不符合所编报规定的观测值，向下取最接近的增量等级数值编报。

8. w′w′组

用 1 组或几组(但不超过 3 组)w′w′，编报在机场或其附近观测到的影响航空运行的所有现在天气现象。

w′w′组应按下列顺序编报：首先，选择表示强度或临近情况的修饰词，其后不加空格；其次，选择适当的描述简语，其后不加空格；最后，编报所观测的现在天气现象或其组合的简语。

强度必须只用于指示降水(包括阵性降水和/或雷暴,冰晶除外)、高吹尘、高吹沙或高吹雪、尘暴或沙暴。当报告的天气现象强度为中等时,不用指明强度符号;如果在这组报告的天气现象强度为轻微,用"—"表示,若为严重(强),则用"+"表示。且所报告的现在天气现象的强度必须由观测时的强度确定。

如果观测到一种以上的重要天气现象,必须根据4678电码表分别编报为几组w′w′(见表8.2);可是如果观测到几种不同形式的降水,则应用恰当的简语组合成一组,其中首先编报主要降水类型。此组中所编报的降水强度是指降水的总强度,并依此决定是否编报指示码。

表8.2 4678电码表

限定词		天气现象		
强度或接近机场程度 1	描述词 2	降水 3	视程障碍 4	其他 5
—轻微,小 中等强度(无限定词) +强,大(发展完善的尘/沙旋风(尘卷风)和漏斗云) VC在附近	MI浅的 BC散片状的 PR部分的(覆盖部分机场) DR低吹的 BL高吹的 SH阵性的 TS雷暴 FZ冻的(过冷却的)	DZ毛毛雨 RA雨 SN雪 SG米雪 IC冰晶 PL冰粒 GR冰雹 GS小冰雹和/或霰	BR轻雾 FG雾 FU烟 VA火山灰 DU浮尘 SA沙 HZ霾	PO尘/沙旋风(尘卷风) SQ飑 FC漏斗云(陆龙卷/水龙卷) SS沙暴 DS尘暴

只要在发报前10min内听到雷声或探测到机场有闪电,就必须用修饰词TS编报正在发生的雷暴或闪电。TS之后不加空格,使用相关的简语指示任何观测到的降水。机场有雷暴而无降水时仅用TS单独编报。

从第一次听到雷声开始,不管在机场是否观测到闪电或者降水,即应确认为机场有雷暴。最后一次听到雷声而且确认其10min内没有再听到雷声,就认为雷暴已经终止或已移出机场。

修饰词SH用于表示阵性类型的降水。当与简语VC结合编报时,降水的类型和强度不需说明。阵雨由对流云产生,其特征是突然开始和突然停止,并且在降水强度上往往变化大而快。阵雨中的雨滴或固体颗粒一般要比非阵性降水的大。两次阵雨之间,除非积状云之间的空隙被层状云所填充,否则可能观测到天空被打开。

修饰词FZ只用来表示过冷却水滴或过冷却降水。凡是主要由0℃以下的水滴组成的雾,不论是否有雾凇结成,均须编报为冻雾(FZFG)。对于阵性降水,无须说明是否为过冷却降水。

修饰词VC用来表示在机场附近观测到的下列重要天气现象:雷暴(TS)、尘暴(DS)、沙暴(SS)、雾(FG)、漏斗云(FC)、阵性降水(SH)、沙(尘)旋风(PO)、高吹尘(BLDU)、高吹沙(BLSA)、高吹雪(BLSN)和火山灰(VA)。简语VCFG可用于编报在机场附近观测到的任何类型的雾。

仅当在机场周围附近8km的范围内(但不在机场)观测到上述天气现象时,应使用VC

编报。

只有当观测到最大冰雹的直径≥5mm 时，必须用简语 SHGR 编报。而小的冰雹(雹块直径<5mm)和/或霰(雪丸)应用简语 SHGS 编报。

简语 IC 用于表示冰晶现象(钻石尘)。对于 w′w′编报为 IC 时，能见度一定是由于该天气现象而降低到 5 000m 或以下。

简语 FU、DU、HZ、SA 和 VA 用于表示由大气尘粒引起的视程障碍，当 w′w′编报为 FU、DU、HZ 和 SA 时，能见度应是由于该天气现象降至 5 000m 或以下。

简语 BR 应用于视程障碍由水滴或冰晶引起。当 w′w′编报为 BR 时，1000m≤能见度≤5 000m。

简语 FG 应用于视程障碍由水滴或冰晶(雾或冰雾)引起。当 w′w′编报为 FG，能见度须小于 1 000m，且不使用修饰词 MI、BC 或 VC。

当 w′w′编报为 MIFG 时，距地面 2m 高处的能见度应不小于 1 000m，而雾层中的可视能见度应小于 1 000m。

简语 BCFG 用于编报碎雾，简语 PRFG 用于编报覆盖部分机场的雾。在碎雾或雾堤中的可视能见度应小于 1 000m，雾扩展到地面以上至少 2m。虽然只能在机场部分地区能见度达到 1 000m 或以上时使用 BCFG 编报。但当雾靠近观测点时，最低能见度小于 1 000m，可编报为 $VVVVD_V$。

当观测到的风速急剧增大了至少 16kt(32km/h、8m/s)，风速达到 22kt(44km/h、11m/s)或以上，且至少维持 1min 时，则必须使用简语 SQ 编报飑。

9. $N_SN_SN_Sh_Sh_Sh_S$ 或 $VVh_Sh_Sh_S$ 或 SKC 或 NSC

1) 云量和云高组 $N_SN_SN_Sh_Sh_Sh_S$

云量 $N_SN_SN_S$ 须用三字码的简语 FEW、SCT、BKN 和 OVC 编报，分别为少云(1～2 个八分量)、疏云(3～4 个八分量)、多云(5～7 个八分量)和阴天(8 个八分量)，其后不加空格，紧接云底高度 $h_Sh_Sh_S$编报。如果天空无云，垂直能见度不受限制，简语 CAVOK 不合适，必须用简语 SKC。如果编报 SKC，但能见度受天气现象 FG、SS、DS、BR、FU、HZ、DU、IC 和 SA 的限制，则垂直能见度不用编报。如果在 1 500m(5 000ft)以下或最高扇区的最低安全高度(以高的为准)以下无云，没有积雨云，垂直能见度不受限制，并且简语“CAVOK”和“SKC”都不适用时，则必须用简语“NSC”。

云组可重复编报不同的云层或云块。一般不超过 3 组，除非观测到一定要编报的强对流云(积雨云 CB 和浓积云 TCU)。

编报的云层或云块应按下列规定编报：第 1 组：任何云量的最低独立云层(块)，编报为 FEW、SCT、BKN 和 OVC；第 2 组：云覆盖超过 2 个八分量的次高独立云层(块)，编报为 SCT、BKN 或 OVC；第 3 组：云覆盖超过 4 个八分量的更高独立云层(块)，编报为 BKN、OVC。附加组：当观测到强对流云(CB 或 TCU)，且在未编入上述 3 组中时，应加报本组。这些组应按云高从低到高的次序编报。

云层(块)的云底高度在 $h_Sh_Sh_S$中应以 30m(100ft)为增量编报，直到 3 000m(10 000ft)；在 3 000m 以上，应以 300m(1 000ft)为增量编报。在高山站，当云底高度低于测站时，云组应编报为 $N_SN_SN_S$///。

除强对流云外，其他云不需说明云状。当观测到强对流云时，必须在云组之后不加空格，附加简语 CB(积雨云)或 TCU(垂直发展旺盛的浓积云)。

当某一云层系由云底相同的积雨云和塔状积云组成时，则云状只编报 CB，云量按 CB 和 TCU 的总和编报。当 CB 或 TCU 与其他云的云底高度相同时，则 CB 或 TCU 单独发报，其他云组按规定编报。

当天空只有微量(不足1个八分量)CB 或 TCU 时，编报 $FEWh_sh_sh_sCB$ 或 $FEWh_sh_sh_sTCU$；只有其他微量云时，编报 SKC。

2) 垂直能见度组 $VVh_sh_sh_s$

当天空被遮蔽而有垂直能见度的情报时，应编报本组，其中 $h_sh_sh_s$ 为垂直能见度，以30m(100ft)为一个增量等级。若没有垂直能见度情报，则本组编报为 VV///。

10. CAVOK

在观测时间内当同时出现下列情况时，报告中必须编报简语 CAVOK 来代替规则视程障碍、天气现象和云组。

(1) 能见度：10km 或以上；

(2) 1 500m(5 000ft)或者最高扇区的最低安全高度(以高的为准)以下无云，而且天空没有积雨云；

(3) 无重要天气现象。

在 ICAO 的“航行服务规程使用”(ICAO PANS-OPS)的第一部分“定义”中，最高扇区的最低安全高度的定义为：在紧急情况下可以使用的最低高度，即提供一个以航空导航无线电台为中心、46km(25mile)为半径的圆内的扇区里高出所有物体 300m(1 000ft)以上的净空区。

11. $T'T'/T_d'T_d'$组

气温和露点温度应四舍五入化成最接近的整数摄氏度，用 $T'T'/T_d'T_d'$编报，观测值中的0.5℃向上取整成整度数。化整后的气温和露点温度值在−9～+9℃之间时，应在该值前加0编报，例如：+9℃应编报为09。低于0℃的温度前应加字码 M 表示。例如：−9℃编报为 M09，−0.5℃编报为 M00。

12. $QP_HP_HP_HP_H$组

观测到的 QNH 值取整百帕数(小数舍去)，用 $P_HP_HP_HP_H$表示，并在其前(不加空格)加字码 Q 编报。如果 QNH 值小于1 000hPa，其前应加0编报。例如：QNH=995.6，应编报为 Q0995。

国际民航组织附件5中规定的气压单位为百帕(hPa)。当指示码 Q 后的第一个数字为0或1时，则表示该 QNH 值是用百帕(hPa)为单位编报的。根据国家规定或有关部门需要，英寸汞柱也可作为 QNH 的单位使用，这时，该组前面的指示字码应用 A 代替 Q，接着编报英寸汞柱数，小数点忽略。例如，QNH 为29.91inHg 时编报为 A2991；QNH 为30.27inHg 时编报为 A3027。当 QNH 使用英寸汞柱为单位编报时，指示码 A 后面的第一个数字只能是2或3中的一个数。

13．补充报告 REw'w' $\begin{cases} \text{WS RWYD}_R\text{D}_R \\ (\text{WT}_S\text{T}_S/\text{SS})(\text{R}_R\text{R}_R\text{E}_R\text{C}_R\text{e}_R\text{e}_R\text{B}_R\text{B}_R) \\ \text{或 WS ALL RWY} \end{cases}$ 组

1）REw'w'

对国际上的传播，补充报告段仅用来编报影响航空作业的近时天气现象和低层大气中的风切变的情报。根据地区航空协议，应编报海平面温度和海面状况。同样，根据地区航空协议，还应编报跑道的情况。

根据规定，本组可报 3 组近时天气。如果在上次例行报告后或过去 1h 到本次观测之前的时段（取时间较短的为准）内观测到下列天气现象（但不指出近时天气现象的强度），应使用指示码 RE，其后不加空格，选用适当的简语编报。

（1）冻雨（雨凇）；

（2）中或大的毛毛雨、雨或雪；

（3）中或大的：冰粒（冰丸）、雹、小雹和（或）霰（雪丸）；

（4）中或大的高吹雪（包括雪暴）；

（5）沙暴或尘暴；

（6）雷暴；

（7）龙卷云（陆龙卷或水龙卷）；

（8）火山灰。

2）低层大气中的风切变 $\begin{cases} \text{WS RWYD}_R\text{D}_R \\ \text{或 WS ALL RWY} \end{cases}$

沿着起飞航道或进近航道，在一条跑道面至 500m（1 600ft）之间存在着严重影响航空作业的风切变，只要可能，应随时使用 WS RWYD_RD_R 组编报；如果风切变影响机场全部跑道的起飞航道或进近航道，应使用 WS ALL RWY 编报。

3）海平面温度和海面状况 $\text{WT}_S\text{T}_S/\text{SS}'$

根据地区协议，海平面温度编报规则与温度编报规则相同，海面状况按照电码表 3700 编报（略）。

4）跑道状况 $\text{R}_R\text{R}_R\text{E}_R\text{C}_R\text{e}_R\text{e}_R\text{B}_R\text{B}_R$

在地区航空协议条件下，应当包括由机场当局提供的有关跑道状况的信息。根据相关的 IACO 地区航空规划，跑道指示码 R_RR_R 必须编报，跑道堆积物 E_R、跑道污染范围 C_R、堆积物厚度 e_Re_R 以及摩擦系数/刹车效应 B_RB_R 应根据电码表 0919、0519、1079（见第 9 章）分别表示出。当机场由于大雪特别厚造成关闭时，跑道组的状况使用缩写简语“SNOCLO”代替。如果机场的一条或所有跑道上不再存在污染，编报“CLRD//”。

14．趋势预报

当趋势预报包括在 METAR 或 SPECI 报告中时，必须用电码型式编报。

按照重要变化发布标准的要求，当一项或几项观测要素——风、水平能见度、现在天气、云或垂直能见度预计将变化时，TTTTT 应选用一个变化指示码 BECMG 或 TEMPO 编报。如果可能，应选择与当地最低飞行条件相一致的值来表示变化。

在时间组 GGgg 之前(不加空格)选择适当的指示码 TT=FM(从……),TL(直到……)或 AT(在……)编报 TTGGggZ 组,用来表示预报变化的开始(FM)或结束(TL),或者重要预报情况的预计出现时间(AT)。

1) BECMG

变化指示码 BECMG 用于描述以规则或不规则的速度达到或超过特定的临界标准的气象情况的预期变化。

气象情况变化达到或超过对趋势预报规定的临界标准,按以下方法编报。

(1) 当所预报的变化开始和结束都发生在趋势预报时段之内时,先编报变化指示码 BECMG,再编报缩略简语 FM 和 TL 以及与它们分别相联系的时间组,以表示变化的开始和结束时间;

(2) 当所预报的变化出现在趋势预报时段的起始时间,但在趋势预报时段的终止时间之前结束时:先编报变化指示码 BECMG,再编报简语 TL 以及与之相关系的时间组(简语 FM 及其时间组忽略),以表示变化的结束时间(如 BECMG TL1100);

(3) 当所预报的变化在趋势预报时段之内开始,而在趋势预报时段的终止时间结束时:先编报 BECMG,再编报简语 FM 以及与之相关系的时间组(简语 TL 及其时间组忽略),以表示变化的开始时间(如 BECMG FM1100);

(4) 当有可能时,指明趋势预报时段内发生变化的具体时刻时:应先编报 BECMG,再编报简语 AT 以及与之相联系的时间组,以表示变化的时间(如 BECMG AT1100);

(5) 当所预报的变化发生在世界协调时(UTC)的午夜时,时间应按如下编报:

① 与 FM 和 AT 相联系的,用 0000 编报;

② 与 TL 相联系的,用 2400 编报。

当所预报的变化的起、止时间与趋势预报时段的起、止时间相同,或者所预报的变化的起、止时间都在趋势预报时段内,但变化的具体时间不能确定时(可能发生在趋势预报时段开始后不久,或者发生在趋势预报时段的中间,或者接近结束的时间),上述变化只编报变化指示码 BECMG 表示(简语 FM、TL 和 AT 及其时间组均忽略)。

2) TEMPO

变化指示码 TEMPO 用于描述预计气象情况达到或超过指定的临界标准的短暂波动,并且每次波动时段应不超过 1h,而其总共所占时间应不超过预计要发生波动的预报时段的一半。

气象情况短暂波动达到或超过指定临界标准的编报方法如下。

(1) 当所预报的短暂波动的开始和结束都发生在趋势预报时段之内时:先编报变化指示码 TEMPO,再分别编报简语 FM 和 TL 以及与之相联系的时间组,以表示波动的开始和结束时间。

(2) 当所预报的短暂波动从趋势预报时段的起始时间开始发生,但在趋势预报时段的终止时间之前结束时:先编报变化指示码 TEMPO,再编报简语 TL 以及与之相联系的时间组(简语 FM 及其时间组可忽略),以表示波动的结束时间。

(3) 当所预报的短暂波动在趋势预报时段内开始,而结束于趋预报时段的终止时间时:先编报 TEMPO,再编报简语 FM 以及之相联系的时间组(简语 TL 及其时间组可忽略),以表示波动的开始时间(如 TEMPO FM1030)。

当所预报的气象情况短暂波动的起、止时间与趋势预报时段的起、止相同时，只编报变化指示码 TEMPO(FM、TL 及其时间组均忽略)。

在 TTTTT(TTGGgg)组之后，只编报预报有显著变化的要素组，但若云有显著变化，所有的云组(包括预计没有变化的重要云层(块))均须编报。当观测要素风、水平能见度、现在天气、云或垂直能见度中没有一个会发生符合编报要求的显著变化时，可用简语 NOSIG(无显著变化)编报，表示气象情况没有达到或超过指定的临界标准。

表示天空变化为碧空，须用简语 SKC(碧空)代替云组或垂直能见度组。当预计 1 500m(5 000ft)或最高扇区的最低飞行安全高度(两者取大)以下无云，并且整个天空没有积雨云，且使用 CAVOK 或 SKC 不恰当时，可用简语 NSC 表示。

下列天气现象的开始、结束或强度的变化时应编报重要天气预报 w′w′：

① 冻雨(雨凇)；
② 冻雾(雾凇)；
③ 中或大的降水(包括阵性)；
④ 低吹沙、低吹尘、低吹雪；
⑤ 高吹雪、高吹尘、高吹沙(包括雪暴)；
⑥ 尘暴；
⑦ 沙暴；
⑧ 雷暴(可伴有降水或没有降水)；
⑨ 飑线；
⑩ 龙卷云(陆龙卷或水龙卷)；
⑩ 预计引起能见度重大变化的其他天气现象。

为表示重要天气现象 w′w′的结束，应用简语 NSW(无重要天气现象)代替 w′w′。

15. (RMK……)(注释)组

RMK 指示码表示信息段的开始，包括内部决定和不必在国际上传递的情报。

16. 举例

例 1：METAR ZBAA 222200Z VRB02MPS 0600 R36R/0700V0900U FG VV/// 27/26 Q1002＝

北京首都机场日常报，22 日 22 时(世界时)，观测前 10min 平均风向不定，平均风速 2m/s，有效能见度 600m，雾，36 号右跑道视程变化显著，1min 平均极小值 700m，1min 平均极大值 900m，有上升趋势，天空垂直能见度不明，温度 27℃，露点 26℃，修正海平面气压 1 002hPa。

例 2：METAR ZBAA 090800Z 20008G14MPS 9999 -VCRA SCT020TCU BKN070 OVC100 25/24 Q0999 RERA＝

北京首都机场日常报，9 日 08 时(世界时)，观测前 10min 平均风向 200°，平均风速 8m/s，最大阵风 14m/s，观测时有效能见度 10 000m，机场附近有小雨(但机场内没有雨)，浓积云疏云 600m，多云 2 100m，阴天 3 000m，温度 25℃，露点 24℃，修正海平面气压 999hPa，观测前机场内有雨。

例 3：SPECI ZGGG　180320Z　0800　＋TSRA　OVC030 (CB)＝

广州白云机场特殊报告，18 日 03 时 20 分（世界时），能见度为 800m，有强雷阵雨，8 个八分量的积雨云，云底高 900m。

8.2.4　缩写明语形式的机场天气报告

日常航空天气报告（MET REPORT）和特殊航空天气报告（SPECIAL）的缩写明语格式。

MET REPORT 或 SPECIAL	CCCC	YYGGggZ	ddd/ff	VIS	RVR	w′w′
报告名称	站名	报告时间	地面风向风速	能见度	跑道视程	现在天气

$N_SN_SN_Sh_Sh_Sh_S$	$T'T'/T'_dT'_d$	$QP_HP_HP_HP_H$	（RMK……）
云	气温和露点	气压	补充信息

1. 报告名称

MET REPORT 是本机场使用的日常航空天气报告的报头，SPECIAL 是本机场使用的特殊航空天气报告的报头，主要用于航空器的进场和离场。

2. 站名

国际民航组织（ICAO）规定的地名代号表示。

3. 报告时间

报告时间包括观测日期和时间（日期、小时和分钟使用 UTC 编报），其后不加空格紧跟着指示码 Z。

4. 风向、风速

在缩写明语报告中，地面风风向取正为最接近的真方向 10°的 3 位数字，例如 277°应报“280”；风向后紧接“/”和风速。风速单位应为 km/h 或 kt，在书写式的电报中应予以表明。如“180/32KMH”表示风向 180°，风速 32km/h。

当报告离平均风速的风速变差时，风向变差的两个极端方向，应以度数报出。例如“VRB BTN 350/ AND 050/”。当报告离平均风速的风速变差时，应以“MAX70 MNM20”或“MAX35 MNM10”的格式，以 km/h 或 kt 报告风速达到的最大值和最小值。

当风速小于 2km/h(1kt)时，应用术语“CALM”（静稳）来报。供起飞的报告中，6km/h (3kt)或以下的微风变差应按“VRB BTN 350/AND 050/6KMH”（或“VRB TN 350/AND 050/3KT”）（风向多变在 350°～50°之间，风速 6km/h 或 3kt）的格式来表示。

在其他一些不可能报出平均风向的报告中，用术语“VRB”（风向多变）来表示，如在微风情况（6km/h(3kt)或以下）下，或者在大风速，例如雷暴经过机场上空的情况下，风向变化应以“VRB6KMH”（风向多变，风速 6km/h）或“VRB3KT”（风向多变，风速 3kt）的格式。

5. 能见度 VIS

在缩写明语报告中，应报出要素的名称，并明确说明能见度使用的单位。当能见度小于500m时，应以50m为一级，用“VIS350M”(能见度350m)的格式来表示；当500m≤能见度<5km时，则以100m为一级；在5km≤能见度<10km时，则以1km为一级，用“VIS7KM”(能见度7km)的格式来表示；当能见度不小于10km时应编报10km，但适用CAVOK的条件时除外。

当能见度在不同方向不一致，同时在一个或和个方向上能见度比最低能见度高出50%以上时应报告最低能见度，并以罗盘上8个方位中的一个注明相对于气象站的大概方向，如“VIS 1200M TO S”(南方能见度1 200m)。如在一个以上方向上观测到最低能见度，那么应报对飞行关系最大的方向。

当最低能见度小于1 500m而另一方向又是大于5 000m时，应报告能见度方向的变差，如“VIS 1200M TO S 6KM TO W”(南方能见度1 200m，西方能见度6km)。在一个以上方向观测到能见度变差的地方，那么应报告对飞行关系最大的方向。当能见度起伏很快，而不能给出重要的方向性变化时，最低能见度还是应该报出，但不注明方向。

6. 跑道视程 RVR

在缩写明语报告中，跑道视程名称应用缩写形式“RVR”，并包括所使用的单位，如“RVR 400M”(跑道视程400m)。

当跑道视程在所使用的系统能确定的最大值以上时，应以“RVR ABV 1200M”(跑道视程大于1 200m)的格式来报告，这里的1200就是该系统所能确定的最大值。当跑道视程低于所使用的系统所能确定的最小值以下时，应以“RVR BLW 150M”(跑道视程小于150m)的格式来报告，这里的150就是该系统所能确定的最低值。

如跑道视程是沿跑道，离入口300m处观测的，在报告中列入时，不需注明位置。如果跑道视程是在沿跑道不止一个位置上观测的，应首先报出代表接地地带的值，随后是代表中点的和停止端的值。这些值所代表的位置应注明如“TDZ(接地地带)”、“MID”(中点)、“END”(停止端)，如“RVR RWY16 TDZ 600M MID 500M END 400M”(跑道视程16号跑道的接地地带600m、中点500m、停止端400m)。

当使用的跑道不止一条，应报出每条跑道的有效跑道视程值，并应注明该值所指的跑道，如“RWY26 RVR 500M RWY20 RVR 800M”(26号跑道的跑道视程500m，20号跑道的跑道视程800m)；如使用的跑道不止一条，但跑道视程只对一条跑道可用，应以“RWY20 RVR 500M”(20号跑道的跑道视程500m)的格式报告。

如有几条跑道可供着陆用时，所有的这种跑道的接地地带的跑道视程都应报出，并注明与该值相关的跑道，以“RWY26 RVR 500M RWY20 RVR 800M”(26号跑道的跑道视程500m，20号跑道的跑道视程800m)的格式报告。

如果跑道视程的资料是用仪器来确定时，报告的跑道视程应是紧接观测前10min期间的平均值；如果在10min期间跑道视程出现一种明显的趋势，以致第2个5min期间的平均值比第1个5min期间的平均值变化了100m或更多时，应注明。当这种跑道视程变差显示出上升或下降的趋势时，应以“RWY12 RVR 200M / U”(12号跑道的跑道视程200m/上

升)的格式,用缩写"U"(上升)或"D"(下降)注明。当10min期间实际起伏没有显示出明显的趋势时,应用简语"N"(无)来报告。当没有趋势的象征时,就不需要用前述一些简语。假如10min期间的1min平均跑道视程值在紧接观测前的1min内变得离平均值50m以上或离平均值20%以上时,则无论哪个值大,应报1min平均最小值和1min平均最大值,以代替10min平均值,并以"RWY26 RVR MNM 700M MAX 1200M"(26号跑道的跑道视程最小700m,最大1 200m)的格式报告。假如在10min期间,紧接观测的一段时间内,跑道视程值出现明显的不连续,那么就用那些不连续后的数值来求取平均值和变差值。

7. 现在天气

缩写明语的报告中,用一个或两个,最多三个现在天气现象的简语,必要时加以合适的特征或强度或接近机场的说明,以对在机场或在附近的对飞行有重要意义的现在天气有一个完整的描述。

描写强度的缩写明语如下:"FBL"表示"轻/小";"MOD"表示"中";"HVY"表示"重/大"。强度描述仅用于降水、阵性降水和雷暴、高吹雪、高吹沙、高吹尘、尘暴、沙暴和漏斗云。简语"VC"表示附近,即不在机场,但不超过大约8km;并且仅用于尘暴、沙暴、雾、漏斗云、阵性降水、尘卷风(PO)、高吹尘、高吹沙和高吹雪。如"HVY TSRA"(强雷雨),"VCFG"(机场附近有雾);如果观测到两种不同类型的天气时,应分两组来报,"HVY DZ FG"(大的毛毛雨和雾),"FBL DZ VC FG"(小毛毛雨、机场附近有雾),这里的强度或临近指示语就是涉及随后的天气现象;观测时存在几种不同类型的降水合成一组来报,主要的降水型在前,并且只用一个涉及总的降水强度的强度定语放在前面,如"HVY TSRASN"(强雷暴伴雨夹雪)或"FBL SNRA FG"(小雪加雨伴雾)。

8. 云

云量与云高的缩写明语的编报与电码格式基本相同。当天空不明而能提供垂直能见度时,应以"VER VIS"的格式报告,后面紧接垂直能见度的值和使用的单位。

云底高度应以30m(100ft)为一级报告,直到3 000m(10 000ft),再加上所用的单位,以"300M"或"1000FT"的格式报告;在3 000m(10 000ft)以上,则以300m(1 000ft)为一级。

当云底散乱或破碎或起伏迅速时,应报云或碎云的最低高度,并附以"DIF"(散乱)或"RAG"(破碎)或"FLUC"(有起伏)等有关简语。

9. 气温和露点

在缩写的明语报告中,气温以"T"表示;露点温度以"DP"表示。如"T21DP8"(气温21℃,露点8℃)。0℃以下的温度,应在其值的前面加"MS"(负)。

10. 气压

"QNH"表示修正海平面气压;"QFE"表示场面气压;"QNE"表示标准海平面气压。

11. 补充信息

补充信息主要反映那些在进近和爬升区域中出现的雷暴、颠簸、风切变、积冰等情况。

如“SURFACE WIND 320/20KMH WIND AT 60M 360/50KMH IN APCH”(地面风 320° 20km/h,在进近地带 60m 上空的风 360° 50km/h)、“MOD TURB AND ICE INC IN CLIMB-OUT”(在爬升区域内云中中度颠簸和积冰)、“WS TKOF (AND/OR LDG) RWY12”(风切变在 12 号跑道起飞和/或着陆区域)。

12. 举例

例 1：MET REPORT ZSSS 050700Z 170/20KMH VIS 1000M HVY TSRA BKN(CB) 900M OVC1200M T28DP25 QNH0999＝

译文：上海虹桥机场日常航空天气预报,观测时间 05 日 07 时(世界时),风向 170°,风速 20km/h,能见度 1 000m,强雷雨,5～7 个积雨云,云底高 900m,1 200m 高度阴天,气温 28℃,露点温度 25℃,修正海平面气压 999hPa。

例 2：MET REPORT ZSPD 121900Z 135/10KMH VIS 800M RWY34 RVR 500M FG＝

译文：上海浦东机场日常航空天气预报,观测时间 12 日 19 时(世界时),风向 135°,风速 10km/h,能见度 800m,34 号跑道视程 500m,有雾。

例 3：SPECIAL REPORT ZLLL 190550Z 290/35KMH VIS 400M HVY SS＝

译文：兰州机场特殊报告,19 日 05 时 50 分(世界时),风向 290°,风速 35km/h,能见度 400m,有严重沙暴。

8.3 航空天气预报

8.3.1 机场预报的电码格式和内容

机场预报的电码格式与机场天气报告的格式类似,具体如下：

TAF CCCC YYGGggZ $Y_1Y_1G_1G_1G_2G_2$ $dddffGf_mf_m$ {KMH 或 KT 或 MPS}

{ VVVV { w′w′ 或 NSW } { $N_sN_sN_sh_sh_sh_s$ 或 $VVh_sh_sh_s$ 或 SKC 或 NSC } 或 CAVOK }　$PROBC_2C_2$　GGG_eG_e

{ TTTTT GGG_eG_e 或 TTGGgg }　(TXT_FT_F/G_FG_FZ　TNT_FT_F/G_FG_FZ)

TAF 是航站预报电码的名称。由于气象要素在时间和空间上的多变性、预报技术的不足,以及某些气象要素定义的局限性,预报中所报各要素的具体数值,应理解为在该预报时段内该要素的最大可能值。同样,预报中所报某要素的出现或变化时间,应理解为最大可能发生时间。带括号的各组按照地区航空协议编报。

1. TAF 报概述

电码名称 TAF 用作单份航站预报电报的报头。在包含 1 份或多份航站预报的气象公报中，电码名称 TAF 必须编报在气象公报报文的开头。

每份航站预报都必须包括 YYGGggZ 组，其编报预报的起始日期和时间。

1 份预报的内容必须至少包括风、能见度、天气现象以及云或垂直能见度的状况。

预报必须覆盖 $Y_1Y_1G_1G_1$ 至 G_2G_2 期间的整个时段，可用时间指示组 TTGGgg（编报成 FMGGgg 形式）将整个预报时段分为两个或几个独立部分。对主要气象状况完整的预报描述应放在 1 份预报的开头或每个独立部分（用 FMGGgg 表示）的开头。若预计某些要素将在预报时段内或某个独立部分时段内有显著的变化，在对变化前主要气象状况预报完整的描述之后，应加编一个或几个变化组 $TTTTTGGG_eG_e$。

w′w′组和/或 $N_SN_SN_Sh_Sh_Sh_S$ 组或 $VV_hS_hS_hS$ 组在相关要素预计不会出现或无影响时忽略不报。如果预计某些要素与变化前所报的预报值没有重大差别，则这些要素在变化组 $TTTTTGGG_eG_e$ 之后忽略不报。但是，在能见度显著减小时，造成能见度恶化的天气现象仍须编报；在云有显著变化时，所有云组（包括预计没有变化的重要云层或云块）都必须编报。

2. CCCC 组

必须使用国际民航组织（IACO）规定的地名代号。在 1 份 TAF 公报中相同的预报适用于几个机场时，必须对涉及的每个机场发布单独的预报。在每份预报的前缀只使用一个指示码 CCCC。

3. $dddffGf_mf_m$ {KMH 或 KT 或 MPS} 组

预报的平均风向和平均风速必须用 dddff 表示。其后不加空格，视情况选报指示简语 KMH、KT 或 MPS。

一般来说，只有当平均风速不大于 3kt（2m/s 或 6km/h）时 ddd 应编报为简语 VRB。风速较大时风向多变，仅仅在无法预报某个单一风向的时候，才必须编报 VRB，比如雷暴时。

当所预报的最大风速将超过平均风速达 10kt（5m/s 或 20km/h）或以上时，应紧跟 dddff 组之后加报 Gf_mf_m，以表示最大风速。在变化组之后再编报风时，根据此标准判定 Gf_mf_m 组是否编报。

4. VVVV 组

当预报不同方向的水平能见度不同时，应编报最小的水平能见度 VVVV。

5. {w′w′ 或 NSW} 组

该组与机场报告相应部分使用一样的相应的简语，其所包含预报的重要天气。w′w′必须严格地说明下列正在发生的天气现象：冻雨（雨凇）、冻雾（雾凇）、中或大的降水（包括阵性的)、低吹尘、低吹沙或低吹雪、高吹尘、高吹沙或高吹雪(包括雪暴)、尘暴、沙暴、雷暴(带或不带降水的)、飑线、龙卷云(陆龙卷或海龙卷)、预计会引起能见度显著变化的其他天气现象。

表示重要天气现象 w′w′的结束,应用简语 NSW(无重要天气现象)取代 w′w′组。

6. $N_sN_sN_sh_sh_sh_s$
或 $VVh_sh_sh_s$ 组
或 SKC
或 NSC

云组 $N_sN_sN_sh_sh_sh_s$应使用简语 FEW、SCT、BKN 和 OVC 编报,分别表示少云(1~2个八分量)、疏云(3~4 个八分量)、多云(5~7 个八分量)和阴天(8 个八分量),其后不加空格紧跟着编报云底高度 $h_sh_sh_s$。

在任一云组中,$N_sN_sN_s$必须编报预报员预期在 $h_sh_sh_s$高度上出现的总云量。

云组重复编报表示不同云层或云块的预报,不能超过 3 组,除非预报有必须编报的积雨云组。

预报的云层或云块应按下列要求选择编报。

第 1 组:任何云量的最低单独云层(块),编报为 FEW、SCT、BKN 或 OVC;

第 2 组:云覆盖超过 2 个八分量的次高单独云层(块),编报为 SCT、BKN 或 OVC;

第 3 组:云覆盖超过 4 个八分量的更高单独云层(块),编报为 BKN 或 OVC;

附加组:当预报有积雨云(CB),且未在上述 3 组中编报时,须编报本组。这些组应按从低到高的次序编报。

预报云层(块)的云底高度 $h_sh_sh_s$,应以 30m(100ft)为一个单位编报。除积雨云外所预报的其他云不需说明云状。当预报有积雨云时,应紧跟云组之后(不加空格)加报简语 CB 说明。假如预报有相同云底高的积雨云和浓积云时,则云状只编报 CB,云量按 CB 和 TCU 的总和编报。

当预报为晴天时,编报简语 SKC 取代云组。

当预期天空状况不明,云无法预报,而有垂直能见度的情报时,应用 $VVh_sh_sh_s$组替代 $N_sN_sN_sh_sh_sh_s$组编报,其中 $h_sh_sh_s$ 为垂直能见度,以 30m(100ft)为一个单位编报。

云的资料必须只限定于对航空运行有影响的云。例如,随时预报在 1 500m(5 000ft)或在最高扇区的最低飞行安全高度(两者中以高的为准)以下的云以及积雨云。根据这一限定,当预报没有积雨云,并且在 1 500m(5 000ft)或最高扇区的最低飞行安全高度(两者中以高的为准)以下也没有云,且又不适合编报简语 CAVOK 或 SKC 时,则使用简语 NSC 编报。

7. CAVOK

当预期同时适合下列条件时,编报简语 CAVOK 应代替 VVVV、w′w′以及 $N_sN_sN_sh_sh_sh_s$ 或 $VVh_sh_sh_s$组。

(1) 能见度:10km 或以上;

(2) 1 500m(5 000ft)或最高扇区的最低飞行安全高度(两者中高的为准)以下无云,而且没有积雨云;

(3) 没有重要天气现象。

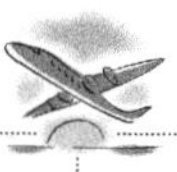

8. $\left\{\begin{array}{l}\text{TTTTT GGG}_e\text{G}_e\\ \text{或 TTGGgg}\end{array}\right.$ 组

在预报有效时段(G_1G_1 至 G_2G_2)内,当预计部分或全部要素预报在某一中间时刻 GGgg 或在 GG 至 G_eG_e 时段内发生变化,必须编报这些组。必须在 G_1G_1 至 GG 时段内或在 GGgg 时刻直到已经给出所有有必要描述的要素预报数据后,才编报此组。如果预报时段终止于午夜,则 G_eG_e 编报为 24。

时间指示组 TTGGgg 编报为 FMGGgg 形式(从 GGgg 开始)用来说明一份预报中某个独立部分开始时间 GGgg。使用 FMGGgg 组时,该组之前的预报状况都将全由 FMGGgg 组之后的预报状况所取代。

变化组 TTTTT GGG_eG_e,编报为 BECMG GGG_eG_e 形式,用来说明预报的气象状况在 GG 至 G_eG_e 时段内的某个时间预期以固定的或不固定的变化率发生变化。GG 至 G_eG_e 时段一般不得超过 2h,最多不超过 4h。变化组之后,编报预报有变化的所有要素的说明。如变化组之后的资料组中没有描述某一要素,根据前文所述,即认为在 G_1G_1 至 GG 时段内对该要素的说明在 GG 之后继续有效。

在 BECMG GGG_eG_e 组之后所描述的状况是预期从 G_eG_e 至 G_2G_2 仍然有效的状况,除非预期有新的变化,此时,必须另再编报变化组 BECMG GGG_eG_e 或 FMGGgg。

变化组 TTTTT GGG_eG_e 编报为 TEMPO GGG_eG_e 形式用来说明对预报的气象状况的频繁的或偶尔的短暂波动,并且每次波动不得超过 1h,其总共所占时间不超过 GGG_eG_e 时段的一半。

如果变动的预报状况预期持续 1h 或以上,必须在该时段的开头和结尾编报变化组 BECMG GGG_eG_e 或 FMGGgg,此时段内的气象状况与 GG 或 GGgg 之前所预报的状况不同。

为使预报简明清晰,变化指示码的使用应慎重并尽量少用,尤其要避免变化时段重叠。在 TAF 预报有效期间的任何时候,对主要预报状况一般只编报一种可能的变化。若预计在整个预报时段内会出现多次天气状况的显著变化,可用 FMGGgg 把预报时段划分成小段,以避免预报太杂乱。

9. $PROBC_2C_2$ GGG_eG_e 组

为了表示在某一时段内预报要素出现另一数值的概率,$PROBC_2C_2$ GGG_eG_e 应直接编报在另一数值之前。C_2C_2 只能使用 30 和 40 编报,分别表示其概率为 30%和 40%。实际数值偏离预报的概率小于 30%,则认为不适于用 PROB 组编报。当另一数值出现的概率在 50%或以上时,视情况可用 BECMG、TEMPO 或 FM 表示。

短暂波动也可用概率说明。在这种情况下,$PROBC_2C_2$ 应放在变化组 TEMPO 之前编报,而 GGG_eG_e 组应放在 TEMPO 组之后编报(如 PROB30 TEMPO 1216)。但 $PROBC_2C_2$ 不能与变化指示组 BECMG 或时间指示组 FMGGgg 一起使用。

10. (TXT_FT_F/G_FG_FZ TNT_FT_F/G_FG_FZ)组

使用 G_FG_FZ 表示最高和最低温度预计出现的时间,简语“TX”表示预报的最高气温指示码，“TN”表示预报的最低气温指示码，其后不加空格紧接着分别编报预报的最高、最低气温值。温度在－9～＋9℃之间，须在该值前加 0 编报；温度低于 0℃，则在该值前加字码 M 编报，表示负值。

11. 航站订正预报

电码形式的航站订正预报用报头“TAF AMD”代替“TAF”以示区别，而且应该覆盖原来 TAF 报中剩下的全部有效时段。

12. 举例

例 1：TAF ZSSS 250000Z 250624 13018KMH 9000 BKN020 BECMG 0608 SCT015CB BKN020 TEMPO 0812 17025G40KMH 1000 TSRA SCT010CB BKN020 FM1230 15015KMH 9999 BKN020 BKN100 TX35/07Z TN27/22Z＝

25 日 00 时(世界时)发布虹桥机场预报，有效时段从 25 日 06 时(世界时)到 24 时(世界时)，地面风向 130°，风速 18km/h，能见度 9km，多云，云高 600m；从 06 时到 08 时(世界时)渐变为：少云，积雨云，云高 450m，多云，云高 600m；08 时(世界时)和 12 时(世界时)之间短时地面风向 170°，风速 25km/h，阵风 40km/h，能见度 1 000m，中雷雨，少云，积雨云，云高 300m，多云，云高 600m；从 12 时 30 分(世界时)起地面风向 150°，风速 15km/h，能见度 10km 或以上，多云，云高 600m，多云，云高 3 000m。全天最高气温 35℃，出现在 07 时(世界时)，最低气温 27℃出现在 22 时(世界时)。

例 2：TAF ZGGG 010000Z 010606 20004MPS 6000 NSC TEMPO 0615 VRB 07G14MPS 2000 -TSRA SCT030CB BKN040＝

1 日 00 时(世界时)发布广州机场预报，有效时段从 01 日 06 时(世界时)到 06 时(世界时)，地面风向 200°，风速 4m/s，能见度 6km，无重要云；06 时(世界时)和 15 时(世界时)之间短时地面风向不定，平均风速 7m/s，阵风 14m/s，能见度 2 000m，弱雷雨，少云，积雨云，云高 900m，多云，云高 1 200m。

8.3.2 航路预报的电码格式和内容

第 1 段　ROFOR　(YYGGggZ)　$Y_1Y_1G_1G_1G_2G_2$　{KMH 或 KT 或 MPS}　CCCC　$(QL_aL_aL_OL_O)$

CCCC　Oi_2ZZZ　(VVVV)　$(w_1w_1w_1)$　$N_SN_SN_Sh_Sh_Sh_S$　$7h_th_th_th_fh_fh_f$

$6I_ch_ih_ih_it_L$　$5Bh_Bh_Bh_Bt_L$　$(4h_xh_xh_xT_hT_h$　$d_hd_hf_hf_hf_h)$　$(2h'_ph'_pT_pT_p)$

第 2 段　(11111　$QL_aL_aL_OL_O$　$h'_jh'_jf_jf_jf_j$)

第 3 段　(22222　$h'_mh'_mf_mf_mf_m(d_md_mvv)$)

第 4 段　$9i_3nnn$

ROFOR 是用数码编报的为两个指定机场之间的航路制作的航空预报的电码名称，其电码型式分成 4 段，如表 8.3 所示。

表 8.3 ROFOR 电码型式分段

段 号	指 示 组	内 容
1	—	电码标志和时间组；区域预报
2	11111	急流资料(可选的)
3	22222	最大风和垂直风切变资料(可选的)
4	—	补充现象

注：2、3、4 段不单独发报。

1. 第 1 段

1）概述

电码名称 ROFOR 用作单份航路预报电报的报头，如需要，其后编报预报的编制日期和时间组 YYGGggZ。

沿航路所有点或所有航段的预报时效都必须是在 G_1G_1 和 G_2G_2 的时间之间。在 $Y_1Y_1G_1G_1G_2G_2$ 组之后空一格，接着编报指示简语 KMH、KT 或 MPS(视情况选一个)，表示所用的风速单位。

预报情况必须使用下列两种方法之一表述。

(1) 将航路分成几段($i_2=0\sim5$)，然后给出这期间各航段内预计出现的详细天气状况。如果天气要素基本一致，5 度区段($i_2=5$)可以合并；

(2) 沿航路选择一系列的点($i_2=6\sim9$)，然后预报这些点上的天气情况。必须选择足够多的点以提供沿航路预计出现的不同天气和风情况的足够样例。

2）CCCC 组

航路标识按如下方式编报。

所要预报的航路，必须用航路两端机场的国际 4 字代码 CCCC 来编报。如需更详细地说明航路情况，必须在两组 CCCC 之间加编一组或几组 $QL_aL_aL_OL_O$(经纬度)，作为附加点。经度数值在 100°～180°时，L_OL_O 编报经度的后两位数值，舍去百位数。

预报的详细内容必须从起飞机场(第一个 CCCC 组表示的)开始。Oi_2ZZZ 组应用在航路各段或各段或各点预报的开头。

3）(VVVV)组

当不预报能见度时本组应忽略。

4）($w_1w_1w_1$)组

当预报有下列任何一种天气现象时必须编报本组：热带气旋、强飑线、冰雹、雷暴、显著的地形波、大片的沙暴或尘暴或者冻雨。

5）$N_SN_SN_Sh_Sh_Sh_S$
或 $VVh_Sh_Sh_S$
或 SKC 或 NSC

其规则与机场报告和预报中的该项目相同。

6）$7h_th_th_th_fh_fh_f$ 组

当预报若干层底部和顶部的平均海平面之上的高度时，每层必须成对地使用云组和 7 字组。当预报了 0℃等温线但未预报云顶高度时，7 字组编报为 $7///h_fh_fh_f$。如果给出两个云组但只预报一条 0℃等温线,则各组的排列次序为:云组、7 字组、云组、7 字组,其中第二个 7 字组应编报为 $7h_th_th_t$///。如果预报 1 个云组和 2 条 0℃等温线,则各组的次序为云组、7 字组、7 字组,其中第 2 个 7 字组应编报为 7///$h_fh_fh_f$。

应使用 1690 电码表编报 $h_th_th_th_fh_fh_f$。

7) $6I_ch_ih_ih_it_L$ 组

如果有需要,应重复编报本组描述一种以上或一层以上的积冰。任何一种积冰层,如果其厚度大于 2 700m,必须重复编报本组;第 2 层中表示的积冰层底部应与前一组中编报的积冰层顶部一致。应使用 1733 电码表编报 I_c(见表 8.4);1690 电码表编报 $h_ih_ih_i$(见表 8.5);4013 电码表编报 t_L(见表 8.6)。

表 8.4　1733 电码表

电码	含　义
0	无积冰
1	轻度积冰
2	在云中的轻度积冰
3	在降水中的轻度积冰
4	中度积冰
5	在云中的中度积冰
6	在降水中的中度积冰
7	严重积冰
8	在云中的严重积冰
9	在降水中的严重积冰

表 8.5　1690 电码表

电码	对应高度/m
000	<30
001	30
002	60
003	90
004	120
005	150
006	180
007	210
008	240
009	270
010	300
011	330
⋮	⋮
099	2 970
100	3 000
110	3 300
120	3 600
⋮	⋮
990	29 700
999	30 000

注:电码以 30m 为增量等级直接编报。应将本电码表看作是编码工具,表中的电码数字与高度值一一对应。这些高度值是不连续的,没有幅度。需要按此电码表编报的任何观测值或预报值的获得不应考虑此电码表;编码时,再按照下列规则进行:如果观测值或预报值位于表中的两个高度之间时,以较低高度的码数为准进行编报。

表 8.6 4013 电码表

电　码	对应高度
0	至云顶
1	300m
2	600m
3	900m
4	1 200m
5	1 500m
6	1 800m
7	2 100m
8	2 400m
9	2 700m

8) $5Bh_Bh_Bh_Bt_L$ 组

如果有需要，应重复编报本组描述一种以上或一层以上的颠簸。任何一种颠簸层，如果其厚度大于 2 700m，必须重复编报本组；第 2 层中表示的颠簸层底部应与前一组中编报的颠簸层顶部一致。应使用 0300 电码表编报 B(见表 8.7)；1690 电码表编报 $h_Bh_Bh_B$；4013 电码表编报 t_L。

表 8.7 0300 电码表

电　码	含　义
0	无颠簸
1	轻度颠簸
2	在晴空中的中度颠簸，不频繁
3	在晴空中的中度颠簸，频繁
4	在云内的中度颠簸，不频繁
5	在云内的中度颠簸，频繁
6	在晴空中的强烈颠簸，不频繁
7	在晴空中的强烈颠簸，频繁
8	在云内的强烈颠簸，不频繁
9	在云内的强烈颠簸，频繁

9) $4h_xh_xh_xT_hT_h$ $d_hd_hf_hf_hf_h$ 组

这两组总是一起使用，并对预报的各层温度和风重复编报。T_hT_h 用于描述某一高度层 $h_xh_xh_x$ 的气温。$d_hd_hf_hf_hf_h$ 用于描述某一高度层的风向和风速。

10) $2h'_Ph'_PT_PT_P$组

当未预报对流层顶资料时本组必须忽略。

2. 第 2 段

当未预报急流资料时第 2 段必须忽略。每当需要说明扩展到某区域的大部分或穿过几个地带的急流轴心的位置及在轴心处的风速时，$QL_aL_aL_OL_O$ 和 $h'_jh'_jf_jf_jf_j$ 必须重复编报。

3. 第 3 段

当预报了最大风但未作垂直风切变的预报时，本段的最后一组应编报为 $d_m d_m$//。当只有垂直风切变的预报时，所编预报中的 $h'_m h'_m f_m f_m f_m$ 组应忽略，而 $d_m d_m$vv 编报为//vv。

4. 第 4 段 $9i_3$nnn 组

如需编报 $91P_2P_2P_2$、$92FtL_aL_a$、$93FtL_OL_O$、94FtGG 组时，必须一律放在报告有关部分的末尾。$92FtL_aL_a$、$93FtL_OL_O$、94FtGG 组只用来表示锋面的种类及锋面的位置或过境时间。锋面过境时的天气类型应分开表示，例如，将预报分成不同的时段，或使用 $96GGG_P$、$97GGG_P$组，或者两种方法结合使用。

如需指出沿航路的变化情况，应使用 951///、$952L_aL_a$、$932L_aL_a$、$953L_aL_a$、$954L_OL_O$、$955L_OL_O$组或按 1864 电码表(见表 8.8)所列明语进行编报。

表 8.8　1864 电码表

电　码	含　义
$91P_2P_2P_2$	预报的最低平均海平面气压
$92FtL_aL_a$	锋面的类型和位置(飞机的航迹大致为南北向)
$93FtL_OL_O$	锋面的类型和位置(飞机的航迹大致为东西向)
94FtGG	锋面的类型和过境时间
951///	沿航路渐变
$952L_aL_a$	沿航路在北纬 L_aL_a变化(只用于 ROFOR)
$953L_aL_a$	沿航路在南纬 L_aL_a变化(只用于 ROFOR)
$954L_OL_O$	沿航路在东经 L_OL_O变化(只用于 ROFOR)
$955L_OL_O$	沿航路在西经 L_OL_O变化(只用于 ROFOR)
$96GGG_P$	① 当 G_P=0 时，自 GG 开始为一个独立的预报部分，先前的所有预报状况都被取代 ② 当 G_P=1～4 时，在自 GG 开始的 G_P时段内从某个未指定的时间起出现规则或不规则的速度变化
$97GGG_P$	在 G_P时段内出现频繁的或偶尔的短暂波动变化
$9999C_2$	① 与 $99GGG_P$组结合使用时，C_2为预报要素另一数值的出现概率，以 10%为增量等级 ② 与 $97GGG_P$组结合使用时，C_2为短暂波动的出现概率，以 10%为增量等级
$99GGG_P$	与 $9999C_2$组结合使用：自 GG 开始的 G_P时段内可能会出现预报要素的另一数值

1 份预报必须包括从 G_1G_1至 G_2G_2的整个时段。当预计部分或全部要素预计在某一中间时刻 GG 发生变化时，必须使用变化组 $96GGG_P$或 $97GGG_P$。必须在 G_1G_1至 GG 时段内所需编报的要素预报的全部资料组都编完以后，才编报这个变化组。在变化组之后编报在 GG 时刻开始的 G_P时段内预报有变化的所有要素的资料组。若变化组之后的各资料组中某一要素没有描述，则认为在 G_1G_1至 GG 时段内对该要素的预报继续有效。当使用 $96GGG_P$组时，可认为其后资料组中所描述的情况在 G_P时段终了以后仍然有效。必要时，可用第 2 个变化组编报另一个 GG 时间以后的情况。

$96GGG_P$组应按如下方式编报。

(1) $96GGG_P$组中的 G_P编报为 0(96GG0)时，用来表示预报中某个独立部分的开始时间(GG)。此时，96GG0 之前编报的所有预报情况全被该组之后的情况所取代。

(2) $96GGG_P$ 组中的 G_P 编码为 1～4 时，用来表示预报的气象状况在从 GG 开始的 G_P 时段内的某个时间将以固定的或非固定的变化率发生变化，G_P 时段一般不超过 2h，最多 4h。

$97GGG_P$组应按如下方式编报。

在 $97GGG_P$组中，用 1～9 表示的 G_P字码，表示对预报气象状况预期发生频繁的或偶尔的短暂波动，并且这些波动每次不超过 1h，其总共所占时间不超过 G_P所指时段的一半。如果所需 G_P大于 9h，则预报时段要分开编发。

如果变更的预报状况预期持续时间达 1h 或以上，必须在该时段的开头和结尾用变化组 $96GGG_P$进行编报，在这个时段内，预期气象状况与 GG 之前所预报的状况不同。

为使预报简明清晰，变化指示码的使用应慎重并尽量少用。尤其要避免变化时段的重叠。在 ROFOR 预报有效期间的任何时候，对主要预报状况一般只编报一种可能的变化。万一预计在整个预报时段内会出现多次天气状况的显著变化，可用 96GG0 组将预报时段划分成小段的办法来避免预报过于复杂。

$9999C_2$组应按如下方式编报。

(1) $9999C_2$组既可用来表示预报要素出现另一数值的概率，又可用来表示短暂波动的出现概率。概率小于 30%时，不使用 $9999C_2$ 组编报。当概率在 50%或以上时，可使用 $96GGG_P$组表示。

(2) 当 $9999C_2$组用于表示某预报要素另一数值的出现概率时，须紧接该组之后编报相应的时间组 $99GGG_P$。$9999C_2$ $99GGG_P$两组直接放在有关预报要素之后编报，在这两组之后紧接编报那个要素的另一数值。

(3) 当 $9999C_2$组用于表示短暂波动的出现概率时，该组必须编报在变化组 $97GGG_P$组之前。

(4) $9999C_2$组不能与变化组 $96GGG_P$一起使用。

$99GGG_P$组与 $9999C_2$组一起使用时，用来说明预报要素的另一数值会出现在从 GG 开始的 G_P时段内。

根据区域航空协定，用于变化组 $9i_3nnn$ 的同义明语必须是电码表 1864 中所列有的。

5. 航路修订预报

航路修订预报用报头 ROFOR AMD 代替 ROFOR，它的有效时段与所修订的预报的有效时段一致。

6. 举例

例：ROFOR 222308 KMH ZYDD ZBAA SCT100 7150/// 4100M02 31030 4110M05 32040

译文：预报有效时间为 22 日 23 时(世界时)至 23 日 08 时(世界时)，丹东机场到北京首都机场的航路预报，有 3～4 个量的云，云底高为 3 000m，云顶高为 4 500m，3 000m 高度气温为－2℃，风向为 310°，风速为 30km/h，3 300m 高度气温为－5℃，风向为 320°，风速为 40km/h。

8.3.3 区域预报

1. 高空风、高空温度预告图

高空风、高空温度预告图应指明某一高度层上高空风、高空温度的分布状况。高度层应为固定的标准等压面高度，即 200hPa、250hPa、300hPa、400hPa、500hPa、700hPa、850hPa 和 925hPa。高空风、高空温度预告图的发布间隔为 12h。

高空风和高空温度预告图上的内容包括制定高度层上的风向、风速和温度，其中风速的单位一般为 kt，温度的单位为℃，气压的单位为 hPa。预报方式是在选定的网格点上直接用风矢杆表示风向和风速，并在其旁边注明温度值。风速标注的方法见表 8.9。当温度低于 0℃时，数字前的负号应被省略，当温度高于 0℃时，数字前加"＋"或"PS"，如图 8.1 所示。

表 8.9　高空风和高空温度预告图上风速的标注方法

风速/kt	标　注
5	
10	
50	

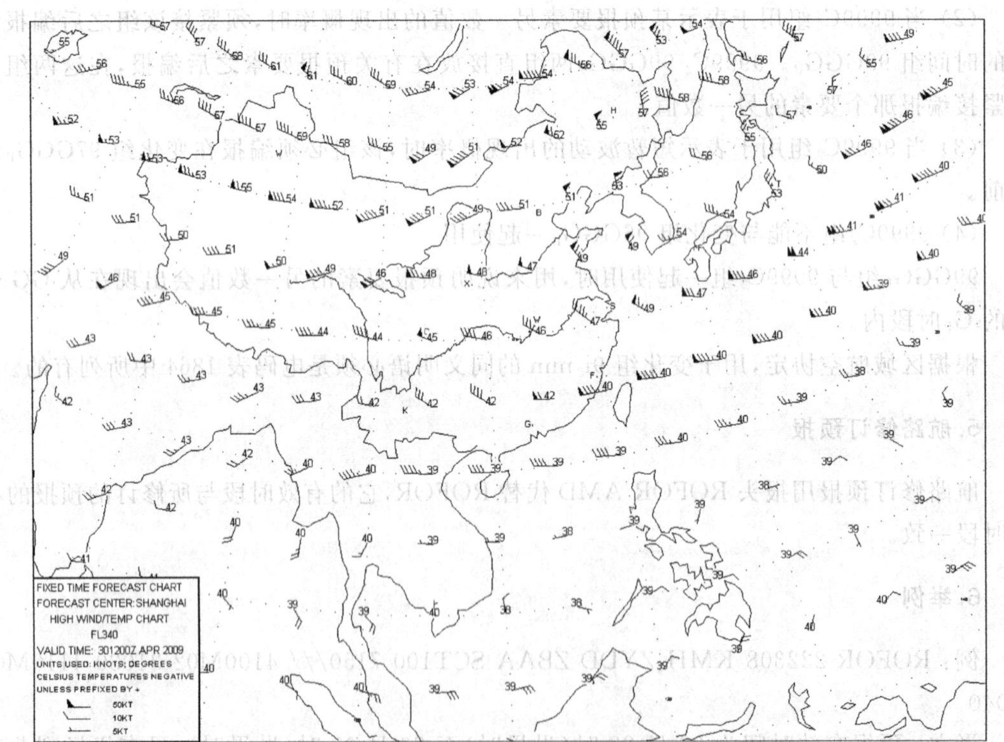

图 8.1　高空风和高空温度预告图

2. 重要天气预告图

重要天气预告是区域预报和航路预报的一种，是对区域和航路有重大影响的天气的预报，常以预报图和缩写明语形式的电码提供。重要天气预告图分为3种。

(1) 高层重要天气预告图：飞行高度大于FL250(7 500m)的高空影响飞行的重要天气现象；

(2) 中层重要天气预告图：FL100(3 000m)＜飞行高度≤FL250(7 500m)(在高原或山区可达FL150(4 500m)，必要时可更高)的中空影响飞行的重要天气现象；

(3) 低层重要天气预告图：飞行高度不大于FL100(3 000m)(在高原或山区可达FL150(4 500m)，必要时可更高)的低空影响飞行的重要天气现象。

重要天气预告图的发布间隔为6h。

重要天气预告图上，风速单位为kt；热带气旋、锋面、高低压中心等的移速单位为km/h；能见度单位为km或m；气压单位为hPa；急流、颠簸、积冰、云顶、云底、零度等温层等的高度，以飞行高度层表示，飞行高度层以30m(100ft)为单位。

重要天气预告图的主要内容如下。

(1) 高层重要天气预告图：雷暴、热带气旋、强飑线、中度或强烈颠簸(云中或晴空)、中度或严重积冰、大范围的沙暴、尘暴，云顶高度在飞行高度FL250以上并于前述天气现象相关的积雨云，完全确定的辐合带地面位置，与重要航路天气现象结合的锋面系统的地面位置、移向、移速，对流层顶高度、对流层顶高点的高度、对流层顶低点的高度，急流轴的位置、高度、急流轴上的最大风向、风速、急流的垂直范围，火山爆发的地点、时间、火山灰云范围，对航空器飞行有重要影响的放射性物质意外释放到大气中的位置，如图8.2所示。

(2) 中层重要天气预告图：雷暴、热带气旋、强飑线、中度或强烈颠簸(云中或晴空)、中度或严重积冰、大范围的沙暴、尘暴，在飞行高度FL100到FL250这一高度层上并于前述天气现象相关的积雨云，完全确定的辐合带地面位置，与重要航路天气现象结合的锋面系统的地面位置、移向、移速，急流轴的位置、高度、急流轴上的最大风向、风速、急流的垂直范围，火山爆发的地点、时间、火山灰云的范围，云中的零度等温层高度，如图8.3所示。

(3) 低层重要天气预告图：雷暴、热带气旋、飑线、雹、在云中或在晴空的重度或严重颠簸、山地波、航空器积冰、冻降水、大范围的沙(尘)暴、雾、降水和引起能见度低到5km以下的其他现象及其影响的地区范围和高度层，云区范围、云量、云状、云顶高、云底高，小于5km的地面能见度，风速大于30kt(≥17m/s)的地面风，与重要航路天气现象结合的锋面地面位置及移向、移速，辐合带(线)地面位置及移向、移速，气压中心和它们未来的移向、移速，低于预报空域顶高的零度等温层高度，海面温度和海面状况，爆发火山的名称，如图8.4所示。

重要天气预告图中使用的重要天气和天气系统符号如表8.10所示。

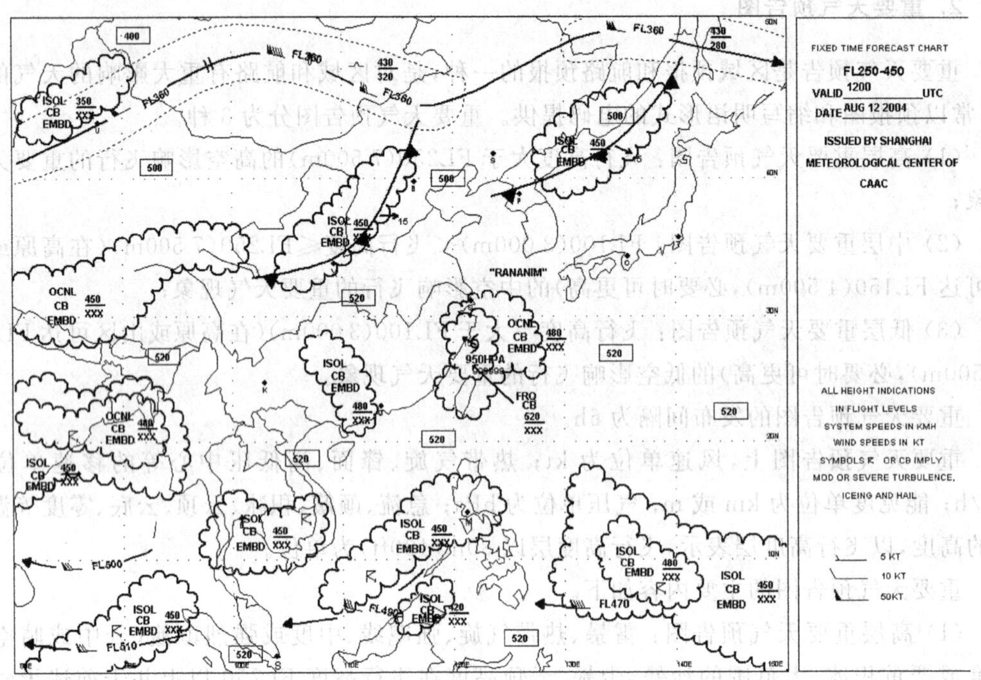

图 8.2　高层重要天气预告图示例

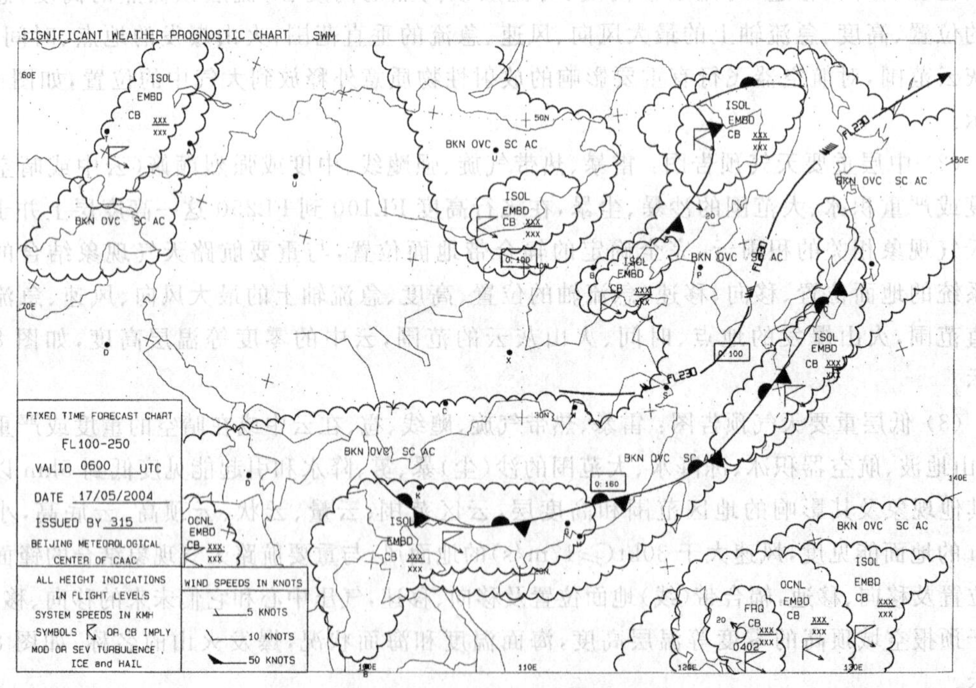

图 8.3　中层重要天气预告图示例

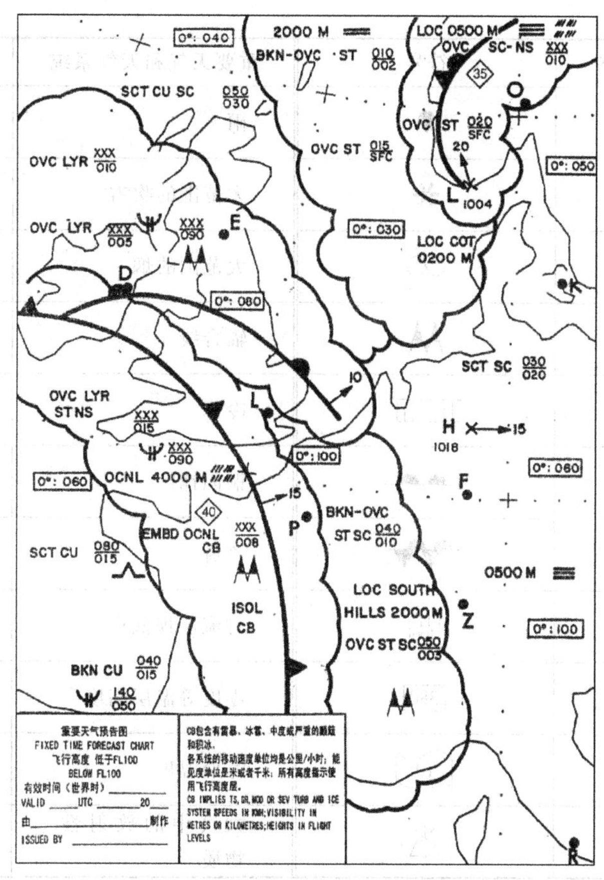

图 8.4　低层重要天气预告图示例

表 8.10　重要天气预告图中使用的重要天气和天气系统符号

重要天气和天气系统	符号	重要天气和天气系统	符号
热带气旋		强飑线	
中度颠簸		严重颠簸	
轻度飞机积冰		中度飞机积冰	
严重飞机积冰		严重沙或尘霾	
大范围的沙(尘)暴		大范围的强地面风	40
雹	△	山地波	
冻雨		大范围的雾	≡
大范围的轻雾	=	阵雨	▽

续表

重要天气和天气系统	符号	重要天气和天气系统	符号
毛毛雨		雨	
雪		大范围的吹雪	
大范围的霾		大范围的烟	
山地状况不明		辐合线	
热带辐合带		冷锋	
暖锋		锢囚锋	
准静止锋		急流	FL320 220/400 FL320
对流层顶高点	H 400	对流层顶低点	270 L
对流层顶高度	380	零度等温层高度	0:100
海面状况	10	海面温度	10
火山喷发		大气中的放射性物质	

此外，在重要天气预告图上还会使用简语对一些天气现象加以说明，常用简语见表 8.11。

表 8.11　重要天气预报常用简语

简语	含义	简语	含义	简语	含义
CLD	云	FRQ	频繁的	BKN	多云
OCNL	有时	SCT	疏散的	LAN	内陆
GRADU	逐渐的	LYR	呈层状	COT	在海岸
STNL	停滞	SLW	慢	MAR	在海上
ISOL	独立	INC	在内	VAL	在山谷地区
EMBD	隐藏	LOC	局地	CIT	邻近或在城市上空
ISLTD	有些地方	OVCO	阴天	MON	在高地或在山区上空

3. 低空飞行的区域预报

根据飞行高度层 100 以下的空中交通密度情况，有时需要为这种飞行发布低空区域预报，低空区域预报是区域预报中心发布的覆盖地面和飞行高度层 100 之间（在高原或山区可达 FL150（4 500m），必要时可更高）的区域天气预报。

缩写明语形式的低空区域天气预报采用 GAMET 的形式，GAMET 意为低空区域预报。低空区域预报每 6h 发布一次，有效时间为 6h，在不晚于有效时间开始前 1h 发送到有

关气象台。

GAMET 电报格式如下：

飞行情报区/管制区的地名代码① 标识② 有效时段③

气象监视台的地名代码④

飞行情报区/管制区(FIR/CTA)或其分区的名称⑤

第 1 部分开始的标识⑥

地面风速⑦ 地面能见度⑧ 重要天气⑨ 山地状况不明⑩

云⑪ 积冰⑫ 颠簸⑬ 山地波⑭

重要气象情报⑮ 或没有危险天气⑯

第 2 部分开始的标识⑰

气压中心的和锋面⑱ 高空风和温度⑲ 云⑳ 凝结高度㉑

预报修正海平面气压㉒ 海面温度和海洋状况㉓ 火山爆发㉔

具体说明如下：

① 飞行情报区/管制区的地名代码：为 GAMET 所涉及的飞行情报区或管制区服务的空中交通服务单位的 ICAO 地名代码，如 YUCC。

② 标识：电报标识，如 GAMET、GAMET AMD(修订报)、GAMET COR(更正报)。当包括在 GAMET 区域预报中的危及低空飞行安全的天气现象预期不会发生或不再预报时，就要发 1 份 GAMET AMD 报，其订正的内容仅限于有关的天气要素。

③ 有效时段：表明有效时段的日期-时间组(世界时)，如 VALID 101520/101800(有效时间 10 日 15 时 20 分至 18 时(世界时))。

④ 气象监视台的地名代码：始发电报的气象监视台的地名代码，后紧随分隔报头与内容的连字符“—”，如 YUDO —。

⑤ 飞行情报区/管制区(FIR/CTA)或其分区的名称：地名代码和 GAMET 为发布区域预报的飞行情报区/管制区或其分区的名称，如 YUDD SHANLON FIR、YUCC AMSWELL FIR/2 BLW FL120。

⑥ 第 1 部分开始的标识：表明第 1 部分开始的标识，如 SECN Ⅰ。

⑦ 地面风速：大范围的平均风速超过 60km/h(30kt)的地面风速，如 SFC WSPD：15/17 65KMH(地面风速：15 时到 17 时为 65km/h)、SFC WSPD：40kt E OF W110(地面风速：西经 110°以东为 40kt)。

⑧ 地面能见度：大范围的低于 5 000m 的地面能见度，包括引起能见度降低的天气现象，如 SFC VIS：06/08 3000 M BR N OF N51(地面能见度：在 06 时到 08 时之间，在北纬 51°以北为 3 000m，有轻雾)。

⑨ 重要天气：包括雷暴和严重沙暴和尘暴，如 SIGWX：14/15 ISOL TS W OF E121(重要天气：14 时到 15 时之间，在东经 121°以西有孤立的雷暴)。

⑩ 山地状况不明：如 MT OBSC：MT PASSES S OF N45(山地状况：在北纬 45°以南的山脉模糊不清)。

⑪ 云：大范围的云量为多云(BKN)或阴天(OVC)，且云底高度高于地面(AGL)或高于平均海平面(AMSL)但＜300m(1 000ft)的云，和(或)出现的任何积雨云或浓积云，给出云底和云顶高度指示。如 SIG CLD：06/09 OVC 800/1000 FT AGL N OF N51 10/12

ISOL TCU 1200/8000 FT AGL(重要云况：在06时(世界时)到09时(世界时)之间，北纬51°以北，阴天，云底高度距地面800ft，顶高1 000ft。10时(世界时)到12时(世界时)之间，有孤立的浓积云，云底高度高于地面1 200ft，顶高8 000ft)。

⑫ 积冰：除对流云中发生的积冰和已经发布的重要气象情报(SIGMET，详见下文)中所包含的严重积冰以外的积冰，如ICE：MOD FL050/080(积冰：在飞行高度层050到080之间有中度积冰)。

⑬ 颠簸：除对流云中发生的颠簸和已经发布的重要气象情报中所包含的严重颠簸以外的颠簸，如TURB：MOD ABV FL090(颠簸：在飞行高度层090以上有中度颠簸)。

⑭ 山地波：除已经发布的重要气象情报中所包含的严重山地波以外的山地波，如MTW：MOD ABV FL080 N OF N63(山地波：在飞行高度层080以上、北纬63°以北有中等强度的山地波)。

⑮ 重要气象情报：适用于区域预报对其有效的有关飞行情报区/管制区或其分区的重要气象情报，如SIGMET APPLICABLE：2，4(SIGMET电报：第2份和第4份适用于该有效时段)。

⑯ 或没有危险天气：如HAZARDOUS WX NIL。当没有出现危及低空飞行的天气现象并且没有合适的SIGMET报时，“HAZARDOUS WX NIL”将代替从⑦到⑮ 的所有条款，表示没有重要天气。

⑰ 第2部分开始的标识：表明第2部分开始的标识，如SECN Ⅱ。

⑱ 气压中心的和锋面：气压中心和锋面及它们预期的运动和发展，如PSYS：12 L 1004 HPA N5130 E01000 MOV NE 25KT INTSF(现在天气系统：在12时(世界时)，在北纬51°30′东经10°有一个1 004hPa的低压中心，以25km/h的速度向东北方向移动，强度在加强)。

⑲ 高空风和温度：至少包括以下高度的高空风和温度：600m、1 500m和3 000m(2 000ft、5 000ft和10 000ft)，如WIND/T：2000 FT 270/70 KMH PS03 5000 FT 250/80 KMH MS02 10000 FT 240/85 KMH MS11(距地面2 000ft，风向为270°，风速70km/h，温度为3℃；距地面5 000ft，风向为250°，风速为80km/h，温度为－2℃；距地面10 000ft，风向为240°，风速为85km/h，温度为－11℃)。

⑳ 云：未包括在第1部分中的云的情况，包括云状、云底及云顶高于地面(AGL)或高于平均海平面(AMSL)的高度，如CLD：BKN SC 2500/8000 FT AGL(云况：多云，层积云，云底高距地面2 500ft，云顶高为8 000ft)。

㉑ 凝结高度：如果高于地面(AGL)或高于平均海平面(AMSL)的0℃层高度低于为其提供预报的空域的顶高，给出0℃层指示，如FZLVL：3000 FT AGL(零度层高度：距地面3 000ft)

㉒ 预报修正海平面气压：预报有效时段内的最低修正海平面气压，如MNM QNH：1004 HPA(最低QNH：1 004hPa)。

㉓ 海面温度和海洋状况：如果地区航行协议有要求，给出海面温度和海洋状况，如SEA：T15 HGT 5 M。

㉔ 火山爆发：火山名称，如VA：ETNA。

以下为GAMET的举例。

ZBPE GAMET VALID 220600/221200 ZBAA—

ZBPE BEIJING FIR BLW FL100

SECN Ⅰ

SFC WSPD：10/12 65KMH

SFC VIS：06/08 3000M BR N OF N40

SIGWX：11/12 ISOL TS

SIG CLD：06/09 OVC 240/330 M AGL N OF N40 10/12 ISOL TCU 360/2400 M AGL

ICE：MOD FL050/080

TURB：MOD ABV FL090

SIGMETS APPLICABLE：3,5

SECN Ⅱ

PSYS：06 L 1004 HPA N40 E110 MOV NE 25KMH WKN

WIND/T：600 M 270/70KMH PS03 1500 M 250/80KMH MS02 3000 M 240/85KMH MS11

CLD：BKN SC 750/2400 M AGL

FZLVL：900 M AGL

MNM QNH：1004 HPA

SEA：NIL

VA：NIL

译文：由北京飞行情报区气象监视台（ZBAA）为北京飞行情报区（ZBPE）的飞行高度层3 000m以下发布的低空飞行区域预报；预报有效时间为22日06时（世界时）至12时（世界时）。

第1部分：

地面风速：在10时（世界时）到12时（世界时）之间为65km/h；

地面能见度：在06时（世界时）到08时（世界时）之间，北纬40°以北，3 000m，轻雾；

重要天气现象：在11时（世界时）到12时（世界时）之间，孤立的不带雹的雷暴；

重要云况：在06时（世界时）到09时（世界时）之间，北纬40°以北，阴天，云底高度距地面240m，顶高330m。10时（世界时）到12时（世界时）之间，有孤立的浓积云，云底高度高于地面360m，顶高2 400m；

积冰：在飞行高度层050到080之间中度积冰；

颠簸：在飞行高度层090以上中度颠簸；

SIGMET电报：第3份和第5份适用于该有效时段。

第2部分：

现在天气系统：在06时（世界时），在北纬40°东经110°有一个1 004hPa的低压中心，以25km/h的速度向东北方向移动，强度在减弱；

高空风和温度：距地面600m，风向为270°，风速70km/h，温度为3℃；距地面1 500m，风向为250°，风速为80km/h，温度为−2℃；距地面3 000m，风向为240°，风速为85km/h，温度为−11℃；

云况：多云，层积云，云底高距地面750m，顶高为2 400m；

零度层高度：距地面900m；

最低QNH：1 004hPa；

海平面温度和海洋状况：没有；

火山灰：没有。

8.4 其他航空天气报告

8.4.1 火山活动报告的格式和内容

火山活动报告是指发生喷发前的火山活动、火山喷发和火山灰云后，向空中交通服务单位、航空情报服务单位和气象监视台报告。报告应以火山活动报告的格式编成包括以下指出的顺序的情报。

(1) 电报类型 VOLCANIC ACTIVITY REPORT；

(2) 站名标志、地名代号或站名；

(3) 电报日期/时间；

(4) 火山位置和火山名称(如果知道的话)；

(5) 事情的简洁描述，如适当地描述火山活动强度等级、发生喷发和喷发的日期、时间和在此区域的火山灰云，以及火山灰云运动的方向和高度。

例：VOLCANIC ACTIVITY REPORT YUSB 231500 MT TROJEEN VOLCANO 5605N 12652W ERUPTED 231445 LARGE ASH CLOUD EXTENDING TO APPROX 30000 FEET MOVING SW=

译文：23 日 15：00(世界时)，YUSB 气象站发布的火山活动报告。北纬 56°5′、西经 126°52′的 TROJEEN 山的火山于 23 日 14:45(世界时)喷发；观测到大块火山灰云扩散到大约 30 000ft，并向西南方向移动。

8.4.2 飞机报告的翻译和编制

飞机报告通常指飞行员报告，它可提供积冰区域、飞机颠簸和风速的详细报告，供其他飞机参考。飞机报告也可用于对气象台的观测和预报进行修正。在资料缺乏的地区，飞行员的空中报告极为重要。

1. 飞机报告的种类

根据民航组织规定，飞行员必须进行以下 4 种观测的报告，即：例行报告，特殊报告，离场爬升和进近中的报告，特别要求的报告。

1) 例行报告

例行报告是指在固定航班的气象服务报告点上定时进行的报告，它由飞行飞机中的自动报告系统产生，或由飞行员报告。

(1) 必须进行例行观测和报告的地点是：空中服务程序要求的例行位置报告的地点；最接近 1h 飞行时间间隔的分段距离上。

(2) 在下列情况下，飞行员不必进行例行观测：飞行时间是 2h 或小于 2h；飞机在距下个准备着陆点相当于不到 1h 的飞行时间的距离；飞行航线的海拔高度低于 1 500m(5 000ft)。

2) 特殊报告

特殊报告是指对待特殊天气现象的报告，其不受时间和距离的限制，当飞行员遇到下面几种情况时，无论何时都必须进行报告。

(1) 严重颠簸和严重积冰。

(2) 跨音速或超音速的飞行中遇到中度颠簸，雹或积雨云。

(3) 遇到符合重要气象情报规定的其他天气现象，这些天气现象可能影响飞行安全或影响其他飞机的操作效率。

(4) 观测到喷发前的火山活动或火山喷发，观测到或遇到火山灰云。

3) 离场爬升和进近中的报告

在离场爬升或进近着陆阶段，遇到事先没有报告的气象情报，而机长认为这些气象情报可能会影响其他飞机的飞行安全时，必须对这些气象情况进行观测和报告。如当报告或预报在飞行离场爬升阶段或进近阶段中有风切变，但航空器没有遇到时，机长应尽快向空中交通服务单位报告。

4) 特别要求的报告

除以上情况以外，飞行员有时还必须进行一些其他的观测和报告，如：

(1) 为飞行提供气象报告的气象台要求的特殊资料时；

(2) 根据气象部门和航务部门之间的协议要求的观测。

2. 飞机报告的形式和内容

例行报告和特殊报告是使用最普遍的飞机报告，主要采用缩写明语的方式发布。其格式不是很严格，一般形式和内容如下。

1) 报告形式

第 1 段　航空器标志①　位置②　时间③　飞行高度层或海拔高度④

下一个飞越位置及时间⑤　随后的重要地点⑥

第 2 段　预计到达时间　续航时间

第 3 段　气温⑦　风向风速⑧　颠簸情况⑨　积冰情况⑩补充信息⑪

2) 编报方法

在报头中，飞机报告的报名为“UA”，由于第 2 段在实际报告中用得较少，这里不做介绍，其余各组说明如下。

① 航空器标志：用航空公司代码(见表 8.12)后跟航班号表示，如 AFR946 表示“法航 946 航班”。

表 8.12　部分航空公司的 3 字代码

航空公司名称	3 字代码	航空公司名称	3 字代码
法国航空公司	AFR	中国国际航空公司	CCA
芬兰航空公司	FIN	全日本航空公司	ANA
意大利航空公司	AZA	美国西北航空公司	NWA
英国航空公司	BAW	蒙古航空公司	MGL
文莱皇家航空公司	RBA	奥地利航空公司	AUA
加拿大国际航空公司	CDN	韩国亚洲航空公司	AAR
埃塞俄比亚航空公司	ETH	巴基斯坦国际航空公司	PIA
美国长青国际航空公司	EIA	菲律宾航空公司	PAL
印度尼西亚航空公司	GIA	澳洲航空公司	QFA
乌兹别克斯坦航空公司	UZB	尼泊尔皇家航空公司	RNA
新加坡胜安航空公司	MMP	港龙航空公司	HAD

② 位置：可用经纬度或 4 字地名代码表示。如“3000N 14310E”表示“北纬 30°，东经 143°10′”；“EDDF”表示“法兰克福”。

③ 时间：用世界时表示，如“0746”为“世界时 7 时 46 分”。

④ 飞行高度层或海拔高度：用“FL”后跟高度层数值表示（单位 100ft），如“FL310”表示飞行高度层为 31 000ft。

⑤ 下一个飞越位置及时间：同②和③。

⑥ 随后的重要地点：同②。

⑦ 气温：以整摄氏度编报，负值前用“MS”表示。如“MS31”表示“气温－31℃”。

⑧ 风向风速：风向用整度数表示，风速以 km/h 的整数表示。如“220/100”表示“风向 220°，风速 100km/h”。

⑨ 颠簸情况：“FBL TURB”表示轻颠；“MOD TURB”表示中度颠簸；“SEV TURB”表示强烈颠簸。

⑩ 积冰情况：可用“FBL、MOD 和 SEV”后加“ICE”进行编报，分别表示“轻度、中度和严重积冰”。

⑪ 补充信息：可用“WKN、NC 和 INTSF”等分别表示“减弱、无变化和增强”，或者用方位描述移动情况，如“MOVING N”表示“向北移动”。

3. 飞机报告的编制

飞机报告的内容和格式如前文所述。以下为飞机报告的举例。

例：中国国际航空公司 516 航班，在世界时 12 时 43 分，在南纬 4°，东经 36°，飞行高度 32 000ft，观测到梅鲁（MELU）火山喷发。该高度气温－25℃，风向 160°，风速 72km/h，有晴空颠簸。大量火山灰云扩散到大约 36 000ft 高空，并向东北方向移动。

电码：CCA516 0400S 3600E 1243 FL320 MT MELU ERUPTED
MS25 160/72 CAT LARGE ASH CLOUD EXTENDING TO
APPROX 36000 FEET MOVING NE =

8.5 重要气象情报

8.5.1 简介

重要气象情报由气象监视台以缩写明语形式发布，其对有关航路上出现或者预期出现的，可能影响飞行安全的天气现象，以及这些现象在时间和空间上的发展进行简要说明。其涉及的地区包括飞行情报区或管制区/飞行使用的所有高度。

重要气象情报以“SIGMET”表明，“SIGMET”后紧接重要气象情报序号，从当日的 0000（UTC）起，与为该飞行情报区发布的重要气象情报的份数相对应。重要气象情报的有效时段通常为 4h，最多不超过 6h。当有关的天气现象在该地区不再出现或预期不再出现时，必须发 1 份重要气象情报以取消相应的重要气象情报。我国的飞行情报区及其 4 字代码见表 8.13。

表 8.13　我国的飞行情报区及其 4 字代码

飞行情报区	4 字 代 码
上海飞行情报区	ZSHA
北京飞行情报区	ZBPE
广州飞行情报区	ZGZU
武汉飞行情报区	ZHWH
兰州飞行情报区	ZLHW
乌鲁木齐飞行情报区	ZWUQ
沈阳飞行情报区	ZYSH
昆明飞行情报区	ZPKM
三亚飞行情报区	ZJSA
香港飞行情报区	VHHK
台北飞行情报区	RCTP

1. 重要气象情报的内容

每 1 份重要气象情报中应只包含下列天气现象之一：积雨云、雷暴、热带气旋、强飑线、冰雹、严重颠簸、严重积冰、严重山地波、沙暴、尘暴和火山灰等。

① 雷暴

模糊的——OBSC TS：指雷暴(必要时也包括不伴雷暴的积雨云)为霾或烟等所遮掩或由于黑暗不易看见。

隐藏的——EMBD TS：指雷暴(必要时也包括不伴雷暴的积雨云)隐嵌在云层中，不易辨出。

频繁的——FRQ TS：指一片雷暴中，相邻雷暴间很少或没有间隔，且在其所影响的区域或预报此现象将要影响的区域内最大空间覆盖率在 75%以上(在某一固定时间或有效时间段内)。

飑线——SQL：指排列成线的雷暴，在个别云块之间很少或没有空隙。

模糊并伴有冰雹——OBSC TS GR

隐藏并伴有冰雹——EMBD TS GR

频繁并伴有冰雹——FRQ TS GR

飑线并伴有冰雹——SQL TS GR

② 热带气旋　　TC(加热带气旋名称)

③ 严重颠簸(对流性云中的颠簸除外) —— SEV TURB

④ 积冰(对流性云中的积冰除外)

严重积冰——SEV ICE

由于冻雨引起的严重积冰——SEV ICE (FZRA)

⑤ 严重山地波——SEV MTW

严重山地波指伴随 3.0m/s(600ft/min)或以上的下沉气流和/或观测或预报的严重颠簸。

⑥ 强沙暴——SEV SS

⑦ 强尘暴——SEV DS

⑧ 火山灰——VA 火山名称(如果知道)

对强度变化的描述为：WKN,强度减弱；NC,没有变化；INTSF 强度增强。OBS,观测到的；FCST,预报；OTLK,展望,指比较确定的情况。STNR,稳定少动。

2. 重要气象情报的格式和说明

第 1 段(报头)：飞行情报区/管制区的地名代码①　标识②　有效时段③
　　　　　　　　气象监视台的地名代码④

第 2 段(内容)：飞行情报区/管制区的名称⑤　天气现象⑥
　　　　　　　　观测的或预报的现象⑦　位置⑧　高度层⑨
　　　　　　　　移动或预期移动⑩　强度变化⑪　预报位置⑫

具体说明如下：

① 飞行情报区/管制区的地名代码：为 SIGMET 所涉及的飞行情报区或管制区服务的空中交通服务单位的 ICAO 地名代码,如 YUCC。

② 标识：电报标识和相应的序号,如 SIGMET 2。

③ 有效时段：表明有效时段的日期—时间组(世界时),如 VALID 101520/101800(有效时间 10 日 15 时 20 分至 18 时(世界时))。

④ 气象监视台的地名代码：始发电报的气象监视台的地名代码,后紧随分隔报头与内容的连字符“—”,如 YUDO —。

⑤ 飞行情报区/管制区的名称：地名代码和 SIGMET 为发布重要气象情报的飞行情报区/管制区的名称,如 YUDD SHANLON。

⑥ 天气现象：引起发布 SIGMET 的天气现象的描述,如 SEV TURB、EMBD TS GR。

⑦ 观测的或预报的现象：表明天气情报是观测到并预期待续的,还是预报的,如 OBS(观测到)、FCST(预报)。

⑧ 位置：重要天气现象出现的位置,可用经度和纬度(度和分)或国际上熟知的位置或地理特征表示,如 N2020 W07005(北纬 20°20′,西经 70°05′)、S OF N56(北纬 56°以南)等。

⑨ 高度层：飞行高度层和范围,如 FL180、TOPFL390 等。

⑩ 移动或预期移动：参照罗盘八方位之一表示移动或预期移动(方向和速度)或静止,如 MOV E 40KMH(以 40km/h 的速度向东移动),STNR(静止)。

⑪ 强度变化：预期强度变化,如 INTSF(加强)、WKN(减弱)或 NC(无变化)。

⑫ 预报位置：SIGMET 报的有效时段结束时火山灰云获热带气旋中心的预报位置,如 FCST 2200Z TC CENTRE N2740 W07345(预计世界时 22 时热带气旋中心位于北纬 27°40′,西经 73°45′)。

其中①～⑦是每份报文中的必备部分,其余部分依条件而定。

若要取消 SIGMET,在⑤后接取消格式,即 CNL　标识　有效时间,如 CNL SIGMET 2 101200/101600,CNL SIGMET 3 251030/251430 VA MOV TO YUDO FIR。

3. 重要气象情报及其取消报的示例

例 1：雷暴的 SIGMET 报

ZSHA SIGMET 2 VALID 101200/101600 ZSSS—

ZSHA SHANGHAI FIR/UIR OBSC TS FCST TOP FL390 S OF 54DEG N MOV E WKN＝

上海飞行情报区气象监视台(ZSSS)发布的有关上海飞行情报区(ZSHA)10 日第 2 份重要气象情报,报文有效时段 10 日 12 时至 16 时(世界时)。

在上海飞行情报区/高空飞行情报区,有模糊不清的雷暴,预报顶高为飞行高度层 390,在北纬 54°以南,向东移动,强度减弱。

例 2:严重颠簸的 SIGMET 报

ZGZU SIGMET 2 VALID 060400/060800 ZGGG—

ZGZU GUANGZHOU FIR SEV TURB OBS AT 0350 N OF 23N FL250 MOV E 40KMH WKN＝

广州飞行情报区气象监视台(ZGGG)发布的有关广州飞行情报区(ZGZU)6 日第 2 份重要气象情报,报文有效时段 6 日 04 时至 08 时(世界时)。

在广州飞行情报区,于 03 时 50 分(世界时)观测到严重的颠簸,位置在北纬 23°以北,飞行高度层 250,以 40km/h 的速度向东移动,强度逐渐减弱。

例 3:火山灰的 SIGMET 报

YUDD SIGMET 2 VALID 211100/211700 YUSO—

YUDD SHANLON FIR/UIR VA ERUPTION MT ASHVAL LOC S1500 E07348 VA CLD OBS AT 1100Z FL310/450 APRX 220KM BY 35KM S1500 E07348-S1530 E07642 MOV ESE 65KMH FCST 1700Z VA CLD APRX S1506 E07500-S1518 E08112-S1712 E08330-S1824 E07836＝

SHANLON 飞行情报区气象监视台(YUSO)为 SHANLON 飞行情报区/高空飞行情报区(YUDD)发布的 21 日第 2 份重要气象情报,有效时段 21 日 11 时至 17 时(世界时)。

在 SHANLON 飞行情报区/高空飞行情报区,ASHVAL 火山喷发,火山位于南纬 15°00′、东经 73°48′。11 时(世界时)观测到火山灰云位于飞行高度层 310 到 450,范围大约为长 220km,宽 35km,南纬 15°00′、东经 73°48′至南纬 15°30′、东经 76°42′;向东南东方向移动,移速 65km/h。预计 21 日 17 时(世界时),火山灰云大约位于南纬 15°06′、东经 75°00′至南纬 15°18′、东经 81°12′至南纬 17°12′、东经 83°30′至南纬 18°24′、东经 78°36′范围内。

例 4:热带气旋的 SIGMET 报

YUCC SIGMET 3 VALID 251600/252200 YUDO—

YUCC AMSWELL FIR TC GLORIA OBS AT 1600Z N2706 W07306 CB TOP FL500 WI 150 NM OF CENTER MOV NW 10KT NC FCST 2200Z TC CENTER N2740 W 07345＝

AMSWELL 飞行情报区气象监视台(YUDO)为 AMSWELL 飞行情报区发布的 25 日第 3 份重要气象情报,有效时段 25 日 16 时至 22 时(世界时)。

在 AMSWELL 飞行情报区,于 16 时(世界时)观测到热带气旋 GLORIA 位于北纬 27°06′,西经 73°06′,在中心 150n mile 范围内,积雨云云顶高为飞行高度层 500,向西北移动,移速 10kt,强度不变,预计 22 时(世界时),气旋中心位于北纬 27°04′,西经 73°45′。

例 5:SIGMET 报的取消报

ZGZU SIGMET 3 VALID 101345/101600 ZGGG—

ZGZU GUANGZHOU FIR/UIR CNL SIGMET 2 101200/101600=

广州飞行情报区气象监视台(ZGGG)发布的有关广州飞行情报区(ZGZU)10 日第 3 份重要气象情报,报文有效时段10 日13：45 到16：00(世界时)。

在广州飞行情报区/高空飞行情报区的第 2 号重要气象情报(有效时段 10 日 12：00 到 10 日 16：00(世界时))取消。

8.5.2 低空重要气象情报

低空气象情报由气象监视台以缩写明语形式发布,其对有关航路上出现或者预期出现的,可能影响低空飞行安全的天气现象,以及这些现象在时间和空间上的发展进行简要说明。

低空气象情报以"AIRMET"表明,其后紧接低空气象情报序号,从当日的 0000(UTC)起,其与为该飞行情报区发布的重要气象情报的份数相对应,有效时段不超过 4h。当有关的天气现象在该地区不再出现或预期不再出现时,应再发 1 份低空气象情报以取消相应的低空气象情报。

1. 低空重要气象情报的内容

每份低空气象情报包括低于 FL100(山区为 FL150,必要时更高)以下出现或预期出现的下列天气现象之一,大范围大于 60km/h 的地面风,大范围小于 5 000m 的能见度、雷暴、山地状况不明、大范围多云或者阴天、积雨云、中度颠簸、中度积冰和中度山地波等。

(1) 大范围地面平均风速大于 17m/s(SFC WSPD 加风速和单位);

(2) 大范围低于 5 000m 的地面能见度,包括引起能见度降低的天气现象(SFC VIS 加能见度值加下列天气现象或天气现象组合之一：BR,DS,DU,DZ,FC,FG,FU,GR,GS,HZ,IC,PL,PO,RA,SA,SG,SN,SQ,SS);

(3) 雷暴

① 孤立的不伴冰雹的雷暴(ISOL TS);

② 分离的不伴冰雹的雷暴(OCNL TS);

③ 孤立的伴冰雹的雷暴(ISOL TSGR);

④ 分离的伴冰雹的雷暴(OCNL TSGR)。

孤立的(ISOL)表示个别的积雨云和/或雷暴区域,且在其所影响的区域或预报此现象将要影响的区域内最大空间覆盖率不超过 50%(在某一固定时间或有效时段内);分离的(OCNL)表示完全分离的积雨云和/或雷暴区域,且在其所影响的区域或预报此现象将要影响的区域内最大空间覆盖率在 50%~75%之间(在某一固定时间或有效时段内)。

(4) 山地状况不明(MT OBSC)

(5) 云况

① 大范围多云或阴天,云底距地面小于 300m

a. 多云(BKN CLD 加云底、云顶高度和单位);

b. 阴天(OVC CLD 加云底、云顶高度和单位)。

② 积雨云

a. 孤立的(ISOL CB);

b. 分离的(OCNL CB)；

c. 频繁的(FRQ CB)。

③ 浓积云

a. 孤立的(ISOL TCU)；

b. 分离的(OCNL TCU)；

c. 频繁的(FRQ TCU)。

(6) 中度积冰(对流性云中的积冰除外)(MOD ICE)

(7) 中度颠簸(对流性云中的颠簸除外)(MOD TURB)

(8) 中度的山地波(MOD MTW)

中度山地波是指伴随 1.75～3.0m/s(350～600ft/min)或以上的下沉气流和/或观测或预报的中度颠簸。

2. 低空重要气象情报及其取消报的示例

低空重要气象情报的格式与重要气象情报基本相同。低空气象情报及其取消报的示例如下。

例 1：雷暴的 AIRMET 报

YUDD AIRMET 1 VALID 151520/151800 YUSO－

YUDD SHANLON FIR ISOL TS OBS N OF S50 TOP ABV FL100 STNR WKN＝

SHANLON 飞行情报区的气象监视台(YUSO)为 SHANLON 飞行情报区发布的 15 日第 1 份低空气象情报,有效时段 15 日 15 时 20 分至 18 时 00 分(世界时)。

在 SHANLON 飞行情报区,观测到孤立的雷暴,位置在南纬 50°以北,顶高在飞行高度层 100 以上,预计稳定少动,强度减弱。

例 2：中度山地波的 AIRMET 报

ZBPE AIRMET 2 VALID 221215/221615 ZBAA－

ZBPE BEIJING FIR MOD MTW OBS AT 1205Z N42E110 FL080 STNR NC＝

北京飞行情报区气象监视台(ZBAA)发布的有关北京飞行情报区(ZBPE)22 日第 2 份低空气象情报,报文的有效时段自 22 日 12 时 15 分至 16 时 15 分(世界时)。

北京飞行情报区于 12 时 05 分(世界时)观测到中度山地波,位置在北纬 42°,东经 110°,高度在飞行高度层 080,山地波静止少动,预计强度没有变化。

例 3：AIRMET 报的取消报

YUDD AIRMET 2 VALID 151650/151800 YUSO－

YUDD SHANLON FIR CNL AIRMET 1 151520/151800＝

SHANLON 飞行情报区的气象监视台(YUSO)为 SHANLON 飞行情报区发布的 15 日第 2 份低空气象情报,有效时段 15 日 16 时 50 分至 18 时(世界时)。

SHANLON 飞行情报区的第 1 份低空气象情报(有效时段 15 日 15 时 20 分至 15 日 18 时(世界时))取消。

8.5.3 机场警报

1. 机场警报的内容

机场警报是以缩写明语形式对可能影响地面航空器和机场设备、设施安全的气象情况作简要说明，包括出现或预期出现的下列天气现象：

(1) 热带气旋(机场 10min 平均风速预期达到或超过 17m/s)；

(2) 雷暴；

(3) 冰雹；

(4) 雪(包括预期的或观测到的积雪)；

(5) 冻降水；

(6) 霜冰或雾凇；

(7) 沙暴；

(8) 扬沙或扬尘；

(9) 强地面风和阵风；

(10) 飑；

(11) 霜；

(12) 火山灰；

(13) 海啸；

(14) 气象部门和用户协定的其他天气现象。

2. 机场警报的格式

机场地名代码①　　电报种类的标志②　　有效时段③　　天气现象④

观测到的或预报的现象⑤　　强度变化⑥

具体说明如下。

① 机场地名代码：机场的 ICAO 地名代码，如 YUCC。

② 电报种类的标志：电报标识和相应的序号。机场警报的电报种类标志为“AD WRNG”，如 AD WRNG 3。

③ 有效时段：有效时段的日期和时间组(世界时)，如 VALID 221730/222030(有效时段 22 日 17 时 30 分至 20 时 30 分(世界时))。

④ 天气现象：引起发布机场警报的天气现象的描述，如 HVY SN 25CM、SFC WDSPD 80KMH MAX 120、VA 等。

⑤ 观测到的或预报的现象：表明天气情报是观测到并预期待续的，还是预报的，如 OBS(观测到)、FCST(预报)。

⑥ 强度变化：预期强度变化，可用 INTSF、WKN 或 NC 来表示。

其中①～⑤是每份报文中的必备部分，其余部分依条件而定。

当所涉及的天气现象不再出现或预期不再出现时，要取消相应的机场警报。取消时，在③后接取消格式，即 CNL　电报种类的标志　有效时段，如 CNL AD WRNG 6 071130/071430。

3. 举例

例 1：YUCC AD WRNG 1 VALID 160500/160600

HVY SS SFC WDSPD 35KMH MAX 50 OBS AT 0500Z=

译文：YUCC 16 日发布的第 1 份机场警报，有效时段是 16 日 05 时至 06 时(世界时)，在 05 时观测到严重沙暴，地面风速为 35km/h，最大风速为 50km/h。

例 2：YUCC AD WRNG 2 VALID 161000/161200

CNL AD WRNG 1 160600/161200=

译文：YUCC 16 日发布的第 2 份机场警报，有效时段是 16 日 10 时至 12 时(世界时)，取消第 1 份机场警报(有效时段 16 日 06 时至 12 时(世界时))。

8.5.4 风切变警报

1. 风切变警报的内容

风切变警报是以缩写明语形式对已经观测到的或者预期将要出现的可能影响航空器安全的低空风切变作简要说明，即对可能严重影响跑道道面与其上空 500m 之间的进近航径上、起飞航径上或盘旋进近期间的航空器，以及在跑道上处于着陆滑跑或起飞滑跑阶段的航空器的风切变作简要说明。因地形产生高度超过跑道上空 500m 的有重要影响的风切变，则不受 500m 的限制。

风切变警报可作为补充情报包括在 MET REPORT、SPECIAL、METAR、SPECI 中。

使用自动地基风切变遥感或探测设备探测风切变的机场，发布由这些系统生成的风切变告警。即逆风或顺风的变化达 8m/s 或以上，可能严重影响在最后进近航径上的航空器以及在跑道上进行着陆滑跑或起飞滑跑的航空器的风切变。风切变告警还需指明风切变所在跑道的具体区域和沿进近或起飞航径的距离。

2. 风切变警报的格式

机场地名代码① 电报种类的标志② 发布日期、时间和有效时段③

天气现象④ 观测到的、报告的或预报的现象⑤ 天气现象的细节⑥

具体说明如下。

① 机场地名代码：机场的 ICAO 地名代码，如 YUCC。

② 电报种类的标志：电报标识和相应的序号。风切变警报的电报种类标志为“WS WRNG”，如 WS WRNG 03。

③ 发布日期、时间和有效时段：以世界时发布的日期、时间和有效时段，如 061230 VALID TL 061330。

④ 天气现象：天气现象的标识和位置，如 WS APCH RWY12、MOD WS RWY34、MBST、IN CLIMB-OUT 等。

⑤ 观测到的、报告的或预报的现象：表明天气情报是观测到或报告的并预期待续的，还是预报的，如 REP AT 1510 B737(B737 飞机 15 时 10 分报告)、OBS、FCST 等。

⑥ 天气现象的细节：引发风切变警报的天气现象的描述，如 SFC WIND：320/20KMH

60M 等。

其中①～⑤是每份报文中的必备部分，其余部分依条件而定。

当风切变现象不再出现或预期不再出现时，要取消相应的警报。取消时，在③后接取消格式，即 CNL　电报种类的标志　有效时段，如 CNL WS WRNG 1 172130/172230。

3．举例

例 1：YUCC WS WRNG 03 110430 VALID TL 110530

MOD WS RWY21 FCST SFC WIND 320/20KMH 60M WIND 360/50KMH＝

译文：YUCC 11 日 04 时 30 分(世界时)发布的第 3 份风切变警报，有效时段 11 日 04 时 30 分至 11 日 05 时 30 分(世界时)。预报 21 号跑道有中度风切变，地面风向为 320°，风速 20km/h，60m 处风向为 360°，风速 50km/h。

例 2：YUCC WS WRNG 04 272130 VALID TL 272230

CNL WS WRNG 03 271900/272200＝

译文：YUCC 27 日 21 时 30 分(世界时)发布的第 4 份风切变警报，有效时段 27 日 21 时 30 分至 27 日 22 时 30 分(世界时)，取消第 3 份机场警报(有效时段 27 日 19 时至 22 时(世界时))。

本章小结

本章在简要介绍航空气象情报系统的基础上，依次介绍了机场气象观测及报告、航空天气预报、航空天气报告及重要气象情报。通过对本章的学习，主要掌握对常用报文及图表的认读和分析，从航空气象情报中获取影响飞行活动的信息，以提前准备，防患于未然。

复习与思考

1. 航空气象情报主要包括哪些内容？
2. 增强型气象情报系统的基本功能有哪些？
3. 增强型气象情报系统手册包括哪些内容？
4. 民用航空气象地面观测分为哪几种？
5. 翻译下面的电码格式的机场天气报告。

(1) METAR ZSSS 170900Z 16003MPS 110V220 7000 －TSRA SCT010 SCT030CB 25/24 Q1009 RESHRA BECMG NSW＝

(2) METAR ZSPD 170930Z 14003MPS 090V160 9999 SCT026 FEW030CB 30/25 Q1009 RETS BECMG FM1030 TSRA＝

(3) METAR ZSSS 170630Z 10005MPS 070V130 2000 R18L/1000D 18R/0800VP2000D SHRA BKN030 SCT030CB 29/25 Q1007 NOSIG＝

(4) SPECI ZWWW 240315Z 27014G20MPS 0300 BLSN＝

(5) SPECI ZGGG 180320Z 1000 ＋TSRA OVC040 (CB)＝

6. 翻译下面的缩写明语形式的机场天气报告。

(1) MET REPORT ZBAA 030200Z 310/30KT MAX50 MNM10 VIS 1000M RWY01 RVR 800M SS SKC T20DP12 QHN1013＝

(2) MET REPORT ZLLL 222100Z 290/10KT VIS 2500M FBL SN RA BKN600M OVC1500M T1DPMS1 QNH1010＝

(3) MET REPORT ZSSS 102100Z CALM VIS 1000M VCFG FEW200M T03DP01 QNH1015＝

(4) SPECIAL REPORT ZGGG 180620Z VIS 600M HVY TS RA GR VER VIS 200M＝

7. 翻译下面的电码格式的机场预报。

(1) TAF VHHH 202300Z 210006 VRB05KT 2500 BR FEW008 SCT025 TEMPO 2100/2103 0800 FG TEMPO 2103/2110 27010KT 6000 NSW TEMPO 2118/2122 1200 BR BECMG 2122/2124 02010KT＝

(2) TAF AMD ZGGG 192232Z 200024 16003MPS 0500 FG BKN008 OVC025 BECMG 0102 1600 BKN026 BECMG 0204 3500＝

(3) TAF ZMUB 201634Z 201824 VRB02MPS 9999 SCT030 TEMPO 2022/2106 6000 －SN BECMG 2100/2102 30005MPS BECMG 2104/2105 33008MPS BECMG 2111/2113 VRB02MPS TNM24/2023Z TXM08/2107Z＝

8. 翻译下面的电码格式的航路预报。

(1) ROFOR 0816 KMH ZGGG ZBAA SCT030(CB) 7230/// BKN080 7200/// 521202＝

(2) ROFOR 230800Z 1018 KMH ZUUU 23816 ZBAA 01238 SCT060(CB) 7230140＝

(3) ROFOR 0417 KMH ZSSS ZWWW BKN011 SCT033(CB) OVC100 7400/// 64//// 54//// 4230M17 29015 4270M23 30018 4300M36 32020 4330M42 31022＝

9. 重要天气预告图有哪3种？每一种预告图的主要内容有哪些？

10. 翻译下面的低空区域预报。

ZBPE GAMET VALID 170000/170600 ZBAA－

ZBPE BEIJING FIR BLW FL100

SECN Ⅰ

SFC WSPD：05/06 35KT

SFC VIS：05/06 0600M RA

SIGWX：05/06 FRQ TS

SIG CLD：04/06 OVC 200/300 M AGL 05/06 CB 300/3000 M AGL

ICE：NIL

TURB：MOD ABV FL080

SIGMETS APPLICABLE：2,4

SECN Ⅱ

PSYS：04 L 999 HPA N40 E110 MOV NE 20KMH NC

WIND/T：600 M 280/75KMH PS12 1500 M 270/80KMH PS7 3000 M 250/90KMH PS1

CLD：BKN SC 1200/2600 M AGL

FZLVL：3200 M AGL

MNM QNH：999 HPA

SEA：NIL

VA：NIL

11. 翻译下面的火山活动报告。

（1）VOLCANIC ACTIVITY REPORT ZBAA 271600 MT VISUWE VOLCANO 4030N 1145E

ERUPTED 171540 LARGE ASH CLOUD EXTENDING TO APPROX 32000 FEET MOVING E SLOW=

（2）VOLCANIC ACTIVITY REPORT ZBAA 180900 MT SAKURAJIMA VOLCANO 3135N 13034E ERUPTED 180831 LARGE ASH CLOUD EXTENDING TO APPROX 25000 FEET MOVING SE FAST=

12. 编制下面的飞机报告。

中国国际航空公司 516 航班，在世界时 16 时 31 分，在北纬 31°，东经 131°，飞行高度 29 000ft，观测到樱岛（SAKURAJIMA）火山喷发。该高度气温－21℃，风向 280°，风速 58km/h，有轻度晴空颠簸。大量火山灰云扩散到大约 32 000ft 高空，并向东南方向移动。

13. 翻译下面的重要气象情报。

（1）ZBPE SIGMET1 VALID 010200/010600 ZBAA—

BEIJING FIR OBSC TS FCST TOP FL390 S OF 40 DEG N MOV E 25KMH INTSF=

（2）ZGZU SIGMET 2 VALID 060400/060800 ZGGG—

GUANGZHOU FIR SEV TURB OBS AT 35°N OF 23°N FL250 MOV E 40KMH WKN

（3）ZGZU SIGMET 3 VALID 101345/101600 ZGGG—

GUANGZHOU FIR/UIR CNL SIGMET 2 101200/101600=

14. 翻译下面的低空重要气象情报。

（1）ZBPE AIRMET5 VALID 010200/010600 ZBAA—

BEIJING FIR ISOL TS OBS TOP ABV FL100 N OF 40 DEG N STNR NC=

（2）ZSHA AIRMET2 VALID 172130/180130 ZSSS—

SHANGHAI FIR SFC VIS 1800 BR ISOL TS FCST VICINITY OF ZSSS NC=

（3）ZSHA AIRMET2 VALID 172130/180130 ZSSS—

SHANGHAI FIR SFC CNL AIRMET1 171800/180000=

15. 翻译下面的机场警报。

（1）ZSSS AD WRNG 5 VALID 160500/160600

HVY TS GR OBS AT 0450 WKN=

（2）ZSSS AD WRNG 4 VALID 0501200/051400

CNL AD WRNG 3 0501000/051400=

16. 翻译下面的风切变警报。

（1）ZSPD WS WRNG 11 300930 VALID TL 301030

MBST APCH RWY34 REP AT 0923 A320=

（2）ZSPD WS WRNG 06 192000 VALID TL 200000

CNL WS WRNG 05 191800/200000=

第9章

航空气象服务和飞行气象情报

本章关键词

航空气象服务(aviation weather service)　　飞行气象情报(flight weather information)

航空气象服务是指为航空活动提供的气象服务,其基本任务是探测、收集、分析、处理气象资料,制作和发布和航空气象产品,及时、准确地提供民用航空活动所需的气象信息,为飞行安全、正常和效率服务。其中,飞行气象情报发布与交换是民用航空气象服务中的重要环节。另外,航空气象电码是气象信息的具体表现形式和重要载体之一,应按照《国际航空气象电码》的格式和标准进行编制和发布,同时也允许一些国家对这些电码进行修改。飞行员、签派员、航务代理人员有必要了解和熟悉这些内容。

9.1 航空气象服务

9.1.1 航空气象服务的对象和内容

民用航空气象服务的对象(用户)有:①航务部门和飞行机组;②空中交通服务部门;③机场运行管理部门;④搜寻和救援部门;⑤航行情报服务部门;⑥通用航空飞行部门;⑦其他与民用航空活动有关的部门。

民用航空气象服务主要通过向用户提供气象情报而实现,其提供的气象情报内容如下。

(1) 机场报告,包括例行天气报告、特殊天气报告、以终端方式提供的自动化观测系统的实时显示观测数据;

(2) 航空天气预报,包括机场预报、着陆预报、起飞预报、区域预报、航路预报;

(3) 航空器空中报告,包括在飞行巡航和爬升阶段进行的例行空中报告、在飞行的任何阶段进行的特殊空中报告和其他非例行空中报告;

(4) 重要气象情报、低空气象情报、机场警报和风切变警报;

(5) 地基雷达探测资料、卫星云图资料和常规天气图资料;

(6) 航空气候资料,包括机场气候表、机场气候概要、历史气象观测资料、航线天气资料、气象要素统计资料。

9.1.2 为航务部门和飞行机组提供的气象情报

提供航务部门和飞行机组的气象情报，应覆盖下列与该飞行有关的时间和空间范围。

(1) 预计飞行时段和从预定着陆机场到达一个着陆备降机场的飞行时段；

(2) 起飞机场到预定着陆机场和预定着陆机场到达一个着陆备降机场之间的空间范围。

提供航务部门和飞行机组使用的气象情报应及时更新，并包括下列情报。

(1) 要素预报：高空大气温度和高空风；高空湿度(仅用于航务部门制作的自动飞行计划)；飞行高度层的位势高度(仅用于航务部门制作的自动飞行计划)；对流层顶的飞行高度层和温度；最大风的风向和风速及海拔高度；

(2) 起飞机场、预定着陆机场，以及起飞、航路和目的地备降机场的机场例行报告和(或)机场特殊天气报告(包括趋势预报)；

(3) 起飞机场、预定着陆机场，以及起飞、航路和目的地备降机场的机场预报或修订的机场预报；

(4) 起飞预报；

(5) 重要气象情报以及与全航路有关的适用的特殊空中报告。适用的特殊空中报告是指未用来制作重要天气情报的特殊空中报告；

(6) 低空区域预报和(或)为支持低空气象情报发布而编制的图形格式的低空飞行区域预报，以及与全航路有关低空飞行的低空气象情报；

(7) 当地机场的机场警报；

(8) 卫星云图资料；

(9) 地基天气雷达资料。

世界区域预报中心提供的预报在时间、海拔高度、地理区域方面能覆盖计划飞行的国际航线，关于气象要素的预报有世界区域预报中心提供的数字预报格式预报生成。标记为来源于世界区域预报中心的预报，对其气象内容不做任何修改。

9.1.3 为空中交通服务部门提供的气象情报

1. 向机场管制台提供的气象情报

(1) 机场管制台所在机场的本场例行天气报告，本场特殊天气报告、电码格式的机场例行天气报告、电码格式的机场特殊天气报告、实时的气压数据、趋势预报、机场预报及其修订预报；

(2) 重要气象情报、低空气象情报、机场警报和风切变警报及告警；

(3) 当地协定的其他气象情报，例如用以决定是否航空器起降跑道的地面风预报；

(4) 收到的未包含在已发布的重要气象情报中的火山灰云情报；

(5) 收到的关于喷发前火山活动和(或)火山喷发的情报。

2. 向进近管制室提供的气象情报

(1) 与进近管制室有关机场的本场例行天气报告，本场特殊天气报告、电码格式的机场

例行天气报告、电码格式的机场特殊天气报告、实时的气压数据、趋势预报、机场预报及其修订预报；

(2) 与进近管制室有关空域的重要气象情报、低空气象情报、风切变警报及告警、适当的特殊空中报告和机场警报；

(3) 当地协定的其他气象情报；

(4) 收到的未包含在已发布的重要气象情报中的火山灰云情报；

(5) 收到的关于喷发前火山活动和(或)火山喷发的情报。

3. 向区域管制中心(室)提供的气象情报

(1) 该管制区内各机场的电码格式的机场例行天气报告、机场特殊天气报告、趋势预报、机场预报及其修订预报和飞行情报区或管制区内其他的气象信息。如果区域管制中心(室)要求的话，还应包括邻近飞行情报区的机场的情报；

(2) 该管制区的高空风、高空温度和航路上重要天气现象预报及其修订预报，特别是造成按目视飞行规则不能飞行的上述情报，以及该管制区的重要气象情报、低空气象情报、适用的特殊空中报告。如有需要，还应包括邻近的飞行情报区的情报；

(3) 区域管制中心(室)为了满足飞行中航空器的要求而需要的其他气象情报；

(4) 收到的尚未包含在已发布的重要气象情报中的火山灰云情报；

(5) 收到的关于喷发前火山活动和(或)火山喷发的情报。

4. 为搜寻和救援部门提供的气象情报

提供给救援协调中心的气象情报应包括失踪航空器最后已知位置的气象情报和沿该航空器预定航路上的气象情报，特别是：①航路上的重要天气现象；②云量、云状、云底高和云顶高，尤其是积雨云的情况；③能见度和使能见度降低的天气现象；④地面风和高空风；⑤地面状况，尤其是积雪和积水状况；⑥与搜寻地区相关的海面温度、海面状况、浮冰和海流(如果有)；⑦海平面气压数据。

根据请求，提供给救援协调中心的气象情报还应包括：①搜寻区域内实时的和预期的天气状况；②进行搜寻的航空器的起、降机场及备降机场至搜寻区域飞行航路上实时的和预期的天气状况；③从事搜寻救援活动的船舶所需的气象情报。

9.2 飞行气象情报

9.2.1 飞行气象情报的内容

民用航空气象服务机构发布和交换的飞行气象情报主要有以下 4 种：①机场天气报告：包括例行天气报告、特殊天气报告和其他非例行报告；②航空器空中报告：包括例行空中报告、特殊空中报告和其他非例行空中报告；③航空天气预报：包括机场预报、着陆预报、起飞预报、区域预报和航路预报；④重要气象情报、低空气象情报、机场警报和风切变警报。

9.2.2 飞行气象情报的交换

使用报文格式交换飞行气象情报或编辑公报报头格式为

TTAAKK CCCC DDHHMM。

编辑公报时,未收到的飞行气象情报编为“NIL”。

1. TT

TT 是飞行气象情报种类,其电码及电码所代表的内容见表 9.1。

2. AA

AA 表示区域,中国为 CI。

3. KK

我国参与国际交换的飞行气象情报公报由民航气象中心统一编辑,其公报编号分别为 TTCI31、TTCI32、TTCI41、TTCI42。

参与港澳台地区交换的飞行气象情报公报由民航气象中心统一编辑,其公报编号分别为 TTCI51、TTCI52、TTCI61、TTCI62、TTCI71。

参与国内交换的飞行气象情报公报以地区为单位由地区气象中心统一编辑,其公报编号分别为:华北地区,TTCIX3;华东地区,TTCIX4,中南地区,TTCIX5;西南地区,TTCIX6;西北地区,TTCIX7;东北地区,TTCIX8;新疆地区,TTCIX9。

各地区以机场飞行区的等级来编辑公报:①飞行区等级为 4E、4D 的机场,其公报编号为 TTCI3X、TTCI4X、TTCI5X;②飞行区等级为 4C、3C 的机场,其公报编号为 TTCI6X、TTCI7X、TTCI8X;③其他公报编号为 TTCI9X。

表 9.1 TT 电码及其内容

电 码	内 容
FA	AREA FCST 明语区域预报
FC	TAF 机场预报(有效时间 9h)
FR	ROFOR 航路预报
FT	TAF 机场预报(有效时间 24h)
FV	火山灰咨询情报
FK	热带气旋咨询情报
GA	GEMET 低空区域预报的明语电报
SA	METAR 机场例行天气报告
SP	SPECI 机场特殊天气报告
UA	AIPEP 航空器空中报告
WA	AIRMET 低空气象情报
WC	SIGMET 热带气旋的重要气象情报
WS	SIGMET 除热带气旋和火山灰以外的重要气象情报
WV	SIGMET 火山灰的重要气象情报

4. CCCC

机场 4 字代码。

5. DDHHMM

DDHHMM 为时间组，DD 为发布日期，HH 表示小时(UTC)，MM 表示分钟(UTC)。

6. 更正报与修订报

当机场发布机场天气报告、机场预报和航路预报的更正报时，应当在其报头时间组后加注“CCA”(对同一份报的后续更正依次为“CCB”、“CCC”……)字样。

当机场发布机场预报和航路预报的修订报时，应当在其报头时间组后加注“AAA”(对同一份报的后续更正依次为“AAB”、“AAC”……)字样。

9.2.3　飞行气象情报的发布

1. 机场报告

1) 机场气象台(站)

民航局空管局指定的机场气象台应当每日 24h 连续发布时间间隔为 0.5h 的机场例行天气报告。我国指定发布半点机场例行天气报告的机场有：北京、太原、天津、上海虹桥、上海浦东、杭州、广州、深圳、沈阳、大连、乌鲁木齐。

配备自动气象观测系统或自动气象站的机场气象台(站)应当每日 24h 连续发布时间间隔为 1h 的机场例行天气报告。

机场气象台(站)应当不迟于与本机场有关的飞行活动前 2.5h 开始发布非自动生成的机场例行天气报告直至飞行活动结束；其他时间可以发布由自动气象观测系统或自动气象站自动生成的机场例行天气报告。

发布非自动生成的机场例行天气报告期间，当天气达到机场特殊天气报告标准时，机场气象台(站)应当发布机场特殊天气报告。

2) 民航地区气象中心

民航地区气象中心收集本地区民用机场的机场天气报告(METER 和 SPECI)并编辑例行天气报告公报；民航地区气象中心应当将收到的境内机场和境外有关机场天气报告(METER 和 SPECI)，立即通过民航气象数据库广域网向本地区配备民航气象数据库系统的机场气象台进行广播。

3) 民航气象中心

民航气象中心应当将各参加 OPMET 公报交换的国内机场例行天气报告编辑成例行天气报告公报，不迟于整点后 5min 或者半点后 5min，通过中国民航飞行情报收集中心发往香港机场气象台、台北飞行气象情报收集中心和参加 OPMET 公报分发的境外有关飞行情报收集中心。

机场例行天气报告公布发出后收到的机场例行天气报告，在报头时间组后加注“RRA”(依次为“RRB”、“RRC”……)字样后立即转发；机场报告的更正报应当立即转发。

2. 机场预报

1) 机场气象台

机场气象台应当发布有效时间为9h的机场预报(FC),其有效时段为2106、0009、0312、0615、0918、1221、1524和1803。机场气象台应当在每日与本场有关的第一个飞行活动开始前2～3h之间发布第一份机场预报,之后在机场预报的有效起始时间前1h 10min至2h之间连续发布机场预报,直至当日飞行活动结束。发布的第1份机场预报的有效时段应当包含飞行活动开始的时间,有效时段的起始时间应当最接近飞行活动开始的时间。当连续3份或者3份以上机场预报的有效起始时间之间没有飞行活动时。可以只发布其中最后一份机场预报,但应当在飞行活动开始前2～3h之间发布。

编入参加国际交换的OPMET公报的机场气象台应当发布为国际和地区飞行提供的有效时间为24h的机场预报(FT),其有效时段为0024、0606、1212和1818,发布时间不迟于预报有效起始时间前2h 10min、不早于预报有效起始时间前6h,最好不早于预报有效起始时间前3h。

机场气象台对其发布的机场预报(TAF)不能持续检查时,应当发布机场预报取消报。机场气象台发布的机场预报修订报、机场预报更正报、机场预报取消报的有效时段应当与所修订的、所更正的、所取消的机场预报的有效时段一致。

2) 民航地区气象中心

民航地区气象中心收集本地区民用机场的机场预报,并编辑成机场预报公报;民航地区气象中心应当将收到的境内机场和境外有关机场的机场预报,立即通过民航气象数据库广域网向本地区配备民航气象数据库系统的机场气象台进行广播。

3) 民航气象中心

民航气象中心应当将各参加国际交换的有效时间为24h的机场预报(FT)编辑成机场预报公报,不迟于预报有效起始时间前2h,并通过中国民航飞行情报收集中心发往境外有关的飞行情报收集中心。

机场预报公报发出后收到参加国际交换的机场预报,应在报头时间组后加注“RRA”(依次为“RRB”,“RRC”……)字样后立即转发;更正报、修订报也应当立即转发。

3. 着陆预报和起飞预报

机场气象台应当发布着陆预报,但是当发布自动生成的机场天气报告时可以不发布着陆预报。着陆预报采取趋势预报的形式,与其所附的机场天气报告一起发布和交换。起飞预报由机场气象台按有关协议发布。

4. 航路预报

由本地区的民航地区空管局确定,当低空飞行密度较小时,或者低空飞行密度较大但有关机场气象台(站)不能得到低层区域预报时,指定的机场气象台应当发布特定范围内飞行高度在3 000m(含)(高原地区为4 500m(含))以下的起飞机场至第一降落机场的航路预报(ROFOR)。

航路预报的有效时段应当覆盖相关飞行活动的整个过程,发布时间应当不迟于相关飞

行活动开始前2h。发布修订的或者更正的航路预报时，其有效时段应当与所修订或者所更正的航路预报的有效时段一致。指定的机场气象台通过AFTN或者其他有效方式将航路预报发往起飞机场气象台(站)、本地区气象中心和民航气象中心。

民航地区气象中心应当收集本地区以及全国各有关机场气象台发布的航路预报。

5. 预告图形式和缩写明语形式的区域预报

1) 机场气象台

当低空飞行密度较大时，由本地区的民航地区空管局确定，指定的机场气象台应当制作指定时次和区域的低层重要天气预告图及其修订或者更正的预告图，并通过有线传真或者其他有效方式，发往本地区气象中心。

当有关机场气象台(站)不能得到低层预告图时，负责制作低层重要天气预告图的机场气象台可以发布规定区域的缩写明语形式的低空区域预报，并通过AFTN或者其他有效方式，将缩写明语形式的区域预报发往有关机场气象台(站)、本地区气象中心和民航气象中心。当需要支持低空气象情报(AIRMET)的发布时，区域预报应当以GAMET形式发往本飞行情报区及相邻有关飞行情报区的气象监视台。GAMET形式的区域预报每6h发布一次，其有效时段为6h，不得迟于有效时间开始前1h发布。

2) 民航地区气象中心

当低空飞行密度较大时，民航地区气象中心发布本地区低层高空风和高空温度预告图，并综合收到的各指定的机场气象台制作的低层重要天气预告图及其修订或者更正的预告图，发布本地区低层重要天气预告图及其修订或者更正的预告图，通过民航气象数据库广域网发往民航气象中心。

民航地区气象中心应当制作本地区中层重要天气预告图及其修订或者更正的预告图，并通过民航气象数据库广域网发往民航气象中心数据库和本地区配备民航气象数据库系统的机场气象台。

民航地区气象中心应当将收到的全国范围中层和高层重要天气预告图及其修订或者更正的预告图，立即通过民航气象数据库广域网向本地区配备民航气象数据库系统的机场气象台进行广播。

民航地区气象中心应当收集本地区有关机场气象台发布的缩写明语形式的区域预报。

3) 民航气象中心

民航气象中心应当对收到的世界区域预报中心(WAFC)的区域预报产品进行处理，通过民航气象数据库广域网和气象传真广播系统进行广播，并综合收到的各民航地区气象中心制作的中层重要天气预告图及其修订或者更正的预告图，发布全国范围的中层和高层重要天气预告图及其修订或者更正的预告图，通过民航气象传真广播系统和气象数据库广域网进行广播。

民航气象中心应当发布指定范围的中层和高层高空风和高空温度预告图，通过民航气象传真广播系统和气象数据库广域网进行广播；并将收到的各地区气象中心制作的低层高空风和高空温度预告图以及低层重要天气预告图及其修订或者更正的预告图，通过民航气象传真广播系统和气象数据库广域网进行广播。

民航气象中心应当收集全国有关机场气象台发布的缩写明语形式的区域预报。

6. 重要气象情报和低空气象情报

预期影响飞行情报区的有关火山灰云和热带气旋的重要气象情报，应当在有效时段开始之前12h内尽早发布；如果这些现象已经存在，但尚未发布有关重要气象情报时，应当尽快发布。火山灰云和热带气旋的重要气象情报应当至少每6h更新一次。其他重要气象情报，应当在预期的天气现象发生前不早于4h发布。如果这些现象已经存在，但尚未发布有关重要气象情报时，应当尽快发布。

当已经发生的或者预期发生的天气现象不再发生或者预期不再发生时，应当发布有关的重要气象情报取消报或者低空气象情报取消报。

气象监视台应当将重要气象情报和低空气象情报发往责任区内的机场气象台(站)、境内气象监视台和民航气象中心，并且要将发布的重要气象情报发往境外相关气象监视台。

气象监视台应当将收到的其他气象监视台发布的重要气象情报和低空气象情报，立即通过AFTN或者其他有效方式转发给责任区内有关的未配备民航气象数据库系统和民航气象传真广播接收系统的机场气象台(站)。

民航地区气象中心应当将收到的有关的重要气象情报和低空气象情报，立即通过民航气象数据库广域网向本地区配备民航气象数据库系统的机场气象台进行广播。

民航气象中心应当将收到的有关的重要气象情报和低空气象情报，立即通过民航气象数据库广域网和气象传真广播系统进行广播。

7. 机场警报和风切变警报

机场范围内发生或者预期将要发生重要天气时，机场气象台应当按照协议向有关单位发布机场警报。机场跑道区、进近着陆区及起飞爬升区发生或者预期将要发生风切变时，机场气象台应当按照协议向有关单位发布风切变警报。

9.3 国外气象报文的介绍

国外气象报文的主体部分与国内报文基本一致，但其中有些项目，如风速、能见度等，采用的单位不一样。国外报文与国内最大的区别在于它有“备注”项，即“RMK”项。其用于说明详细的天气温度、露点等附加信息。RMK项不仅是对报文主体内的气象要素的补充说明，更常常会包含一些影响飞行，但不存在于主体格式编发范围内的天气细节的描述。

9.3.1 报文的主体部分

1. 地面风

国外报文中，有的国家和地区的风速采用“节(knots)”为单位，即“kt”，在报文中用“KT”表示；一般我们认为1MPS≈2KT(1m/s≈2kt)。风向是指风的来向，且为真北方向。

当风速小于6kt，且风向不定，该项用标示符“VRB”表示；但当风速小于3kt，则定义为静风(CALM)，报文中用“00000KT”表示。

2. 能见度

国外报文中能见度的单位有的与我国一样，采用“米(M)”为单位，但也有像美国等国家和地区采用“英里(SM)”为单位，一般 1SM≈1600KM。在报文中能见度数值后标示单位“SM”，表示“英里”单位；如果没有，则默认单位为“米”。

在自动观测报文中，M1/4SM 表示能见度小于 1/4SM，10SM 表示能见度≥10SM(类似国内报文中的 9999)。

另外，需要注意的是，当能见度＞1SM 时，能见度数值的显示间隔比较大，需要仔细查看识别，比如 METAT KGNV 201953Z AUTO 24015KT 1 3/4SM……，这时该机场的能见度为 $1\frac{3}{4}$mile，即 2 800m。

3. 跑道视程

美国的跑道视程单位采用英尺(FT)为单位，并在跑道视程数值后用“FT”标注；当 RVR 数据丢失时，标注为“RVRNO”。

例如：METAT KGNV 201953Z AUTO 24015KT 3/4SM R28/2400FT ……

9.3.2 备注

RMK 项是依据地区电码格式或者是英文缩写编发的。同一国家或地区的台站编发 RMK 项的格式基本相同。

参照行业相关规定，中国境内各航空气象台站所编发的 METAR 和 SPECI 报已不再包含 RMK 项，编发 RMK 项的国家主要集中在大洋洲、美洲和亚洲的部分国家。以美国气象报文为例，当天气现象出现在本场 5SM 以内，则认为是在本场发生的；当天气现象出现在本场 5-10SM 以内，则报告“附近”，用“VC”表示；当天气现象在本场 10SM 以外，用“DSNT”表示；在备注部分距离单位默认为“英里”，但闪电报告的距离单位用“海里”表示；云或天气系统移动的方向表示该云或者气象系统向该方向移动。

1. 自动的、人工的、简语类备注

1) 火山活动

用简语表示火山喷发(volcanic eruption)，包括火山名称、经纬度、距离观测站的距离、日期、时间、火山灰云的范围、描述、高度、移动情况。

例：MT. ST. HELENS VOLCANO 70 MILES NE ERUPTED 181505 LARGE ASH CLOUD EXTENDING TO APPROX 30000 FEET MOVING SE。

2) 陆龙卷、漏斗云、水龙卷

陆龙卷(tornado)、漏斗云(funnel cloud)、水龙卷(waterspout)在生成、发展、结束时，表示伴随的天气现象开始、结束的时间、地点、移动方向。

例：TORNADO B13 DSNT NE 表示一个陆龙卷在过去 1h 里的 13min 开始，方位为机场的东北方向，距离在机场区域之外(10mile 以外)。

3) 自动观测场站的类型

当报文是自动观测(AUTO)的，会有该场站的备注信息：

(1)“AO1”表示该场站自动观测系统没有自动观测降水(雨/雪)的功能；

(2)“AO2”表示该场站自动观测系统有自动观测降水(雨/雪)的功能。

4) 最大风

当过去 1h 的瞬时最大风速超过 25kt 时,在下一份报文中的备注部分应标示“PK WND”信息。

例如：PK WND 06027/2347 表示在 23 时 47 分(世界时)出现最大风,风向(风的来向,真北)60°,风速 27kt；PK WND 33040/40 表示在过去的这个小时的 40 分出现最大风,风向 330°,风速 40kt。

5) 风的变化

当 15min 内,风向变化大于 45°或者更大,且风速维持在 10kt 或更大时,报 WSHFT。例如,WSHFT 40 指在过去的这个小时的 40min 开始,出现了风的变化。WSHFT 30 FROPA 指在过去的这个小时的 30min 开始,由于锋面过境(FRONTAL PASSAGE)出现了风的变化。

6) 塔台或地面能见度

如果塔台或者地面的能见度小于 4mile,两者的较小者列入报文的主体中,并在备注部分描述其中的较大者。

例如：METAR KJFK 191751Z 17015KT 2 1/2SM RA BR BKN005 21/19 A2974 RMK AO2 TWR VIS 3=

报文中表示的地面能见度 2.5mile,塔台能见度(TWR VIS)3mile。

7) 主导能见度的变化

如果在观测期间,主导能见度急剧变化超过 1/2mile,并且平均主导能见度小于 3mile,则在备注栏标注变化的主导能见度。

例如：VIS 1V2 表示主导能见度在 1mile 到 2mile 之间变化。

8) 扇区能见度

当主导能见度或扇区能见度小于 3mile,并且扇区能见度与主导能见度差值大于 1mile,则在备注部分标注扇区能见度。

例如：VIS N2 指北扇的能见度为 2mile。

9) 特定跑道的能见度

例如：VIS 2 RWY11 指 11 号跑道的能见度为 2mile。

10) 闪电

闪电应记录在注释里,可能的话应记录闪电的频率、类型和地点方位。各种闪电的缩写及其含义见表 9.2。

表 9.2 闪电缩写及其含义

缩写	含 义	缩写	含 义
OCNL	occasional,小于 1 次/min	IC	in-cloud,云中闪
FRQ	frequent,1～6 次/min	CC	cloud-to-cloud,云云闪电
CONS	continuous,大于 6 次/min	CA	cloud-to-air,云空闪电
CG	cloud-to-ground,云地闪电	CW	cloud-to-water,云水闪电

例如：ONCL LTGICCG 2 NW 表示在观测点西北方向 2sm 处有云中、云地闪电，频率少于 1 次/min。

在自动观测系统中，如果闪电在本场 5NM(海里)以内，在报文主体中标注 TS(雷暴)，备注项中不再体现；如果在本场 5-10NM 之间的闪电，在报文主体中记录为 VCTS；如果在本场 10～30NM 之间出现闪电，报文主体中可不记录，但在备注里应记录为“LTG DSNT”，并且随后应标注其相对本场的方位。

11）降水或雷暴的开始/结束时间

例如：RAB15E35SNB35E55 表示在过去这个小时的 15min 开始下雨，雨在过去这个小时的 35min 结束，在过去这个小时的 35min 开始下雪，雪在过去这个小时的 55min 结束。

例如：TSB15E50 表示在过去这个小时的 15min 出现了打雷，在过去这个小时的 50min，打雷结束。SPECI 要记录打雷的时间，但是不记录降水的开始、结束时间。

12）雷暴的位置

例如：“TS OHD MOV N”表示雷暴在本场上空，并且向北移动；“TS VC NE MOV NE”表示雷暴在本场东北方向附近，并向东北方向移动。

13）冰雹大小

当最大雹粒的直径在 1/4in 以上时，在报文主体中用“GR”来表示；3/4GR 表示冰雹直径为 3/4in；如果是小雹、冰粒或霰，在报文主体中用“GS”表示，在备注项中不再表示其直径。

14）雨幡

如果观测到有降水，但降水没有到达地面，在备注项中用“VIRGA”表示。

例如：VIRGA SW 表示在本场西南方向有雨幡。

15）变化的云底

当积云云底在 3 000ft 之下，而且不断发生变化时，在备注项中用“CIG”表示积云体最低、最高的云底高度的变化。

例如：CIG 005V010 表示积云的云底高度在 500～1 000ft 之间变化。

16）遮蔽现象

如果观测到地面或空中出现被遮蔽现象时，在备注项中要标注遮蔽天空的天气现象，及其量和高度。

例如：FG FEW000 表示遮蔽了 1/8～2/8 的天空；FU BKN020 表示空中有烟层遮蔽了空中 5/8～7/8 的部分，底部在 2 000ft。

17）变化的天空现象

当 3 000ft 以下的天空状况发生变化(SCT V BKN)时，要在注释中表示；BKN025 V OVC 表示在 2 500ft 高度，天空状况从 BKN 变为 OVC。

18）重要的云

要在注释中给出重要云层位于测站的方位和移动方向。

例如：CB W MOV E 表示在本场西边有 CB 云，并且向东移动；CBMAM DSNT S 表示悬球状积雨云在本场南面 10SM 以外；TCU OHD 表示在本场上空有浓积云 TCU。

另外，对于 ACC 堡状高积云、SCSL 荚状层积云、ACSL 荚状高积云、CCSL 荚状卷积云要描述云和位于测站的方位。

APRNT ROTOR CLD S 表示可视滚轴状云团(apparent rotor cloud)在本场南面。

19) 在第 2 位置的云高

例如：CIG 020 RWY11 表示 11 号跑道头的云高为 2 000ft。

20) 气压的快速升降

当每小时压力变化超过 0.06in,并且在观测期间,压力变化超过 0.02in,则在备注项中标注“PRESRR”(压力上升)或者“PRESFR”(压力下降)。

21) 海平面压力

在备注项中以“SLP”跟上 3 位数字表示海平面压力；如果海平面压力是变化的，标注“SLPNO”。

例如：SLP132 表示海平面压力为 1013.2hPa。

在备注项中报的海平面压力范围为 950.0hPa 至 1050hPa。我们只需要将 SLP 后面的 3 位数除以 10 之后再加上 900 或者 1000,保证算出的压力在 950 到 1050 之间就可以。例如：SLP998表示压力为 999.8(998÷10+900,在 950～1050 之间)hPa；SLP321 表示压力为 1032.1(321÷10+1000,在 950～1050 之间)hPa。

22) 没有特选报(SPECI)

如果该场站没有特选报,则在备注项中标注“NOSPECI”。

23) 下雪量迅速增加

当过去的 1h 内,雪的厚度超过上 1h 的 1in 或者更多时报。例如：SNINCR 2/10 表示在过去的 1h 内雪的厚度增加了 2in,现在雪的厚度为 10in。

24) 其他信息

其他信息包括场面信息等其他重要的运行信息。

2. 附加的和数据维护类的备注

1) 小时降水量

以“P”字母开始,跟随 4 个数字符组表示上个小时的降水量。

例如：P0045 表示上个小时的降水量为 0.45(0045÷100)in。P1020 表示上个小时的降水量为 9.20in；

特别指出的是,当报 P0000 时,并不表示上个小时没有降水,而是表示上个小时的降水量小于 0.01in。

2) 3h 和 6h 降水量

以数字“3”或者“6”开始,跟随 4 个数字符组表示过去 3h 或者 6h 的降水量。

例如：30001 表示过去的 3h 降水量为 0.01in；60110 表示过去的 6h 的降水量为 1.10in。

3) 24h 降水量

24h 降水量标示符为数字“7”,跟随 4 个数字符组表示过去 24h 的降水量。

例如：72020 表示过去的 24h,降水量为 20.20in；

4) 地面雪的厚度

以标示符“4/”开始,跟随 3 个数字符组表示地面雪的厚度。

例如：4/020 表示地面雪的厚度为 20in。

5）雪的水当量值

以标示符“933”开始，跟随3个数字符组表示地面雪的厚度。

例如：93310表示雪的水当量值为1(10÷10)in。

6）详细温度和露点温度

以标示符“T”开始，跟随8位数字字符表示。

例如：T02380214表示温度为23.8℃，露点为21.4℃。T00521012表示温度为5.2℃，露点－1.2℃。

7）过去6h的最高温度

以标示符“1”开始，跟随0或者1表示高于或者低于零度。再跟随3个数字组表示过去6h的最高温度。

例如：10102表示过去6h的最高温度为9.2℃。

8）过去6h的最低温度

以标示符“2”开始，跟随0或者1表示高于或者低于零度。再跟随3个数字组表示过去6h的最低温度。

例如：20102表示过去6h的最低温度为9.2℃。

9）传感器状态指示

RVRNO表示RVR信息不可用；PWINO表示当前的气象识别符不可用；PNO表示降水量不可用；FZRANO表示冻雨信息不可用；TSNO表示雷暴信息不可用；VISNO表示能见度信息不可用；CHINO表示云高测量仪测量信息不可用。

10）维修指示

在自动气象观测的场站，备注部分标示符“＄”表示自动观测仪需要维修。

9.3.3　其他国家和地区气象报文中的备注项

1. 大洋洲地区

例如澳大利亚，备注(RMK)项多为自动站编发，人工编发的时候较少。其编报格式也较有规律。RMK项多是对云、能见度和降水量的描述。

例：METAR YSBK 071800Z AUTO 10015KT 9999NDV // SCT042 BKN110 14/06 Q1020 RMK CLD：CLR BLW 125 RF00.0/000.8＝

澳大利亚自动站的云高传感器的垂直距离最大为12 500ft，所以当12 500ft以下没有云，且能见度大于1 000m时，在RMK中编发“CLD：CLR BLW 125”；如果12 500ft以下没有云，但是能见度不大于1 000m，则编发“CLD：SKY MAY BE OBSC”。RF后面紧跟的3位数字表示观测前10min内的降水量，“/”后面的4位数字表示从自动站开始观测到发报时的累计降水量，单位均为mm。另外，报文主体中的“NDV(no directional variation)”表示此自动站使用的是单向能见度传感器，无法探测到各个方向上能见度的差别与变化；“//”表示此自动站没有天气现象传感器。

2. 美洲地区

1）美国

美国的RMK项含义非常复杂，但却有着相对严格的编发规范。其RMK项可分为两部分：①自动站、人工输入的明语电码；②附加信息和自动站维护数据指示码。

例：METAR KJFK(美)191751Z 17015KT 2 1/2SM RA BR BKN005 OVC019 21/19 A2974 RMK AO2 TWR VIS 3 RAB26 SLP069 P0001 60002 T02060189 10222 20206＝

RMK 项为：自动站类型为 AO2(能够鉴别降水类型)，塔台能见度为 3mile，17：26(UTC)开始下中雨，海平面气压 1006.9hPa，每小时降水量为 0.01in，3h 或 6h 降水量为 0.02in(若上一含此项的报文是 3h 前编发，此处即代表 3h 降水量，若是 6h 前编发，此处即代表 6h 降水量)，气温为 20.6℃，露点为 18.9℃，6h 内最高温度为 22.2℃，6h 内最低温度为 20.6℃。

由于美国境内机场众多，所以不免有一些偏离规则的特殊报文出现。

例：METAR KNRB 172252Z 14008KT 10SM CLR 23/16 A2985 RMK AO2 SLP106 PA/90 DA/1100 T02280161 $＝

上例中"PA(pressure altitude)"为气压高度的缩写，"DA(density altitude)"为密度高度的缩写，单位均为 ft。

例：METAR KTIK 112155Z 20006KT 7SM SCT250 27/12 A3013 RMK SLP197 8/002 9/003＝

上例中"9/(Cl)(Cm)(Ch)"表示各层云量，使用 0～8 个分量描述。

例：METAR KJFK 112151Z 04007KT 10SM FEW007 SCT060 SCT250 27/13 A3006 RMK AO2 SLP180 FU FEW007 FU PLUME DSNT NW DRFTG S T02670133＝

上例中"PLUME DSNT NW DRFTG S"翻译为"烟羽在本场西北方向 10mile 以外，并低吹向正南方"。"DSNT"表示描述的天气现象距离本场 10mile 以外，后面接着方向的代码或"ALQDS(整个象限)"，"DRFTG"为"drifting"的缩写。

2) 拉丁美洲

拉丁美洲的一些国家，如墨西哥，常用 RMK 项来对云和能见度进行补充说明。

例：METAR MMSP 101852Z 00000KT 12SM FEW020 32/03 A3011 RMK 8/100 CI＝

上例中"8/(Cl)(Cm)(Ch)"是对云的详细描述，其编发标准与美国 RMK 项中的对应项相同。如此例所示，其后亦可以直接添加云的英文缩写来进行说明。

例：METAR MMRX 231043Z 12006KT 7SM FEW005 26/24 A2953 RMK 8/500 HZY RTS＝

上例中"HZY(hazy)"表示视程上存在障碍；"RTS(routes)"表示此视程障碍存在于航线上，提醒机组需要注意，在进近的过程中可能遇到能见度不好的区域。

例：METAR MMAN 131240Z 00000KT 10SM OVC018 25/21 A3002 RMK 8/5// BINOVC＝

上例中"BINOVC(breaks in overcast)"表示天空虽然完全被云遮蔽，但仍有些许间隔或空隙。

3. 俄罗斯及蒙古地区

由于气候寒冷，常年积雪，俄罗斯报文中最常见的 RMK 项是对跑道污染物(堆积物)的描述。跑道污染物的描述由 8 位数字构成：$D_RD_RE_RC_Re_Re_RB_RB_R$，其中 D_RD_R 为跑道号，E_R 为跑道堆积物的性质(见表 9.3)，C_R 为跑道的污染范围(见表 9.4)，e_Re_R 为跑道堆积物的厚度(见表 9.5)，B_RB_R 为摩擦系数(见表 9.6)。当跑道为平行跑道中的左跑道时，省略"L"直

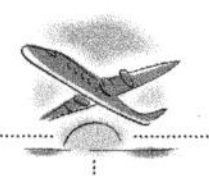

接编报 D_RD_R 项，当为平行跑道中的右跑道时，在跑道号上加 50 编报，如“18L”编报为“18”，“18R”编报“68”。当 D_RD_R 编报为“88”时，代表所有跑道，编报为“99”时，代表无最新的跑道信息，此 RMK 项中的跑道信息重复上 1 份报文的内容。此外，也可以使用明语“SNOCLO”代替 8 位数字来说明机场因为大量积雪关闭，或者在 8 位数字中添加“CLRD”表示污染物已经清除。

表 9.3　0919 电码表

电码	含　义
0	空旷和干燥的(clear and dry)
1	有潮气(damp)
2	有水渍(wet and water patches)
3	结晶，霜覆盖(rime and frost coved，一般厚度<1mm)
4	干雪(dry snow)
5	湿雪(wet snow)
6	烂泥(slush)
7	积冰(ice)
8	堆雪(compacted or rolled snow)
9	冻的车辙或起皱的(frozen ruts or ridges)
/	堆积物类型未报告(type of deposit not reported，例如因为跑道正在清理中)

注：E_R，即跑道堆积物(runway deposits)的性质。

表 9.4　0519 电码表

电码	含　义
1	低于 10%的跑道被污染(覆盖)
2	11%～25%的跑道被污染(覆盖)
3	维持 Reserved
4	维持 Reserved
5	26%～50%的跑道被污染(覆盖)
6	维持 Reserved
7	维持 Reserved
8	维持 Reserved
9	51%～100%的跑道被污染(覆盖)
/	没有报告(例如因为跑道正在清理之中)

注：C_R，即跑道的污染范围(extent of runway contamination)。

表 9.5　1079 电码表

电码	含　义
00	<1mm
01	1mm
02	2mm
03	3mm
⋮	⋮
89	89mm
90	90mm
91	维持 Reserved

续表

电码	含　　义
92	10cm
93	15cm
94	20cm
95	25cm
96	30cm
97	35cm
98	40cm 以上
99	由于雪、烂泥、积冰、大的漂浮物或跑道清除而未报告厚度，造成跑道无法使用
//	堆积物厚度不重要或无法测量

注：e_Re_R，即跑道堆积物的厚度(depth of deposit)。

表 9.6　0366 电码表

电码	含　　义
00	摩擦系数 0.00
01	摩擦系数 0.01
⋮	⋮
88	摩擦系数 0.88
89	摩擦系数 0.89
90	摩擦系数 0.90
91	刹车效应差
92	刹车效应中差
93	刹车效应中度
94	刹车效应中好
95	刹车效应好
96	维持 Reserved
97	维持 Reserved
98	维持 Reserved
99	不可靠 Unreliable
//	刹车条件没有报告和/或跑道不能使用

注：B_RB_R，即摩擦系数/刹车效应(friction coefficient/braking action)。

例：(俄罗斯)METAR UEST 100400Z 30005MPS 9999 BKN027 M01/M06 Q0998 NOSIG RMK QFE747 21000060＝

参考各相关电码表，上例中"21000060"意义为：21 号跑道无污染物，刹车摩擦系数为 0.60。

例：(俄罗斯)METAR UHMA 100400Z 12007G12MPS 9999 BKN200 15/05 Q1012 NOSIG RMK QFE754/1005 8809//70＝

上例中"8809//70"意义为：该机场所有跑道存在干燥污染物，50%以上的面积被覆盖，污染物的厚度不明，刹车摩擦系数为 0.70。

例：(俄罗斯)METAR UHWW 100400Z 33007MPS 290V010 9999 FEW033 BKN200 22/08 Q1008 NOSIG RMK QFE755/1007 75CLRD80＝

上例中"75CLRD80"意义为：25R 跑道的污染物已经被清除，刹车摩擦系数为 0.80。

由于机场周围地形大多复杂，蒙古报文中的RMK项多为对山脉中的天气现象和能见度的描述。

例：(蒙古)METAR ZMUB 182200Z 25003MPS 9000 SCT033 SCT100 17/M02 Q1006 NOSIG RMK FU B 2140 QFE646,8 27 NW MO=

上例RMK项中"B(begin)"表示天气现象(FU)的起始时间为21:40(UTC)。类似的，若想表示结束时间，则以"E(end)"编报；"QFE"表示场压，气压值用其后的4位数字表示，单位为mmHg，其中包括小数点后一位，以","号分割。注意，有的报文处理软件不能识别","符号而以空格替代，使其最后一位变成了单独的数字；随后的两位数字"27"表示相对湿度为27%；"NW"表示八分象限中的西北方向，有时会用"ALQDS(all quadrants)"表示所有方向，用"OHD(overhead)"表示覆盖整个头顶上方的天空；"MO(mountain obscure)"表示山脉模糊不可见。

例：(蒙古)SPECI ZMUB 260400Z 34012MPS 6000 SNRA FEW023 BKN030 02/M02 Q1008 NOSIG RMK SNRA B 0345 QFE647,8 79 ESE CM NW MO=

上例RMK项中"CM(cloud on mountain)"表示山脉上有云笼罩，从而导致山体模糊不清。

例：METAR ZMGT(蒙古)182200Z 01004MPS 9999 BKN090 11/M18 Q1016 NOSIG RMK QFE630,4 11 MOP=

上例RMK项中"MOP(mountain open)"表示山脉清晰可见。

4. 其他国家和地区

例：METAR NFFN(斐济)230500Z 28004KT 50KM FEW030 27/18 Q1010 NOSIG RMK RR NIL=

上例中的"RR"为"recent rain"的缩写，如有降水，则其后跟降水量，否则编发"NIL"。

9.4 集中运行控制对航空气象信息精细服务的新需求

在我国由不利气象条件引发的重大飞行事故约占飞行事故总数的31%。即便在航空技术发达的美国，与天气有关的重大航空事故的比例也高达1/3。更加及时、准确的高空风、温度等气象信息，能帮助航空公司选择合理的航线，准确预计飞行时间，制定出更加经济的飞行计划，从而实现节约飞行时间、提高航班正点率、合理安排载货量和加油量的目标。台风、大雾和雷暴等危险天气是大面积航班延误和旅客滞留的主要原因，对这些危险大气进行精细预报，根据可能出现天气过程的阶段性特点合理安排航班，可以显著地提高经济效益。

9.4.1 航空气象服务是关系飞行安全、正常和效益的重要因素

气象条件不仅对飞行安全和正常有直接的影响，也对航空运输企业的营运效益也有着至关重要的作用。随着科技的进步，飞机的性能和智能化程度都有了明显提高，从而使飞机机械事故大幅度减少，而由天气原因造成的事故比例则相对增加，已经上升到将近占总事故的1/3。

尽管机场助航设施和飞机的性能越来越先进，但对处于气象条件下的机场和航路来说，不利天气条件的影响所造成的旅客滞留、航班大面积延误随着飞行量的增大并没有明显减少，特别是台风、大雾、雷暴、颠簸、积冰等不利于飞行的天气造成的延误仍是导致航空运输延误的主要原因。有关资料显示，全球机场的飞行延误事件中，因天气原因导致的延误为41%，其中，可避免的天气原因导致的延误为17%，不可避免天气原因导致的延误为24%，我国近几年平均因天气原因造成的航班延误约占不正常航班的20%。

我们知道，返航、备降或取消一架次，直接经济损失将以数万元为单位计算，间接损失无数，还会造成连锁反应，导致后续航班的取消。在许多季节性危险天气的情况下，高度重视和加强气象信息的服务，密切监控危险天气的演变趋势是非常必要的。从效益角度看，天气原因造成的不正常航班量在所有不正常航班总量中居第3位。

9.4.2 新一代航空运输系统对航空气象信息服务的要求

全球定期航班旅客运输业务量预计以大约4%的年平均速度增长。伴随着经济全球化，世界民航呈现航空运输自由化和航空企业联盟化的特点。为了积极应对航空运输业未来发展所面临的机遇和挑战，中国民航局2005年提出建立新一代航空运输系统的构想，首先从空管和气象入手逐步实施，并把“全面、系统地提高天气观测和预报水平，大大减少天气对飞行的影响”作为新一代航空运输系统构想的愿景，对航空气象服务的准确、精细、统一性、实用性以及信息传递的及时、高效提出了更高的要求。这充分说明了航空气象服务在未来航空运输业中的重要性，在此背景下，航空企业越来越重视对气象产品的应用。

9.4.3 航空气象信息服务的现状、差距与新的需求

运行控制中心是航空公司组织飞行运行的核心机构，我国航空公司的运行控制中心普遍采用集中签派放行和运行监控方式，并在运行控制中融入了航空气象信息服务。国内四大航空集团公司主要接受民航气象系统的服务，使用国外气象服务商提供的气象资源为辅，为公司的国际飞行提供气象资料。

目前，各航空公司均不具备分析各类气象数据的能力，公司在飞行运行各环节对气象信息的应用水平还有待进一步提高。对航班保障的现实状况是，依靠目前的气象科学技术水平，还不能完成上述任务，短期内也难以实现质的突破。虽然近年来中期天气数值预报可用时效不断延伸，定时、定点、定量的预报能力有了较大提高，但与用户日益增长的需求相比还是有很大的差距。没有更有效、更及时、更精细的气象保障服务，已经逐渐成为制约集中运行控制发展的瓶颈。现有的航空气象服务中还经常存在预报准确度不高，预报出现短时天气现象时段过长等现象，导致签派员难以准确掌握可用机场的天气条件。此外，还存在对航路飞行阶段大范围雷暴、冰雹等强对流天气、中低空积冰、颠簸的描述不够精确，以及不能就大范围复杂天气对飞行不同阶段的影响节点提出很好的建议等问题。

随着飞机性能不断提高，飞行技术不断进步，飞行与气象条件之间的关系，正在从气象条件决定能否飞行，转变为在复杂气象条件下如何组织飞行的问题。航班保障对航空气象预报的理想期望是，气象部门向航空公司提供及时、准确的高空风、温度等气象信息。如果气象信息能够比较精准体现运行天气标准的阶段性变化，在一定时间段内预先提供给航空公司，就能把恶劣天气对航班的影响降低到最低程度，航空公司可以据此制定科学经

济的飞行计划，选择合理的航线，准确预计飞行时间，从而节约飞行时间，提高飞机正点率，合理安排载货量和载油量方面来提高效益。但是目前亟待解决的是机场边缘天气，大范围复杂天气、航路危险天气的精细预报，这些精细的气象信息服务是航空气象真正价值的体现。

1. 对边缘天气进行精细服务

目前，部分地区机场发布的气象预报准确度依然不高，气象预报中经常性的短时天气现象，短时时段过长，导致签派员难以准确掌握可用机场的天气条件，难以对边缘天气条件下的与否做出可靠的决策。短期内天气预报的准确度也难以实现质的提高，因此在现有技术基础之上的精细的边缘天气服务是需要重点解决的问题。

2. 针对不同的大范围复杂天气的各阶段的时间节点、强度节点的精细建议

1）台风保障

针对台风对飞行的影响，航空公司希望获得更精细的气象信息服务，包括台风的风向、风力等级、超过运行标准的风开始影响、阶段性影响、完全影响即将停止飞行运行的时间变化节点、台风影响即将结束、可以恢复飞行运行的时间节点以及天气强度变化节点提出建议的需求。

2）大雾天气

针对大雾天气的精细服务，要求对预计能见度/RVR开始能够达到起飞/降落、完全达到可以起飞/降落的时间变化节点，以及大雾天气强度变化节点提出建议的需求。

3. 航路大范围雷暴、冰雹等强对流天气、中低空积冰、颠簸

对航路飞行阶段大范围雷暴、冰雹等强对流天气、中低空积冰、颠簸的精细描述方面，现有的高空重要天气预告图远远不能满足实际飞行的需求。在申请临时航路来避开恶劣天气、航路危险天气范围的差异变化、强度、移动方向、给签派员提供需要绕飞的航段、绕飞的距离、需要增加备份燃油的建议等方面，气象服务部门可以作大量细致的工作。

4. 更加准确的高空风、温度预报

利用准确的高空风、温度预报，可以准确地确定业载，选择经济的飞行高度，节约飞行时间，节省燃油消耗。使用减推力技术可提高发动机的使用寿命，增加发动机的在翼时间，节约与发动机使用有关的间接成本。在发动机转速不变的情况下，波音737气温每升高10℃时，喷气式运输机载重量要减少2 000kg，起飞滑跑距离增加3%～10%；顺风可减少飞行时间和油耗，增加载客和载货量；例如，北京—乌鲁木齐航段往返飞行，在风速220km/h，时速900km/h的情况下，逆风飞行需3小时58分，而在顺风时只需2小时25分钟。细致地分析上下层的风的差异，选择最佳飞行高度，可以节省大量的燃油。

目前，我国大多数航空运输企业计算备降燃油往往是根据最远备降场计算的，备份燃油是依据商载、空管等因素按最保守的假设计算的。这种在制定飞行计划的过程中计算的“安全”燃油量，在实际飞行时对特定的航段和机型来说很少进行调整，这样，不仅多加了备份燃油，而且多加的备份燃油本身又增加了油耗。以A320飞机为例，每多带1t燃油，飞1h要消耗大约 25kg 的燃油。国外航空营运商则是根据气象条件及其变化因素来确定备降燃油和备份燃油的，每架喷气式飞机落地后的余油为 2.25t 左右，而在相近的气象条件和相同的商载情况下我国同机型的飞机在同航段飞行落地后的余油为 4t 左右。实际上，需要备降的情况与飞行架次相比几率很低，特别是秋季，我国大部分地区天气条件良好。

许多飞行人员反映实际高空风与飞行计划使用的高空风存在较大差异，通过对部分航空器下传的资料数据进行了整理，经过粗略地分析可以发现，飞行计划中的风向、风速与 ACARS 下传的风向、风速存在显著差异现象。加大对航空器资料下传资料(AMDAR)的航路段实时高空风、温度报文的开发力度，也许可以达到在航班密度大的航线上使用尽可能接近实际情况的风、温资料的效果，为航空公司降低运行成本，提升经济效益做出一定贡献，同时也需要解决航空器的风温探测设备的标准化、精度的校验等难题。

5. 多维的气象图形图像产品

提供多维的图形图像，易于飞行机组、签派人员理解应用，并将使航空气象服务的专业性、独立性、应用性难的问题得到解决。对影响飞行的恶劣天气的分析和预报方面，开发准确及时、内容丰富的为航路飞行服务的多维气象图形产品，有许多工作需要进一步加强。

例如将云图反演为三维，叠加天气图、航路等，不仅可以极大地提高飞行人员的航前准备的水平以及对相关危险天气的正确应对手段；而且对快速提供空中飞行服务地点、节约成本，提高飞行服务质量，提升航空公司的形象，增强竞争力及拉近与国际先进水平的距离等均会起到很大的作用。

9.4.4 航空公司建立精细气象服务信息岗位

现代航空运输业的快速发展增强了对气象信息及咨询服务的需求，在目前不能很快解决以上 5 点需求的背景下，航空公司气象信息岗位的建立显得日益重要。

运用短期天气预报指导当日监控航班。依据各个区域气象中心现有的预报产品，能够在航班准备的最后阶段测知该航段天气演变的基本趋势，还需投入人力在航班运行阶段密切监视天气的具体演变情况，以确保航班运行安全正常。

得益于对台风监控技术的进步，以及各级气象中心对台风及时有效的监控，同时各航空公司大都建立了一套较为完善的防台风保障方案、警报监控、信息发布流程，使得各航空公司对台风天气的运行保障基本能够满足确保安全的目标。

在对雷阵雨的精确预报方面还进步缓慢，特别是对生、消发展很快的热雷暴，航空公司目前还停留在临场应对处置阶段，导致返航、备降、延误等待、绕飞等被动处置手段，虽然保障了航班安全，但影响了正点率。

精细气象信息服务需要从气象信息源和航空公司对气象信息资源的利用两方面做出改进。

1. 精细气象服务

航空气象服务的目的是为航空飞行的安全、正常和效率做出贡献，归根结底最终使用者是航空公司和旅客。精细气象服务要求改进现有航空气象服务方式，关注和满足飞行、签

派、空管、商务、机场的需求，提高主动服务的意识，提供精细的航空气象服务方式。

航空气象服务部门应尽可能地提高气象产品的共享性、实时性和可操作性，使航空气象产品等气象资源能在航空运输企业的咨询决策、控制决策、改善企业分类管理和计划能力等活动中发挥重要的作用。应研发包括台风、大范围大雾、中低空积冰、雷暴等重要天气的客观预报系统，积极应用世界区域预报系统的产品和客观预报方法，努力提高重要天气预报的准确性。

在获取航空气象部门服务的基础上，航空公司气象信息岗位应针对运行控制的整体性、连续性和飞行的各阶段的特点，将天气过程细化，对每个天气阶段的气象要素变化做出说明；应立足于为飞行计划的制作，为签派员放行航班，为飞行人员的航前准备，为机场商务值机人员面向旅客咨询解释等提供精细服务，提高主动服务意识，改进服务方法，为优化空域结构和流量管理提供可靠的气象情报。

2. 航空运输企业应加强气象资源的应用

(1) 注重航空气象服务产品等气象资源在集中运行控制中的作用，在建立和完善运行控制中心的过程中，应充分考虑气象产品等资源在运行控制、飞行签派、签派计划、飞行过程控制、飞行数据库等子系统中的作用和有机联系。

(2) 充分利用航空气象产品。航空运输企业在制定飞行计划时，要根据高空风、温度、航路天气、目的地和备降场天气及预报等资料计算飞行高度、飞行时间、合适的备降场及所需的燃油量，这样可避免盲目的行动和额外的备份燃油损失。

没有人会质疑航空气象保障的经济、社会效益的显著性。国民经济发展对航空运输产生旺盛的需求。新一代航空运输系统(NGATS)的建设与发展，离不开航空气象辅助决策；航空公司对航空气象部门提供的气象情报要求越来越详细，对气象情报的准确性要求越来越高。其目的就是要确保飞行安全，尽可能减少气象条件对飞行正常的影响，争取较高的正点率；在全球航空业燃油成本快速、大幅上升的背景下，科学有效地降低成本、提高效益是各家航空公司的当务之急。高质量的气象信息服务必将对航空公司的发展产生极大的促进作用。

在努力提高天气预报水平的同时，积极开发具有行业特色，满足用户特别需求的气象服务产品，在提供精细化的边缘天气服务、加强对航路飞行阶段大范围雷暴、冰雹等强对流天气、中低空积冰、颠簸的精细描述方面，在丰富现有的高空重要天气图信息内容满足实际飞行的需求方面，在申请临时航路来避开恶劣天气、航路危险天气范围的差异变化、强度、移动方向，给签派员提供需要绕飞的航段、绕飞的距离、需要增加备份燃油的建议等方面，可以作大量细致的工作。

本章小结

本章从常用的航空气象服务、飞行气象情报、国外气象报文以及集中运行控制对航空气象信息精细服务的新需求 4 个方面进行了介绍。通过本章的学习，有助于了解航空气象服务和飞行气象情报的概况，以及国内外报文的差异。

复习与思考

1. 航空气象服务的对象有哪些？其提供的气象情报内容有什么？
2. 民用航空气象服务机构发布和交换的飞行气象情报有哪些？
3. 使用报文格式交换飞行气象情报或编辑公报的报头格式是什么？
4. 飞行气象情报的发布有哪些规定？

参考文献

[1] 黄仪方，朱志愚. 航空气象[M]. 成都：西南交通大学出版社，2002.

[2] 赵廷渝. 飞行员航空理论教程[M]. 成都：西南交通大学出版社，2004.

[3] 章澄昌. 飞行气象学[M]. 2 版. 北京：气象出版社，2008.

[4] 朱乾根，林锦瑞，寿绍文，等. 天气学原理和方法[M]. 3 版. 北京：气象出版社，2000.

[5] 陈渭民. 卫星气象学[M]. 2 版. 北京：气象出版社，2005.

[6] 陈廷良. 现代运输机航空气象学[M]. 北京：气象出版社，1992.

[7] 中国民用航空气象工作规范(CCAR-117-R2). 2013.

[8] 中国民用航空总局. MH/T 4016.1—2007 民用航空气象——第 1 部分：观测和报告.

[9] 中国民用航空总局. MH/T 4016.2—2007 民用航空气象——第 2 部分：预报.

[10] 中国民用航空总局. MH/T 4016.6—2007 民用航空气象——第 6 部分：电码.

[11] 中国民用航空总局. MH/T 4016.8—2007 民用航空气象——第 8 部分：天气图填绘与分析.

[12] 盛裴轩，毛节泰，李建国，等. 大气物理学[M]. 北京：北京大学出版社，2003.

[13] 王秀春，朱玲怡. 雷雨天气的精细服务对集中运行控制决策的影响[J]. 空中交通管理，2011(7)：32-35.

[14] 王秀春，芮建兴，谢进一，等. 气象信息精细服务对集中运行控制防台风决策的科学性探讨[J]. 空中交通管理，2009(11)：27-29.

[15] 王秀春，谢进一，芮建兴，等. 集中运行控制对航空气象信息精细服务新需求的探讨[J]. 空中交通管理，2008(12)：27-29.

[16] 王秀春，刘伟伟，刘开宇. 科学分析 WAFS 数据选取最节油的巡航高度层[J]. 民航科技，2009(4)：203-205.

[17] Pilot's handbook of aeronautical knowledge. http://www.faa.gov/regulations-policies/hanadbooks_manuals/aviation/pilot-handbook/.

[18] 周建华. 航空气象业务[M]. 北京：气象出版社，2011.

[19] 寿绍文. 中尺度及象学[M]. 2 版. 北京：气象出版社，2009.

[20] 陈渭民. 雷电学原理[M]. 2 版. 北京：气象出版社，2006.